TEXTBOOK SERIES FOR THE CULTIVATION OF GRADUATE INNOVATIVE TALENTS

研究生创新人才培养系列教材

非线性动力学理论及应用

NONLINEAR DYNAMICS AND APPLICATIONS

张琪昌　韩建鑫　竺致文　王炜　王辰　李磊　编著

天津大学出版社
TIANJIN UNIVERSITY PRESS

内容提要

本书全面系统地介绍了分析单自由度和多自由度非线性振动系统定常解(周期解)和非定常解的渐近法、平均法、多尺度法、小参数法、谐波平衡法等研究方法,研究常微分方程运动稳定性的各种定性方法,以及近 30 年得到蓬勃发展的非线性动力系统理论和方法——李雅普诺夫 - 施密特方法、中心流形定理、规范形理论、奇异性理论等。本书的特色是理论联系工程实际,用 4 个专题介绍了非线性动力学理论在微机电系统以及振动能量采集系统中的应用,此外本书附有大量用计算机代数语言编写的通用程序,以方便研究生学习和工程技术人员运用非线性动力学理论解决实际问题。

本书可作为理工科高等院校研究生非线性动力学课程的教材,也可供机械、航空航天、自动控制、交通车辆、电子学、化工、复杂结构动力学,以及从事与时间有关的动力学过程研究的工程技术人员和研究人员参考使用。

图书在版编目(CIP)数据

非线性动力学理论及应用 / 张琪昌等编著. 一 天津:
天津大学出版社, 2021.3（2022.2重印）
研究生创新人才培养系列教材
ISBN 978-7-5618-6886-7

Ⅰ. ①非… Ⅱ. ①张… Ⅲ. ①非线性力学－动力学－研究生－教材 Ⅳ. ①O322

中国版本图书馆CIP数据核字(2021)第045487号

FEIXIANXING DONGLIXUE LILUN JI YINGYONG

出版发行 天津大学出版社
地　　址 天津市卫津路92号天津大学内（邮编:300072）
电　　话 发行部:022-27403647
网　　址 www.tjupress.com.cn
印　　刷 天津泰宇印务有限公司
经　　销 全国各地新华书店
开　　本 185mm×260mm
印　　张 18.75
字　　数 468千
版　　次 2021年3月第1版
印　　次 2022年2月第2次
定　　价 88.00元

前言

非线性动力学(nonlinear dynamics)是研究非线性动力系统中各种运动状态的定量和定性规律,特别是运动模式演化行为的科学。非线性动力学是近年来国内外基础理论研究的热点之一。非线性振动理论起源于20世纪20年代,近30年来在理论和应用方面都取得了很大的进展。由于非线性微分方程除极少数可以求出精确解以外,并没有适用的精确解析解法,通常所采用的分析方法均为近似解法,由于计算工作的繁复冗长,起初这些方法只能用于研究自由度数不高的非线性振动系统的局部运动规律。近年来,随着科学技术和经济建设的迅猛发展,机械、能源、交通、化工、生物、生命、航空航天等工程中出现了大量的非线性振动问题有待解决。特别是强非线性、多自由度振动问题,系统的全局分岔问题等,都是本学科研究的热点问题。如果用线性振动理论来研究这些问题,不仅精度差,甚至把本质特征都舍弃了。随着现代科技的发展,人们对各类动力系统的分析与计算的要求越来越高。因此,作为现代物理和技术工程领域中的基础理论——非线性振动理论已成为对高等院校学生越来越重要的基础理论课程内容,以及工程技术人员和科学研究者工作中必备的基础知识。

近年来,非线性动力系统理论的发展以及计算机软硬件技术的飞速发展,促进了非线性振动学科的发展,使得人们可以深入地分析非线性振动系统的局部及全局性态。本书是作者在多年科学研究工作和教学实践基础上编写而成的,主要包括各种常用的研究非线性振动问题的渐近方法、定量方法,现代非线性动力系统理论的常用方法,以及非线性动力学在微机电领域和振动能量采集领域的应用,共分4篇14章。第1篇由前7章组成,介绍了研究非线性振动问题的定量分析方法——平均法、三级数法、小参数法、多尺度法、谐波平衡法。第2篇由第8章和第9章组成,介绍了研究非线性振动问题的定性分析方法。第3篇由第10章组成,介绍了现代非线性动力系统的LS方法、中心流形定理、规范形理论、奇异性理论。第4篇由第11章至第14章组成,介绍了用非线性动力学理论进行科学研究工作的实例。

本书的特色是理论与应用紧密结合,并附有大量的Mathematica程序,主要特色如下。

(1)内容的选取不仅适合在校研究生的系统学习,而且对从事相关研究的科研工作者有切实的指导作用。

(2)经典非线性振动理论与现代动力系统理论的有机结合,将非线性动力学的研究引向深入。

(3)将烦琐的理论分析简单化,学生只要掌握基本原理和方法,借助本书提供的程序即可快速地获得所需要的渐近解析解,而非数值解,提高了分析的精准性和效率。

此外,第4篇介绍的非线性动力学理论的应用实例,为研究生从事科研工作提供了科研思路和样本。

本书不仅可以作为工科院校力学、机械、内燃机、结构工程、海洋与船舶工程、自动控制、经济学、生物化工等学科高年级学生和研究生学习非线性振动理论和非线性动力学理论的教材，还可以作为工科院校教师和工程技术人员的参考书。本书力求用浅显的数学理论来讲述非线性振动和非线性动力学的相关理论，注重工程应用，通过例题讲解理论的应用。

张琪昌负责全书的组织工作，并编写第1~4章、第6~7章；韩建鑫负责本书的统稿工作，并编写第8~9章、第11章；王炜编写第10章；竺致文编写第5章；李磊编写第12~13章；王辰编写第14章。许佳、赵德敏、田瑞兰、曹心煜、单宝来、崔素瑜、杨阳、刘嘉兴、李玉龙承担了部分章节的部分编写和校对工作，在此一并致谢！此外，对本书策划编辑赵宏志同志的专业指导和认真负责的精神表示衷心的感谢。

本书的主要研究工作得到了国家自然科学基金的资助，本书的出版得到了天津大学研究生院的资助，作者谨表示衷心的感谢。限于作者水平，书中难免有疏漏和错误之处，敬希得到批评指正。

张琪昌

2021年1月

目　录

绪　论

振动是物理学、技术科学中广泛存在的物理现象。如建筑物和机器的振动,无线电技术和光学中的电磁振荡,控制系统和跟踪系统中的自激振动、声波振动,同步加速器中的束流振动和其结构共振,火箭发动机中燃料燃烧时所引起的振动,化学反应中的复杂振动等。这样一些表面上看起来极不相同的现象,都可以通过振动方程统一到振动理论中来。振动是机械运动的一种形式,在技术领域中,常见的振动是周期振动。严格地讲,描述这些现象的方程大多是非线性的(常微分方程、偏微分方程、代数方程)。对于那些非线性因素较弱,略去非线性因素不会从根本上影响最后结果的问题,我们可以用线性方程替代非线性方程,这种方法称为线性化方法。对于很多问题,这种简化是合理的。而对于某些非线性问题,这种简化误差很大,甚至带来质的变化,这是不允许的。因此,对于这样的系统必须用非线性动力学理论来研究。

0.1　非线性动力学的特点

线性微分方程理论已经发展得比较完善,线性振动理论也相对发展得比较完善,利用适合于线性系统的叠加原理,可以把一个多频(n个)激励的响应,看成n个单频激励响应的叠加,这样可使所研究的问题获得极大的简化。在非线性动力学系统中,叠加原理不再适用,因而线性振动理论中一系列的方法和定理,例如模态叠加法、暂态振动中杜哈梅(Duhamel)积分、模态分析和模态综合等,在非线性动力学理论中都不再适用。下面说明非线性动力学系统的几个主要特点[1]。

(1)线性系统中的叠加原理对非线性系统是不适用的,也就是说,如果非线性系统上作用有可以展成傅里叶级数的周期干扰力,其强迫振动的解不等于每个谐波单独作用时解的叠加。

(2)在非线性系统中,对应于平衡状态和周期振动的定常解一般有数个,必须研究解的稳定性问题,才能确定哪一个解在生产实际中能实现。

(3)在线性系统中,由于有阻尼存在,自由振动总是被衰减掉,只有在干扰力作用下,才有定常周期解;而在非线性系统中,有时会存在非线性阻尼(例如负阻尼、平方阻尼、迟滞阻尼等),即使没有周期性干扰力的作用,系统也可能出现周期解。如自激振动系统,在有阻尼的情况下,即使无干扰力,也有定常的周期振动。

(4)在线性系统中,强迫振动的频率和干扰的频率相同;而在非线性系统中,在单一频率周期性干扰力作用下,非线性系统受迫振动定常解会出现与干扰力同频率成分,有时又会出现不同频率成分,即出现亚谐波、超谐波和超亚谐波等。当干扰力的频率从大到小或从小到大连续变化时,系统受迫振动的振幅会出现跳跃现象,而且频率变化顺序不同时,跳跃点的位置也不同。

（5）在线性系统中，固有频率和起始条件、振幅无关；而在非线性系统中，固有频率则和振幅有关，同时振动三要素也和起始条件有关。

（6）若控制系统运动的方程中含有参数，当参数变化时，解也随之变化。有时在某临界参数附近，参数有很小的变化，解就会发生根本性变化，甚至稳定性也发生质的变化，这是线性振动中没有的。对于工程中某些非线性问题，往往需要确定解的稳定区与不稳定区的分界线，需要研究参数变化时解的拓扑结构的变化。

对人类来讲，自然界只有一个，但人们用决定论和非决定论两种观点来研究自然界。线性振动理论建立在牛顿经典力学基础上，是完全的决定论思想。只要建立了方程，给出初始条件，我们可计算“未来”，若时间被赋予负值，我们可计算“过去”。一切都如此完美。非线性系统中一些决定性方程，在某些参数条件下，运动性态十分复杂，运动轨道十分混乱而不重复，但又局限于某一个区间内，即使给定初始条件，也无法确定未来任意时刻系统的状态，描述它们的特征需要非决定论的思想。这一发现打破了牛顿、拉普拉斯决定论的统治观念，引起了思想上的解放和革新，促进了学科的飞速发展。

以上仅粗略地介绍了非线性动力学系统的一些特点，在以后各章中，将分别进行分析研究。

0.2 研究非线性动力学问题的主要方法

对非线性动力学问题的研究，特别是对工程技术中出现的非线性动力学问题的研究，大体上分为实验法和分析法，后者又可分为定性分析法和定量分析法。实验法，根据原理相似的条件，建立机械的（或电子的）模型，研究各种参数对振动特性的影响以及解的稳定条件，有时也需进行现场实验研究。实验不仅可以验证理论，而且对一些复杂的振动系统能直接得到规律性的结论，因此实验也是进一步发展理论的基础。由于现代科技的进步，实验分析手段发展很快，电子计算机软硬件性能的提高，使实验法研究的前景十分宽广。定性分析法，又称几何法或相平面法，由庞加莱（Poincaré）首先提出，即在相平面上研究解或平衡点的性质和相图性质，从而定性地确定解的性态，一般以研究二维问题为主。计算机辅助绘图手段的引入，赋予定性分析法以新的活力。定量分析法近几十年来发展很快，方法也很多。例如，普通小参数法、林德斯泰特（Lindstedt）小参数法、多尺度法、慢变参数法、KBM 法、伽辽金法、谐波平衡法等，它们各有特色。近年来，现代非线性动力学理论的发展迅猛，借助于数学领域的非线性动力系统理论[2]，将李雅普诺夫 - 施密特方法、中心流形定理、规范形理论、奇异性理论等用于研究非线性动力学问题，推动非线性动力学研究工作的深入，更深入地揭示其本质和内在规律。

不同的自然现象，有些可以用同类型的方程来描述。因此，对非线性动力学方程性态的研究结果，可以运用到其他学科中。

0.3 机械系统中常见的几种非线性力

在对一个振动系统进行研究时，其阻尼力和弹性力有时可线性化，有时则必须考虑其非线性性质（何时需考虑力的非线性特性，决定于所研究问题的性质和所要求的精度）；另外，在工程实际中也存在着很多不能线性化的系统。

在机械系统中，非线性力有非线性势力、非线性阻尼力和所谓的混合型非线性力，下面介绍一些产生非线性力的实例，用以说明非线性动力学问题的重要性，同时也供建立振动方程时参考使用。

1. 非线性势力

只和系统的机械位置（即广义坐标）有关的力称为势力。它有如下几种形式：

（1）由于物体的弹性变形或一定数量气体的体积发生变化而引起的弹性力；

（2）重力；

（3）物体的某一部分在液体中时，该物体所受到的浮力；

（4）磁场中的磁力。

具有非线性势力的机械振动系统及势力特性曲线示于表 0.1。

表 0.1

编号	系统类别	力的特性曲线
1	在平面上受弹簧拉力的重物（Ⅰ）* 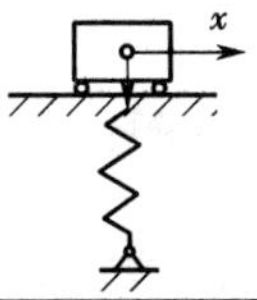	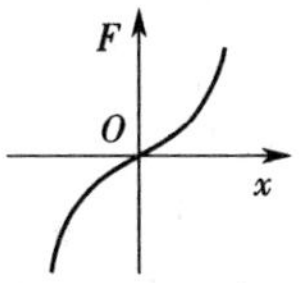
2	置于分段弹簧上的重物（Ⅰ） 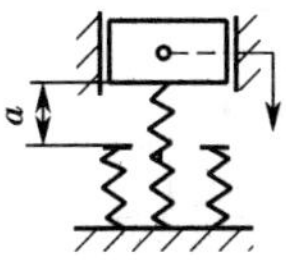	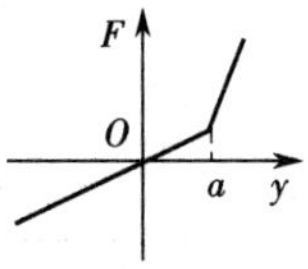
3	置于锥形弹簧上的重物（Ⅰ） 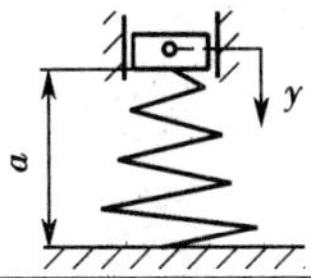	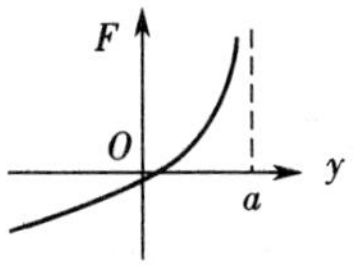
4	柔性弹性梁（Ⅰ） 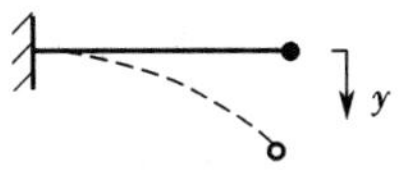	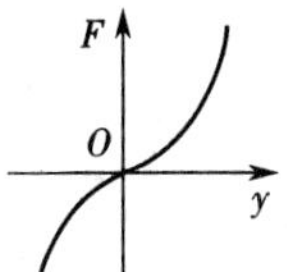
5	在收缩管道中的弹性活塞（Ⅰ） 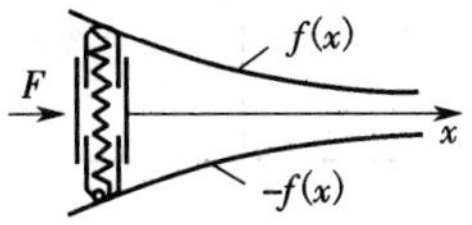	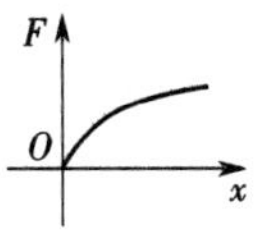 $F=4c\int_0^x (f')^2\mathrm{d}x$ 其中　c——线性弹簧的刚度系数

* 注：括号中罗马数字表示势力的类型。

续表

编号	系统类别	力的特性曲线
6	置于封闭容器中的气体上的重物（Ⅰ） 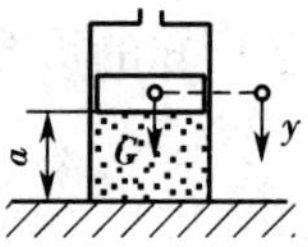 a G y	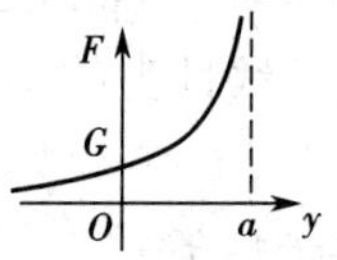 F G O a y
7	具有固定悬挂点的单摆（Ⅱ）  l ψ m	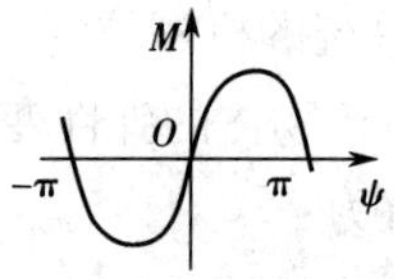 M O $-\pi$ π ψ $M=mg/\sin\psi$
8	绕悬挂轴旋转的单摆（Ⅱ）  Ω l ψ m	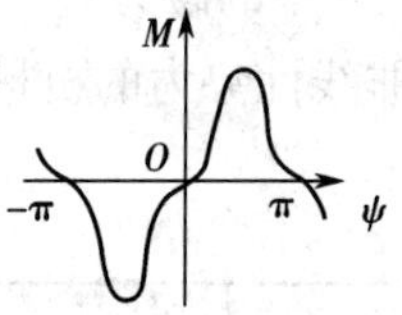 M O $-\pi$ π ψ $M=mg/\sin\psi-m\Omega^2l^2\sin\psi\cdot\cos\psi$
9	连通器中的液体（Ⅱ） 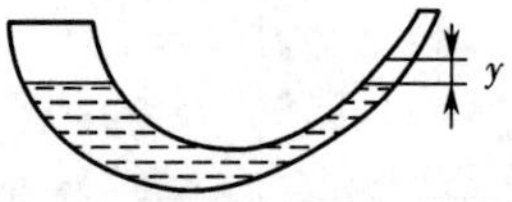 y	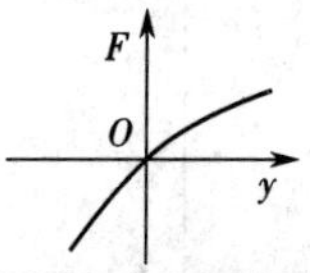 F O y
10	曲面船（浮桥船、浮船）垂直偏离平衡位置（Ⅲ） 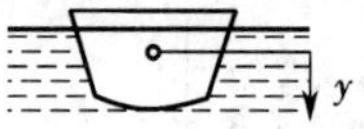 y	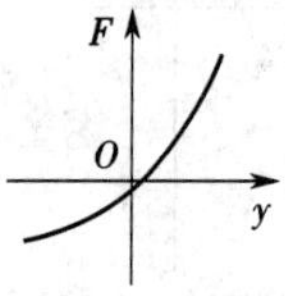 F O y
11	同上，绕平衡位置转动（Ⅲ）  ψ	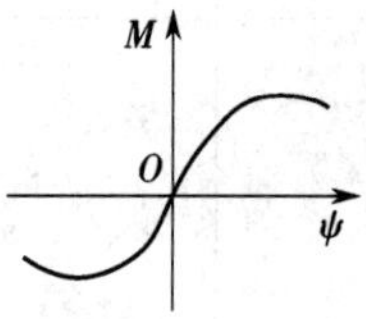 M O ψ
12	磁场中的电枢（Ⅳ） 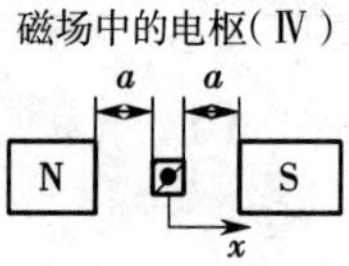 a a N S x	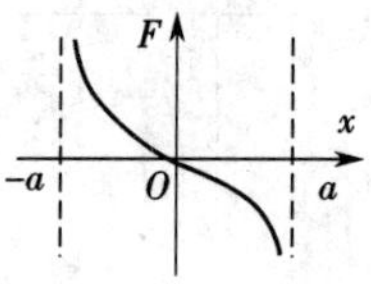 F x $-a$ O a
13	轮箍 A 在固定导线 B 所产生的磁场中（Ⅳ） 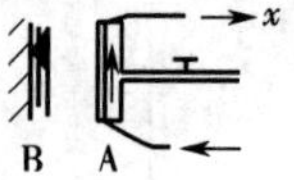 x B A	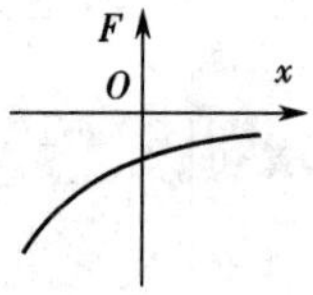 F O x

若 F_0 为弹性力，则 $\mathrm{d}F_0/\mathrm{d}q$ 称为刚度系数。因为在非线性系统中该系数和广义坐标 q 有关，所以 $\mathrm{d}F_0/\mathrm{d}q$ 称为拟刚度系数。当 $q>0$ 时，如随着 q 的增加，刚度系数增大，则称此弹性力的特性为硬特性；反之，如随着 q 的增加，刚度系数减小，则称此弹性力的特性为软特性。弹性力也可能在 q 变化的某个区间有硬特性，而在另一个区间有软特性。（或表述为 $\mathrm{d}^2F_0/\mathrm{d}q^2>0$ 为硬特性，反之为软特性。）

以 x,y,ψ 表示广义坐标（系统对平衡位置的偏离），用 F 或 M 表示广义力，并规定广义力的符号和广义坐标的符号相反。在以上的例子中，只有当系统偏离平衡位置的位移较大时，势力才可能出现非线性，而在小位移的情况下，可认为系统是线性的。

有时尽管位移很小，也必须考虑势力的非线性特性，这样的例子见表 0.2。

表 0.2

编号	系统类别	力的特性曲线
1	具有间隙的系统（Ⅰ） 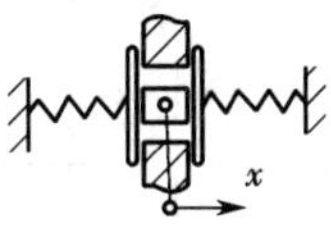 x	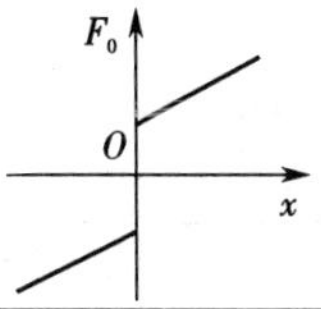 F_0　O　x
2	具有纵向槽的重型半圆柱体（Ⅱ） 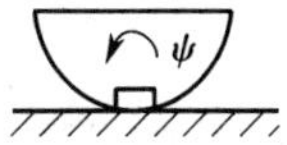 ψ	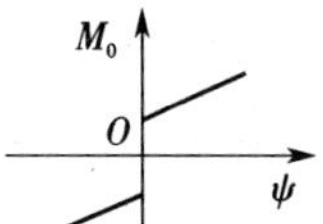 M_0　O　ψ
3	由内部压强压向底部的活塞（Ⅰ） 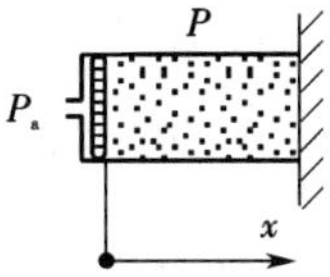 P　P_a　x	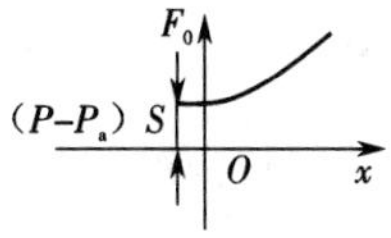 F_0　$(P-P_a)S$　O　x 其中　P,P_a——内部压强和大气压强； S——气缸横断面面积

2. 非线性阻尼力

当系统振动时，如果其中只和机械系统的速度有关的力的功率不恒等于零，则该力称为阻尼力（或简称阻尼）。而陀螺力（与速度有关），因其功率恒等于零，故不是阻尼力。一般情况下，当力和速度的方向相反的时候，称该力为阻尼。

阻尼包括：有相对运动的零件之间产生的摩擦力；用铆钉、螺栓和压力连接的结构，当受动载荷时，在接触面之间产生的结构摩擦力；系统构件材料的内摩擦力；系统在气体或液体中振动而产生的介质阻力（迎面阻尼、机翼旋转阻力）等。

阻尼常常是速度的非线性函数，但在计算时，一般都将它线性化，即认为它是线性黏滞阻尼。阻尼的线性化，不是因为它是弱非线性的（实际上它是强非线性的），而是因为阻尼对振动规律的影响很小。例如，在计算系统的固有频率和非共振情况的振幅时，阻尼即可线性化，甚至可以完全忽略。

当然不是在任何情况下，阻尼都可线性化或可完全忽略。例如，在分析自由衰减振动时、计算强迫振动的共振幅值时、计算自激振动的定常解时、计算参数共振的振幅以及研究自激振动系统的过渡过程时，都需考虑阻尼的非线性特性。

满足不等式 $F_1(\dot{q})\cdot\dot{q}<0$ 的阻尼 $[F_1(\dot{q})]$ 做负功，并消耗机械能，这样的阻尼称为耗散阻尼（或称正阻尼）。若 $F_1(\dot{q})\cdot\dot{q}>0$，那么阻尼做正功，使机械能积蓄在系统内，这样的阻尼称为负阻尼。如阻尼在振动位移的一个区间做负功，而在另一个区间做正功，则系统具有自激振动的性质。

某些非线性阻尼及其特性曲线示于表 0.3。

表 0.3

编号	阻尼类型和力特性	力的特性曲线
1	幂函数阻尼 $F_1=b\lvert\dot{q}\rvert^{n-1}\dot{q}$	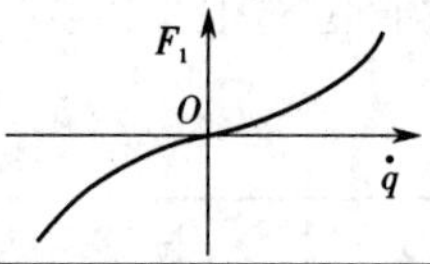 F_1, O, $\dot{q}$
2	库仑摩擦（当类型 1 中的 n=0 时） $F_1=b_0\dfrac{\dot{q}}{\lvert\dot{q}\rvert}$	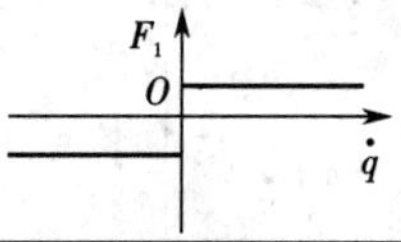 F_1, O, $\dot{q}$
3	平方阻尼（当 1 中的 n=2 时） $F_1=b_2\lvert\dot{q}\rvert\dot{q}$	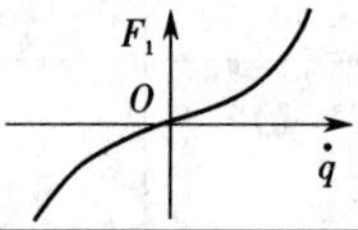 F_1, O, $\dot{q}$
4	线性和立方阻尼 （1）$F_1=b_1\dot{q}+b_3\dot{q}^3$ （2）$F_1=b_1\dot{q}-b_3\dot{q}^3$ （3）$F_1=-b_1\dot{q}+b_3\dot{q}^3$	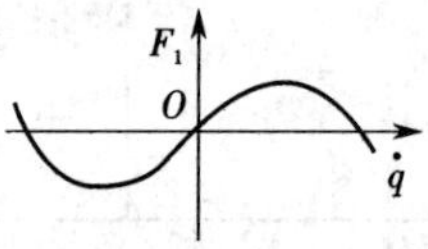 （1）F_1, O, $\dot{q}$ 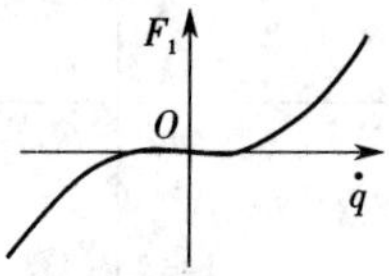 （2）F_1, O, $\dot{q}$ （3）F_1, O, $\dot{q}$ 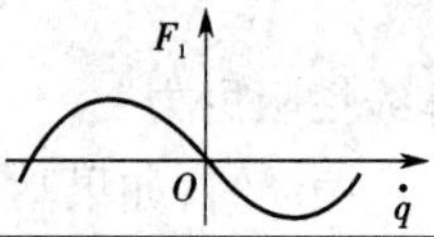
5	线性和库仑摩擦 （1）$F_1=b_0\dfrac{\dot{q}}{\lvert\dot{q}\rvert}+b_1\dot{q}$ （2）$F_1=b_0\dfrac{\dot{q}}{\lvert\dot{q}\rvert}-b_1\dot{q}$ （3）$F_1=-b_0\dfrac{\dot{q}}{\lvert\dot{q}\rvert}+b_2\dot{q}$	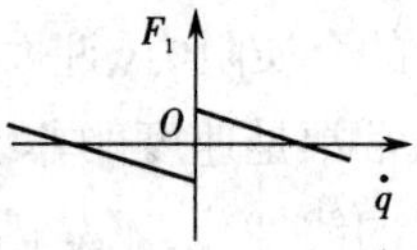 （1）F_1, O, $\dot{q}$ 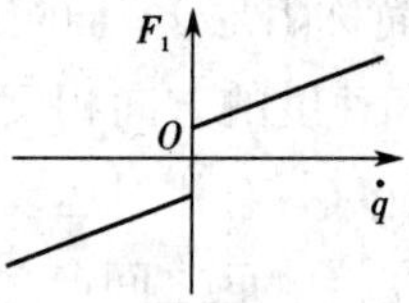 （2）F_1, O, $\dot{q}$ （3）F_1, O, $\dot{q}$ 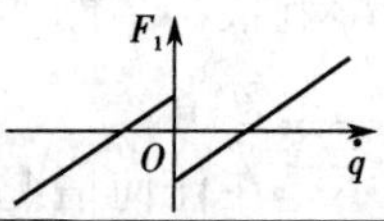

续表

编号	阻尼类型和力特性	力的特性曲线
6	干摩擦（类型 2 和 4 的各一部分） $F_1 = b_0 \dfrac{\dot{q}}{\lvert\dot{q}\rvert} - b_1\dot{q} + b_3\dot{q}^3$	F_1，O，$\dot{q}$

注：$b, b_0, \cdots, b_3$ 为正常数。

在研究简谐振动时，即当 $q = A\sin(\omega t + \alpha)$ 时，弹性力和阻尼力的合力为 $F_0(q) + F_1(\dot{q}) = F_0 + F_1(\pm\omega\sqrt{A^2 - q^2})$，此合力只为广义坐标的函数，因为振动规律已知（给定的），所以才能将两个变量 q 和 $\dot{q}$ 的函数变成一个变量 q 的函数。但在变换之后，合力为 q 的多值函数，而原势力函数则是 q 的单值函数（见表 0.1 和表 0.2）。

对于具有线性恢复力的耗散系统（图 0.1（a）），其合力特性示于图 0.1（b）；滞后回线包围的面积等于阻尼在一个周期中所做的功。在非线性恢复力的情况下，滞后回线的骨干曲线为曲线而不是直线（图 0.1（c））。当振幅一定，而只改变振动频率时，则滞后回线的骨干曲线不变，然而滞后回线分支之间的距离和回线所包围的面积是变化的，其变化规律和阻尼特性有关，但库仑摩擦和材料的内摩擦情况除外，此时改变频率，滞后回线不变（图 0.1（d））。

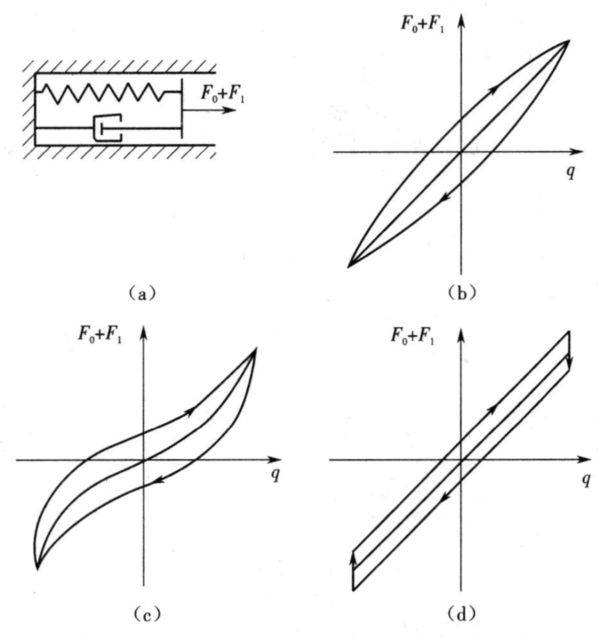

图 0.1　具有线性和非线性恢复力的耗散系统

（a）具有线性恢复力的耗散系统　（b）合力特性　（c）非线性恢复力的情况下　（d）在振幅一定而只改变振动频率的情况下

3. 混合型非线性力

如果一种力不能表示成只和广义坐标有关，或只和广义速度有关，则这种力称为混合型的力，此时它和广义坐标及广义速度这两个变量有关。对一个自由度系统来说，以 q, $\dot{q}$ 和

$F(q,\dot{q})$分别表示广义坐标、广义速度和混合型非线性力，取F的符号和广义力的符号相反。

有时混合型的力可表示成两个函数的积，其中一个函数只与广义坐标有关，另一个函数则只与广义速度有关。对一个自由度系统，可用函数$F=F_0(q)F_1(\dot{q})$表示这种力的特性。这样的力可称为具有和系统位置有关的变系数的阻尼力或势摩擦力。表 0.4 中给出了产生势库仑摩擦力的例子及对应的力的特性曲线。在表 0.4 的系统 1~3 中，库仑力随着压力而变化，该压力只与坐标q有关；在系统 4 中压力不变，然而只有当F有足够大的值时库仑力才开始出现，也即只有当位移达到某确定的值后，摩擦力才开始出现，这个系统从形式上可反映弹塑性结构的性质；在系统 5 中，滑动部分的长度、总的摩擦力和外力F成正比，即和梁端面的位移有关；在系统 6 中，设材料的摩擦力和材料弹性变形的频率无关，只随位移而变化（和图 0.1（d）所示不同），这样的假设对钢材等很多结构材料来说都是正确的。

表 0.4

编号	系统类别	力的特性曲线
1	中间具有库仑摩擦力的板弹簧 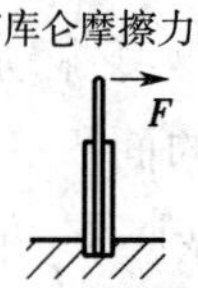 F	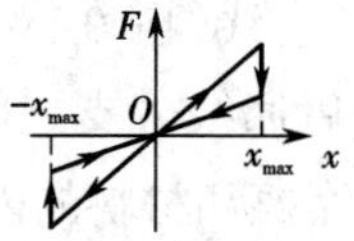 F $-x_{max}$ O x_{max} x
2	固定在螺栓弹簧上的圆盘在旋转的时候，由于弹簧拧紧，它与粗糙表面A或B相压紧 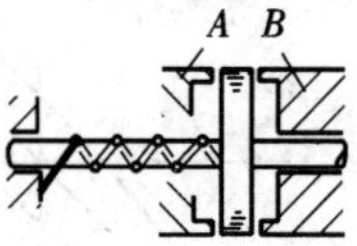 A B	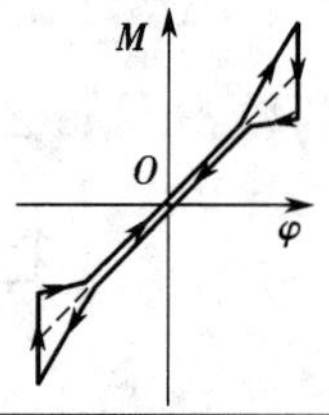 M O φ
3	弹性活塞在进入具有摩擦的收缩管道时 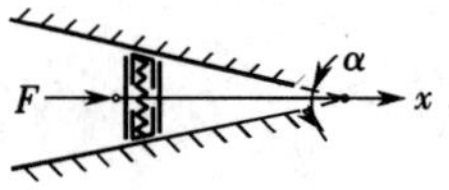 F α x	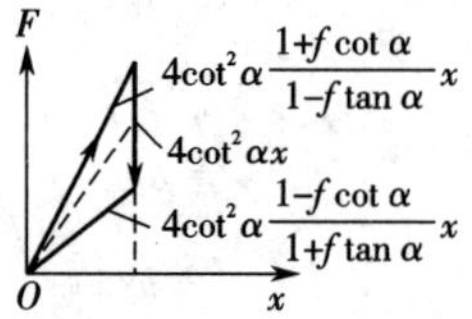 F $4\cot^2\alpha\frac{1+f\cot\alpha}{1-f\tan\alpha}x$ $4\cot^2\alpha x$ $4\cot^2\alpha\frac{1-f\cot\alpha}{1+f\tan\alpha}x$ O x 其中 f——摩擦系数
4	弹塑性系统 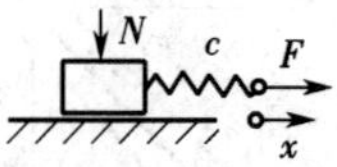 N c F x	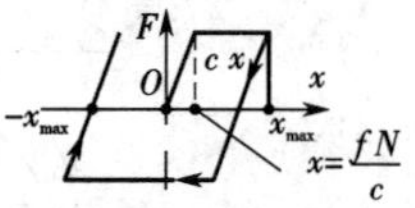 F O c x $-x_{max}$ x_{max} $x=\frac{fN}{c}$
5	以常压P压在粗糙表面上的弹性带钢 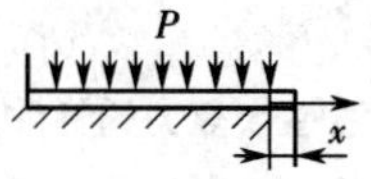 P x $x_{max}=\frac{P_{max}^2}{2fPE_F}$ 其中 E_F——带钢横断面拉伸刚度	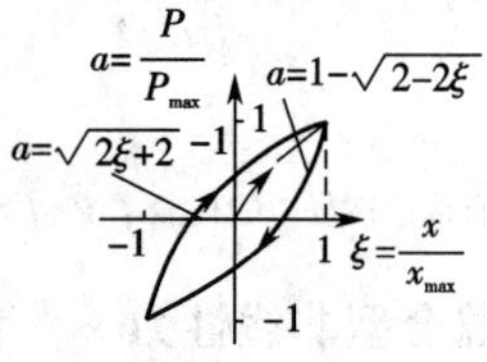 $a=\frac{P}{P_{max}}$ $a=1-\sqrt{2-2\xi}$ $a=\sqrt{2\xi+2}-1$ 1 -1 1 $\xi=\frac{x}{x_{max}}$ -1

续表

编号	系统类别	力的特性曲线
6	具有材料内阻的杆	特性曲线的简单公式 $F=cx+F^{\circ}\sqrt{1-\frac{x^2}{x_{max}^2}}\cdot\frac{\dot{x}}{\lvert\dot{x}\rvert}$

混合型非线性力的其他例子见表 0.5。

表 0.5

编号	力学模型	力的表达式
1	范德波模型	$F=-\lambda\dot{q}(1-q^2)$
2	复杂的范德波模型	$F=-\lambda\dot{q}(1-q^2+\alpha q^4)$
3	和位置有关的黏滞摩擦模型（摩擦力的符号与差值 $q-a$ 的符号一致）	$F=b\dot{q}\mathrm{sign}(q-a)$
4	和位置有关的黏滞摩擦模型（力的符号与和值 $\alpha q+\beta\dot{q}$ 的符号一致），在库仑摩擦的情况下有 $\alpha=0$ 和 $\beta>0$	$F=b_0\mathrm{sign}(\alpha q+\beta\dot{q})$

注：$a,b,b_0,\alpha,\beta,\lambda$ 为正常数。

其他非线性力，如非线性干扰力等，将在以下有关的例子中叙述。

0.4　实际振动系统的简化

对任何实际振动系统进行理论分析，总是根据需要解决的振动问题，对影响振动性质的各种因素进行某些简化，以建立振动系统的力学模型。为此，需要考虑决定系统振动性质的那些主要因素，摒弃那些对需要解决的问题来说次要的因素。例如，研究不长的时间间隔里单摆的振动时，可不考虑阻尼对它的影响，但根据这样的简化条件来研究很长的时间间隔里单摆的振动时，将得不到正确的答案，因为单摆的振动是衰减的。同样，在非共振区研究单摆的强迫振动时，可不考虑阻尼，而在共振区必须考虑阻尼。摆角很小时，可将单摆的振动方程线性化，摆角大时，必须研究其非线性方程。又如，计算弹性悬挂的电磁振动给料机的固有频率时，系统可简化成具有弹簧联系的两个单摆，而当计算其强迫振动的振幅时，则可简化成具有弹簧联系的两个滑动质量。

因此，对同一个振动系统来说，同样一个力学模型，对于要解决的某些问题来说可认为是合理的，而对要解决的另一些问题来说可能就不全面了。在简化时所忽略的一些因素，对解决某些问题来说是次要的，而对另一些问题来说则可能是主要的。一般来说，在研究系统的固有频率问题时，应该尽可能多地考虑结构因素，而可忽略阻尼；但在研究系统周期解的稳定性问题时,必须考虑各种阻尼的影响;在研究系统的强迫振动时,为了计算共振振幅,必须考虑阻尼,而可尽量简化结构因素。总之,合理地选取力学模型,对正确解决各种振动问题是十分重要的。

所选用的力学模型是否合理,尚需通过生产实践或科学实验来验证。有时需要认识和实践的多次反复,才能找到解决问题的合理方法。

0.5 非线性动力学应用问题的研究步骤

对一般工程问题,非线性动力学问题的研究可分五步进行:首先建立数学模型,并将自变量、因变量和参数化为无量纲的,便于分析参数的量级;然后求平衡点及周期解;进而研究这些平衡点及周期解的稳定性;如果方程中含有参数,还应研究参数变化时,平衡点及周期解的个数及性态是如何变化的,找出使解的拓扑结构变化的参数值(称为临界参数);最后,有条件且有必要时,应研究任一给定的初始条件下,系统长期发展的结果,即研究非线性系统的整体性态。完成以上五步工作,非线性系统的性态即可研究得较为彻底。

应该指出的是,非线性系统不但运动复杂而且结构精细,特别是在某些不稳定的平衡点附近有极为复杂的性态。研究者稍不注意,许多特性就会被遗漏。由于我们对非线性系统运动性态的了解还不够,还可能发现一些新的运动性态和运动特性,研究者不要放弃研究过程中出现的一些疑点和意外。

总之,非线性动力学理论已初步形成,在日益发展的科学技术的相互影响和促进下,研究非线性动力学的基础已经奠定,而且前辈们也已迈出了坚实的步伐,相信在不远的将来,非线性动力学理论会逐步完善,并将会在解决工程非线性动力学问题中发挥更加重要的作用。

第1篇

非线性振动理论的定量分析方法

第 1 章　单自由度系统的平均法

平均法（Averaging Method）是由常数变易法演变而来的一种求解非线性微分方程渐近解（asymptotic solution）的方法。它的基本思想是根据弱非线性振动系统中振动的拟谐和性质，假设非线性系统与其派生系统的解具有相似的形式，并根据非线性振动系统的振幅、初相位关于时间的导数都是 $O(\varepsilon)$ 量级的周期函数的特性，将非线性振动系统的振幅、初相位关于时间的导数看成是时间 t 的缓变函数，并用一个周期的平均值代替它，故称其为平均法。这种方法是由范德波（Van der Pol）最先提出来的，克雷劳夫 - 巴戈留包夫[3,4]发展了这一方法。

1.1　自治系统的平均法

设单自由度系统自由振动的方程为

$$\ddot{x}+\omega^2 x=\varepsilon f(x,\dot{x}) \tag{1.1.1}$$

或写为一阶微分方程组

$$\begin{cases}\dot{x}=z\\ \dot{z}=-\omega^2 x+\varepsilon f(x,z)\end{cases} \tag{1.1.2}$$

式中：x 为广义位移，是随时间 t 而变化的；ε 为小参数；ω 为常数，是方程（1.1.1）所对应的线性系统的固有频率，即当 $\varepsilon=0$ 时的固有频率；函数 $f(x,z)$ 是 n 阶可微的。

1. 将上述以位移 x、速度 z 为变量的方程转化为以振幅 a、相位 θ 为变量的方程

在方程组（1.1.2）中，如 $\varepsilon=0$，可得其派生系统的解为

$$\begin{cases}x=a\cos\psi\\ z=-a\omega\sin\psi\end{cases} \tag{1.1.3}$$

式中：$\psi=\omega t+\theta$，而 a, θ 为由起始条件确定的常数，当 $\varepsilon\neq 0$ 时，a，θ 将为时间 t 的函数，现研究 a，θ 是什么函数时，解（1.1.3）满足方程（1.1.1）。将解（1.1.3）的第一式对时间 t 求一阶导数，得

$$\dot{x}=z=\frac{\mathrm{d}a}{\mathrm{d}t}\cos\psi-a\left(\omega+\frac{\mathrm{d}\theta}{\mathrm{d}t}\right)\sin\psi \tag{1.1.4}$$

若要求 z 仍保持式（1.1.3）的形式，则须有

$$\frac{\mathrm{d}a}{\mathrm{d}t}\cos\psi-a\frac{\mathrm{d}\theta}{\mathrm{d}t}\sin\psi=0 \tag{1.1.5}$$

将解（1.1.3）的第二式对时间 t 求一阶导数，则有

$$\dot{z}=\ddot{x}=-\frac{\mathrm{d}a}{\mathrm{d}t}\omega\sin\psi-a\omega\left(\omega+\frac{\mathrm{d}\theta}{\mathrm{d}t}\right)\cos\psi \tag{1.1.6}$$

将 x，$\dot{x}$ 及 $\ddot{x}$ 的表达式代入基本方程（1.1.1），可得

$$-\frac{\mathrm{d}a}{\mathrm{d}t}\omega\sin\psi-a\omega\frac{\mathrm{d}\theta}{\mathrm{d}t}\cos\psi=\varepsilon f(a\cos\psi,-a\omega\sin\psi) \tag{1.1.7}$$

由式(1.1.5)和式(1.1.7)可以解出

$$\begin{cases}\dfrac{\mathrm{d}a}{\mathrm{d}t}=-\dfrac{\varepsilon}{\omega}f(a\cos\psi,-a\omega\sin\psi)\sin\psi=\varepsilon\phi(a,\psi)\\ \dfrac{\mathrm{d}\theta}{\mathrm{d}t}=-\dfrac{\varepsilon}{a\omega}f(a\cos\psi,-a\omega\sin\psi)\cos\psi=\varepsilon\phi^{*}(a,\psi)\end{cases} \tag{1.1.8}$$

方程组(1.1.8)称为标准方程组。到此为止,我们没有做过任何近似简化。这时如果能精确求解式(1.1.8),问题也就解决了。不过通常是不能做到这一点的。

2. 求解式(1.1.8)的近似解

由方程组(1.1.8)的形式可知,振幅和相位关于时间的导数是与ε成比例的量,因此设函数a,θ由平稳变化的项y,ϑ和小摄动项叠加而成,对之取克雷劳夫 - 巴戈留包夫变换(简称 KB 变换),得

$$\begin{cases}a=y+\varepsilon U_1(t,y,\vartheta)+\varepsilon^2U_2(t,y,\vartheta)+\cdots\\ \theta=\vartheta+\varepsilon V_1(t,y,\vartheta)+\varepsilon^2V_2(t,y,\vartheta)+\cdots\end{cases} \tag{1.1.9}$$

并要求新变量y,ϑ的导数为

$$\begin{cases}\dfrac{\mathrm{d}y}{\mathrm{d}t}=\varepsilon Y_1(y)+\varepsilon^2Y_2(y)+\varepsilon^3Y_3(y)+\cdots\\ \dfrac{\mathrm{d}\vartheta}{\mathrm{d}t}=\varepsilon Z_1(y)+\varepsilon^2Z_2(y)+\varepsilon^3Z_3(y)+\cdots\end{cases} \tag{1.1.10}$$

式中:Y_1,Y_2,Y_3,Z_1,Z_2,Z_3不显含时间t;U_1,U_2,V_1,V_2为ϑ的以2π为周期的周期函数以及t的以T为周期的周期函数。

将式(1.1.9)代入式(1.1.8)并考虑式(1.1.10),得

$$\begin{aligned}&\varepsilon Y_1+\varepsilon^2Y_2+\varepsilon^3Y_3+\varepsilon\frac{\partial U_1}{\partial t}+\varepsilon\frac{\partial U_1}{\partial y}(\varepsilon Y_1+\varepsilon^2Y_2+\varepsilon^3Y_3)+\\ &\varepsilon\frac{\partial U_1}{\partial\vartheta}(\varepsilon Z_1+\varepsilon^2Z_2+\varepsilon^3Z_3)+\varepsilon^2\frac{\partial U_2}{\partial t}+\varepsilon^2\frac{\partial U_2}{\partial y}(\varepsilon Y_1+\varepsilon^2Y_2+\varepsilon^3Y_3)+\\ &\varepsilon^2\frac{\partial U_2}{\partial\vartheta}(\varepsilon Z_1+\varepsilon^2Z_2+\varepsilon^3Z_3)=\varepsilon\phi(t,y,\vartheta,\varepsilon)=\varepsilon\phi_0+\varepsilon^2\phi_1+\cdots\end{aligned} \tag{1.1.11}$$

$$\begin{aligned}&\varepsilon Z_1+\varepsilon^2Z_2+\varepsilon^3Z_3+\varepsilon\frac{\partial V_1}{\partial t}+\varepsilon\frac{\partial V_1}{\partial y}(\varepsilon Y_1+\varepsilon^2Y_2+\varepsilon^3Y_3)+\\ &\varepsilon\frac{\partial V_1}{\partial\vartheta}(\varepsilon Z_1+\varepsilon^2Z_2+\varepsilon^3Z_3)+\varepsilon^2\frac{\partial V_2}{\partial t}+\varepsilon^2\frac{\partial V_2}{\partial y}(\varepsilon Y_1+\varepsilon^2Y_2+\varepsilon^3Y_3)+\\ &\varepsilon^2\frac{\partial V_2}{\partial\vartheta}(\varepsilon Z_1+\varepsilon^2Z_2+\varepsilon^3Z_3)=\varepsilon\phi^{*}(t,y,\vartheta,\varepsilon)=\varepsilon\phi_0^{*}+\varepsilon^2\phi_1^{*}+\cdots\end{aligned} \tag{1.1.12}$$

令式(1.1.11)和式(1.1.12)两端ε同次方的系数相等,则可得到确定Y,Z,U,V的微分方程组,下面只写出其前二阶项的系数方程组:

$$\begin{cases} Y_1 + \dfrac{\partial U_1}{\partial t} = \phi_0 \\ Z_1 + \dfrac{\partial V_1}{\partial t} = \phi_0^* \end{cases} \tag{1.1.13}$$

和

$$\begin{cases} Y_2 + \dfrac{\partial U_1}{\partial y} Y_1 + \dfrac{\partial U_1}{\partial \vartheta} Z_1 + \dfrac{\partial U_2}{\partial t} = \phi_1 \\ Z_2 + \dfrac{\partial V_1}{\partial y} Y_1 + \dfrac{\partial V_1}{\partial \vartheta} Z_1 + \dfrac{\partial V_2}{\partial t} = \phi_1^* \end{cases} \tag{1.1.14}$$

式中：ϕ_0，ϕ_1，ϕ_0^*，ϕ_1^* 为将 ϕ，ϕ^* 在 $\varepsilon = 0$ 点展成泰勒级数时 ε^0，ε^1 的系数。

根据 Y，Z 不显含 t 的条件，可用下列方法确定它们：

$$\begin{cases} Y_1 = \dfrac{1}{T}\displaystyle\int_0^T \phi_0 \mathrm{d}t = \dfrac{1}{2\pi}\int_0^{2\pi} \phi_0 \mathrm{d}\psi \\ Z_1 = \dfrac{1}{T}\displaystyle\int_0^T \phi_0^* \mathrm{d}t = \dfrac{1}{2\pi}\int_0^{2\pi} \phi_0^* \mathrm{d}\psi \end{cases} \tag{1.1.15}$$

和

$$\begin{cases} Y_2 = \dfrac{1}{T}\displaystyle\int_0^T \left(\phi_1 - \dfrac{\partial U_1}{\partial y} Y_1 - \dfrac{\partial U_1}{\partial \vartheta} Z_1\right)\mathrm{d}t \\ \quad = \dfrac{1}{2\pi}\displaystyle\int_0^{2\pi} \left(\phi_1 - \dfrac{\partial U_1}{\partial y} Y_1 - \dfrac{\partial U_1}{\partial \vartheta} Z_1\right)\mathrm{d}\psi \\ Z_2 = \dfrac{1}{T}\displaystyle\int_0^T \left(\phi_1^* - \dfrac{\partial V_1}{\partial y} Y_1 - \dfrac{\partial V_1}{\partial \vartheta} Z_1\right)\mathrm{d}t \\ \quad = \dfrac{1}{2\pi}\displaystyle\int_0^{2\pi} \left(\phi_1^* - \dfrac{\partial V_1}{\partial y} Y_1 - \dfrac{\partial V_1}{\partial \vartheta} Z_1\right)\mathrm{d}\psi \end{cases} \tag{1.1.16}$$

式中：T 为振动周期。而

$$\begin{cases} U_1(t, y, \vartheta) = \displaystyle\int_0^t (\phi_0 - Y_1)\mathrm{d}t + U_{10} \\ V_1(t, y, \vartheta) = \displaystyle\int_0^t (\phi_0^* - Z_1)\mathrm{d}t + V_{10} \end{cases} \tag{1.1.17}$$

和

$$\begin{cases} U_2(t, y, \vartheta) = \displaystyle\int_0^t \left(\phi_1 - Y_2 - \dfrac{\partial U_1}{\partial y} Y_1 - \dfrac{\partial U_1}{\partial \vartheta} Z_1\right)\mathrm{d}t + U_{20} \\ V_2(t, y, \vartheta) = \displaystyle\int_0^t \left(\phi_1^* - Z_2 - \dfrac{\partial V_1}{\partial y} Y_1 - \dfrac{\partial V_1}{\partial \vartheta} Z_1\right)\mathrm{d}t + V_{20} \end{cases} \tag{1.1.18}$$

式中：$U_{10} = U_1(0, y, \vartheta)$，$V_{10} = V_1(0, y, \vartheta)$，$U_{20} = U_2(0, y, \vartheta)$，$V_{20} = V_2(0, y, \vartheta)$。

第一次近似解（即精确到 ε 一次幂的解）为

$$\begin{cases} x = y\cos(\omega t + \vartheta) \\ \dfrac{\mathrm{d}y}{\mathrm{d}t} = \varepsilon Y_1(y) \\ \dfrac{\mathrm{d}\vartheta}{\mathrm{d}t} = \varepsilon Z_1(y) \end{cases} \tag{1.1.19}$$

第二次近似解为

$$\begin{cases}x=a\cos(\omega t+\theta)\\a=y+\varepsilon U_1(t,y,\vartheta)\\\theta=\vartheta+\varepsilon V_1(t,y,\vartheta)\end{cases}\tag{1.1.20}$$

其中

$$\begin{cases}U_1(t,y,\vartheta)=\int_0^t(\phi_0-Y_1)\mathrm{d}t+U_{10}\\V_1(t,y,\vartheta)=\int_0^t(\phi_0^*-Z_1)\mathrm{d}t+V_{10}\end{cases}\tag{1.1.21}$$

和

$$\begin{cases}\dfrac{\mathrm{d}y}{\mathrm{d}t}=\varepsilon Y_1(y)+\varepsilon^2Y_2(y)\\\dfrac{\mathrm{d}\vartheta}{\mathrm{d}t}=\varepsilon Z_1(y)+\varepsilon^2Z_2(y)\end{cases}\tag{1.1.22}$$

扫一扫:例 1.1 程序

例 1.1 用平均法求解杜芬(Duffing)方程$\ddot{x}+\omega^2x=-\varepsilon\alpha x^3$的一、二次近似解。

解:

$$\ddot{x}+\omega^2x=-\varepsilon\alpha x^3\tag{1.1.23}$$

或写为一阶微分方程组

$$\begin{cases}\dot{x}=z\\\dot{z}=-\omega^2x-\varepsilon\alpha x^3\end{cases}\tag{1.1.24}$$

设式(1.1.24)的解为

$$\begin{cases}x=a\cos\psi\\z=-a\omega\sin\psi\end{cases}\tag{1.1.25}$$

式中:$\psi=\omega t+\theta$。

可导出其标准方程组为

$$\begin{cases}\dfrac{\mathrm{d}a}{\mathrm{d}t}=\dfrac{\varepsilon}{\omega}\alpha x^3\sin\psi=\dfrac{\varepsilon}{\omega}\alpha a^3\cos^3\psi\sin\psi=\varepsilon\phi(a,\psi)\\\dfrac{\mathrm{d}\theta}{\mathrm{d}t}=\dfrac{\varepsilon}{a\omega}\alpha x^3\cos\psi=\dfrac{\varepsilon}{\omega}\alpha a^2\cos^4\psi=\varepsilon\phi^*(a,\psi)\end{cases}\tag{1.1.26}$$

引入 KB 变换,得

$$\begin{cases}a=y+\varepsilon U_1(t,y,\vartheta)+\varepsilon^2U_2(t,y,\vartheta)+\cdots\\\theta=\vartheta+\varepsilon V_1(t,y,\vartheta)+\varepsilon^2V_2(t,y,\vartheta)+\cdots\end{cases}\tag{1.1.27}$$

并要求新变量y,ϑ的导数为

$$\begin{cases}\dfrac{\mathrm{d}y}{\mathrm{d}t}=\varepsilon Y_1(y)+\varepsilon^2Y_2(y)\\\dfrac{\mathrm{d}\vartheta}{\mathrm{d}t}=\varepsilon Z_1(y)+\varepsilon^2Z_2(y)\end{cases}\tag{1.1.28}$$

将式(1.1.27)代入式(1.1.26)并考虑式(1.1.28),得

$$\varepsilon Y_1+\varepsilon^2 Y_2+\varepsilon\frac{\partial U_1}{\partial t}+\varepsilon^2\frac{\partial U_1}{\partial y}Y_1+\varepsilon^2\frac{\partial U_1}{\partial \vartheta}Z_1+\varepsilon^2\frac{\partial U_2}{\partial t}=\varepsilon\phi(t,y,\vartheta,\varepsilon)=\varepsilon\phi_0+\varepsilon^2\phi_1 \tag{1.1.29}$$

$$\varepsilon Z_1+\varepsilon^2 Z_2+\varepsilon\frac{\partial V_1}{\partial t}+\varepsilon^2\frac{\partial V_1}{\partial y}Y_1+\varepsilon^2\frac{\partial V_1}{\partial \vartheta}Z_1+\varepsilon^2\frac{\partial V_2}{\partial t}=\varepsilon\phi^*(t,y,\vartheta,\varepsilon)=\varepsilon\phi_0^*+\varepsilon^2\phi_1^* \tag{1.1.30}$$

其中

$$\phi_0=\frac{1}{\omega}\alpha y^3\cos^3(\omega t+\vartheta)\sin(\omega t+\vartheta)$$

$$\phi_0^*=\frac{1}{\omega}\alpha y^2\cos^4(\omega t+\vartheta)$$

$$\phi_1=\frac{\alpha}{8\omega}\{4y^3V_1[\cos 2(\omega t+\vartheta)+\cos 4(\omega t+\vartheta)]+3y^2U_1[2\sin 2(\omega t+\vartheta)+\sin 4(\omega t+\vartheta)]\}$$

$$\phi_1^*=\frac{\alpha}{8\omega}\{2yU_1[3+4\cos 2(\omega t+\vartheta)+\cos 4(\omega t+\vartheta)]-4y^2V_1[2\sin 2(\omega t+\vartheta)+\sin 4(\omega t+\vartheta)]\}$$

令式(1.1.29)和式(1.1.30)两端 ε 同次方的系数相等，则可得到确定 Y_i，Z_i，U_i，V_i 的微分方程组：

$$\begin{cases} Y_1+\dfrac{\partial U_1}{\partial t}=\phi_0 \\ Z_1+\dfrac{\partial V_1}{\partial t}=\phi_0^* \end{cases} \tag{1.1.31}$$

和

$$\begin{cases} Y_2+\dfrac{\partial U_1}{\partial y}Y_1+\dfrac{\partial U_1}{\partial \vartheta}Z_1+\dfrac{\partial U_2}{\partial t}=\phi_1 \\ Z_2+\dfrac{\partial V_1}{\partial y}Y_1+\dfrac{\partial V_1}{\partial \vartheta}Z_1+\dfrac{\partial V_2}{\partial t}=\phi_1^* \end{cases} \tag{1.1.32}$$

根据 Y，Z 不显含 t 的条件，得

$$\begin{cases} Y_1=\dfrac{1}{2\pi}\displaystyle\int_0^{2\pi}\phi_0\,\mathrm{d}\psi=\dfrac{1}{2\pi}\int_0^{2\pi}\dfrac{1}{\omega}\alpha y^3\cos^3(\omega t+\vartheta)\sin(\omega t+\vartheta)\,\mathrm{d}(\omega t+\vartheta)=0 \\ Z_1=\dfrac{1}{2\pi}\displaystyle\int_0^{2\pi}\phi_0^*\,\mathrm{d}\psi=\dfrac{1}{2\pi}\int_0^{2\pi}\dfrac{1}{\omega}\alpha y^2\cos^4(\omega t+\vartheta)\,\mathrm{d}(\omega t+\vartheta)=\dfrac{3\alpha y^2}{8\omega} \end{cases} \tag{1.1.33}$$

从而得到 Duffing 方程的第一次近似解为

$$\begin{cases} x=y\cos(\omega t+\vartheta) \\ \dfrac{\mathrm{d}y}{\mathrm{d}t}=\varepsilon Y_1(y)=0 \\ \dfrac{\mathrm{d}\vartheta}{\mathrm{d}t}=\varepsilon Z_1(y)=\varepsilon\dfrac{3\alpha y^2}{8\omega} \end{cases} \tag{1.1.34}$$

从式(1.1.34)知，因为 $\dfrac{\mathrm{d}y}{\mathrm{d}t}=0$，所以振幅和时间 t 无关，仅由起始条件确定。

$$y=y_0=const\ (\text{常数}) \tag{1.1.35}$$

由于 y 是常数，则

$$\vartheta=\varepsilon\frac{3\alpha y^2}{8\omega}t+\vartheta_0 \tag{1.1.36}$$

从而得

$$\psi=(\omega+\varepsilon\frac{3\alpha y^2}{8\omega})t+\vartheta_0 \tag{1.1.37}$$

式中：ϑ_0 为由起始条件确定的起始相位角。

故振动的第一次近似解为简谐运动，其振幅为由起始条件确定的常数，其频率受到方程中的弹性力的非线性项的影响，即振动频率随振幅而变化。换言之，由于弹性力的非线性项的存在，振动系统失去了“等时性”。所谓“等时性”，是指线性系统固有频率与振幅无关的特性。另外，由于 Duffing 系统为保守系统（无阻尼力），没有能量的耗散（阻尼）和能量的输入（激励力），因此其振幅为由初始条件确定的常数。

现求第二次近似解：

$$\begin{cases} U_1=\int_0^t(\phi_0-Y_1)\mathrm{d}t+U_{10}=\dfrac{\alpha y^3}{32\omega^2}[-4\cos 2(\omega t+\vartheta)-\cos 4(\omega t+\vartheta)] \\ V_1=\int_0^t(\phi_0^*-Y_1)\mathrm{d}t+V_{10}=\dfrac{\alpha y^2}{32\omega^2}[8\sin 2(\omega t+\vartheta)+\sin 4(\omega t+\vartheta)] \end{cases} \tag{1.1.38}$$

和

$$\begin{cases} Y_2=\dfrac{1}{2\pi}\int_0^{2\pi}(\phi_1-\dfrac{\partial U_1}{\partial y}Y_1-\dfrac{\partial U_1}{\partial\vartheta}Z_1)\mathrm{d}\psi=0 \\ Z_2=\dfrac{1}{2\pi}\int_0^{2\pi}(\phi_1^*-\dfrac{\partial V_1}{\partial y}Y_1-\dfrac{\partial V_1}{\partial\vartheta}Z_1)\mathrm{d}\psi=-\dfrac{15\alpha^2y^4}{256\omega^3} \end{cases} \tag{1.1.39}$$

则，第二次近似解为

$$\begin{cases} x=a\cos(\omega t+\theta) \\ a=y+\varepsilon U_1(t,y,\vartheta) \\ \theta=\vartheta+\varepsilon V_1(t,y,\vartheta) \end{cases} \tag{1.1.40}$$

并要求

$$\begin{cases} \dfrac{\mathrm{d}y}{\mathrm{d}t}=\varepsilon Y_1(y)+\varepsilon^2Y_2(y) \\ \dfrac{\mathrm{d}\vartheta}{\mathrm{d}t}=\varepsilon Z_1(y)+\varepsilon^2Z_2(y) \end{cases} \tag{1.1.41}$$

1.2 定常解

在平均法中，方程（1.1.1）的解为

$$\begin{cases} x=a\cos\psi \\ a=y+\varepsilon U_1(t,y,\psi)+\varepsilon^2U_2(t,y,\psi)+\cdots \\ \theta=\vartheta+\varepsilon V_1(t,y,\psi)+\varepsilon^2V_2(t,y,\psi)+\cdots \end{cases} \tag{1.2.1}$$

其中

$$\begin{cases}\dfrac{\mathrm{d}y}{\mathrm{d}t}=\varepsilon Y_1(y)+\varepsilon^2Y_2(y)+\cdots\\ \dfrac{\mathrm{d}\vartheta}{\mathrm{d}t}=\varepsilon Z_1(y)+\varepsilon^2Z_2(y)+\cdots\end{cases}$$

在平均法中，如考虑 n 次近似，则

$$\frac{\mathrm{d}a}{\mathrm{d}t}=\phi(a) \tag{1.2.2}$$

其中

$$\phi(a)=\varepsilon A_1(a)+\varepsilon^2A_2(a)+\cdots+\varepsilon^nA_n(a)$$

可对式(1.2.2)进行积分，以便得到振幅的变化规律。实际上不进行积分也可定性地研究 $a(t)$ 的性质，本节就是根据 $\phi(a)$ 的规律研究 $a(t)$ 的性质及稳定性问题。

首先，假设不存在这样一个 a^* 值，当 $a>a^*$ 时，有 $\phi(a)>0$。这个条件的物理意义是，如存在这样一个 a^* 值，在取起始条件 $a(0)>a^*$ 后，由于 $\phi(a)>0$，则当 $t\to\infty$ 时，$a(t)\to\infty$，这种情形从物理意义上讲是不可能的，所以上面的假设必须成立。这个条件称为“振幅的有界条件”。

从方程(1.2.2)知，当 $\phi(a)>0$ 时，振幅增加；当 $\phi(a)<0$ 时，振幅减小；只有当

$$\phi(a)=0 \tag{1.2.3}$$

时，振幅不变，而为常数。这个不变的常数称为“定常值”，故为了得到振幅的定常解，必须令式(1.2.2)的右端等于零。

如振幅的起始值 a_0 不满足定常解条件(1.2.3)，那么在系统起振后，振幅或增大或减小，并向定常值趋近。因此，若系统存在稳定的定常解，非定常振动随着时间的增加，必向定常振动趋近，非定常振动也称为过渡过程。对高频成分来说，由于周期很小，所以向定常解趋近得非常快，故对这样一类振动来说，振动过程开始后就可认为是定常的。

在工程技术中，也存在着没有过渡过程的所谓“退化系统”，此系统的任何振动都是定常的，例如当函数 $f\left(x,\dfrac{\mathrm{d}x}{\mathrm{d}t}\right)$ 只与 x 有关，而与 $\dfrac{\mathrm{d}x}{\mathrm{d}t}$ 无关时，有

$$\frac{\mathrm{d}^2x}{\mathrm{d}t^2}+F(x)=0 \tag{1.2.4}$$

以 $\mathrm{d}x$ 乘以式(1.2.4)，得

$$\frac{\mathrm{d}^2x}{\mathrm{d}t^2}\mathrm{d}x+F(x)\mathrm{d}x=0$$

或

$$v\mathrm{d}v+F(x)\mathrm{d}x=0$$

所以

$$T+E=const$$

是保守系统，在振动过程中无能量输入和输出，因此由起始条件所确定的任何振动都是不变的，即都是定常的。

实际上，任何物理系统在振动过程中都有能量损失，就是自激振动系统，也必须供给能量。

设 a_0 是方程(1.2.3)的根，该常数也就是定常解，则定常解的稳定性由下式确定：

$$\left.\frac{\mathrm{d}\phi(a)}{\mathrm{d}a}\right|_{a=a_0}=\phi'(a_0) \tag{1.2.5}$$

当 $\phi'(a_0)<0$ 时，定常解 a_0 稳定；当 $\phi'(a_0)>0$ 时，定常解 a_0 不稳定。

应该指出，存在稳定的定常解的条件是必须有一个非零解，而产生自激振动的条件不是存在稳定的定常解的必要条件。

总之，为了求 n 次近似的定常解，令方程右端的前 n 项等于零，从代数方程可求其定常解 a_0，而其稳定问题决定于 $\phi'(a_0)$ 的符号。如直接解方程(1.2.2)，则可得到向定常解过渡的非定常解。

1.3 自激振动系统

1. 自激振动的特点

自激振动是一种独特而又普遍的现象。独特是指其机理，普遍是指这一现象广泛存在于自然界和工程中。

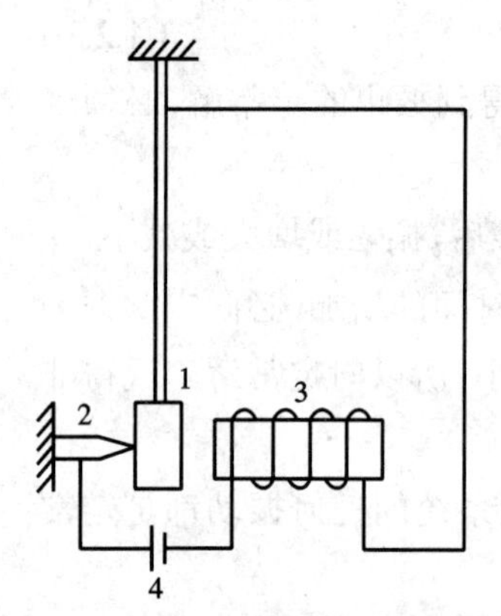

图 1.1 电磁断续器工作原理

自激振动现象表现为系统在常能源即其数学表达式不显含时间的能源支持下做固定频率和固定振幅的振动。这一现象不同于在线性振动中和前面所介绍的一般非线性振动中的情况。在这些情况下，保守系统自由振动是一种理想化了的即不考虑能量耗散的振动，所维持的定常振动在实际系统中并不存在。在考虑实际中存在的阻尼后，自由振动是衰减的。在这些情况下，要维持定常振动必须有一个显含时间的干扰力，这就是强迫振动。而在自激振动中，维持定常振动的并不是显含时间的干扰力。以图 1.1 的例子说明自激振动现象，这是类似电铃、蜂鸣器以及某些电路的启动开关等装置的工作原理图，这种装置可称为电磁断续器。图中 1 是衔铁，即振动系统的弹簧片和质量， 2 是触头， 3 是电磁铁， 4 是直流电源。当 1 处于如图 1.1 所示的位置时，电路接通，3 产生的电磁力吸引 1，使 1 与 2 脱开。脱开后电路中断，电磁力消失， 1 又在恢复力作用下恢复原位。1 恢复原位后又重复上一过程，于是维持了一个定常振动。

表面上看，电磁铁吸引力的周期性干扰支持了这一振动，它的功补充了阻尼的消耗，维持了定常振动。其实，电磁力的作用是不显含时间的，其周期不是独立地给定，而是由振动系统本身的参数决定的。由于这种系统的振动情况由自身参数确定，因而被称为自激振动系统。

机械式钟表的工作原理与此很相似，发条的常能源维持钟表的定常振动，而发条作用的周期性是由振动系统即游丝 - 摆轮系统的参数决定的。

日常生活中的自激振动现象是极普遍的。语音和歌声的载体——声带以及各种管乐器、簧乐器、弓弦乐器，它们的振动都是自激振动。工程中，自激振动也很常见，而且利害分明。例如当火车在平直铁轨上行驶时，由于轮对的锥形踏面有自动回正的作用，当车速达到某一数值时，车身会产生严重的左右摆动，称为“蛇行”，这种现象会加速零部件的磨损，缩短其使用寿命，并对火车的安全行驶造成极大的危害；汽车由于受转向轮的轮胎拖距、主销后倾等因素的影响，当车辆在平直路面上行驶且车速达到某一数值时，车身会发生与火车相似的严重的左右摆动，称为汽车“摆振”，这种现象同样十分有害，这两种现象都是自激振动。车刀的工作是定常的切削，但在某些条件下，切削力可以对工件或刀架－床身系统做正功，补充阻尼引起的消耗而维持一个定常振动；重型机床工作台在润滑不良时的断续爬行也是一种自激振动现象，这两种振动对机械加工是十分有害的。大型旋转机器的滑动轴承产生的油膜振动也是十分有害的自激振动。飞机飞行中的颤振是流体激发的自激振动，它对飞机来说十分危险，必须绝对避免。输电线因结冰形成的非圆断面在承受一定风速的风力时也会引起大幅度的舞动（或称驰振）。有一种流体引起的卡门（Kármán）涡也是自激振动现象，它在与流速垂直放置的纯柱体下游两侧周期性地交错产生，形成对该柱体的横向周期性干扰，从而引起工程结构的涡激振动。这种振动通常是有害的，但因为涡的频率与流速成正比，利用这种涡的稳定频率可制作有用的流量计。应用更为广泛的是无线电工程中的振荡器，它把直流电源转变为振荡的交流电源。

从上述的例子可以看到，自激振动的机理就是常能源能够对振动系统的周期运动做正功，补充系统因实际上存在的阻尼而耗散的能量，从而维持定常的振动。

在自激振动问题中，这种做正功的力的数学形式通常是与速度有关的。在振动理论中，与速度有关的项称为阻尼，而一般阻尼总是做负功，从而使能量耗散。在自激振动问题中，与速度有关又做正功的项称为负阻尼，相应地称做负功的阻尼为正阻尼。实际上，自激振动系统的阻尼作为一个整体，其正负号通常是变动的，即当振幅小时，阻尼成为负值，从而增加系统的能量；当振幅大时，阻尼成为正值，从而减小系统的能量。这种阻尼作用的结果当然是维持一个定常的振动，在这个振动水平上，系统的能量在一个周期内收支相抵。

2.Van der Pol 方程

自激振动最典型而又最简单的例子是 Van der Pol 方程。这是荷兰的范德波（Van der Pol）在研究一种电子管振荡电路时提出的。其简化数学模型为

扫一扫：Van der Pol 程序

$$\ddot{x}+x=\varepsilon(1-x^2)\dot{x} \tag{1.3.1}$$

或写为一阶微分方程组

$$\begin{cases}\dot{x}=z\\ \dot{z}=-x+\varepsilon(1-x^2)z\end{cases} \tag{1.3.2}$$

设式（1.3.2）的解为

$$\begin{cases}x=a\cos\psi\\ z=-a\sin\psi\end{cases} \tag{1.3.3}$$

式中：$\psi=t+\theta$。

可导出其标准方程组为

$$\begin{cases}\dfrac{\mathrm{d}a}{\mathrm{d}t}=\varepsilon(1-a^2\cos^2\psi)a\sin^2\psi\\ \dfrac{\mathrm{d}\theta}{\mathrm{d}t}=\varepsilon(1-a^2\cos^2\psi)\sin\psi\cos\psi\end{cases}\tag{1.3.4}$$

或

$$\begin{cases}\dfrac{\mathrm{d}a}{\mathrm{d}t}=\varepsilon\left[\dfrac{a}{2}(1-\dfrac{a^2}{4})-\dfrac{a}{2}\cos 2\psi+\dfrac{a^3}{8}\cos 4\psi\right]=\varepsilon\phi\\ \dfrac{\mathrm{d}\theta}{\mathrm{d}t}=\varepsilon\left[\dfrac{1}{2}(1-\dfrac{a^2}{2})\sin 2\psi-\dfrac{a^2}{8}\sin 4\psi\right]=\varepsilon\phi^*\end{cases}\tag{1.3.5}$$

引入 KB 变换,得

$$\begin{cases}a=y+\varepsilon U_1(t,y,\vartheta)+\varepsilon^2U_2(t,y,\vartheta)\\ \theta=\vartheta+\varepsilon V_1(t,y,\vartheta)+\varepsilon^2V_2(t,y,\vartheta)\end{cases}\tag{1.3.6}$$

并要求新变量y,ϑ的导数为

$$\begin{cases}\dfrac{\mathrm{d}y}{\mathrm{d}t}=\varepsilon Y_1(y)+\varepsilon^2Y_2(y)+\varepsilon^3Y^*(t,y,\vartheta,\varepsilon)\\ \dfrac{\mathrm{d}\vartheta}{\mathrm{d}t}=\varepsilon Z_1(y)+\varepsilon^2Z_2(y)+\varepsilon^3Z^*(t,y,\vartheta,\varepsilon)\end{cases}\tag{1.3.7}$$

式中:Y_1, Y_2, Z_1, Z_2不显含时间t;U_1, U_2, V_1, V_2, Y^*和Z^*为ϑ的以2π为周期的周期函数以及t的以T为周期的周期函数。

将式(1.3.6)代入式(1.3.5)并考虑式(1.3.7),则得到和式(1.1.11)、式(1.1.12)类似的方程,其中

$$\begin{cases}\phi_0=\dfrac{y}{2}(1-\dfrac{y^2}{4})-\dfrac{y}{2}\cos 2(t+\vartheta)+\dfrac{y^3}{8}\cos 4(t+\vartheta)\\ \phi_0^*=\dfrac{1}{2}(1-\dfrac{y^2}{2})\sin 2(t+\vartheta)-\dfrac{y^2}{8}\sin 4(t+\vartheta)\end{cases}\tag{1.3.8}$$

和

$$\begin{cases}\phi_1=\dfrac{U_1}{2}(1-\dfrac{3y^2}{4})+\cdots\\ \phi_1^*=(1-\dfrac{y^2}{2})V_1\cos 2(t+\vartheta)-\dfrac{1}{2}U_1y\sin 2(t+\vartheta)-\dfrac{1}{2}y^2V_1\cos 4(t+\vartheta)-\dfrac{1}{4}yU_1\sin 4(t+\vartheta)\end{cases}\tag{1.3.9}$$

将式(1.3.8)代入式(1.1.15),则

$$\begin{aligned}Y_1&=\frac{1}{2\pi}\int_0^{2\pi}[\frac{y}{2}(1-\frac{y^2}{4})-\frac{y}{2}\cos 2(t+\vartheta)+\frac{y^3}{8}\cos 4(t+\vartheta)]\mathrm{d}\psi=\frac{y}{2}\left(1-\frac{y^2}{4}\right)\\ Z_1&=\frac{1}{2\pi}\int_0^{2\pi}[\frac{1}{2}(1-\frac{y^2}{2})\sin 2(t+\vartheta)-\frac{y^2}{8}\sin 4(t+\vartheta)]\mathrm{d}\psi=0\end{aligned}\tag{1.3.10}$$

将式(1.3.8)代入式(1.1.17),则

$$
\begin{aligned}
U_1 &= -\frac{y}{4}\sin 2\psi + \frac{y^3}{32}\sin 4\psi \\
V_1 &= -\frac{1}{4}\left(1-\frac{y^2}{2}\right)\cos 2\psi + \frac{y^2}{32}\cos 4\psi
\end{aligned} \tag{1.3.11}
$$

现求第一次近似解，在式（1.3.7）中忽略 ε 的方次大于 2 的各项，则

$$
\begin{cases}
\dfrac{\mathrm{d}y}{\mathrm{d}t} = \dfrac{\varepsilon}{2} y\left(1-\dfrac{y^2}{4}\right) \\
\dfrac{\mathrm{d}\vartheta}{\mathrm{d}t} = 0
\end{cases} \tag{1.3.12}
$$

以 y 乘以上第一式的两端，有

$$
\frac{\mathrm{d}y^2}{\mathrm{d}t} = \varepsilon\left(1-\frac{y^2}{4}\right)y^2
$$

或

$$
\frac{\mathrm{d}y^2}{4-y^2} + \frac{\mathrm{d}y^2}{y^2} = \varepsilon \mathrm{d}t
$$

对积分上式得

$$
\int_{y_0}^{y}\frac{\mathrm{d}y^2}{4-y^2} + \int_{y_0}^{y}\frac{\mathrm{d}y^2}{y^2} = \varepsilon\int_0^t \mathrm{d}t
$$

$$
\ln\frac{\dfrac{y^2}{4-y^2}}{\dfrac{y_0^2}{4-y_0^2}} = \varepsilon t
$$

$$
\frac{y^2}{4-y^2} = \frac{y_0^2}{4-y_0^2}\mathrm{e}^{\varepsilon t}
$$

整理后，得

$$
y = \frac{y_0 \mathrm{e}^{\frac{\varepsilon t}{2}}}{\sqrt{1+\dfrac{1}{4}y_0^2(\mathrm{e}^{\varepsilon t}-1)}} \tag{1.3.13}
$$

故第一次近似解为（这是一个具有过渡过程的解）

$$
x = \frac{y_0 \mathrm{e}^{\frac{\varepsilon t}{2}}}{\sqrt{1+\dfrac{1}{4}y_0^2(\mathrm{e}^{\varepsilon t}-1)}}\cos\psi \tag{1.3.14}
$$

式中：$\psi = t + \vartheta$。

通过下面的分析可以发现，任何小的干扰都将使振幅单调上升，直至等于 2。在式（1.3.12）中，令

$$
\frac{\mathrm{d}y}{\mathrm{d}t} = \varepsilon\frac{y}{2}\left(1-\frac{y^2}{4}\right) = 0 \tag{1.3.15}
$$

得第一次近似的定常解为 $y=2$，平凡解为 $y=0$。因为 $\left.\frac{dy}{dt}\right|_{y=0^+}>0$，而 $\left.\frac{d}{dy}\left(\frac{dy}{dt}\right)\right|_{y=2}=\left.\left[\frac{1}{2}(1-\frac{y^2}{4})+\frac{y}{2}(-\frac{2y}{4})\right]\right|_{y=2}=-1<0$，因此定常解是稳定的，不管干扰多大或多小，当 $t\to\infty$ 时，振幅趋于2，换句话说，随着时间的增加，任意振动都趋于定常振动。

在工程实际中，由于随机干扰很难避免，使处于静止状态的振动系统的振幅自动增大，故称自激振动。则对应定常解，得

$$x=2\cos(t+\theta) \tag{1.3.16}$$

由式(1.3.16)知，在第一次近似时其定常解的频率为1，振幅为2，事实上从高次近似知，定常解并非简谐振动。

下面研究第二次近似解，将 ϕ_1，ϕ_1^*，U_1，V_1，Y_1，Z_1 代入式(1.1.16)，得

$$\begin{cases}Y_2=0\\ Z_2=-\dfrac{1}{8}+\dfrac{3y^2}{16}-\dfrac{11y^4}{32\times 8}\end{cases} \tag{1.3.17}$$

故第二次近似解为

$$\begin{cases}x=a\cos(t+\theta)\\ a=y+\varepsilon U_1(t,y,\vartheta)\\ \theta=\vartheta+\varepsilon V_1(t,y,\vartheta)\end{cases} \tag{1.3.18}$$

其中

$$\begin{cases}\dfrac{dy}{dt}=\dfrac{\varepsilon}{2}y\left(1-\dfrac{y^2}{4}\right)\\ \dfrac{d\vartheta}{dt}=\varepsilon^2\left(-\dfrac{1}{8}+\dfrac{3y^2}{16}-\dfrac{11y^4}{32\times 8}\right)\end{cases} \tag{1.3.19}$$

由于 $Y_2=0$，因此第二次近似的定常解的幅值与第一次近似相同，仍为 $y=2$。所以，第二次近似的定常解为

$$\begin{aligned}&\frac{d\psi}{dt}=1-\frac{\varepsilon^2}{16}=\omega_{\rm II}\\ &x=\left[2-\frac{\varepsilon}{2}\sin 2(t+\vartheta)+\frac{\varepsilon}{4}\sin 4(t+\vartheta)\right]\cdot\cos\left[(t+\vartheta)+\frac{\varepsilon}{4}\cos 2(t+\vartheta)+\frac{\varepsilon}{8}\cos 4(t+\vartheta)\right]\\ &\quad=2\cos\omega_{\rm II}t-\frac{\varepsilon}{4}\sin\omega_{\rm II}t\end{aligned} \tag{1.3.20}$$

从式(1.3.20)知，瞬时频率 $\omega_{\rm II}$ 为 y 的函数。所以，第一次近似时振动具有等时性，而第二次近似则失去了等时性，故自激振动系统和其他具有阻尼的系统一样也是“拟等时性”的振动系统。

从对范德波方程的研究可知，自激振动系统和保守系统有本质的区别。保守系统的振幅可以是由起始条件确定的任意值，而自激振动定常解的振幅为一个确定的值。其物理意义是，在保守系统中无能量消耗，也无能量供给，所以振动发生后，振幅既不增长，也不衰减，而保持

起始值。在自激振动系统中，有能量消耗，也有能量供给，供给大于消耗则振幅增大，供给小于消耗则振幅减小，供给等于消耗则振幅不变。综上所述，产生自激振动的条件为存在一个稳定的定常解和一个不稳定的平凡解，该平凡解是单调上升的。

1.4　非共振系统的平均法

如果在振动系统上作用外干扰力 $E\sin\nu t$，则此时振动方程为

$$\ddot{x}+\omega^2 x=\varepsilon f(x,\dot{x})+E\sin\nu t \tag{1.4.1}$$

这是单自由度非线性系统强迫振动的方程式，可写为一阶微分方程组

$$\begin{cases}\dot{x}=z\\ \dot{z}=-\omega^2 x+\varepsilon f(x,z)+E\sin\nu t\end{cases} \tag{1.4.2}$$

我们知道，在线性系统中，系统做强迫振动时，定常解的频率与干扰力频率相同，并且定常解和起始条件无关。在非线性系统中，其强迫振动的定常解中除含有和干扰力相同的频率成分外，还有高频成分存在，定常解取决于起始条件，非线性系统的强迫振动还有其他一些本质的特点，下面将进行分析说明。

当干扰力频率 ν 和派生系统（当 $\varepsilon=0$ 时的系统）的固有频率 ω 差值较大，或其比值不为有理数时，则有所谓的非共振情况。

1. 将上述以位移 x、速度 y 为变量的方程转化为以振幅 a、相位 θ 为变量的方程

在方程组（1.4.1）中，如 $\varepsilon=0$，可得其派生系统的解为

$$\begin{cases}x=a\cos\psi+\dfrac{E}{\omega^2-\nu^2}\sin\nu t\\ z=-a\omega\sin\psi+\dfrac{E\nu}{\omega^2-\nu^2}\cos\nu t\end{cases} \tag{1.4.3}$$

式中：$\psi=\omega t+\theta$，而 a，θ 为由起始条件确定的常数，当 $\varepsilon\neq 0$ 时 a，θ 为时间 t 的函数，现研究 a，θ 是什么函数时，解方程组（1.4.3）满足方程组（1.4.1）。将方程组（1.4.3）的第一式对时间 t 求一阶导数，得

$$\dot{x}=z=\frac{\mathrm{d}a}{\mathrm{d}t}\cos\psi-a\left(\omega+\frac{\mathrm{d}\theta}{\mathrm{d}t}\right)\sin\psi+\frac{E\nu}{\omega^2-\nu^2}\cos\nu t \tag{1.4.4}$$

若要求 z 仍保持式（1.4.3）的形式，则须有

$$\frac{\mathrm{d}a}{\mathrm{d}t}\cos\psi-a\frac{\mathrm{d}\theta}{\mathrm{d}t}\sin\psi=0 \tag{1.4.5}$$

将方程组（1.4.3）的第二式对时间 t 求二阶导数，则有

$$\dot{z}=\ddot{x}=-\frac{\mathrm{d}a}{\mathrm{d}t}\omega\sin\psi-a\omega\left(\omega+\frac{\mathrm{d}\theta}{\mathrm{d}t}\right)\cos\psi-\frac{E\nu^2}{\omega^2-\nu^2}\sin\nu t \tag{1.4.6}$$

将 x，$\dot{x}$ 及 $\ddot{x}$ 的表达式代入基本方程（1.4.1），可得

$$\begin{aligned}&-\frac{\mathrm{d}a}{\mathrm{d}t}\omega\sin\psi-a\omega\frac{\mathrm{d}\theta}{\mathrm{d}t}\cos\psi\\ &=\varepsilon f\left(a\cos\psi+\frac{E}{\omega^2-\nu^2}\sin\nu t,-a\omega\sin\psi+\frac{E\nu}{\omega^2-\nu^2}\cos\nu t\right)\end{aligned} \tag{1.4.7}$$

由式(1.4.5)和式(1.4.7)可以解出

$$\begin{cases}\dfrac{\mathrm{d}a}{\mathrm{d}t}=-\dfrac{\varepsilon}{\omega}f(a\cos\psi+\dfrac{E}{\omega^2-\nu^2}\sin\nu t,-a\omega\sin\psi+\dfrac{E\nu}{\omega^2-\nu^2}\cos\nu t)\sin\psi \\ \quad =\varepsilon\phi(a,\psi,t) \\ \dfrac{\mathrm{d}\theta}{\mathrm{d}t}=-\dfrac{\varepsilon}{a\omega}f(a\cos\psi+\dfrac{E}{\omega^2-\nu^2}\sin\nu t,-a\omega\sin\psi+\dfrac{E\nu}{\omega^2-\nu^2}\cos\nu t)\cos\psi \\ \quad =\varepsilon\phi^*(a,\psi,t)\end{cases} \tag{1.4.8}$$

方程组(1.4.8)称为标准方程组。到此为止,我们没有做过任何近似简化。这时如果能严格求解方程组(1.4.8),问题也就解决了。不过这通常是无法达成的。

2. 求解方程组(1.4.8)的近似解

由方程组(1.4.8)的形式可知,振幅和相位关于时间的导数是与ε成比例的量,因此设函数a,θ由平稳变化的项y,ϑ和小摄动项叠加而成,对之取KB变换,得

$$\begin{cases}a=y+\varepsilon U_1(t,y,\vartheta) \\ \theta=\vartheta+\varepsilon V_1(t,y,\vartheta)\end{cases} \tag{1.4.9}$$

并要求新变量y,ϑ的导数为

$$\begin{cases}\dfrac{\mathrm{d}y}{\mathrm{d}t}=\varepsilon Y_1(y)+\varepsilon^2 Y^*(t,y,\vartheta,\varepsilon) \\ \dfrac{\mathrm{d}\vartheta}{\mathrm{d}t}=\varepsilon Z_1(y)+\varepsilon^2 Z^*(t,y,\vartheta,\varepsilon)\end{cases} \tag{1.4.10}$$

式中:Y_1,Z_1不显含时间t;U_1,V_1为ϑ的以2π为周期的周期函数以及t的以T为周期的周期函数。

将式(1.4.9)代入式(1.4.8)并考虑到式(1.4.10),得

$$\varepsilon Y_1+\varepsilon^2 Y^*+\varepsilon\frac{\partial U_1}{\partial t}+\varepsilon\frac{\partial U_1}{\partial y}(\varepsilon Y_1+\varepsilon^2 Y^*)+\varepsilon\frac{\partial U_1}{\partial \vartheta}(\varepsilon Z_1+\varepsilon^2 Z^*) \\ =\varepsilon\phi_0+\varepsilon^2\phi_1+\cdots \tag{1.4.11}$$

$$\varepsilon Z_1+\varepsilon^2 Z^*+\varepsilon\frac{\partial V_1}{\partial t}+\varepsilon\frac{\partial V_1}{\partial y}(\varepsilon Y_1+\varepsilon^2 Y^*)+\varepsilon\frac{\partial V_1}{\partial \vartheta}(\varepsilon Z_1+\varepsilon^2 Z^*) \\ =\varepsilon\phi_0^*+\varepsilon^2\phi_1^*+\cdots \tag{1.4.12}$$

令式(1.4.11)和式(1.4.12)两端ε同次方的系数相等,则可得到确定Y,Z,U,V的微分方程式,下面只写出前一阶的系数方程:

$$\begin{cases}Y_1+\dfrac{\partial U_1}{\partial t}=\phi_0 \\ Z_1+\dfrac{\partial V_1}{\partial t}=\phi_0^*\end{cases} \tag{1.4.13}$$

式中:ϕ_0,ϕ_0^*,分别为将ϕ,ϕ^*在$\varepsilon=0$点展成泰勒级数时ε^0的系数。

根据Y,Z不显含t的条件,可用下列方法确定它们:

$$\begin{cases} Y_1 = \dfrac{1}{T}\displaystyle\int_0^T \phi_0 \mathrm{d}t = \dfrac{1}{2\pi}\int_0^{2\pi} \phi_0 \mathrm{d}\psi \\ Z_1 = \dfrac{1}{T}\displaystyle\int_0^T \phi_0^* \mathrm{d}t = \dfrac{1}{2\pi}\int_0^{2\pi} \phi_0^* \mathrm{d}\psi \end{cases} \tag{1.4.14}$$

式中：T为振动周期。而

$$\begin{cases} U_1 = \displaystyle\int_0^t (\phi_0 - Y_1)\mathrm{d}t + U_{10} \\ V_1 = \displaystyle\int_0^t (\phi_0^* - Y_1)\mathrm{d}t + V_{10} \end{cases} \tag{1.4.15}$$

则第一次近似解（即精确到ε一次幂的解）为

$$\begin{cases} x = a\cos\psi + \dfrac{E}{\omega^2 - \nu^2}\sin \nu t \\ a = y \\ \theta = \vartheta \end{cases} \tag{1.4.16}$$

其中

$$\begin{cases} \dfrac{\mathrm{d}y}{\mathrm{d}t} = \varepsilon Y_1(y) \\ \dfrac{\mathrm{d}\vartheta}{\mathrm{d}t} = \varepsilon Z_1(y) \end{cases} \tag{1.4.17}$$

令式（1.4.17）第一式为零后，得定常解

$$y = y_0 \tag{1.4.18}$$

将式（1.4.18）代入式（1.4.17）的第二式，则有

$$\vartheta = \varepsilon Z_1(y)t + \eta$$

式中：η为任意常数。

例 1.2 用平均法求解广义范德波方程$\ddot{x} + x - \varepsilon(1 - x^2)\dot{x} = E\sin \nu t$的非共振解，即$\nu \neq 1$或$\nu$不与 1 接近时的解。

解：为将其化成标准方程，采用变换

$$\begin{cases} x = a\cos(t+\theta) + \dfrac{E}{1-\nu^2}\sin \nu t \\ \dot{x} = -a\sin(t+\theta) + \dfrac{E\nu}{1-\nu^2}\cos \nu t \end{cases} \tag{1.4.19}$$

由式（1.4.8）得标准方程：

$$\begin{aligned} \frac{\mathrm{d}a}{\mathrm{d}t} &= \varepsilon\{1 - [a\cos(t+\theta) + \frac{E}{1-\nu^2}\sin \nu t]^2\}[a\sin(t+\theta) - \frac{E\nu}{1-\nu^2}\cos \nu t]\sin(t+\theta) \\ &= \varepsilon\{\frac{a}{2}\left[1 - \frac{a^2}{4} - \frac{1}{2}\left(\frac{E}{1-\nu^2}\right)^2\right] + \frac{a^3}{8}\cos 4(t+\theta) + \frac{a(-1+2\nu)E^2}{8(1-\nu^2)^2} \times \\ &\quad \cos 2(\nu t - t - \theta) - \frac{a(1+2\nu)E^2}{8(1-\nu^2)^2}\cos 2(\nu t + t + \theta) + \cdots\} \end{aligned} \tag{1.4.20a}$$

$$\frac{\mathrm{d}\theta}{\mathrm{d}t}=\frac{\varepsilon}{a}\{1-[a\cos(t+\theta)+\frac{E}{1-\nu^2}\sin\nu t]^2\}[a\sin(t+\theta)-\frac{E\nu}{1-\nu^2}\cos\nu t]\cos(t+\theta)$$

$$=\varepsilon\{\frac{1}{2}\left[1-\frac{a^2}{2}-\frac{1}{2}\left(\frac{E}{1-\nu^2}\right)^2\right]\sin 2(t+\theta)-\frac{a^2}{8}\sin 4(t+\theta)- \tag{1.4.20b}$$

$$\frac{(1-2\nu)E^2}{8(1-\nu^2)^2}\sin 2(\nu t-t-\theta)+\frac{(1+2\nu)E^2}{8(1-\nu^2)^2}\sin 2(\nu t+t+\theta)+\cdots\}$$

对方程组(1.4.20)引入 KB 变换,则

$$\begin{cases}a=y+\varepsilon U_1(t,y,\vartheta)\\ \theta=\vartheta+\varepsilon V_1(t,y,\vartheta)\end{cases} \tag{1.4.21}$$

并要求新变量y,ϑ的导数为

$$\begin{cases}\dfrac{\mathrm{d}y}{\mathrm{d}t}=\varepsilon Y_1(y)+\varepsilon^2 Y_2^*(y)\\ \dfrac{\mathrm{d}\vartheta}{\mathrm{d}t}=\varepsilon Z_1(y)+\varepsilon^2 Z_2^*(y)\end{cases} \tag{1.4.22}$$

式中:Y_1,Z_1不显含t;U_1,V_1,Y^*和Z^*为ϑ的以2π为周期的周期函数和t的以T为周期的周期函数。

将式(1.4.21)代入式(1.4.20),并考虑式(1.4.22),令等式两端ε的系数相等,则有

$$\begin{cases}Y_1+\dfrac{\partial U_1}{\partial t}=\phi_0\\ Z_1+\dfrac{\partial V_1}{\partial t}=\phi_0^*\end{cases} \tag{1.4.23}$$

其中

$$\begin{cases}\phi_0=\dfrac{a}{2}\left[1-\dfrac{a^2}{4}-\dfrac{1}{2}\left(\dfrac{E}{1-\nu^2}\right)^2\right]+\dfrac{a^3}{8}\cos 4(t+\theta)+\dfrac{a(-1+2\nu)E^2}{8(1-\nu^2)^2}\times\\ \quad\cos 2(\nu t-t-\theta)-\dfrac{a(1+2\nu)E^2}{8(1-\nu^2)^2}\cos 2(\nu t+t+\theta)+\cdots\\ \phi_0^*=\dfrac{1}{2}\left[1-\dfrac{a^2}{2}-\dfrac{1}{2}\left(\dfrac{E}{1-\nu^2}\right)^2\right]\sin 2(t+\theta)-\dfrac{a^2}{8}\sin 4(t+\theta)-\\ \quad\dfrac{(1-2\nu)E^2}{8(1-\nu^2)^2}\sin 2(\nu t-t-\theta)+\dfrac{(1+2\nu)E^2}{8(1-\nu^2)^2}\sin 2(\nu t+t+\theta)+\cdots\end{cases} \tag{1.4.24}$$

由式(1.4.14),则有

$$Y_1=\frac{a}{2}\left[1-\frac{a^2}{4}-\frac{1}{2}\left(\frac{E}{1-\nu^2}\right)^2\right]$$

$$Z_1=0$$

第一次近似解为

$$x=a\cos(t+\vartheta)+\frac{E}{1-\nu^2}\sin\nu t$$

其中ϑ为常数;$a=y$由

$$\frac{\mathrm{d}a}{\mathrm{d}t}=\varepsilon\frac{a}{2}\left[1-\frac{a^2}{4}-\frac{1}{2}\left(\frac{E}{1-\nu^2}\right)^2\right] \tag{1.4.25}$$

确定。

在式(1.4.25)中，根据对自激振动系统的研究可知，只有当 $\left.\frac{\mathrm{d}a}{\mathrm{d}t}\right|_{a=0^+}>0$ 时，系统才可能自激，故自激振动的条件是

$$\left(\frac{E}{1-\nu^2}\right)^2<2 \tag{1.4.26}$$

令式(1.4.25)的右端等于零，自激振动的定常解为

$$a^2=4-2\left(\frac{E}{1-\nu^2}\right)^2 \tag{1.4.27}$$

如果

$$\left(\frac{E}{1-\nu^2}\right)^2>2 \tag{1.4.28}$$

则随着时间增加，振幅将趋近于零，此时虽有干扰力存在，但振动将逐渐消失，因而系统发生了异步衰减振动。

1.5　共振情况的平均法

在方程(1.4.1)中，如果 ν 与 ω 相等或二者的差值为与 ε 同阶的量，即有所谓的主共振情况；对于非线性振动系统，当 ν 与 ω 的比值与有理数的差值为与 ε 同阶的量时，也有可能发生共振。此时方程的解中将出现“永年项”而无周期解，但是我们知道，有很多机械系统和无线电系统在共振情况下实际上是有周期解的，此时干扰力的幅值与 ε 同量级，为此方程(1.4.1)的一般形式如下：

$$\ddot{x}+\omega^2x=\varepsilon f(\nu t,x,\dot{x}) \tag{1.5.1}$$

下面讨论上述方程在共振情况下的渐近解。

设 $f(\nu t,x,\dot{x})$ 是 νt 的以 2π 为周期的周期函数，并可表示为

$$f(\nu t,x,\dot{x})=\sum_{n=-N}^{n=N}\mathrm{e}^{\mathrm{i}n\nu t}f_n(x,\dot{x}) \tag{1.5.2}$$

式中：有限级数的系数 $f_n(x,\dot{x})$ 是 x 和 $\dot{x}$ 的多项式。

在方程(1.5.1)中，如无干扰，即 $\varepsilon=0$，则系统将有简谐解

$$x=a\cos(\omega t+\theta)$$

由于外干扰力的作用依赖于时间，因而在函数 $\varepsilon f(\nu t,x,\frac{\mathrm{d}x}{\mathrm{d}t})$ 的傅里叶(Fourier)展开式中[将 $x=a\cos(\omega t+\theta)$，$\dot{x}=-a\omega\sin(\omega t+\theta)$ 代入后展开]，由它对 νt 的周期性而出现了含有 $\sin(n\nu+m\omega)t$ 和 $\cos(n\nu+m\omega)t$ 的项，其中 n 和 m 是正的或负的整数。于是，在微分方程的右端，便出现了带有形式为 $(n\nu+m\omega)$ 的组合频率的简谐分量。显然，任何一个组合频率成分与

系统的固有频率相接近时，则具有该频率成分的干扰力对振动特性将产生显著的影响，即将引起振幅和相位连续的、缓慢的变化，而不管该谐波的谐幅大小如何。因此，在非线性系统中，共振现象不但发生在 $\omega \approx \nu$ 时，而且也发生在 $n\nu + m\omega \approx \omega$ 时，故在单频干扰力作用下，共振关系为

$$\nu = \frac{p}{q}\omega \tag{1.5.3}$$

式中：p，q 为与非线性函数有关的正的或负的互质的整数。

在单自由度非线性系统中，共振情况可能有如下几种。

（1）$p = q = 1$，即 $\nu \approx \omega$：这种情况称为“主”共振或通常的共振。

（2）$p = 1$，即 $\omega \approx q\nu$ 或 $\nu = \omega/q$：这种情况称为超谐波共振（或称为在外激励频率的泛音上共振），在转子和 Duffing 系统中以及非线性共振筛等系统中，可能发生这类共振现象。

（3）$q = 1$，即 $\nu = p\omega$ 或 $\omega = \nu/p$：这种情况称为亚谐共振，在 Duffing 系统等系统中可能发生此类共振。

（4）$\nu = p\omega/q$：这种情况称为分数共振。应指出的是，理论上 p，q 可取所有可能的整数，而比值 p/q 在适当选取 p，q 后可能有任意规定的值，这样好像在非线性系统中存在任意 p，q 的情况下都有可能发生共振现象，实则不然，因为在一个具体系统中，p，q 是和非线性函数有关的完全确定的值，而这些确定的值只满足确定的关系（1.5.3）。

由于共振的类别很多，所以在研究共振情况的渐近解时，应指明研究哪一种共振类型的渐近解。现研究对应 $\omega \approx q\nu/p$，即最一般形式的共振

$$\omega - \frac{q\nu}{p} = \varepsilon\sigma$$

时的渐近解，其中 $\sigma = O(1)$ 称为调谐参数。

为将方程（1.5.1）化成标准形式的方程组，以 a，θ 作为新变量，取变量变换为

$$\begin{cases} x = a\cos\left(\dfrac{q\nu}{p}t + \theta\right) \\ \dfrac{\mathrm{d}x}{\mathrm{d}t} = -a\omega\sin\left(\dfrac{q\nu}{p}t + \theta\right) \end{cases} \tag{1.5.4}$$

微分式（1.5.4）的第一式，并令其等于第二式，则

$$\frac{\mathrm{d}a}{\mathrm{d}t}\cos\left(\frac{q\nu}{p}t + \theta\right) - a\left(\frac{q\nu}{p} + \frac{\mathrm{d}\theta}{\mathrm{d}t}\right)\sin\left(\frac{q\nu}{p}t + \theta\right) = 0 \tag{1.5.5}$$

微分式（1.5.4）的第二式后，将其及式（1.5.4）的第一式代入式（1.5.1），则

$$\begin{aligned} &-\frac{\mathrm{d}a}{\mathrm{d}t}\omega\sin\left(\frac{q\nu}{p}t + \theta\right) - a\omega\left(\frac{q\nu}{p} + \frac{\mathrm{d}\theta}{\mathrm{d}t}\right)\cos\left(\frac{q\nu}{p}t + \theta\right) \\ &= \varepsilon f\left[\nu t, a\cos\left(\frac{q\nu}{p}t + \theta\right), -a\frac{q\nu}{p}\sin\left(\frac{q\nu}{p}t + \theta\right)\right] \end{aligned} \tag{1.5.6}$$

将式（1.5.5）和式（1.5.6）对 $\dfrac{\mathrm{d}a}{\mathrm{d}t}$ 和 $\dfrac{\mathrm{d}\theta}{\mathrm{d}t}$ 解出，则

$$\begin{cases}\dfrac{\mathrm{d}a}{\mathrm{d}t}=-\dfrac{\varepsilon}{\omega}f[\nu t,a\cos\left(\dfrac{q\nu}{p}t+\theta\right),-a\dfrac{q\nu}{p}\sin\left(\dfrac{q\nu}{p}t+\theta\right)]\sin\left(\dfrac{q\nu}{p}t+\theta\right)\\ \dfrac{\mathrm{d}\theta}{\mathrm{d}t}=-\dfrac{q\nu}{p}-\dfrac{\varepsilon}{a\omega}f\left[\nu t,a\cos\left(\dfrac{q\nu}{p}t+\theta\right),-a\dfrac{q\nu}{p}\sin\left(\dfrac{q\nu}{p}t+\theta\right)\right]\cos\left(\dfrac{q\nu}{p}t+\theta\right)\end{cases}\tag{1.5.7}$$

式(1.5.7)就是标准方程组，a，θ的导数与ε成比例，故为缓慢变化函数，对之采用二次近似的KB变换，得

$$\begin{cases}a=y+\varepsilon U_1(t,y,\vartheta)+\varepsilon^2U_2(t,y,\vartheta)\\ \theta=\vartheta+\varepsilon V_1(t,y,\vartheta)+\varepsilon^2V_2(t,y,\vartheta)\end{cases}\tag{1.5.8}$$

并要求新变量y，ϑ的导数为

$$\begin{cases}\dfrac{\mathrm{d}y}{\mathrm{d}t}=\varepsilon Y_1(y,\vartheta)+\varepsilon^2Y_2(y,\vartheta)+\varepsilon^3Y^*(y,\vartheta,\varepsilon)\\ \dfrac{\mathrm{d}\vartheta}{\mathrm{d}t}=\varepsilon Z_1(y,\vartheta)+\varepsilon^2Z_2(y,\vartheta)+\varepsilon^3Z^*(y,\vartheta,\varepsilon)\end{cases}\tag{1.5.9}$$

式中：Y_1，Y_2，Z_1，Z_2不显含t；U_1，U_2，V_1，V_2，Y^*和Z^*为ϑ的以2π为周期的周期函数和t的以T为周期的周期函数。

将式(1.5.8)代入式(1.5.7)，并考虑式(1.5.9)，则

$$\begin{aligned}&\varepsilon Y_1+\varepsilon^2Y_2+\varepsilon^3Y^*+\varepsilon\frac{\partial U_1}{\partial t}+\varepsilon\frac{\partial U_1}{\partial y}(\varepsilon Y_1+\varepsilon^2Y_2+\varepsilon^3Y^*)+\varepsilon\frac{\partial U_1}{\partial\vartheta}(\varepsilon Z_1+\varepsilon^2Z_2+\varepsilon^3Z^*)+\\&\varepsilon^2\frac{\partial U_2}{\partial t}+\varepsilon^2\frac{\partial U_2}{\partial y}(\varepsilon Y_1+\varepsilon^2Y_2+\varepsilon^3Y^*)+\varepsilon^2\frac{\partial U_2}{\partial\vartheta}(\varepsilon Z_1+\varepsilon^2Z_2+\varepsilon^3Z^*)\\&=\varepsilon\phi_0+\varepsilon^2\phi_1+\cdots\\&\varepsilon Z_1+\varepsilon^2Z_2+\varepsilon^3Z^*+\varepsilon\frac{\partial V_1}{\partial t}+\varepsilon\frac{\partial V_1}{\partial y}(\varepsilon Y_1+\varepsilon^2Y_2+\varepsilon^3Y^*)+\varepsilon\frac{\partial V_1}{\partial\vartheta}(\varepsilon Z_1+\varepsilon^2Z_2+\varepsilon^3Z^*)+\\&\varepsilon^2\frac{\partial V_2}{\partial t}+\varepsilon^2\frac{\partial V_2}{\partial y}(\varepsilon Y_1+\varepsilon^2Y_2+\varepsilon^3Y^*)+\varepsilon^2\frac{\partial V_2}{\partial\vartheta}(\varepsilon Z_1+\varepsilon^2Z_2+\varepsilon^3Z^*)\\&=\varepsilon\phi_0^*+\varepsilon^2\phi_1^*+\cdots\end{aligned}$$

式中：ϕ_0，ϕ_1，ϕ_0^*，ϕ_1^*为式(1.5.7)右端对ε展开的泰勒级数的系数。

令等式两端ε一次方的系数和相等，则

$$\begin{cases}Y_1+\dfrac{\partial U_1}{\partial t}=\phi_0\\ Z_1+\dfrac{\partial V_1}{\partial t}=\phi_0^*\end{cases}\tag{1.5.10}$$

为了使Y_1，Z_1满足不显含t的条件，则

$$\begin{cases}Y_1=\dfrac{1}{2\pi}\displaystyle\int_0^{2\pi}\phi_0\mathrm{d}\psi\\ Z_1=\dfrac{1}{2\pi}\displaystyle\int_0^{2\pi}\phi_0^*\mathrm{d}\psi\end{cases}\tag{1.5.11}$$

在进行平均计算的时候，可将y当作常数。从式(1.5.10)可求出

$$\begin{cases} U_1 = \int_0^t (\phi_0 - Y_1)\mathrm{d}t + U_{10} \\ V_1 = \int_0^t (\phi_0^* - Z_1)\mathrm{d}t + V_{10} \end{cases} \tag{1.5.12}$$

令之前泰勒展开后的等式两端 ε^2 的系数和相等，则

$$\begin{cases} Y_2 + \dfrac{\partial U_1}{\partial y} Y_1 + \dfrac{\partial U_1}{\partial \vartheta} Z_1 + \dfrac{\partial U_2}{\partial t} = \phi_1 \\ Z_2 + \dfrac{\partial V_1}{\partial y} Y_1 + \dfrac{\partial V_1}{\partial \vartheta} Z_1 + \dfrac{\partial V_2}{\partial t} = \phi_1^* \end{cases} \tag{1.5.13}$$

为了使 Y_2，Z_2 满足不显含 t 的条件，则

$$\begin{cases} Y_2 = \dfrac{1}{2\pi}\displaystyle\int_0^{2\pi} \left(\phi_1 - \dfrac{\partial U_1}{\partial y} Y_1 - \dfrac{\partial U_1}{\partial \vartheta} Z_1\right)\mathrm{d}\psi \\ Z_2 = \dfrac{1}{2\pi}\displaystyle\int_0^{2\pi} \left(\phi_1^* - \dfrac{\partial V_1}{\partial y} Y_1 - \dfrac{\partial V_1}{\partial \vartheta} Z_1\right)\mathrm{d}\psi \end{cases} \tag{1.5.14}$$

和

$$\begin{cases} U_2 = \displaystyle\int_0^t \left(\phi_1 - \dfrac{\partial U_1}{\partial y} Y_1 - \dfrac{\partial U_1}{\partial \vartheta} Z_1 - Y_2\right)\mathrm{d}t + U_{20} \\ V_2 = \displaystyle\int_0^t \left(\phi_1^* - \dfrac{\partial V_1}{\partial y} Y_1 - \dfrac{\partial V_1}{\partial \vartheta} Z_1 - Z_2\right)\mathrm{d}t + V_{20} \end{cases} \tag{1.5.15}$$

求出函数 Y_1，Z_1，Y_2，Z_2，U_1 和 V_1 后，则第一次近似解为

$$\begin{cases} x = a\cos\left(\dfrac{qv}{p}t + \theta\right) \\ a = y \\ \theta = \vartheta \end{cases} \tag{1.5.16}$$

而

$$\begin{cases} \dfrac{\mathrm{d}y}{\mathrm{d}t} = \varepsilon Y_1(y,\vartheta) \\ \dfrac{\mathrm{d}\vartheta}{\mathrm{d}t} = \varepsilon Z_1(y,\vartheta) \end{cases} \tag{1.5.17}$$

第二次近似解为

$$\begin{cases} x = a\cos\left(\dfrac{qv}{p}t + \theta\right) \\ a = y + \varepsilon U_1(t,y,\vartheta) \\ \theta = \vartheta + \varepsilon V_1(t,y,\theta) \end{cases} \tag{1.5.18}$$

而

$$\begin{cases} \dfrac{\mathrm{d}y}{\mathrm{d}t} = \varepsilon Y_1(y,\vartheta) + \varepsilon^2 Y_2(y,\vartheta) \\ \dfrac{\mathrm{d}\vartheta}{\mathrm{d}t} = \varepsilon Z_1(y,\vartheta) + \varepsilon^2 Z_2(y,\vartheta) \end{cases} \tag{1.5.19}$$

在方程组（1.5.9）的第一个方程中，如其右端的函数恒大于零，则振幅将不断增加；如右端

的函数小于零，则振幅将减小；当右端函数等于零时，振幅不变且为常数，这个不变的常数称为定常值或定常解，故为了得到定常解必须令方程组（1.5.9）的第一个方程右端为 0，以得到求定常解的方程式，此时我们已经将对微分方程（1.5.1）的积分问题，化成解代数方程的问题。

第一次近似定常解为

$$\begin{cases} x = y\cos\left(\dfrac{qv}{p}t + \vartheta\right) \\ Y_1(y,\vartheta) = 0 \\ Z_1(y,\vartheta) = 0 \end{cases} \tag{1.5.20}$$

第二次近似定常解为

$$\begin{cases} x = a\cos\left(\dfrac{qv}{p}t + \theta\right) \\ a = y + \varepsilon U_1(t,y,\vartheta) \\ \theta = \vartheta + \varepsilon V_1(t,y,\vartheta) \end{cases} \tag{1.5.21}$$

式中：y，ϑ 由

$$\begin{cases} Y_1(y,\vartheta) + \varepsilon Y_2(y,\vartheta) = 0 \\ Z_1(y,\vartheta) + \varepsilon Z_2(y,\vartheta) = 0 \end{cases} \tag{1.5.22}$$

确定。

现研究定常解的稳定性问题，已经证明，在 ε 足够小的时候，渐近解的稳定性可由其第一次近似方程来判定，若特征方程

$$\begin{vmatrix} \dfrac{\partial Y_1}{\partial y} - \lambda & \dfrac{\partial Y_1}{\partial \vartheta} \\ \dfrac{\partial Z_1}{\partial y} & \dfrac{\partial Z_1}{\partial \vartheta} - \lambda \end{vmatrix}_{\substack{y=y^0 \\ \vartheta=\vartheta^0}} = 0 \tag{1.5.23}$$

所有的根都有负实部，即定常解稳定，否则就不稳定。应用劳斯 - 胡尔维茨（Routh-Hurwitz）判据，定常解的稳定条件是

$$\begin{cases} \left(\dfrac{\partial Y_1}{\partial y} + \dfrac{\partial Z_1}{\partial \vartheta}\right)_{\substack{y=y^0 \\ \vartheta=\vartheta^0}} < 0 \\ \left(\dfrac{\partial Y_1}{\partial y} \cdot \dfrac{\partial Z_1}{\partial \vartheta} - \dfrac{\partial Y_1}{\partial \vartheta} \cdot \dfrac{\partial Z_1}{\partial y}\right)_{\substack{y=y^0 \\ \vartheta=\vartheta^0}} > 0 \end{cases} \tag{1.5.24}$$

例 1.3　用平均法求解 Duffing 方程 $\ddot{x} + \omega^2 x = \varepsilon(-\alpha x^3 - 2n\dot{x} + E\cos vt)$ 的主共振一次近似解。

扫一扫：例 1.3 程序

解：设 $v = \omega + \varepsilon\sigma$，即 $\omega = v - \varepsilon\sigma$，代入 Duffing 方程，得

$$\ddot{x} + v^2 x = \varepsilon(-\alpha x^3 - 2n\dot{x} + 2v\sigma x + E\cos vt) \tag{1.5.25}$$

为将上式化成标准方程，采用变换

$$\begin{cases} x = a\cos(\nu t + \theta) \\ \dot{x} = -a\nu\sin(\nu t + \theta) \end{cases} \tag{1.5.26}$$

将式(1.5.26)代入式(1.5.7)得标准方程

$$\begin{cases} \dfrac{\mathrm{d}a}{\mathrm{d}t} = -\dfrac{\varepsilon}{\nu} f\sin\psi = \varepsilon\phi \\ \dfrac{\mathrm{d}\theta}{\mathrm{d}t} = -\dfrac{\varepsilon}{\nu a} f\cos\psi = \varepsilon\phi^* \end{cases} \tag{1.5.27}$$

式中：$\psi = \nu t + \theta$，$f = -\alpha x^3 - 2n\dot{x} + 2\nu\sigma x + E\cos\nu t$。

引入第一次近似的 KB 变换，则

$$\begin{cases} a = y + \varepsilon U_1(t, y, \vartheta) \\ \theta = \vartheta + \varepsilon V_1(t, y, \vartheta) \end{cases} \tag{1.5.28}$$

并要求新变量y，ϑ的导数为

$$\begin{cases} \dfrac{\mathrm{d}y}{\mathrm{d}t} = \varepsilon Y_1(y, \vartheta) + \varepsilon^2 Y^*(y, \vartheta, \varepsilon) \\ \dfrac{\mathrm{d}\vartheta}{\mathrm{d}t} = \varepsilon Z_1(y, \vartheta) + \varepsilon^2 Z^*(y, \vartheta, \varepsilon) \end{cases} \tag{1.5.29}$$

式中：Y_1，Z_1不显含t；U_1，V_1为ϑ的以2π为周期的周期函数和t的以T为周期的周期函数。

将式(1.5.28)代入式(1.5.27)，并考虑式(1.5.29)，令等式两端ε同次项的系数相等，则有

$$\begin{cases} Y_1 + \dfrac{\partial U_1}{\partial t} = \phi_0 \\ Z_1 + \dfrac{\partial V_1}{\partial t} = \phi_0^* \end{cases} \tag{1.5.30}$$

其中

$$\begin{aligned} \phi_0 &= \frac{1}{\nu}\alpha y^3\cos^3\psi\sin\psi + \frac{2n}{\nu}(-y\nu\sin^2\psi) - 2\sigma y\cos\psi\sin\psi - \frac{E}{\nu}\cos\nu t\sin\psi \\ &= \frac{\alpha y^3}{8\nu}(2\sin 2\psi + \sin 4\psi) - ny(1 - \cos 2\psi) - \sigma y\sin 2\psi - \\ &\quad \frac{E}{2\nu}[\sin(\psi + \nu t) + \sin\vartheta] \end{aligned} \tag{1.5.31}$$

$$\begin{aligned} \phi_0^* &= \frac{1}{\nu}\alpha y^2\cos^4\psi + \frac{2n}{\nu}(-\nu\sin\psi\cos\psi) - 2\sigma\cos^2\psi - \frac{E}{\nu y}\cos\nu t\cos\psi \\ &= \frac{\alpha y^2}{8\nu}(3 + 4\cos 2\psi + \cos 4\psi) - n\sin 2\psi - \sigma(1 + \cos 2\psi) - \\ &\quad \frac{E}{2\nu y}[\cos(\psi + \nu t) + \cos\vartheta] \end{aligned} \tag{1.5.32}$$

式中：$\psi = \nu t + \vartheta$，所以

$$\begin{cases} Y_1 = -ny - \dfrac{E}{2\nu}\sin\vartheta \\ Z_1 = \dfrac{3\alpha y^2}{8\nu} - \sigma - \dfrac{E}{2\nu y}\cos\vartheta \end{cases} \tag{1.5.33}$$

$$\begin{cases} \dfrac{\mathrm{d}y}{\mathrm{d}t} = (-ny - \dfrac{E}{2\nu}\sin\vartheta)\varepsilon \\ \dfrac{\mathrm{d}\vartheta}{\mathrm{d}t} = (\dfrac{3\alpha y^2}{8\nu} - \sigma - \dfrac{E}{2\nu y}\cos\vartheta)\varepsilon \end{cases} \tag{1.5.34}$$

第一次近似解为

$$x = y\cos(\nu t + \vartheta) + O(\varepsilon) \tag{1.5.35}$$

第 2 章　单自由度系统的渐近法——三级数法

克雷劳夫和巴戈留包夫发展了一种小参数法，这个方法避免了泊松（Possion）法中出现“永年项”或称长期项的缺点（参见 3.1），并对摄动法做了普遍化和提高的工作，使之成为可以逐阶求得渐近解的方法，称为渐近法（asymptotic method）。这种方法将方程的解、基波的振幅及相位关于时间的导数写为级数的形式，因而这种方法也称为三级数法 [1,3]。

2.1　自治系统的渐近法——三级数法

已知单自由度系统自由振动的方程为

$$\ddot{x}+\omega^2 x=\varepsilon f(x,\dot{x}) \tag{2.1.1}$$

式中：ε为正的小参数；x为振动位移；$f(x,\dot{x})$为x和$\dot{x}$的非线性函数。

从所研究的振动过程的物理特性出发，推导这个方法的合理表述。

在方程（2.1.1）中，当无非线性干扰，即$\varepsilon=0$时，其解可表示为余弦函数

$$x=a\cos\psi \tag{2.1.2}$$

式中：a是常数，相位角ψ匀速变化，即有$\dfrac{\mathrm{d}a}{\mathrm{d}t}=0$，$\dfrac{\mathrm{d}\psi}{\mathrm{d}t}=\omega\,(\psi=\omega t+\varphi)$，$a$，$\varphi$是由起始条件确定的常数。

如有非线性干扰（即$\varepsilon\neq 0$），根据大量的实验和观察，可知方程（2.1.1）有周期解，且其解中将出现：①高次谐波或称为泛音；②瞬时频率$\dfrac{\mathrm{d}\psi}{\mathrm{d}t}$与振幅的大小有关；③由于外干扰力对系统输入或系统本身耗散能量，有可能引起振幅不断增加或减小。显然，当无非线性干扰时，以上这些现象都将消失。

考虑到上述非线性项的影响，方程（2.1.1）的通解取为

$$x=a\cos\psi+\varepsilon u_1(a,\psi)+\varepsilon^2 u_2(a,\psi)+\cdots \tag{2.1.3}$$

式中：$u_1(a,\psi)$，$u_2(a,\psi)$，$\cdots$为ψ的以2π为周期的周期函数；a，ψ是时间t的函数，由下面的微分方程确定

$$\begin{cases}\dfrac{\mathrm{d}a}{\mathrm{d}t}=\varepsilon A_1(a)+\varepsilon^2 A_2(a)+\cdots\\[2mm]\dfrac{\mathrm{d}\psi}{\mathrm{d}t}=\omega+\varepsilon B_1(a)+\varepsilon^2 B_2(a)+\cdots\end{cases} \tag{2.1.4}$$

把解设成以上三个级数的方法称为三级数法或渐近法。现在的问题是，函数u_1，u_2，A_1，

A_2，B_1，B_2，…具有何种具体形式时，式（2.1.3）才是式（2.1.1）的解。

如果这些函数已经确定，则方程（2.1.1）的求解问题，就变成对已分离变量的式（2.1.4）的简单积分问题。这些函数的确定，一般来说没有原则上的困难，但随着精度的提高，复杂程度增加很快，因此实际中通常只确定这些函数的前 2~3 项。

如解的函数取前 $m+1$ 项，即假定

$$x = a\cos\psi + \varepsilon u_1(a,\psi) + \varepsilon^2 u_2(a,\psi) + \cdots + \varepsilon^m u_m(a,\psi) \tag{2.1.5}$$

这里

$$\begin{cases} \dfrac{\mathrm{d}a}{\mathrm{d}t} = \varepsilon A_1(a) + \varepsilon^2 A_2(a) + \cdots + \varepsilon^m A_m(a) \\ \dfrac{\mathrm{d}\psi}{\mathrm{d}t} = \omega + \varepsilon B_1(a) + \varepsilon^2 B_2(a) + \cdots + \varepsilon^m B_m(a) \end{cases} \tag{2.1.6}$$

如取 $m=1,2,\cdots$ 就可以得到第一次、第二次等一般次数并不很高的近似，所以这个方法的实用性不决定于当 $m\to\infty$ 时式（2.1.5）和式（2.1.6）的收敛性，而是决定于对某个确定的 m，当 $\varepsilon\to 0$ 时它们的渐近性。只要使得在 ε 很小时，对于充分长的时间间隔，式（2.1.5）可以给出方程（2.1.1）的足够精确的解。所以，在这里不研究当 $m\to\infty$ 时的收敛问题，而约定把式（2.1.4）和式（2.1.5）看作形式上的展开式，它们是构造渐近近似式（2.1.5）所需要的。

我们来更严谨地提出问题，换句话说，把问题陈述为，寻找这样的函数

$$u_1(a,\psi), u_2(a,\psi), \cdots, A_1(a), A_2(a), \cdots, B_1(a), B_2(a), \cdots \tag{2.1.7}$$

使表达式（2.1.5）精确到 ε^{m+1} 阶小量满足方程（2.1.1），其中表达式（2.1.5）中的时间函数 a 和 ψ 由"第 m 次近似方程"（2.1.6）决定。

对所研究的方程（2.1.1），即使在函数 $f(x,\dot{x})$ 上附加极其一般的条件，也恰巧可以建立展开式（2.1.3）和（2.1.4）的收敛性。但是，在下面的研究中不得不涉及类似展开式却是发散的情况，因此这里不把构造渐近近似方法的叙述和收敛性的证明联系起来，而且当没有进一步说明时，对按小参数幂次展开的级数赋予上述形式上的意义。

求解近似解时需要涉及误差的估计问题，按上述方法所得到的近似解具有 ε^{m+1} 阶误差满足方程（2.1.1），由这个事实，再借助于通常的强级数法就可确定近似解与对应的精确解（当初始条件相同时）的误差将局限于 $\varepsilon^{m+1}t$ 阶的量级。这样一来，如果 ε 本身充分小，那么当值 εt 任意大时，这个误差仍保持很小。

在谈到构造近似解的问题之前，我们注意到函数（2.1.7）的确定问题包含某种任意性。

事实上，假定对于这些函数已经找到某种表达式，然后取任意函数

$$\alpha_1(a), \alpha_2(a), \cdots, \beta_1(a), \beta_2(a), \cdots$$

再在式（2.1.3）和式（2.1.4）中做变量变换

$$a = b + \varepsilon\alpha_1(b) + \varepsilon^2\alpha_2(b) + \cdots$$
$$\psi = \varphi + \varepsilon\beta_1(b) + \varepsilon^2\beta_2(b) + \cdots$$

那么就得到

$$\begin{cases} x = b\cos\varphi + \varepsilon[\alpha_1(b)\cos\varphi - b\beta_1(b)\sin\varphi + u_1(b,\varphi)] + \varepsilon^2\cdots \\ \dfrac{\mathrm{d}b}{\mathrm{d}t} = \varepsilon A_1(b) + \varepsilon^2\left[\dfrac{\mathrm{d}A_1(b)}{\mathrm{d}b}\alpha_1(b) - \dfrac{\mathrm{d}\alpha_1(b)}{\mathrm{d}b}A_1(b) + A_2(b)\right] + \varepsilon^3\cdots \\ \dfrac{\mathrm{d}\varphi}{\mathrm{d}t} = \omega + \varepsilon B_1(b) + \varepsilon^2\left[\dfrac{\mathrm{d}B_1(b)}{\mathrm{d}b}\alpha_1(b) - \dfrac{\mathrm{d}\beta_1(b)}{\mathrm{d}b}A_1(b) + B_2(b)\right] + \varepsilon^3\cdots \end{cases} \tag{2.1.8}$$

由式(2.1.8)可以看出，我们重新得到了式(2.1.3)和式(2.1.4)形式的公式，只是它的系数不是表达式(2.1.7)，而已经有所改变。因此，为了单值地确定这些系数，应该给它加上补充条件，此条件通常具有熟知的任意性。采用在表达式 $u_1(a,\psi)$, $u_2(a,\psi),\cdots$ 中不存在第一阶谐波作为这些补充条件，该条件也就是使解中不出现“永年项”或称“长期项”的条件。也就是说，我们将这样来决定这些相位角的周期函数，使它们满足下列等式：

$$\begin{cases} \int_0^{2\pi} u_1(a,\psi)\cos\psi\mathrm{d}\psi = 0, \quad \int_0^{2\pi} u_1(a,\psi)\sin\psi\mathrm{d}\psi = 0 \\ \int_0^{2\pi} u_2(a,\psi)\cos\psi\mathrm{d}\psi = 0, \quad \int_0^{2\pi} u_2(a,\psi)\sin\psi\mathrm{d}\psi = 0 \\ \int_0^{2\pi} u_3(a,\psi)\cos\psi\mathrm{d}\psi = 0, \quad \int_0^{2\pi} u_3(a,\psi)\sin\psi\mathrm{d}\psi = 0 \\ \cdots \end{cases} \tag{2.1.9}$$

从物理观点来看，采用这些条件对应于选择量 a 作为第一基本谐波的全振幅。

在做了上面的说明之后，再来提出关于根据补充条件(2.1.9)来寻求函数(2.1.7)的适当的表达式的问题。由式(2.1.3)得到

$$\begin{cases} x = a\cos\psi + \varepsilon u_1(a,\psi) + \varepsilon^2 u_2(a,\psi) + \cdots \\ \dfrac{\mathrm{d}x}{\mathrm{d}t} = \dfrac{\mathrm{d}a}{\mathrm{d}t}(\cos\psi + \varepsilon\dfrac{\partial u_1}{\partial a} + \varepsilon^2\dfrac{\partial u_2}{\partial a} + \cdots) + \dfrac{\mathrm{d}\psi}{\mathrm{d}t}(-a\sin\psi + \varepsilon\dfrac{\partial u_1}{\partial\psi} + \varepsilon^2\dfrac{\partial u_2}{\partial\psi} + \cdots) \\ \dfrac{\mathrm{d}^2x}{\mathrm{d}t^2} = \dfrac{\mathrm{d}^2a}{\mathrm{d}t^2}(\cos\psi + \varepsilon\dfrac{\partial u_1}{\partial a} + \varepsilon^2\dfrac{\partial u_2}{\partial a} + \cdots) + \dfrac{\mathrm{d}^2\psi}{\mathrm{d}t^2}(-a\sin\psi + \varepsilon\dfrac{\partial u_1}{\partial\psi} + \varepsilon^2\dfrac{\partial u_2}{\partial\psi} + \cdots) + \\ \qquad \left(\dfrac{\mathrm{d}a}{\mathrm{d}t}\right)^2(\varepsilon\dfrac{\partial^2u_1}{\partial a^2} + \varepsilon^2\dfrac{\partial^2u_2}{\partial a^2} + \cdots) + 2\dfrac{\mathrm{d}a}{\mathrm{d}t}\dfrac{\mathrm{d}\psi}{\mathrm{d}t}(-\sin\psi + \varepsilon\dfrac{\partial^2u_1}{\partial a\partial\psi} + \varepsilon^2\dfrac{\partial^2u_2}{\partial a\partial\psi} + \cdots) + \\ \qquad \left(\dfrac{\mathrm{d}\psi}{\mathrm{d}t}\right)^2(-a\cos\psi + \varepsilon\dfrac{\partial^2u_1}{\partial\psi^2} + \varepsilon^2\dfrac{\partial^2u_2}{\partial\psi^2} + \cdots) \end{cases} \tag{2.1.10}$$

考虑方程(2.1.4)后，可以得到下面的量：

$$\begin{cases} \dfrac{\mathrm{d}^2a}{\mathrm{d}t^2} = \left(\varepsilon\dfrac{\mathrm{d}A_1}{\mathrm{d}a} + \varepsilon^2\dfrac{\mathrm{d}A_2}{\mathrm{d}a} + \cdots\right)(\varepsilon A_1 + \varepsilon^2 A_2 + \cdots) = \varepsilon^2 A_1\dfrac{\mathrm{d}A_1}{\mathrm{d}a} + \cdots \\ \dfrac{\mathrm{d}^2\psi}{\mathrm{d}t^2} = \left(\varepsilon\dfrac{\mathrm{d}B_1}{\mathrm{d}a} + \varepsilon^2\dfrac{\mathrm{d}B_2}{\mathrm{d}a} + \cdots\right)(\varepsilon A_1 + \varepsilon^2 A_2 + \cdots) = \varepsilon^2 A_1\dfrac{\mathrm{d}B_1}{\mathrm{d}a} + \cdots \\ \left(\dfrac{\mathrm{d}a}{\mathrm{d}t}\right)^2 = \left(\varepsilon A_1 + \varepsilon^2 A_2 + \cdots\right)^2 = \varepsilon^2 A^2{}_1 + \cdots \\ \dfrac{\mathrm{d}a}{\mathrm{d}t}\dfrac{\mathrm{d}\psi}{\mathrm{d}t} = \left(\varepsilon A_1 + \varepsilon^2 A_2 + \cdots\right)\left(\omega + \varepsilon B_1 + \varepsilon^2 B_2 + \cdots\right) = \varepsilon A_1\omega + \varepsilon^2(A_2\omega + A_1B_1) + \cdots \\ \left(\dfrac{\mathrm{d}\psi}{\mathrm{d}t}\right)^2 = (\omega + \varepsilon B_1 + \varepsilon^2 B_2 + \cdots)^2 = \omega^2 + \varepsilon^2\omega B_1 + \varepsilon^2(B_1^2 + 2\omega B_2) + \cdots \end{cases} \tag{2.1.11}$$

把式(2.1.4)和式(2.1.11)代入式(2.1.10),并把结果按参数 ε 的幂次排列,便得到

$$\begin{cases}\dfrac{\mathrm{d}x}{\mathrm{d}t}=-a\omega\sin\psi+\varepsilon\left(A_1\cos\psi-aB_1\sin\psi+\omega\dfrac{\partial u_1}{\partial\psi}\right)+\\ \qquad\varepsilon^2\left(A_2\cos\psi-aB_2\sin\psi+A_1\dfrac{\partial u_1}{\partial a}+B_1\dfrac{\partial u_1}{\partial\psi}+\omega\dfrac{\partial u_2}{\partial\psi}\right)+\cdots\\ \dfrac{\mathrm{d}^2x}{\mathrm{d}t^2}=-a\omega^2\cos\psi+\varepsilon\left(-2\omega A_1\sin\psi-2\omega aB_1\cos\psi+\omega^2\dfrac{\partial^2u_1}{\partial\psi^2}\right)+\\ \qquad\varepsilon^2[(A_1\dfrac{\mathrm{d}A_1}{\mathrm{d}a}-aB_1^2-2\omega aB_2)\cos\psi-(2\omega A_2+2A_1B_1+A_1\dfrac{\mathrm{d}B_1}{\mathrm{d}a}a)\sin\psi+\\ \qquad 2\omega A_1\dfrac{\partial^2u_1}{\partial a\partial\psi}+2\omega B_1\dfrac{\partial^2u_1}{\partial\psi^2}+\omega^2\dfrac{\partial^2u_2}{\partial\psi^2}]+\cdots\end{cases}\tag{2.1.12}$$

由此得出,方程(2.1.1)的左端可以表示为下述形式:

$$\begin{aligned}\frac{\mathrm{d}^2x}{\mathrm{d}t^2}+\omega^2x=&\varepsilon\left(-2\omega A_1\sin\psi-2\omega aB_1\cos\psi+\omega^2\frac{\partial^2u_1}{\partial\psi^2}+\omega^2u_1\right)+\\ &\varepsilon^2[(A_1\frac{\mathrm{d}A_1}{\mathrm{d}a}-aB_1^2-2\omega aB_2)\cos\psi-(2\omega A_2+2A_1B_1+A_1\frac{\mathrm{d}B_1}{\mathrm{d}a}a)\sin\psi+\\ &2\omega A_1\frac{\partial^2u_1}{\partial a\partial\psi}+2\omega B_1\frac{\partial^2u_1}{\partial\psi^2}+\omega^2\frac{\partial^2u_2}{\partial\psi^2}+\omega^2u_2]+\cdots\end{aligned}\tag{2.1.13}$$

考虑式(2.1.3)和式(2.1.12)后,方程(2.1.1)的右端可在 $x=a\cos\psi$, $\dot{x}=-a\omega\sin\psi$ 点展为幂级数形式,即

$$\begin{aligned}\varepsilon f\left(x,\frac{\mathrm{d}x}{\mathrm{d}t}\right)=&\varepsilon f(a\cos\psi,-a\omega\sin\psi)+\varepsilon^2[u_1f_x'(a\cos\psi,-a\omega\sin\psi)+\\ &(A_1\cos\psi-aB_1\sin\psi+\omega\frac{\partial u_1}{\partial\psi})f_{x'}'(a\cos\psi,-a\omega\sin\psi)]+\cdots\end{aligned}\tag{2.1.14}$$

为了使所研究的表达式(2.1.3)以 ε^{m+1} 阶小量的精确度满足原方程(2.1.1),必须使式(2.1.13)和式(2.1.14)的右端具有 ε 相同幂次的系数相等,直到第 m 次项为止。

由此,可得到下述方程

$$\begin{cases}\omega^2(\dfrac{\partial^2u_1}{\partial\psi^2}+u_1)=f_0(a,\psi)+2\omega A_1\sin\psi+2\omega aB_1\cos\psi\\ \omega^2(\dfrac{\partial^2u_2}{\partial\psi^2}+u_2)=f_1(a,\psi)+2\omega A_2\sin\psi+2\omega aB_2\cos\psi\\ \cdots\\ \omega^2(\dfrac{\partial^2u_m}{\partial\psi^2}+u_m)=f_{m-1}(a,\psi)+2\omega A_m\sin\psi+2\omega aB_m\cos\psi\end{cases}\tag{2.1.15}$$

为简单起见,引入下面记号

$$\begin{cases} f_0(a,\psi)=f(a\cos\psi,-a\omega\sin\psi) \\ f_1(a,\psi)=u_1f'_x(a\cos\psi,-a\omega\sin\psi)+ \\ \qquad (A_1\cos\psi-aB_1\sin\psi+\omega\dfrac{\partial u_1}{\partial\psi})f'_{x'}(a\cos\psi,-a\omega\sin\psi)+ \\ \qquad (aB_1^2-A_1\dfrac{\mathrm{d}A_1}{\mathrm{d}a})\cos\psi+(2A_1B_1+A_1\dfrac{\mathrm{d}B_1}{\mathrm{d}a}a)\sin\psi- \\ \qquad 2\omega A_1\dfrac{\partial^2u_1}{\partial a\partial\psi}-2\omega B_1\dfrac{\partial^2u_1}{\partial\psi^2} \\ \cdots \end{cases} \tag{2.1.16}$$

不难看出,$f_k(a,\psi)$ 是变量 ψ 的周期为 2π 的周期函数,且依赖于 a,只要找到 $A_j(a), B_j(a), u_j(a,\psi)\,(j=1,2,\cdots,k)$ 后,就可以确定 $f_k(a,\psi)$ 的显式表达式。

为了从方程(2.1.15)的第一个方程确定 $A_1(a), B_1(a), u_1(a,\psi)$,我们研究函数 $f_0(a,\psi)$ 和 $u_1(a,\psi)$ 的 Fourier 级数:

$$\begin{cases} f_0(a,\psi)=g_0(a)+\sum\limits_{n=1}^{\infty}[g_n(a)\cos n\psi+h_n(a)\sin n\psi] \\ u_1(a,\psi)=v_0(a)+\sum\limits_{n=2}^{\infty}[v_n(a)\cos n\psi+w_n(a)\sin n\psi] \end{cases} \tag{2.1.17}$$

注:在式(2.1.17)中 v_n 及 w_n 的下标从 $n=2$ 开始选取是因为 u_1 中不包括一阶谐波。

把表达式(2.1.17)的右端代入方程组(2.1.15)的第一个方程,便得到表达式

$$\omega^2v_0(a)+\sum_{n=2}^{\infty}\omega^2(1-n^2)\left[v_n(a)\cos n\psi+w_n(a)\sin n\psi\right]$$

$$=g_0(a)+[g_1(a)+2\omega aB_1]\cos\psi+[h_1(a)+2\omega A_1]\sin\psi+\sum_{n=2}^{\infty}[g_n(a)\cos n\psi+h_n(a)\sin n\psi]$$

由此等式,令相同谐波的系数相等,便得到

$$\begin{cases} g_1(a)+2\omega aB_1=0,\ h_1(a)+2\omega A_1=0,\ v_0(a)=\dfrac{g_0(a)}{\omega^2} \\ v_n(a)=\dfrac{g_n(a)}{\omega^2(1-n^2)},\ w_n(a)=\dfrac{h_n(a)}{\omega^2(1-n^2)}\ \ (n=2,3,\cdots) \end{cases} \tag{2.1.18}$$

这样,除了首项 $v_1(a)$ 和 $w_1(a)$ 以外,就唯一地确定了 $A_1(a)$ 和 $B_1(a)$ 以及函数 $u_1(a,\psi)$ 的全部简谐分量。因此

$$u_1(a,\psi)=\frac{g_0(a)}{\omega^2}+\frac{1}{\omega^2}\sum_{n=2}^{\infty}\frac{g_n(a)\cos n\psi+h_n(a)\sin n\psi}{1-n^2} \tag{2.1.19}$$

完全确定了 $u_1(a,\psi)$,$A_1(a)$ 和 $B_1(a)$ 之后,就像前面所指出的那样,按照式(2.1.16),就有 $f_1(a,\psi)$ 的显式表达式。把它展开成 Fourier 级数

$$f_1(a,\psi)=g_0^{(1)}(a)+\sum_{n=1}^{\infty}[g_n^{(1)}(a)\cos n\psi+h_n^{(1)}(a)\sin n\psi]$$

并利用方程(2.1.15)中第二个方程和条件(2.1.9),完全类似地得到

$$g_1^{(1)}(a)+2\omega aB_2=0,\ h_1^{(1)}(a)+2\omega A_2=0$$

$$u_2(a,\psi)=\frac{g_0^{(1)}(a)}{\omega^2}+\frac{1}{\omega^2}\sum_{n=2}^{\infty}\frac{g_n^{(1)}(a)\cos n\psi+h_n^{(1)}(a)\sin n\psi}{1-n^2}$$

这样，便得到了逐次唯一确定函数(2.1.7)的步骤，这些量正是我们所需要的。

从理论上讲，上述方法可以确定

$$u_n(a,\psi),\ A_n(a),\ B_n(a)\quad (n=1,2,3,\cdots)$$

当下标 n 任意大时，可像前面一样来构造近似解，它以关于 ε 为任意高阶小量的精确度满足方程(2.1.1)。

综上所述，第一次近似解为

$$x=a\cos\psi \tag{2.1.20}$$

其中

$$\begin{cases}\dfrac{\mathrm{d}a}{\mathrm{d}t}=\varepsilon A_1(a)\\[2mm] \dfrac{\mathrm{d}\psi}{\mathrm{d}t}=\omega_1=\omega+\varepsilon B_1(a)\end{cases} \tag{2.1.21}$$

第二次近似解为

$$x=a\cos\psi+\varepsilon u_1(a,\psi) \tag{2.1.22}$$

其中

$$\begin{cases}\dfrac{\mathrm{d}a}{\mathrm{d}t}=\varepsilon A_1(a)+\varepsilon^2A_2(a)\\[2mm] \dfrac{\mathrm{d}\psi}{\mathrm{d}t}=\omega+\varepsilon B_1(a)+\varepsilon^2B_2(a)\end{cases} \tag{2.1.23}$$

由式(2.1.16)和式(2.1.17)及双变量泰勒级数展开公式，得

$$\begin{cases}A_1(a)=-\dfrac{1}{2\pi\omega}\displaystyle\int_0^{2\pi}f(a\cos\psi,-a\omega\sin\psi)\sin\psi\,\mathrm{d}\psi\\[2mm] B_1(a)=-\dfrac{1}{2\pi a\omega}\displaystyle\int_0^{2\pi}f(a\cos\psi,-a\omega\sin\psi)\cos\psi\,\mathrm{d}\psi\end{cases} \tag{2.1.24}$$

$$u_1(a,\psi)=\frac{g_0^{(1)}(a)}{\omega^2}-\frac{1}{\omega^2}\sum_{n=2}^{\infty}\frac{g_n(a)\cos n\psi+h_n(a)\sin n\psi}{1-n^2} \tag{2.1.25}$$

式中：$g_n(a)$ 和 $h_n(a)$ 的表达式为

$$\begin{cases}g_n(a)=\dfrac{1}{\pi}\displaystyle\int_0^{2\pi}f(a\cos\psi,-a\omega\sin\psi)\cos n\psi\,\mathrm{d}\psi\\[2mm] h_n(a)=\dfrac{1}{\pi}\displaystyle\int_0^{2\pi}f(a\cos\psi,-a\omega\sin\psi)\sin n\psi\,\mathrm{d}\psi\end{cases} \tag{2.1.26}$$

$A_2(a)$，$B_2(a)$ 的表达式为

$$\begin{aligned}A_2(a)=&-\frac{1}{2\omega}(2A_1B_1+A_1\frac{\mathrm{d}B_1}{\mathrm{d}a}a)-\frac{1}{2\pi\omega}\int_0^{2\pi}[u_1(a,\psi)f'_x(a\cos\psi,-a\omega\sin\psi)+\\ &(A_1\cos\psi-aB_1\sin\psi+\omega\frac{\partial u_1}{\partial\psi})f'_{x'}(a\cos\psi,-a\omega\sin\psi)]\sin\psi\,\mathrm{d}\psi\end{aligned} \tag{2.1.27a}$$

$$B_2(a)=-\frac{1}{2\omega}(B_1^2-\frac{A_1}{a}\frac{\mathrm{d}A_1}{\mathrm{d}a})-\frac{1}{2\pi a\omega}\int_0^{2\pi}[u_1(a,\psi)f_x'(a\cos\psi,-a\omega\sin\psi)+ (A_1\cos\psi-aB_1\sin\psi+\omega\frac{\partial u_1}{\partial\psi})f_{x'}'(a\cos\psi,-a\omega\sin\psi)]\cos\psi\mathrm{d}\psi \tag{2.1.27b}$$

2.2 非共振系统的渐近法——三级数法

我们现在研究这样的振动系统，它们是在明显依赖于外周期力作用之下的，即

$$\frac{\mathrm{d}^2x}{\mathrm{d}t^2}+\omega^2x=\varepsilon f\left(\nu t,x,\frac{\mathrm{d}x}{\mathrm{d}t}\right) \tag{2.2.1}$$

式中：ε是正的小参数；$f(\nu t,x,\dot{x})$是关于νt的周期为2π的周期函数，它可表示成

$$f\left(\nu t,x,\frac{\mathrm{d}x}{\mathrm{d}t}\right)=\sum_{n=-N}^{N}\mathrm{e}^{in\nu t}f_n\left(x,\frac{\mathrm{d}x}{\mathrm{d}t}\right) \tag{2.2.2}$$

同时假定，有限和式（2.2.2）中的系数$f_n(x,\dot{x})$是关于x和$\dot{x}$的多项式。

显然，被考察的方程（2.2.1）可以解释为具有固有频率ω的、单位质量的一个力学系统的振动方程，此系统是在明显依赖于时间的微小非线性干扰$\varepsilon f(\nu t,x,\dot{x})$作用之下的。很多振动系统的实例用这种形式的方程来描述。

在找寻对于用方程（2.2.1）所描述的系统渐近解的方法之前，我们从物理的观点出发，再次分析周期作用对于系统的影响。

当不存在干扰，即$\varepsilon=0$时，得到纯简谐振动

$$x=a\cos(\omega t+\varphi)$$

$$\frac{\mathrm{d}x}{\mathrm{d}t}=-a\omega\sin(\omega t+\varphi)$$

这里a和φ是任意常数。

如果应用2. 1节中叙述的方法，就得确定函数u_1，u_2，…。显然，由于外干扰力的作用依赖于时间，因而在函数$\varepsilon f\left(\nu t,x,\frac{\mathrm{d}x}{\mathrm{d}t}\right)$的Fourier展开式中（将$x=a\cos(\omega t+\varphi)$，$\frac{\mathrm{d}x}{\mathrm{d}t}=-a\omega\sin(\omega t+\varphi)$代入后展开），由于它对$\nu t$的周期性而出现了含有$\sin(n\nu+m\omega)t$和$\cos(n\nu+m\omega)t$的项，其中$n$和$m$是整数。于是，在决定$u_1$，$u_2$，…的微分方程的右端，便出现了带有形式为$(n\nu+m\omega)$的组合频率的简谐分量。

很明显，当这些组合频率中有一个接近于系统的固有频率时，即使在干扰力的表达式中它所对应的系数很小（即对应谐波的振幅很小），但干扰力中的这个谐波仍能给振动的性质以很大的影响。先考察由方程（2.2.1）所描述的振动系统，从研究最简单的非共振情况开始，假定在被研究的近似解中所引进的组合频率$(n\nu+m\omega)$的任何一个都不等于（且不接近于）频率ω，即

$$n\nu+m\omega\neq\omega \tag{2.2.3}$$

这里应指出数论中熟知的事实，如果$\frac{\nu}{\omega}$是有理数，那么总可以选到这样的整数n和m，使

表达式 $nv+(m-1)\omega$ 任意接近于零。

所以，如果在被研究的近似解的表达式中，存在着线性组合 $nv+m\omega$ 的所有谐波，那么不得不附加一些条件，使比值 $\dfrac{v}{\omega}$ 不过分快地被有理数所接近，并且不引起被研究的表达式发散。

与不显含时间的干扰力情况相似，我们将从同样的直观考虑出发，来建立微分方程（2.2.1）的近似解。

在干扰力完全不存在（$\varepsilon=0$）时，很明显，振动将是纯简谐的，即 $x=a\cos\psi$，它带有常振幅和匀速转动的相位角即 $\dfrac{\mathrm{d}a}{\mathrm{d}t}=0$，$\dfrac{\mathrm{d}\psi}{\mathrm{d}t}=\omega$。

干扰力的影响表现在以下两方面。

（1）各阶小量的泛音和组合频率的谐波都能在振动中出现，所以应当找如下形式的解：

$$x=a\cos\psi+\varepsilon u_1(a,\psi,vt)+\varepsilon^2 u_2(a,\psi,vt)+\cdots \tag{2.2.4}$$

式中：函数 $u_1(a,\psi,vt)$，$u_2(a,\psi,vt)$，… 是关于两个角变量 ψ 和 vt 的周期为 2π 的周期函数。

（2）振幅和相位角转动速度已不可能是常数，和 2.1 节一样，应该由微分方程

$$\begin{cases}\dfrac{\mathrm{d}a}{\mathrm{d}t}=\varepsilon A_1(a)+\varepsilon^2 A_2(a)+\cdots \\ \dfrac{\mathrm{d}\psi}{\mathrm{d}t}=\omega+\varepsilon B_1(a)+\varepsilon^2 B_2(a)+\cdots\end{cases} \tag{2.2.5}$$

来决定。

这些方程的右端应该决定于振幅，因为在非共振时，固有振动的相位角和外力的相位角并没有联系，因而后者既不影响振动的振幅，又不影响振动的全相位。当然，对于共振情况，不管在瞬时频率还是在瞬时振幅的表达式中，都应该引进它们与相位差的关系。

这样，在非共振情形下构造方程（2.2.1）的近似解的问题便归结为类似于 2.1 节中所研究的问题，需要找寻这样的函数

$$u_1(a,\psi,vt),\ u_2(a,\psi,vt),\cdots,\ A_1(a),\ A_2(a),\cdots,\ B_1(a),\ B_2(a),\cdots$$

使得表达式（2.2.4）在用方程组（2.2.5）所决定的时间的函数 a，ψ 代入以后，成为原始方程（2.2.1）的解。

与 2.1 节中一样，这个问题一旦解决，也就是说，在找到了式（2.2.4）和式（2.2.5）右端的展开式的系数的显式表达式之后，方程（2.2.1）的积分问题便归结为更简单的去积分方程（2.2.5）的问题。应该指出，在非共振情形下，所得到的决定 a 和 ψ 的方程是可分离变量的；而在共振情形下，正如以后将看到的，这些方程中的变量在一般情况下将是不可分离的。

在着手作函数 $u_1(a,\psi,vt),u_2(a,\psi,vt),\cdots,A_1(a),A_2(a),\cdots,B_1(a),B_2(a),\cdots$ 之前，为了使所决定的展开式（2.2.5）的系数单值，必须和以前一样，引进某些补充条件。

把函数 $u_1(a,\psi,vt),u_2(a,\psi,vt),\cdots$ 中不出现共振项取为这一类补充条件是很自然的。也就是说，不存在使它们的分母能变为零的项。

和这个条件相等价的，是要求在函数 $u_1(a,\psi,vt),u_2(a,\psi,vt),\cdots$ 中不存在自变量 ψ 的第一阶谐波。从物理观点来看，这就是选 a 作为振动的主谐波的全振幅。

在这些预先说明之后，考虑到上述的补充条件，我们转到确定函数 $u_1(a,\psi,vt), u_2(a,\psi,vt),\cdots, A_1(a), A_2(a),\cdots, B_1(a), B_2(a),\cdots$ 的问题上来。

微分式（2.2.4），有

$$\begin{aligned}\frac{\mathrm{d}x}{\mathrm{d}t}&=\left(\cos\psi+\varepsilon\frac{\partial u_1}{\partial a}+\varepsilon^2\frac{\partial u_2}{\partial a}+\cdots\right)\frac{\mathrm{d}a}{\mathrm{d}t}+\\&\left(-a\sin\psi+\varepsilon\frac{\partial u_1}{\partial\psi}+\varepsilon^2\frac{\partial u_2}{\partial\psi}+\cdots\right)\frac{\mathrm{d}\psi}{\mathrm{d}t}+\varepsilon\frac{\partial u_1}{\partial t}+\varepsilon^2\frac{\partial u_2}{\partial t}+\cdots\end{aligned}\tag{2.2.6}$$

$$\begin{aligned}\frac{\mathrm{d}^2x}{\mathrm{d}t^2}&=\left(\cos\psi+\varepsilon\frac{\partial u_1}{\partial a}+\varepsilon^2\frac{\partial u_2}{\partial a}+\cdots\right)\frac{\mathrm{d}^2a}{\mathrm{d}t^2}+\\&\left(-a\sin\psi+\varepsilon\frac{\partial u_1}{\partial\psi}+\varepsilon^2\frac{\partial u_2}{\partial\psi}+\cdots\right)\frac{\mathrm{d}^2\psi}{\mathrm{d}t^2}+\\&\left(\varepsilon\frac{\partial^2u_1}{\partial a^2}+\varepsilon^2\frac{\partial^2u_2}{\partial a^2}+\cdots\right)\left(\frac{\mathrm{d}a}{\mathrm{d}t}\right)^2+\\&\left(-a\cos\psi+\varepsilon\frac{\partial^2u_1}{\partial\psi^2}+\varepsilon^2\frac{\partial^2u_2}{\partial\psi^2}+\cdots\right)\left(\frac{\mathrm{d}\psi}{\mathrm{d}t}\right)^2(\omega^2+2\varepsilon\omega B_1)+\\&2\left(\varepsilon\frac{\partial^2u_1}{\partial a\partial t}+\varepsilon^2\frac{\partial^2u_2}{\partial a\partial t}+\cdots\right)\frac{\mathrm{d}a}{\mathrm{d}t}+2\left(\varepsilon\frac{\partial^2u_1}{\partial\psi\partial t}+\varepsilon^2\frac{\partial^2u_2}{\partial\psi\partial t}+\cdots\right)\frac{\mathrm{d}\psi}{\mathrm{d}t}+\\&2\left(-\sin\psi+\varepsilon\frac{\partial^2u_1}{\partial a\partial\psi}+\varepsilon^2\frac{\partial^2u_2}{\partial a\partial\psi}+\cdots\right)\frac{\mathrm{d}a}{\mathrm{d}t}\frac{\mathrm{d}\psi}{\mathrm{d}t}+\varepsilon\frac{\partial^2u_1}{\partial t^2}+\varepsilon^2\frac{\partial^2u_2}{\partial t^2}+\cdots\end{aligned}\tag{2.2.7}$$

对式（2.2.7）中的$\frac{\mathrm{d}a}{\mathrm{d}t}$，$\frac{\mathrm{d}^2a}{\mathrm{d}t^2}$，$\frac{\mathrm{d}\psi}{\mathrm{d}t}$，$\frac{\mathrm{d}^2\psi}{\mathrm{d}t^2}$，按式（2.2.5）和 2.1 节中的式（2.1.11），用它们的表达式来代替，再把所求得的$\frac{\mathrm{d}x}{\mathrm{d}t}$，$\frac{\mathrm{d}^2x}{\mathrm{d}t^2}$的值和式（2.2.4）代入方程（2.2.1）的左端，然后把结果按小参数ε的幂次排列，便得到

$$\begin{aligned}\frac{\mathrm{d}^2x}{\mathrm{d}t^2}+\omega^2x&=\varepsilon\Big(\frac{\partial^2u_1}{\partial\psi^2}\omega^2+\frac{\partial^2u_1}{\partial t^2}+2\frac{\partial^2u_1}{\partial\psi\partial t}\omega+\omega^2u_1-2a\omega B_1\cos\psi-\\&2\omega A_1\sin\psi\Big)+\varepsilon^2\Big[\frac{\partial^2u_2}{\partial\psi^2}\omega^2+\frac{\partial^2u_2}{\partial t^2}+2\frac{\partial^2u_2}{\partial\psi\partial t}\omega+\omega^2u_2-\\&2a\omega B_2\cos\psi-2\omega A_2\sin\psi+\left(A_1\frac{\mathrm{d}A_1}{\mathrm{d}a}-aB_1^2\right)\cos\psi-\\&\left(aA_1\frac{\mathrm{d}B_1}{\mathrm{d}a}+2A_1B_1\right)\sin\psi+2\omega A_1\frac{\partial^2u_1}{\partial a\partial\psi}+\\&2\omega B_1\frac{\partial^2u_1}{\partial\psi^2}+2A_1\frac{\partial^2u_1}{\partial a\partial t}+2\frac{\partial^2u_1}{\partial\psi\partial t}B_1\Big]+\cdots\end{aligned}\tag{2.2.8}$$

根据式（2.2.4）和式（2.2.6），方程（2.2.1）的右端可以表示为

$$\begin{aligned}\varepsilon f\left(vt,x,\frac{\mathrm{d}x}{\mathrm{d}t}\right)&=\varepsilon f(vt,a\cos\psi,-a\omega\sin\psi)+\varepsilon^2[f'_x(vt,a\cos\psi,-a\omega\sin\psi)u_1+\\&f'_{x'}(vt,a\cos\psi,-a\omega\sin\psi)\times(A_1\cos\psi-aB_1\sin\psi+\frac{\partial u_1}{\partial\psi}\omega+\frac{\partial u_1}{\partial t})]\end{aligned}\tag{2.2.9}$$

为了使未知表达式(2.2.4)在精确到 ε^{m+1} 阶小量(和以前一样,将限于找至第 m 次近似)下满足原始方程(2.2.1),必须令式(2.2.8)和式(2.2.9)的右端到 m 阶项为止的、ε 的同阶项系数相等。

由此得到了决定 $u_1(a,\psi,\nu t), u_2(a,\psi,\nu t),\cdots,u_m(a,\psi,\nu t)$ 和 $A_1(a),A_2(a),\cdots,A_m(a)$, $B_1(a)$, $B_2(a),\cdots,B_m(a)$ 的 m 个方程的方程组:

$$\begin{cases}\omega^2(\dfrac{\partial^2 u_1}{\partial\psi^2}+u_1)+2\omega\dfrac{\partial^2 u_1}{\partial\psi\partial t}+\dfrac{\partial^2 u_1}{\partial t^2}=f_0(a,\psi,\nu t)+2\omega A_1\sin\psi+2\omega aB_1\cos\psi\\ \omega^2(\dfrac{\partial^2 u_2}{\partial\psi^2}+u_2)+2\omega\dfrac{\partial^2 u_2}{\partial\psi\partial t}+\dfrac{\partial^2 u_2}{\partial t^2}=f_1(a,\psi,\nu t)+2\omega A_2\sin\psi+2\omega aB_2\cos\psi\\ \cdots\\ \omega^2(\dfrac{\partial^2 u_m}{\partial\psi^2}+u_m)+2\omega\dfrac{\partial^2 u_m}{\partial\psi\partial t}+\dfrac{\partial^2 u_m}{\partial t^2}=f_{m-1}(a,\psi,\nu t)+2\omega A_m\sin\psi+2\omega aB_m\cos\psi\end{cases}\tag{2.2.10}$$

其中为省略起见,记

$$\begin{cases}f_0(a,\psi,\nu t)=f(\nu t,a\cos\psi,-a\omega\sin\psi)\\ f_1(a,\psi,\nu t)=u_1f'_x(\nu t,a\cos\psi,-a\omega\sin\psi)+\\ \qquad(A_1\cos\psi-aB_1\sin\psi+\omega\dfrac{\partial u_1}{\partial\psi}+\dfrac{\partial u_1}{\partial t})f'_{x'}(\nu t,a\cos\psi,-a\omega\sin\psi)+\\ \qquad(aB_1^2-A_1\dfrac{\mathrm{d}A_1}{\mathrm{d}a})\cos\psi+(2A_1B_1+A_1\dfrac{\mathrm{d}B_1}{\mathrm{d}a}a)\sin\psi-\\ \qquad 2\omega B_1\dfrac{\partial^2 u_1}{\partial\psi^2}-2A_1\dfrac{\partial^2 u_1}{\partial a\partial t}-2B_1\dfrac{\partial^2 u_1}{\partial\psi\partial t}-2\omega A_1\dfrac{\partial^2 u_1}{\partial a\partial\psi}\\ \cdots\end{cases}\tag{2.2.11}$$

显然,函数 $f_k(a,\psi,\nu t)$ 是关于两个自变量 ψ 和 νt 的周期为 2π 的周期函数,并且还依赖于 a。只要找到值 $A_j(a), B_j(a), u_j(a,\psi,\nu t)\ (j=1,2,\cdots,k)$,就能得到这些函数的显式表达式。

在确定所感兴趣的这些函数之前,引入多重 Fourier 级数理论的简单知识。

如果 $f(x)$ 是某个周期为 2π 的 x 的周期函数(在任意周期 $2l$ 的情况下,总可以用 x 的线性变换的方法将周期变为 2π),则在一定的限制下,它可以表示成 Fourier 级数的形式:

$$f(x)=\frac{a_0}{2}+\sum_{n=1}^{\infty}(a_n\cos nx+b_n\sin nx)\tag{2.2.12}$$

其中

$$\begin{cases}a_n=\dfrac{1}{\pi}\displaystyle\int_0^{2\pi}f(\xi)\cos n\xi\mathrm{d}\xi\\ b_n=\dfrac{1}{\pi}\displaystyle\int_0^{2\pi}f(\xi)\sin n\xi\mathrm{d}\xi\end{cases}\tag{2.2.13}$$

在很多情况下,利用复数形式的 Fourier 级数是很方便的,这时 $f(x)$ 可以表示成

$$f(x)=\sum_{n=-\infty}^{+\infty}c_n\mathrm{e}^{\mathrm{i}nx}\tag{2.2.14}$$

的形式,其中

$$c_n = \frac{1}{2\pi}\int_0^{2\pi} f(\xi)\mathrm{e}^{-\mathrm{i}n\xi}\,\mathrm{d}\xi \tag{2.2.15}$$

在这里，n 不仅取正整数，而且也取负整数。同时，得到 Fourier 系数式（2.2.15）和式（2.2.13）间具有如下关系：

$$c_n = \frac{a_n - \mathrm{i}b_n}{2},\ c_{-n} = \frac{a_n + \mathrm{i}b_n}{2} \tag{2.2.16}$$

现在取关于两个变量 x 和 y 周期为 2π 的周期函数 $f(x,y)$。把 $f(x,y)$ 形式地看作 x 的函数，则有

$$f(x,y) = \sum_{n=-\infty}^{+\infty} c_n(y)\mathrm{e}^{\mathrm{i}nx} \tag{2.2.17}$$

其中

$$c_n(y) = \frac{1}{2\pi}\int_0^{2\pi} f(\xi,y)\mathrm{e}^{-\mathrm{i}n\xi}\mathrm{d}\xi \tag{2.2.18}$$

函数 $c_n(y)$ 本身可以展开成级数形式，即

$$c_n(y) = \sum_{m=-\infty}^{+\infty} c_{nm}\mathrm{e}^{\mathrm{i}my} \tag{2.2.19}$$

其中

$$c_{nm} = \frac{1}{2\pi}\int_0^{2\pi} c_n(\eta)\mathrm{e}^{-\mathrm{i}m\eta}\mathrm{d}\eta = \frac{1}{4\pi^2}\int_0^{2\pi}\int_0^{2\pi} f(\xi,\eta)\mathrm{e}^{-\mathrm{i}(n\xi+m\eta)}\mathrm{d}\xi\mathrm{d}\eta \tag{2.2.20}$$

把所得到的 $c_n(y)$ 的表达式代入式（2.2.17），有

$$f(x,y) = \sum_{n=-\infty}^{+\infty}\sum_{m=-\infty}^{+\infty} c_{nm}\mathrm{e}^{\mathrm{i}(nx+my)} \tag{2.2.21}$$

或简写为

$$f(x,y) = \sum_{n,m=-\infty}^{+\infty} c_{nm}\mathrm{e}^{\mathrm{i}(nx+my)} \tag{2.2.22}$$

它是 Fourier 级数在两个变量情况下的推广。

现在着手从方程组（2.2.10）第一个公式来确定 $A_1(a)$，$B_1(a)$ 和 $u_1(a,\psi,\nu t)$。为此，展开 $f_0(a,\psi,\nu t)$ 为二重 Fourier 级数，即

$$f_0(a,\psi,\nu t) = \sum_n\sum_m f_{nm}^{(0)}(a)\mathrm{e}^{\mathrm{i}(n\theta+m\psi)} \tag{2.2.23}$$

式中：$\theta = \nu t$。

$$f_{nm}^{(0)}(a) = \frac{1}{4\pi^2}\int_0^{2\pi}\int_0^{2\pi} f(\theta, a\cos\psi, -a\omega\sin\psi)\mathrm{e}^{-\mathrm{i}(n\theta+m\psi)}\mathrm{d}\theta\mathrm{d}\psi$$

把 $u_1(a,\psi,\nu t)$ 表示成 Fourier 级数形式，即

$$u_1(a,\psi,\nu t) = \sum_n\sum_m \overline{f}_{nm}^{(0)}(a)\mathrm{e}^{\mathrm{i}(n\nu t+m\psi)} \tag{2.2.24}$$

将 $f_0(a,\psi,\nu t)$ 的值式（2.2.23）和 $u_1(a,\psi,\nu t)$ 的值式（2.2.24）代入方程（2.2.10），有

$$\begin{aligned}&\sum_n\sum_m[\omega^2-(n\nu+m\omega)^2]\overline{f}_{nm}^{(0)}(a)\mathrm{e}^{\mathrm{i}(n\nu t+m\psi)}\\&= 2a\omega B_1\cos\psi + 2\omega A_1\sin\psi + \sum_n\sum_m f_{nm}^{(0)}(a)\mathrm{e}^{\mathrm{i}(n\nu t+m\psi)}\end{aligned} \tag{2.2.25}$$

必须这样来确定$\overline{f}_{nm}(a)$，$A_1(a)$，$B_1(a)$，使得$u_1(a,\psi,vt)$不包含共振项。如果$A_1(a)$和$B_1(a)$由关系式

$$2a\omega B_1\cos\psi+2\omega A_1\sin\psi=-\sum_{\substack{n\quad m\\ [\omega^2-(nv+m\omega)^2=0]}}\sum f_{nm}^{(0)}(a)\mathrm{e}^{\mathrm{i}(nvt+m\psi)} \tag{2.2.26}$$

来确定，那么该条件是满足的。

令表达式(2.2.25)中的同次谐波的系数相等，得到

$$\overline{f}_{nm}(a)=\frac{f_{nm}^{(0)}(a)}{\omega^2-(nv+m\omega)^2}$$

其中，n和m是取所有满足不等式

$$\omega^2-(nv+m\omega)^2\neq 0$$

的n和m，或者，由于我们研究非共振情况，取n，m满足不等式

$$n^2-(m^2-1)^2\neq 0\quad(\text{即}n\neq 0,\ m\neq\pm 1)$$

把求得的值$\overline{f}_{nm}(a)$代入式(2.2.24)，并为了简化起见作代换$vt=\theta$，就得到$u_1(a,\psi,vt)$的如下表达式(复数形式)：

$$u_1(a,\psi,\theta)=\frac{1}{4\pi^2}\sum_{\substack{n\quad m\\ [n^2-(m^2-1)^2\neq 0]}}\sum\frac{\mathrm{e}^{\mathrm{i}(n\theta+m\psi)}}{\omega^2-(nv+m\omega)^2}\times\int_0^{2\pi}\int_0^{2\pi}f_0(a,\psi,\theta)\mathrm{e}^{-\mathrm{i}(n\theta+m\psi)}\mathrm{d}\theta\mathrm{d}\psi \tag{2.2.27}$$

或者变为三角函数(实数形式)：

$$\begin{aligned}u_1(a,\psi,\theta)=\frac{1}{2\pi^2}\sum_{\substack{n,m\\ [n^2-(m^2-1)^2\neq 0]}}&\Big[\frac{\cos(n\theta+m\psi)}{\omega^2-(nv+m\omega)^2}\times\\ &\int_0^{2\pi}\int_0^{2\pi}f_0(a,\psi,\theta)\cos(n\theta+m\psi)\mathrm{d}\theta\mathrm{d}\psi+\frac{\sin(n\theta+m\psi)}{\omega^2-(nv+m\omega)^2}\times\\ &\int_0^{2\pi}\int_0^{2\pi}f_0(a,\psi,\theta)\sin(n\theta+m\psi)\mathrm{d}\theta\mathrm{d}\psi\Big]\end{aligned} \tag{2.2.28}$$

令式(2.2.26)中相同谐波的系数相等，即可得到$A_1(a)$和$B_1(a)$的表达式

$$A_1(a)=-\frac{1}{4\pi^2\omega}\int_0^{2\pi}\int_0^{2\pi}f_0(a,\psi,\theta)\sin\psi\mathrm{d}\theta\mathrm{d}\psi \tag{2.2.29}$$

$$B_1(a)=-\frac{1}{4\pi^2 a\omega}\int_0^{2\pi}\int_0^{2\pi}f_0(a,\psi,\theta)\cos\psi\mathrm{d}\theta\mathrm{d}\psi \tag{2.2.30}$$

在确定了$u_1(a,\psi,\theta)$，$A_1(a)$，$B_1(a)$之后，根据式(2.2.11)，就有了$f_1(a,\psi,\theta)$的显式表达式。把它展开为 Fourier 级数并利用方程(2.2.10)，同样考虑到$u_2(a,\psi,\theta)$，$A_2(a)$，$B_2(a)$。在一系列计算之后，有

$$\begin{aligned}u_2(a,\psi,\theta)=\frac{1}{4\pi^2}\sum_{\substack{n\quad m\\ [n^2-(m^2-1)^2\neq 0]}}\sum&\frac{\mathrm{e}^{\mathrm{i}(n\theta+m\psi)}}{\omega^2-(nv+m\omega)^2}\times\\ &\int_0^{2\pi}\int_0^{2\pi}f_1(a,\psi,\theta)\mathrm{e}^{-\mathrm{i}(n\theta+m\psi)}\mathrm{d}\theta\,\mathrm{d}\psi\end{aligned} \tag{2.2.31}$$

$$A_2(a)=-\frac{1}{2\omega}(2A_1B_1+A_1\frac{\mathrm{d}B_1}{\mathrm{d}a}a)-\frac{1}{4\pi^2\omega}\int_0^{2\pi}\int_0^{2\pi}[f_x'(\theta,a\cos\psi,-a\omega\sin\psi)u_1+$$
$$(A_1\cos\psi-aB_1\sin\psi+\frac{\partial u_1}{\partial\theta}\nu+\omega\frac{\partial u_1}{\partial\psi})\times \tag{2.2.32}$$
$$f_x'(\theta,a\cos\psi,-a\omega\sin\psi)]\sin\psi\,\mathrm{d}\theta\,\mathrm{d}\psi$$

$$B_2(a)=\frac{1}{2a\omega}(A_1\frac{\mathrm{d}A_1}{\mathrm{d}a}-aB_1^2)-\frac{1}{4\pi^2\omega a}\int_0^{2\pi}\int_0^{2\pi}[f_x'(\theta,a\cos\psi,-a\omega\sin\psi)u_1+$$
$$(A_1\cos\psi-aB_1\sin\psi+\frac{\partial u_1}{\partial\theta}\nu+\omega\frac{\partial u_1}{\partial\psi})\times \tag{2.2.33}$$
$$f_x'(\theta,a\cos\psi,-a\omega\sin\psi)]\cos\psi\,\mathrm{d}\theta\,\mathrm{d}\psi$$

继续上述过程,可以构成方程(2.2.1)的任意次近似解。

需注意,根据类似于2.1节中得出的结论,在这里建立第 n 次近似时,级数(2.2.4)的右端保留 ε^n 阶小量的项也是没有意义的。

由此得到单自由度非共振系统的第一次近似解为

$$x=a\cos\psi \tag{2.2.34}$$

其中

$$\begin{cases}\dfrac{\mathrm{d}a}{\mathrm{d}t}=\varepsilon A_1(a)\\ \dfrac{\mathrm{d}\psi}{\mathrm{d}t}=\omega_1=\omega+\varepsilon B_1(a)\end{cases} \tag{2.2.35}$$

第二次近似解为

$$x=a\cos\psi+\varepsilon u_1(a,\psi) \tag{2.2.36}$$

其中

$$\begin{cases}\dfrac{\mathrm{d}a}{\mathrm{d}t}=\varepsilon A_1(a)+\varepsilon^2A_2(a)\\ \dfrac{\mathrm{d}\psi}{\mathrm{d}t}=\omega+\varepsilon B_1(a)+\varepsilon^2B_2(a)\end{cases} \tag{2.2.37}$$

2.3 共振系统的渐近法——三级数法

研究共振情况,假设 $\omega=\frac{p}{q}\nu$,其中 p 和 q 是某两个互质的数。

根据所研究的问题的性质,出现了解决问题的两条不同路径:①在共振研究中,只限于研究共振区域本身;②除了研究共振区域以外,还需要研究从非共振区域接近共振区域的过程。

首先研究第一种情形,由于在这种情形下假定 $\frac{p}{q}\nu$ 的值充分接近于 ω,因而假定

$$\omega^2=\left(\frac{p}{q}\nu\right)^2+\varepsilon\Delta \tag{2.3.1}$$

式中 $\varepsilon\Delta$ 表示固有频率和外加频率平方之间的解谐。

这时,原方程(2.2.1)可写为

$$\frac{\mathrm{d}^2x}{\mathrm{d}t^2}+\left(\frac{p}{q}v\right)^2x=\varepsilon\left[f\left(vt,x,\frac{\mathrm{d}x}{\mathrm{d}t}\right)-\Delta x\right] \tag{2.3.2}$$

这样,由于解谐 $\varepsilon\Delta$ 很小,把它归到扰动力中,像非共振情况一样,方程(2.3.2)的解可以设为如下形式:

$$x=a\cos\psi+\varepsilon u_1(a,\psi,vt)+\varepsilon^2u_2(a,\psi,vt)+\cdots \tag{2.3.3}$$

式中:函数 $u_1(a,\psi,vt)$,$u_2(a,\psi,vt)$,$\cdots$ 是关于两个角变量 ψ 和 vt 的周期为 2π 的周期函数;a 和 ψ 是时间的函数,由相应的微分方程确定。

为了建立这些方程,除了在研究中引进振动全相位的角变量以外,再引进相位差

$$\vartheta=\psi-\frac{p}{q}vt$$

是很合适的。

正如在上面已经指出的,从最简单的物理考虑得出,在共振情况下,固有振动和外作用力之间的相位差将会对振动的振幅和频率的变化产生根本的影响。所以,和以前所研究的情况不同,把 $\frac{\mathrm{d}a}{\mathrm{d}t}$ 和 $\frac{\mathrm{d}\psi}{\mathrm{d}t}$ 表示为不单是 a 的函数,而且也是 ϑ 的函数。换言之,把 a 和 ψ 确定为下列形式的微分方程的解:

$$\begin{cases}\dfrac{\mathrm{d}a}{\mathrm{d}t}=\varepsilon A_1(a,\vartheta)+\varepsilon^2A_2(a,\vartheta)+\cdots\\ \dfrac{\mathrm{d}\psi}{\mathrm{d}t}=\dfrac{p}{q}v+\varepsilon B_1(a,\vartheta)+\varepsilon^2B_2(a,\vartheta)+\cdots\end{cases} \tag{2.3.4}$$

式中:$A_1(a,\vartheta), A_2(a,\vartheta),\cdots, B_1(a,\vartheta), B_2(a,\vartheta),\cdots$ 是关于角变量 ϑ 以 2π 为周期的周期函数。

这些方程的右端应该决定于振幅,因为在非共振时,固有振动的相位角和外力的相位角并没有联系,因而后者既不影响振动的振幅,又不影响振动的全相位。当然,对于共振情况,不管在瞬时频率还是在瞬时振幅的表达式中,都应该引进它们与相位差的关系。

因为在 $\frac{\mathrm{d}a}{\mathrm{d}t}$ 和 $\frac{\mathrm{d}\psi}{\mathrm{d}t}$ 的表达式的右端,引进的不是全相位 ψ 而是相位角 ϑ,所以从表达式(2.3.3)和方程(2.3.4)中消去 ψ 是合适的。

设 $\psi=\frac{p}{q}vt+\vartheta$,这时得到如下表达式来代替式(2.3.3):

$$x=a\cos\left(\frac{p}{q}vt+\vartheta\right)+\varepsilon u_1(a,vt,\frac{p}{q}vt+\vartheta)+\varepsilon^2u_2(a,vt,\frac{p}{q}vt+\vartheta)+\cdots \tag{2.3.5}$$

式中:时间的函数 a 和 ψ 应满足方程

$$\begin{cases}\dfrac{\mathrm{d}a}{\mathrm{d}t}=\varepsilon A_1(a,\vartheta)+\varepsilon^2A_2(a,\vartheta)+\cdots\\ \dfrac{\mathrm{d}\vartheta}{\mathrm{d}t}=\varepsilon B_1(a,\vartheta)+\varepsilon^2B_2(a,\vartheta)+\cdots\end{cases} \tag{2.3.6}$$

因此,应该这样来确定函数 $A_1(a,\vartheta), A_2(a,\vartheta),\cdots, B_1(a,\vartheta), B_2(a,\vartheta),\cdots,\ u_1(a,vt,\frac{p}{q}vt+\vartheta)$,

$u_2(a, vt, \frac{p}{q}vt+\vartheta), \cdots$ 使得 a 和 ϑ 用方程组（2.3.6）的解代入后的表达式（2.3.5）满足被研究的基本方程（2.3.2）。

微分式（2.3.5），得

$$\frac{\mathrm{d}x}{\mathrm{d}t}=(\cos\psi+\varepsilon\frac{\partial u_1}{\partial a}+\varepsilon^2\frac{\partial u_2}{\partial a}+\cdots)\frac{\mathrm{d}a}{\mathrm{d}t}+(-a\sin\psi+\varepsilon\frac{\partial u_1}{\partial\vartheta}+\varepsilon^2\frac{\partial u_2}{\partial\vartheta}+\cdots)\frac{\mathrm{d}\vartheta}{\mathrm{d}t}+ \\ (-a\frac{p}{q}v\sin\psi+\varepsilon\frac{\partial u_1}{\partial t}+\varepsilon^2\frac{\partial u_2}{\partial t}+\cdots) \tag{2.3.7}$$

$$\begin{aligned}\frac{\mathrm{d}^2x}{\mathrm{d}t^2}=&\left(\cos\psi+\varepsilon\frac{\partial u_1}{\partial a}+\varepsilon^2\frac{\partial u_2}{\partial a}+\cdots\right)\frac{\mathrm{d}^2a}{\mathrm{d}t^2}+\\&\left(\varepsilon\frac{\partial^2u_1}{\partial a^2}+\varepsilon^2\frac{\partial^2u_2}{\partial a^2}+\cdots\right)\left(\frac{\mathrm{d}a}{\mathrm{d}t}\right)^2+\\&2\left(-\sin\psi+\varepsilon\frac{\partial^2u_1}{\partial a\partial\vartheta}+\varepsilon^2\frac{\partial^2u_2}{\partial a\partial\vartheta}+\cdots\right)\frac{\mathrm{d}a}{\mathrm{d}t}\frac{\mathrm{d}\vartheta}{\mathrm{d}t}+\\&\left(-a\sin\psi+\varepsilon\frac{\partial u_1}{\partial\vartheta}+\varepsilon^2\frac{\partial u_2}{\partial\vartheta}+\cdots\right)\frac{\mathrm{d}^2\vartheta}{\mathrm{d}t^2}+\\&\left(-a\cos\psi+\varepsilon\frac{\partial^2u_1}{\partial\vartheta^2}+\varepsilon^2\frac{\partial^2u_2}{\partial\vartheta^2}+\cdots\right)\left(\frac{\mathrm{d}\vartheta}{\mathrm{d}t}\right)^2+\\&2\left(-\frac{p}{q}v\sin\psi+\varepsilon\frac{\partial^2u_1}{\partial a\partial t}+\varepsilon^2\frac{\partial^2u_2}{\partial a\partial t}+\cdots\right)\frac{\mathrm{d}a}{\mathrm{d}t}+\\&2\left(-a\frac{p}{q}v\cos\psi+\varepsilon\frac{\partial^2u_1}{\partial\vartheta\,\partial t}+\varepsilon^2\frac{\partial^2u_2}{\partial\vartheta\,\partial t}+\cdots\right)\frac{\mathrm{d}\vartheta}{\mathrm{d}t}+\\&\left[-a\left(\frac{p}{q}v\right)^2\cos\psi+\varepsilon\frac{\partial^2u_1}{\partial t^2}+\varepsilon^2\frac{\partial^2u_2}{\partial t^2}+\cdots\right]\end{aligned} \tag{2.3.8}$$

其次，根据式（2.3.6），得

$$\begin{cases}\dfrac{\mathrm{d}^2a}{\mathrm{d}t^2}=\varepsilon^2\left(\dfrac{\partial A_1}{\partial a}A_1+\dfrac{\partial A_1}{\partial\vartheta}B_1\right)+\varepsilon^3\cdots\\\left(\dfrac{\mathrm{d}a}{\mathrm{d}t}\right)^2=\varepsilon^2A_1^2+\varepsilon^3\cdots\\\left(\dfrac{\mathrm{d}\vartheta}{\mathrm{d}t}\right)^2=\varepsilon^2B_1^2+\varepsilon^3\cdots\\\dfrac{\mathrm{d}^2\vartheta}{\mathrm{d}t^2}=\varepsilon^2\left(\dfrac{\partial B_1}{\partial a}A_1+\dfrac{\partial B_1}{\partial\vartheta}B_1\right)+\varepsilon^3\cdots\\\dfrac{\mathrm{d}a}{\mathrm{d}t}\dfrac{\mathrm{d}\vartheta}{\mathrm{d}t}=\varepsilon^2A_1B_1+\varepsilon^3\cdots\end{cases} \tag{2.3.9}$$

将式（2.3.5）和式（2.3.8）代入方程（2.3.2）的左端，同时考虑到式（2.3.6）和式（2.3.9），再把结果按参数 ε 的幂次排列，得

$$\frac{\mathrm{d}^2x}{\mathrm{d}t^2}+\left(\frac{p}{q}v\right)^2x=\varepsilon\left[\frac{\partial^2u_1}{\partial t^2}+\left(\frac{p}{q}v\right)^2u_1-2a\frac{p}{q}vB_1\cos\psi-2\frac{p}{q}vA_1\sin\psi\right]+$$
$$\varepsilon^2[2\frac{\partial^2u_1}{\partial a\partial t}A_1+2\frac{\partial^2u_1}{\partial\vartheta\,\partial t}B_1+\frac{\partial^2u_2}{\partial t^2}+\left(\frac{p}{q}v\right)^2u_2+$$
$$\left(A_1\frac{\partial A_1}{\partial a}+\frac{\partial A_1}{\partial\vartheta}B_1-aB_1^2-2a\frac{p}{q}vB_2\right)\cos\psi-\tag{2.3.10}$$
$$\left(aA_1\frac{\mathrm{d}B_1}{\mathrm{d}a}+2A_1B_1+2\frac{p}{q}vA_2+a\frac{\partial B_1}{\partial\vartheta}B_1\right)\sin\psi]+\varepsilon^3\cdots$$

把方程(2.3.2)的右端按小参数的幂次展开，得

$$\varepsilon\left[f\left(vt,x,\frac{\mathrm{d}x}{\mathrm{d}t}\right)-\Delta x\right]=\varepsilon\left[-\Delta a\cos\psi+f(vt,a\cos\psi,-a\frac{p}{q}v\sin\psi)\right]+$$
$$\varepsilon^2[f_x'(vt,a\cos\psi,-a\frac{p}{q}v\sin\psi)u_1+$$
$$f_{x'}'(vt,a\cos\psi,-a\frac{p}{q}v\sin\psi)\times\tag{2.3.11}$$
$$(A_1\cos\psi-aB_1\sin\psi+\frac{\partial u_1}{\partial t})-\Delta u_1]+\varepsilon^3\cdots$$

令式(2.3.10)和式(2.3.11)右端的 ε 同次幂的系数相等，得到未知函数的下列方程组：

$$\frac{\partial^2u_1}{\partial t^2}+\left(\frac{p}{q}v\right)^2u_1=f_0(a,\psi,vt)+2\frac{p}{q}vA_1\sin\psi+2\frac{p}{q}vaB_1\cos\psi-\Delta a\cos\psi\tag{2.3.12}$$

$$\frac{\partial^2u_2}{\partial t^2}+\left(\frac{p}{q}v\right)^2u_2=f_1(a,\psi,vt)+\left(2\frac{p}{q}vA_2+a\frac{\partial B_1}{\partial a}A_1+a\frac{\partial B_1}{\partial\vartheta}B_1+2A_1B_1\right)\sin\psi+$$
$$\left(2\frac{p}{q}v\,aB_2-\frac{\partial A_1}{\partial a}A_1-\frac{\partial A_1}{\partial\vartheta}B_1+aB_1^2\right)\cos\psi\tag{2.3.13}$$

这里引进了记号

$$f_0(a,\psi,vt)=f(vt,a\cos\psi,-a\frac{p}{q}v\sin\psi)\tag{2.3.14}$$

$$f_1(a,vt,\psi)=u_1f_x'(vt,a\cos\psi,-a\frac{p}{q}v\sin\psi)+$$
$$(A_1\cos\psi-aB_1\sin\psi+\frac{\partial u_1}{\partial t})f_{x'}'(vt,a\cos\psi,-a\frac{p}{q}v\sin\psi)-\tag{2.3.15}$$
$$\Delta u_1-2A_1\frac{\partial^2u_1}{\partial a\partial t}-2B_1\frac{\partial^2u_1}{\partial\vartheta\partial t}$$

同以前叙述的情形一样，$f_k(a,vt,\psi)$ 是关于两个角变量 vt，ψ 的周期为 2π 的周期函数，$A_i(a,\vartheta)$ 和 $B_i(a,\vartheta)$ 是关于 ϑ 以 2π 为周期的周期函数。

利用在 $u_1(a,vt,\frac{p}{q}vt+\vartheta)$ 表达式中分母不为零的条件，从方程(2.3.12)中找

$u_1(a,vt,\frac{p}{q}vt+\vartheta)$，$A_1(a,\vartheta)$ 和 $B_1(a,\vartheta)$。

把函数 $u_1(a,vt,\frac{p}{q}vt+\vartheta)$ 和 $f_0(a,vt,\frac{p}{q}vt+\vartheta)$ 表示为 Fourier 级数有限和的形式，有

$$u_1(a,vt,\frac{p}{q}vt+\vartheta)=\sum_n\sum_m u_{nm}^{(1)}(a)\mathrm{e}^{\mathrm{i}\left[nvt+m\left(\frac{p}{q}vt+\vartheta\right)\right]} \tag{2.3.16}$$

$$f_0(a,vt,\frac{p}{q}vt+\vartheta)=\sum_n\sum_m f_{nm}^{(0)}(a)\mathrm{e}^{\mathrm{i}\left[nvt+m\left(\frac{p}{q}vt+\vartheta\right)\right]} \tag{2.3.17}$$

其中

$$f_{nm}^{(0)}(a)=\frac{1}{4\pi^2}\int_0^{2\pi}\int_0^{2\pi} f_0(a,\theta,\psi)\mathrm{e}^{-\mathrm{i}(n\theta+m\psi)}\mathrm{d}\theta\,\mathrm{d}\psi$$

同时必须注意，如果方程（2.2.1）的右端 $\varepsilon f(vt,x,\frac{\mathrm{d}x}{\mathrm{d}t})$ 是关于 x 和 $\frac{\mathrm{d}x}{\mathrm{d}t}$ 的多项式，并包含变量 vt 的有限个谐波，则展开式（2.3.17）实际上可以用初等三角形变换得到。

将表达式（2.3.16）和（2.3.17）的右端代入方程（2.3.12），结果得

$$\begin{aligned}&\sum_n\sum_m[\left(\frac{p}{q}v\right)^2-(nv+m\frac{p}{q}v)^2]\mathrm{e}^{\mathrm{i}\left[nvt+m\left(\frac{p}{q}vt+\vartheta\right)\right]}u_{nm}^{(1)}(a)\\&=\sum_n\sum_m f_{nm}^{(0)}(a)\mathrm{e}^{\mathrm{i}\left[nvt+m\left(\frac{p}{q}vt+\vartheta\right)\right]}+2\frac{p}{q}vA_1\sin\left(\frac{p}{q}vt+\vartheta\right)+\\&\quad 2a\frac{p}{q}vB_1\cos\left(\frac{p}{q}vt+\vartheta\right)-\Delta a\cos\left(\frac{p}{q}vt+\vartheta\right)\end{aligned} \tag{2.3.18}$$

令同阶谐波系数相等，得

$$u_{nm}^{(1)}(a)=\frac{f_{nm}^{(0)}(a)}{\left(\frac{p}{q}v\right)^2-(nv+m\frac{p}{q}v)^2} \tag{2.3.19}$$

式（2.3.19）是对满足条件

$$\left(\frac{p}{q}v\right)^2-\left(nv+m\frac{p}{q}v\right)^2\neq 0$$

或满足等价条件

$$nq+(m\pm 1)p\neq 0$$

的所有 n,m 取的。同理得到确定 $A_1(a,\vartheta)$ 和 $B_1(a,\vartheta)$ 的关系式

$$\begin{aligned}&2\frac{p}{q}vA_1\sin\left(\frac{p}{q}vt+\vartheta\right)+\left(2a\frac{p}{q}vB_1-\Delta a\right)\cos\left(\frac{p}{q}vt+\vartheta\right)+\\&\sum_{\substack{n\quad m\\ [nq+(m\pm 1)p=0]}}\sum \mathrm{e}^{\mathrm{i}\left[nvt+m\left(\frac{p}{q}vt+\vartheta\right)\right]}f_{nm}^{(0)}(a)=0\end{aligned} \tag{2.3.20}$$

把 $u_{nm}^{(1)}(a)$ 的值式（2.3.19）代入式（2.3.16）的右端，得到

$$u_1(a,\nu t,\frac{p}{q}\nu t+\vartheta)=\sum_{\substack{n\quad m\\ [nq+(m\pm1)p=0]}}\sum\frac{f_{nm}^{(0)}(a)\mathrm{e}^{\mathrm{i}\left[n\nu t+m\left(\frac{p}{q}\nu t+\vartheta\right)\right]}}{\left(\frac{p}{q}\nu\right)^2-(n\nu+m\frac{p}{q}\nu)^2}\tag{2.3.21}$$

现在回到方程(2.3.20),正如已指出的,其中的求和号是对满足

$$nq+(m\pm1)p=0\tag{2.3.22}$$

的所有整数 n,m(正、负和零)相加的。

所以,在该和式中有如下形式的复指数:

$$\mathrm{e}^{\mathrm{i}\left[\left(n+m\frac{p}{q}\right)\nu t+m\vartheta\right]}=\mathrm{e}^{\mathrm{i}\left[(nq+mp)\frac{\nu}{q}t+m\vartheta\right]}=\mathrm{e}^{\mathrm{i}\left(\mp\frac{p}{q}\nu t+m\vartheta\right)}=\mathrm{e}^{\mathrm{i}\left(\mp(\frac{p}{q}\nu t+\vartheta)+(m\pm1)\vartheta\right)}$$

$$=\left[\cos\left(\frac{p}{q}\nu t+\vartheta\right)\mp\mathrm{i}\sin\left(\frac{p}{q}\nu t+\vartheta\right)\right]\mathrm{e}^{\mathrm{i}(m\pm1)\vartheta}$$

此外,还要注意,由于式(2.3.22),所以 $m\pm1$ 能被 q 除尽,可以记它为 $q\sigma(-\infty<\sigma<+\infty)$。

令式(2.3.20)中 $\cos\left(\frac{p}{q}\nu t+\vartheta\right)$ 和 $\sin\left(\frac{p}{q}\nu t+\vartheta\right)$ 的系数相等,得

$$\begin{cases}A_1(a,\vartheta)=-\dfrac{q}{4\pi^2\nu p}\displaystyle\sum_\sigma\mathrm{e}^{\mathrm{i}q\sigma\vartheta}\int_0^{2\pi}\int_0^{2\pi}f_0\,(a,\theta,\psi)\mathrm{e}^{-\mathrm{i}q\sigma\vartheta'}\sin\psi\,\mathrm{d}\theta\,\mathrm{d}\psi\\ B_1(a,\vartheta)=\dfrac{\varDelta}{2}\dfrac{q}{p\nu}-\dfrac{q}{4\pi^2a\nu p}\displaystyle\sum_\sigma\mathrm{e}^{\mathrm{i}q\sigma\vartheta}\int_0^{2\pi}\int_0^{2\pi}f_0\,(a,\theta,\psi)\mathrm{e}^{-\mathrm{i}q\sigma\vartheta'}\cos\psi\,\mathrm{d}\theta\,\mathrm{d}\psi\end{cases}\tag{2.3.23}$$

式中:$\vartheta'=\psi-\dfrac{p}{q}\theta$。

在式(2.3.23)中,求和是对所有 σ 的正值、负值进行的,只要对这些值在求和号下的积分不等于零。对相应于指数函数的幂次(被积表达式展开为 Fourier 级数后)等于零的那些 σ 值,这些积分将不等于零。这样一来如果方程(2.3.1)的右端是关于 x,$\dfrac{\mathrm{d}x}{\mathrm{d}t}$,$\cos\nu t$ 和 $\sin\nu t$ 的多项式,则 σ 取有限个整数值。

因此,在第一次近似时,对共振情况方程(2.3.1)的解将是

$$x=a\cos\left(\frac{p}{q}\nu t+\vartheta\right)$$

其中

$$\begin{cases}\dfrac{\mathrm{d}a}{\mathrm{d}t}=\varepsilon A_1(a,\vartheta)\\ \dfrac{\mathrm{d}\vartheta}{\mathrm{d}t}=\varepsilon B_1(a,\vartheta)\end{cases}\tag{2.3.24}$$

因为在共振情况中假定解谐 $\varepsilon\varDelta$ 是一阶小量,可以用同样的精度把方程组(2.3.23)中 $\dfrac{\varDelta q}{2p\nu}$ 表示为

$$\frac{\Delta q}{2pv}=\frac{\varepsilon\,\Delta}{2\dfrac{p}{q}v\varepsilon}=\frac{\omega^2-\left(\dfrac{p}{q}v\right)^2}{2\dfrac{p}{q}v\varepsilon}=\omega-\frac{p}{q}v$$

在知道了 $u_1(a,vt,\frac{p}{q}vt+\vartheta)$，$A_1(a,\vartheta)$ 和 $B_1(a,\vartheta)$ 的表达式后，按式（2.3.15）能找到 $f_1(a,vt,\frac{p}{q}vt+\vartheta)$ 的显式表达式。接着从方程（2.3.13）得到对建立第二次近似所必需的 $A_2(a,\vartheta)$ 和 $B_2(a,\vartheta)$ 的表达式：

$$\begin{aligned}A_2(a,\vartheta)=&-\frac{q}{2vp}(2A_1B_1+A_1\frac{\partial B_1}{\partial a}a+B_1\frac{\partial B_1}{\partial\vartheta}a)-\\&\frac{q}{4\pi^2vp}\sum_{\sigma}\mathrm{e}^{\mathrm{i}q\sigma\vartheta}\int_0^{2\pi}\int_0^{2\pi}f_1(a,\theta,\psi)\mathrm{e}^{-\mathrm{i}q\sigma\vartheta'}\sin\psi\,\mathrm{d}\theta\,\mathrm{d}\psi\end{aligned}\tag{2.3.25}$$

$$\begin{aligned}B_2(a,\vartheta)=&\frac{q}{2avp}(A_1\frac{\partial A_1}{\partial a}+B_1\frac{\partial A_1}{\partial\vartheta}-aB_1^2)-\\&\frac{q}{4\pi^2vap}\sum_{\sigma}\mathrm{e}^{\mathrm{i}q\sigma\vartheta}\int_0^{2\pi}\int_0^{2\pi}f_1(a,\theta,\psi)\mathrm{e}^{-\mathrm{i}q\sigma\vartheta'}\cos\psi\,\mathrm{d}\theta\,\mathrm{d}\psi\end{aligned}\tag{2.3.26}$$

现在转向最一般情形的考察。

假设既要研究接近共振时系统的性质，又要研究从非共振区域接近共振区域的过程。为此必须建立这样的近似解，由这个解能够研究足够大的频率范围内系统的性质，并且作为特殊情形，由此解能够得到共振和非共振情况的前述公式。

这里已经不能够把频率的解谐看作小量，所以应该直接找方程（2.2.1）的近似解，而且在瞬时振幅和频率的表达式中也必须引进和相位差的关系。

于是，同前所述，找如下次级数形式的解：

$$x=a\cos\left(\frac{p}{q}vt+\vartheta\right)+\varepsilon\,u_1(a,vt,\psi)+\varepsilon^2u_2(a,vt,\psi)+\cdots\tag{2.3.27}$$

其中，a 和 ϑ 应由如下微分方程组决定：

$$\begin{cases}\dfrac{\mathrm{d}a}{\mathrm{d}t}=\varepsilon A_1(a,\vartheta)+\varepsilon^2A_2(a,\vartheta)+\cdots\\\dfrac{\mathrm{d}\vartheta}{\mathrm{d}t}=\omega-\dfrac{p}{q}v+\varepsilon B_1(a,\vartheta)+\varepsilon^2B_2(a,\vartheta)+\cdots\end{cases}\tag{2.3.28}$$

而且差值 $\omega-\frac{p}{q}v$ 不一定是小量。

和以往一样，这里的 $u_1(a,vt,\psi),u_2(a,vt,\psi),\cdots$ 是关于两个角变量 ψ 和 vt 以 2π 为周期的周期函数，而 $A_i(a,\vartheta)$ 和 $B_i(a,\vartheta)$ $(i=1,2,\cdots)$ 是对角变量 ϑ 以 2π 为周期的周期函数。

为了决定所有这些函数，可以应用不止用过一次的方法，即直接微分展开式（2.3.27）并将结果代入原始方程，再令相同幂次的系数相等。现在不用这种方法而采用一种新方法来讨论，新方法与所叙述谐波平衡法时所用过的方法相类似。

为了得到第一次近似，考虑主谐波

$$x = a\cos\psi,\quad \psi = \frac{p}{q}\nu t + \vartheta \tag{2.3.29}$$

根据谐波平衡原理，在考虑到方程组（2.3.28）而把式（2.3.29）代入方程（2.2.1）的过程中，方程（2.2.1）左端和右端的主谐波应该相等。

为了得到第二次近似，很自然地，在决定方程（2.2.1）两端的主谐波时，应该考虑 ε^2 的项；在对 $f(\nu t, x, \frac{\mathrm{d}x}{\mathrm{d}t})$ 的表达式中，应考虑 $\varepsilon u_1(a, \nu t, \psi)$ 项。

因此，在第二次近似时，立刻得到方程（2.2.1）左端的主谐波

$$\begin{aligned}\frac{\mathrm{d}^2 x}{\mathrm{d}t^2} + \omega^2 x = &\{\varepsilon\left[\left(\omega - \frac{p}{q}\nu\right)\frac{\partial A_1}{\partial\vartheta} - 2\omega aB_1\right] + \\ &\varepsilon^2\left[\left(\omega - \frac{p}{q}\nu\right)\frac{\partial A_2}{\partial\vartheta} - 2a\omega B_2 + \frac{\partial A_1}{\partial a}A_1 + \frac{\partial A_1}{\partial\vartheta}B_1 - B_1^2 a\right]\}\cos\psi - \\ &\{\varepsilon\left[\left(\omega - \frac{p}{q}\nu\right)a\frac{\partial B_1}{\partial\vartheta} + 2\omega A_1\right] + \\ &\varepsilon^2\left[\left(\omega - \frac{p}{q}\nu\right)a\frac{\partial B_2}{\partial\vartheta} + 2\omega A_2 + \frac{\partial B_1}{\partial a}A_1 + \frac{\partial B_1}{\partial\vartheta}B_1 a + 2A_1B_1\right]\}\sin\psi\end{aligned} \tag{2.3.30}$$

把 $x = a\cos\psi + \varepsilon u_1(a, \nu t, \psi)$ 代入方程（2.2.1）的右端，在精确到二阶小量下得到主谐波的如下表达式：

$$\begin{aligned}&\varepsilon f(\nu t, x, \frac{\mathrm{d}x}{\mathrm{d}t}) \\ &= \varepsilon \sum_{\substack{n,m \\ [nq+(m\pm1)p=0]}} f_{nm}^{(0)}(a)\,\mathrm{e}^{\mathrm{i}\left[n\nu t + m\left(\frac{p}{q}\nu t + \vartheta\right)\right]} + \varepsilon^2 \sum_{\substack{n,m \\ [nq+(m\pm1)p=0]}} f_{nm}^{(1)}(a)\,\mathrm{e}^{\mathrm{i}\left[n\nu t + m\left(\frac{p}{q}\nu t + \vartheta\right)\right]} \\ &= \varepsilon[\cos\psi \frac{1}{2\pi^2}\sum_\sigma \mathrm{e}^{\mathrm{i}\sigma q\vartheta}\int_0^{2\pi}\int_0^{2\pi} f_0(a,\theta,\psi)\mathrm{e}^{-\mathrm{i}\sigma q\vartheta'}\cos\psi\,\mathrm{d}\theta\,\mathrm{d}\psi + \\ &\quad \sin\psi \frac{1}{2\pi^2}\sum_\sigma \mathrm{e}^{\mathrm{i}\sigma q\vartheta}\int_0^{2\pi}\int_0^{2\pi} f_0(a,\theta,\psi)\mathrm{e}^{-\mathrm{i}\sigma q\vartheta'}\sin\psi\,\mathrm{d}\theta\,\mathrm{d}\psi] + \\ &\quad \varepsilon^2[\cos\psi \frac{1}{2\pi^2}\sum_\sigma \mathrm{e}^{\mathrm{i}\sigma q\vartheta}\int_0^{2\pi}\int_0^{2\pi} f_1(a,\theta,\psi)\mathrm{e}^{-\mathrm{i}\sigma q\vartheta'}\cos\psi\,\mathrm{d}\theta\,\mathrm{d}\psi + \\ &\quad \sin\psi \frac{1}{2\pi^2}\sum_\sigma \mathrm{e}^{\mathrm{i}\sigma q\vartheta}\int_0^{2\pi}\int_0^{2\pi} f_1(a,\theta,\psi)\mathrm{e}^{-\mathrm{i}\sigma q\vartheta'}\sin\psi\,\mathrm{d}\theta\,\mathrm{d}\psi]\end{aligned} \tag{2.3.31}$$

其中

$$f_0(a,\theta,\psi) = f(\theta, a\cos\psi, -a\omega\sin\psi), \tag{2.3.32}$$

$$\begin{aligned}f_1(a,\theta,\psi) = &f_x'(\theta, a\cos\psi, -a\omega\sin\psi)u_1 + f_{x'}'(\theta, a\cos\psi, -a\omega\sin\psi)\times \\ &\left[A_1\cos\psi - aB_1\sin\psi + \frac{\partial u}{\partial\vartheta}\left(\omega - \frac{p}{q}\nu\right)\right] - \\ &\frac{\partial u_1}{\partial a}\left(\omega - \frac{p}{q}\nu\right)\frac{\partial A_1}{\partial\vartheta} - \frac{\partial u_1}{\partial\vartheta}\left(\omega - \frac{p}{q}\nu\right)\frac{\partial B_1}{\partial\vartheta} - 2\frac{\partial^2 u_1}{\partial\vartheta^2}B_1\left(\omega - \frac{p}{q}\nu\right) - \\ &2\frac{\partial^2 u_1}{\partial a\partial t}A_1 - 2\frac{\partial^2 u_1}{\partial\vartheta\,\partial t}B_1 - 2\frac{\partial^2 u_1}{\partial a\partial\vartheta}\left(\omega - \frac{p}{q}\nu\right)A_1\end{aligned} \tag{2.3.33}$$

令表达式(2.3.30)和(2.3.31)相同谐波的系数相等,在第一次近似时得

$$\begin{cases}\left(\omega-\dfrac{p}{q}v\right)\dfrac{\partial A_1}{\partial\vartheta}-2\omega aB_1=\dfrac{1}{2\pi^2}\sum\limits_{\sigma}\mathrm{e}^{\mathrm{i}\sigma q\vartheta}\int_0^{2\pi}\int_0^{2\pi}f_0(a,\theta,\psi)\mathrm{e}^{-\mathrm{i}\sigma q\vartheta'}\cos\psi\,\mathrm{d}\theta\,\mathrm{d}\psi\\ \left(\omega-\dfrac{p}{q}v\right)a\dfrac{\partial B_1}{\partial\vartheta}+2\omega A_1=-\dfrac{1}{2\pi^2}\sum\limits_{\sigma}\mathrm{e}^{\mathrm{i}\sigma q\vartheta}\int_0^{2\pi}\int_0^{2\pi}f_0(a,\theta,\psi)\mathrm{e}^{-\mathrm{i}\sigma q\vartheta'}\sin\psi\,\mathrm{d}\theta\,\mathrm{d}\psi\end{cases}\tag{2.3.34}$$

在第二次近似时得

$$\begin{cases}\left(\omega-\dfrac{p}{q}v\right)\dfrac{\partial A_2}{\partial\vartheta}-2a\omega B_2=-\left(\dfrac{\partial A_1}{\partial a}A_1+\dfrac{\partial A_1}{\partial\vartheta}B_1-aB_1^2\right)+\\ \qquad\dfrac{1}{2\pi^2}\sum\limits_{\sigma}\mathrm{e}^{\mathrm{i}\sigma q\vartheta}\int_0^{2\pi}\int_0^{2\pi}f_1(a,\theta,\psi)\mathrm{e}^{-\mathrm{i}\sigma q\vartheta'}\cos\psi\,\mathrm{d}\theta\,\mathrm{d}\psi\\ \left(\omega-\dfrac{p}{q}v\right)\dfrac{\partial B_2}{\partial\vartheta}+2\omega A_2=-\left(a\dfrac{\partial B_1}{\partial a}A_1+a\dfrac{\partial B_1}{\partial\vartheta}B_1+2A_1B_1\right)-\\ \qquad\dfrac{1}{2\pi^2}\sum\limits_{\sigma}\mathrm{e}^{\mathrm{i}\sigma q\vartheta}\int_0^{2\pi}\int_0^{2\pi}f_1(a,\theta,\psi)\mathrm{e}^{-\mathrm{i}\sigma q\vartheta'}\sin\psi\,\mathrm{d}\theta\,\mathrm{d}\psi\end{cases}\tag{2.3.35}$$

$\varepsilon u_1(a,vt,\psi)$ 的表达式可以作为强迫振动来确定,此强迫振动是外力的高次谐波 $\varepsilon f(vt,x,\dot{x})$($x=a\cos\psi,\dfrac{\mathrm{d}x}{\mathrm{d}t}=-a\omega\sin\psi$)下对 x 所激起的

$$u_1(a,vt,\psi)=\sum_{\substack{n,m\\ [nq+(m\pm1)p\neq0]}}\frac{\mathrm{e}^{\mathrm{i}[nvt+m\psi]}}{\omega^2-(nv+m\omega)^2}f_{nm}^{(0)}(a)\tag{2.3.36}$$

这里

$$f_{nm}^{(1)}(a)=\frac{1}{4\pi^2}\int_0^{2\pi}\int_0^{2\pi}f_0(a,\theta,\psi)\mathrm{e}^{-\mathrm{i}(n\vartheta'+m\psi)}\,\mathrm{d}\theta\,\mathrm{d}\psi\tag{2.3.37}$$

需注意,在以前的“共振”和“非共振”情况下,同样能够应用这里所叙述的谐波平衡法来进行第一次和第二次近似。

关于从方程组(2.3.34)和(2.3.35)中决定 $A_i(a,\vartheta)$ 和 $B_i(a,\vartheta)$ $(i=1,2)$ 的问题。这些方程的右端关于 ϑ 是呈周期性的,并且是形式为 $\sum k_n(a)\mathrm{e}^{\mathrm{i}n\vartheta}$ 的和式,所以对 $A_i(a,\vartheta)$ 和 $B_i(a,\vartheta)$ $(i=1,2)$ 也应该找类似形式的和式。在决定 $A_i(a,\vartheta)$ 和 $B_i(a,\vartheta)$ $(i=1,2)$ 时,所有的运算最终都归为纯三角函数运算。

不难看出,所导出的公式既能研究共振区域又能研究接近共振区域过程,从中可得出所有以前所得到的公式。例如,在方程(2.3.34)中令 $\omega-\dfrac{p}{q}v=\varepsilon\Delta$,即可在精确到一阶小量下得到在共振情况所得到的 $A_1(a,\vartheta)$ 和 $B_1(a,\vartheta)$ 的表达式(2.3.23)。

作为总结,给出最一般情形下构造方程(2.3.1)的第一次和第二次近似解的方案。第一次近似取为

$$x=a\cos\left(\frac{p}{q}vt+\vartheta\right)\tag{2.3.38}$$

其中,时间的函数 a 和 ϑ 应满足方程

$$\begin{cases} \dfrac{\mathrm{d}a}{\mathrm{d}t} = \varepsilon A_1(a,\vartheta) \\ \dfrac{\mathrm{d}\vartheta}{\mathrm{d}a} = \omega - \dfrac{p}{q}\nu + \varepsilon B_1(a,\vartheta) \end{cases} \tag{2.3.39}$$

其中，$A_1(a,\vartheta)$ 和 $B_1(a,\vartheta)$ 是方程组(2.3.34)的周期特解。在第二次近似时设

$$x = a\cos\left(\frac{p}{q}\nu t + \vartheta\right) + \varepsilon u_1\left(a, \nu t, \frac{p}{q}\nu t + \vartheta\right) \tag{2.3.40}$$

其中,时间的函数 a 和 ϑ 应满足方程

$$\begin{cases} \dfrac{\mathrm{d}a}{\mathrm{d}t} = \varepsilon A_1(a,\vartheta) + \varepsilon^2 A_2(a,\vartheta) \\ \dfrac{\mathrm{d}\vartheta}{\mathrm{d}a} = \omega - \dfrac{p}{q}\nu + \varepsilon B_1(a,\vartheta) + \varepsilon^2 B_2(a,\vartheta) \end{cases} \tag{2.3.41}$$

其中，$A_1(a,\vartheta), B_1(a,\vartheta), A_2(a,\vartheta), B_2(a,\vartheta)$ 应从方程组(2.3.34)和(2.3.35)中得到，而 $u_1(a,\nu t,\frac{p}{q}\nu t+\vartheta)$ 由公式(2.3.36)求得。

再需注意,考虑到 $A_2(a,\vartheta)$ 和 $B_2(a,\vartheta)$ 的表达式(2.3.35)后的第二次近似方程(2.3.41)在外表上是十分复杂的,这是因为它们是在最一般的形式下写出的缘故,对于具体例子,即使在第二次近似时也能得到比较简单的决定振幅和振动相位的方程。

接下来讨论第一次近似。

和非共振情况不同,这里的第一次近似方程(2.3.39)是不能变量分离的,有两个相互关联的方程构成的方程组,用以决定两个未知量 a 和 ϑ。

首先注意到,由于上面所作的关于函数 $f_n(x,\frac{\mathrm{d}x}{\mathrm{d}t})$ 有多项式性质的假定,对于足够大的 p 和 q,在共振情况下的第一次近似和非共振情况并没有区别。实际上,对足够大的 p 和 q,在方程(2.3.39)右端的和式中,只留下了相应于 $\sigma=0$ 的项,这些项和非共振情况下所得到的表达式(2.3.35)相吻合。

因而,一般来说,共振的效应是在不大的 p 和 q 值下表现出来的。

我们回到第一次近似方程(2.3.39)的研究。因为这些方程的右端既依赖于 a 又依赖于 ϑ,所以在一般情形下把它积分到最终形式是办不到的。但是在一般情形下的解的定性性质,可用 Poincaré 的理论研究,因为这里涉及两个一阶的方程。

按照这个理论的基本结果可以肯定,方程(2.3.39)的所有解在时间增加时或趋近于常数解

$$a = a_i, \quad \vartheta = \vartheta_i \quad (i = 1, 2, \cdots)$$

它决定于方程

$$A_1(a,\vartheta) = 0, \quad \omega - \frac{p}{q}\nu + \varepsilon\, B_1(a,\vartheta) = 0 \tag{2.3.42}$$

或趋近于周期解。

这样,得到定常振动的两种基本类型,相应于常数解式(2.3.39)的“平衡点”的振动和相应

于周期解的振动。

在第一种情形下，在第一次近似时振动精确地以等于 $\frac{p}{q}\nu$ 的频率进行，因而频率可以表示为扰动频率的简单的有理关系式。所以，这样的振动状态称为同步的。

在高次近似时（参见式（2.3.21）)，在 $u_1(a,\nu t,\frac{p}{q}\nu t+\vartheta)$ 的表达式中除基频 $\frac{p}{q}\nu$ 外，一般还出现分频泛音 $\frac{\nu}{q}$。

如果方程组存在 $a=0$ 形式的常数解，即不存在固有振动，在这种情形下，$u_1(a,\nu t,\frac{p}{q}\nu t+\vartheta)$ 的表达式（2.3.42）将和非共振情况的表达式（2.2.30）相同，因而是异周期振动状态。

第3章 单自由度系统的小参数法

摄动法亦称小参数法[5, 6],是 Lindstedt 和 Poincaré 于 19 世纪末提出的,后由李雅普诺夫和马尔金等人进行了深入的研究。摄动法是解决非线性振动问题十分有效的方法之一,可以利用这个方法求解非线性系统的定常周期解,本章的重点是介绍单自由度系统的小参数法。

3.1 Possion 小参数近似解法

早在 Poincaré 之前,Possion 就提出了小参数直接展开法,下面对这一方法进行介绍。

设单自由度系统自由振动的方程为

$$\ddot{x}+\omega^2 x=\varepsilon f(x,\dot{x}) \tag{3.1.1}$$

设方程(3.1.1)的解为 ε 的升幂多项式

$$x=x_0+\varepsilon x_1+\varepsilon^2 x_2+\cdots+\varepsilon^n x_n=x_0+\sum_{i=1}^{n}\varepsilon^i x_i \tag{3.1.2}$$

并取导数

$$\dot{x}=y=\frac{\mathrm{d}x}{\mathrm{d}t}=\frac{\mathrm{d}x_0}{\mathrm{d}t}+\sum_{i=1}^{n}\varepsilon^i\frac{\mathrm{d}x_i}{\mathrm{d}t} \tag{3.1.3}$$

现用多变量函数的泰勒(Taylor)级数将函数 $f(x,y)$ 在 x_0, $y_0=\dfrac{\mathrm{d}x_0}{\mathrm{d}t}$ 点展为幂级数,即

$$f(x,y)=f(x_0,y_0)+\sum_{n=1}^{\infty}\frac{1}{n!}\left(\sum_{i=1}^{n}\varepsilon^i x_i\frac{\partial}{\partial x}+\sum_{i=1}^{n}\varepsilon^i\frac{\mathrm{d}x_i}{\mathrm{d}t}\frac{\partial}{\partial y}\right)^n f(x_0,y_0) \tag{3.1.4}$$

将式(3.1.4)按 ε 的幂次排列

$$f(x,y)=f(x_0,y_0)+\varepsilon\left[f'_x(x_0,y_0)x_1+f'_y(x_0,y_0)\dot{x}_1\right]+\varepsilon^2\cdots \tag{3.1.5}$$

对 $\dfrac{\mathrm{d}x}{\mathrm{d}t}$ 关于时间 t 再取一次导数,得

$$\ddot{x}=\frac{\mathrm{d}^2x}{\mathrm{d}t^2}=\frac{\mathrm{d}^2x_0}{\mathrm{d}t^2}+\sum_{i=1}^{n}\varepsilon^i\frac{\mathrm{d}^2x_i}{\mathrm{d}t^2} \tag{3.1.6}$$

将式(3.1.2)、式(3.1.5)和式(3.1.6)代入式(3.1.1),并比较等式两端 ε 同阶次幂的系数,得

$$\begin{cases}\ddot{x}_0+\omega^2x_0=0\\ \ddot{x}_1+\omega^2x_1=f(x_0,y_0)\\ \ddot{x}_2+\omega^2x_2=f'_x(x_0,y_0)\,x_1+f'_y(x_0,y_0)\,\dot{x}_1\\ \cdots\end{cases} \tag{3.1.7}$$

求出方程组(3.1.7)第一个方程的解 x_0,代入第二个方程,从而求出解 x_1,再将 x_0 和 x_1 代入

第三个方程，从而求出解 x_2。照此进行下去，得到解 x_n 为止。如果余项已经接近于零，再把解 $x_0, x_1, \cdots, x_n$ 代入式（3.1.3），则式（3.1.1）的解便可求出。

当 $f\left(x, \dfrac{\mathrm{d}x}{\mathrm{d}t}\right)$ 退化成为 $f_1(x)$ 或 $f_2\left(\dfrac{\mathrm{d}x}{\mathrm{d}t}\right)$ 时，这个普遍方法仍可适用于这两种单变量函数的特殊情况。同样，运算也简单得多。

对 $f\left(x, \dfrac{\mathrm{d}x}{\mathrm{d}t}\right)$ 求解 x_2 及 x_3 以下的各个局部解（较高次近似）时，虽然原则上是可行的，但计算迅速繁复起来。一般以求到第一次 (x_1) 或第二次 (x_2) 近似时为止，这取决于 ε 的大小和要求的精确程度。

但是，Possion 的小参数法，只适合于很短时间内的近似解表示法。在长时期内，它是不适用的。因为，由式（3.1.7）获得的解中，包含有长期项（又称为“永年项”），不能得到纯粹的周期解。确定解的形式（3.1.3）时，带有任意性，不一定切合客观的物理过程。歪曲客观的解法，自然是不可用的。现用下面的例子来说明这一点。

例 3.1 非线性弹性恢复力 $P(x) = \alpha x + \gamma x^3$ 的摆，它的振动微分方程为

$$m\ddot{x} + \alpha x + \gamma x^3 = 0 \quad \alpha, \gamma > 0 \tag{3.1.8}$$

其中 m 为摆的质量。令 $\omega^2 = \dfrac{\alpha}{m}$，$\varepsilon = \dfrac{\gamma}{m}$，而且假设 $\varepsilon \ll 1$，则式（3.1.8）可以写成如下的小参数方程：

$$\ddot{x} + \omega^2 x = -\varepsilon x^3 \tag{3.1.9}$$

其右端函数为

$$f(x) = -x^3$$

设解为

$$x = x_0 + \varepsilon x_1 + \cdots$$

由式（3.1.7），得

$$\begin{cases} \ddot{x}_0 + \omega^2 x_0 = 0 \\ \ddot{x}_1 + \omega^2 x_1 = -x_0^3 \end{cases} \tag{3.1.10}$$

从方程组（3.1.10）的第一个方程，得到解

$$x_0 = a\cos(\omega t + \phi) \tag{3.1.11}$$

将其代入方程组（3.1.10）的第二个方程，可得

$$\begin{aligned} \ddot{x}_1 + \omega^2 x_1 &= -a^3\cos^3(\omega t + \phi) \\ &= -\frac{3}{4}a^3\cos(\omega t + \phi) - \frac{1}{4}a^3\cos 3(\omega t + \phi) \end{aligned}$$

它的解为

$$x_1 = -\frac{3}{8\omega}ta^3\sin(\omega t + \phi) + \frac{a^3}{32\omega^2}\cos 3(\omega t + \phi) \tag{3.1.12}$$

将式（3.1.11）和式（3.1.12）代入 x 的解式（3.1.3）中，得到

$$x = a\cos(\omega t + \phi) - \frac{3\varepsilon}{8\omega}a^3 t\sin(\omega t + \phi) + \frac{\varepsilon a^3}{32\omega^2}\cos 3(\omega t + \phi) \tag{3.1.13}$$

式中第二项 $-\dfrac{3\varepsilon}{8\omega}a^3t\sin(\omega t+\phi)$ 为长期项，其振幅随时间 t 的延长而无限增长，与该系统的真实情况不相符合。因为这个系统本质上是一个能量守恒的保守系统，振幅不会无限增加。为了证明这一点，我们用 $\dfrac{\mathrm{d}x}{\mathrm{d}t}$ 乘原方程（3.1.8），再进行积分，即

$$\begin{cases} m\dfrac{\mathrm{d}^2x}{\mathrm{d}t^2}\dfrac{\mathrm{d}x}{\mathrm{d}t}+\alpha x\dfrac{\mathrm{d}x}{\mathrm{d}t}+\gamma x^3\dfrac{\mathrm{d}x}{\mathrm{d}t}=0 \\ \dfrac{1}{2}m\left(\dfrac{\mathrm{d}x}{\mathrm{d}t}\right)^2+\dfrac{1}{2}\alpha x^2+\dfrac{1}{4}\gamma x^4=C(const) \end{cases} \tag{3.1.14}$$

式（3.1.14）表示，此系统的动能 $\dfrac{1}{2}m\left(\dfrac{\mathrm{d}x}{\mathrm{d}t}\right)^2$ 和弹性势能 $\dfrac{1}{2}\alpha x^2+\dfrac{1}{4}\gamma x^4$ 之和，恒保持为常数值。而用 Possion 小参数法的计算结果表明振幅有无限增长的可能。这说明，用 Possion 方法选取小参数升幂多项式（3.1.3）作为近似解，会歪曲实际情况，故有必要寻找更好的小参数近似法。

3.2　周期解的存在性和 Lindstedt–Poincaré 法

这个方法起源于 19 世纪 Lindstedt 等天文学家为避免永年项而提出的方法。Lindstedt 法的基本思想建立在如下的事实上，即形如式（3.1.1）的非线性微分方程所代表的系统的振动频率已不是相应的线性系统的 p_0；非线性因素使系统的振动频率 p 与振动的幅值有关系。这一现象也正是上述的直接展开法所忽视的，因为在它的设解形式中无法反映这种关系。

这种思想是和现代微分方程理论一致的，即由于系统（3.1.1）是自治的，等号右边不显含时间 t，也就不包含任何对 t 而言是周期性的因素，可看作有任意周期的周期函数，因而不排斥具有任何周期解的可能性。而解的周期，一般来说是足够小的小参数 ε 的解析函数。如式（3.1.2）形式的级数中，每一个 $x_1(t)$ 都不一定是周期函数，不能按直接展开求出。

Lindstedt 提出的方法经 Poincaré 总结归纳为 Poincaré 周期解问题，开创了摄动理论的现代阶段。Poincaré 把问题提到周期解的存在性这一高度，指明基本系统周期解对派生解的依赖严格说是靠不住的，微分方程右端的小变化可能引起解的大变化或质变，也可能派生系统有周期解而基本系统没有周期解或有多个解。

1. 基本系统周期解的存在条件

考虑单自由度自治系统

$$\ddot{x}+p_0^2x=\varepsilon f(x,\dot{x},\varepsilon) \tag{3.2.1}$$

其中，f 当 ε 足够小时是 x，$\dot{x}$ 和 ε 的解析函数。派生解

$$x_0=A_0\cos p_0t \tag{3.2.2}$$

的周期 $T=\dfrac{2\pi}{p_0}$。此解本包含两个任意常数，其一为初始相角，由于求解自治系统时可任选时间起点，初始相角已取为零；其二即 A_0。

研究基本系统(3.2.1)的周期解,它对足够小的ε解析,当$\varepsilon=0$时此解成为派生解。Poincaré 引入参数β,其意义是基本系统周期解$x(t,\beta,\varepsilon)$与派生解$x_0(t)$在初始时刻之差,即

$$x(0,\beta,\varepsilon)-x_0(0)=x(0,\beta,\varepsilon)-A_0=\beta \tag{3.2.3}$$

且当$\varepsilon\to0$时,β作为ε的函数$\beta(\varepsilon)$也趋向零。于是解$x(t,\beta,\varepsilon)$的初始条件为

$$x(0,\beta,\varepsilon)=x_0(0)+\beta=A_0+\beta,\quad \dot{x}(0,\beta,\varepsilon)=0 \tag{3.2.4}$$

后一条件成立是因为可以取周期函数x使得当$t=0$时,$x=0$。

为体现基本系统的振动周期不同于派生系统的振动周期这一事实,又考虑到两个周期的差异与ε有关,且当$\varepsilon\to0$时差异也消失,设本系统的周期为

$$T+\alpha=\frac{2\pi}{p_0}+\alpha \tag{3.2.5}$$

其中,$\alpha(\varepsilon)$即两个周期之差,是待求的函数。

两个未知函数$\beta(\varepsilon)$和$\alpha(\varepsilon)$将通过解$x(t,\beta,\varepsilon)$的周期性条件定出:

$$\begin{cases}x(T+\alpha,\beta,\varepsilon)-x(0,\beta,\varepsilon)=x(T+\alpha,\beta,\varepsilon)-A_0-\beta=0\\ \dot{x}(T+\alpha,\beta,\varepsilon)-\dot{x}(0,\beta,\varepsilon)=\dot{x}(T+\alpha,\beta,\varepsilon)=0\end{cases} \tag{3.2.6}$$

条件(3.2.6)不但是解的周期性的必要条件,而且也是充分条件。后者是因为方程(3.2.1)的右端以$T+\alpha$为周期,在$t=T+\alpha$时有与$t=0$时相同的表达式。于是,只要能从条件(3.2.6)解出,就能保证周期解的存在。这首先要建立周期解依赖于这些参数的表达式。原来已假定,非线性函数f对其变元是解析的。根据微分方程理论,解$x(t,\beta,\varepsilon)$对于其参数是解析的。而且根据β的定义(3.2.3),当$\varepsilon\to0$时β也趋近于零,因此解x趋近于派生解。综上所述,应该把解设为其参数的幂级数形式,即

$$x(t,\beta,\varepsilon)=x_0(t)+B\beta+\varepsilon(C+D\beta+E\varepsilon+\cdots) \tag{3.2.7}$$

其中,B,C,D,E是时间t的待定函数。

把式(3.2.7)代入式(3.2.1)和式(3.2.3)并比较ε,β同幂次的系数,得

$$\ddot{B}+p_0^2B=0,\ B(0)=1,\ \dot{B}(0)=0 \tag{3.2.8}$$

从而

$$B=\cos p_0t \tag{3.2.9}$$

为继续解出β和α,把式(3.2.6)展为α的幂级数,即

$$\begin{cases}x(T,\beta,\varepsilon)+\dot{x}(T,\beta,\varepsilon)\alpha+\dfrac{1}{2}[-p_0x(T,\beta,\varepsilon)+\cdots]\alpha^2+\cdots-A_0-\beta=0\\ \dot{x}(T,\beta,\varepsilon)\alpha+[-p_0^2x(T,\beta,\varepsilon)+\cdots]\alpha=0\end{cases} \tag{3.2.10}$$

把式(3.2.7)代入式(3.2.10)后,从式(3.2.10)的第二式可得

$$\alpha=\varepsilon\left[\frac{1}{A_0p_0^2}\dot{C}\left(\frac{2\pi}{p_0}\right)+\cdots\right] \tag{3.2.11}$$

式中未写出的项当ε,β为零时为零。

将式(3.2.11)代入式(3.2.1)第一式得确定β的方程

$$\varepsilon\left[C(\frac{2\pi}{p_0})+D(\frac{2\pi}{p_0})\beta+Q\varepsilon+\cdots\right]=0 \tag{3.2.12}$$

其中，Q及其后的项无关紧要。考虑到$\varepsilon=0$时周期性条件（3.2.12）自动满足，现只需注意$\varepsilon\neq 0$的情况。此时式（3.2.12）中的中括号中的表达式应等于零。另一方面，按β的定义（3.2.3），当$\varepsilon=0$时，$\beta=0$，故

$$C\left(\frac{2\pi}{p_0}\right)=0 \tag{3.2.13}$$

与此同时，若

$$D\left(\frac{2\pi}{p_0}\right)\neq 0 \tag{3.2.14}$$

则对β即有唯一的解析解。为此计算C和D。有微分方程和初始条件

$$\begin{cases}\ddot{C}p^2+C=f(x_0,\dot{x}_0,0)\\ \ddot{D}p_0^2+D=\dfrac{\partial f(x_0,\dot{x}_0,0)}{\partial x_0}\cos p_0t-p_0\dfrac{\partial f(x_0,\dot{x}_0,0)}{\partial x_0}\cos p_0t\\ C(0)=\dot{C}(0)=D(0)=\dot{D}(0)=0\end{cases} \tag{3.2.15}$$

由此得

$$\begin{cases}C=\dfrac{1}{p_0}\displaystyle\int_0^t f(x_0,\dot{x}_0,0)\sin p_0(t-\tau)\mathrm{d}\tau\\ D=\dfrac{1}{p_0}\displaystyle\int_0^t[\dfrac{\partial f(x_0,\dot{x}_0,0)}{\partial x_0}\cos p_0\tau-p_0\dfrac{\partial f(x_0,\dot{x}_0,0)}{\partial x_0}\sin p_0\tau]\sin p_0(t-\tau)\mathrm{d}\tau\\ \quad=\dfrac{\partial C}{\partial A_0}\end{cases} \tag{3.2.16}$$

因此，条件（3.2.13）的最终形式是

$$P(A_0)=\int_0^{2\pi} f(A_0\cos u,-p_0A_0\sin u,0)\sin u\mathrm{d}u=0 \tag{3.2.17}$$

而条件（3.2.14）是

$$\frac{\mathrm{d}P(A_0)}{\mathrm{d}A_0}\neq 0 \tag{3.2.18}$$

总之，基本方程（3.2.1）的周期解存在条件是式（3.2.17）的任一非零解的单根对应于方程（3.2.6）的唯一解析解，从而也对应于方程（3.2.1）的唯一周期解，且此解对于ε解析。此解的周期$\dfrac{2\pi}{p_0+\alpha}$也对于ε解析。而条件（3.2.17）的物理意义是式（3.2.1）右端函数f用派生解（3.2.2）代入之后，与派生解同频率的Fourier系数等于零。这个结论对于求解式（3.2.1）有实际的指导意义。由此可以看出，按照式（3.2.7）的形式为式（3.2.5）设解是不合理的。因为若把式（3.2.7）代入周期性条件，得

$$x_0\left(t+\frac{2\pi}{p_0}+\alpha\right)+\varepsilon x_1\left(t+\frac{2\pi}{p_0}+\alpha\right)+\cdots=x_0(t)+\varepsilon x_1(t)+\cdots \tag{3.2.19}$$

由此获得的等式

$$x_i\left(t+\frac{2\pi}{p_0}+\alpha\right)=x_i(t)\quad i=0,1,2,\cdots \tag{3.2.20}$$

将引起矛盾，因为左端的 α 与 ε 有关，而右端与 ε 无关。其实，既然解的周期与 ε 有关，则解按 ε 幂次展出的系数将不是周期函数。例如周期函数

$$\sin(1+\varepsilon)t=\sin t+\varepsilon t\cos t-\frac{\varepsilon^2}{2}t^2\sin t+\cdots$$

的展开式中，就具有非周期的系数。因此，以式（3.2.7）的形式求解反映不了解的周期性。

2.Lindstedt-Poincaré 法

依照以上路线直接求 α 以定出周期的方法并不常用，常用的方法是对此略作变形的 Lindstedt-Poincaré 法，它设法定出振动的频率。现将 Lindstedt 法应用于单自由度自治系统振动问题的微分方程

$$\ddot{x}+p_0^2x=\varepsilon f(x) \tag{3.2.21}$$

引入新自变量 $\tau=pt$，而把待定的 p 也展为 ε 的幂级数

$$p=p_0+\varepsilon p_1+\varepsilon^2p_2+\cdots \tag{3.2.22}$$

以便使得对新自变量 τ，方程有固定周期 2π，且与 ε 无关。Lindstedt 确定，参数 p_1，p_2，$\cdots$ 的选择要能使永年项消失，这与条件（3.2.17）的要求是一致的。经过这种自变量的变换后，又因为已证明解对足够小的 ε 解析，就有理由按如下形式设解：

$$x(\tau)=x_0(\tau)+\varepsilon x_1(\tau)+\varepsilon^2x_2(\tau)+\cdots \tag{3.2.23}$$

其中，每一个 $x_i(\tau)$ 将是 τ 的周期函数，周期为 2π。

把式（3.2.22）和式（3.2.23）代入式（3.2.21），得

$$p^2\frac{\mathrm{d}^2x}{\mathrm{d}\tau^2}+p_0^2x=\varepsilon f(x) \tag{3.2.24}$$

函数 $f(x)$ 在 x_0 附近展为 ε 的幂级数，再比较式（3.2.24）左、右两端的 ε 同次幂项的系数即得

$$\begin{cases}p_0^2\dfrac{\mathrm{d}^2x_0}{\mathrm{d}\tau^2}+p_0^2x_0=0\\ p_0^2\dfrac{\mathrm{d}^2x_1}{\mathrm{d}\tau^2}+p_0^2x_1=f(x_0)-2p_0p_1\dfrac{\mathrm{d}^2x_0}{\mathrm{d}\tau^2}\\ p_0^2\dfrac{\mathrm{d}^2x_2}{\mathrm{d}\tau^2}+p_0^2x_2=x_1\dfrac{\mathrm{d}f(x_0)}{\mathrm{d}x}-(2p_0p_1+p_1^2)\dfrac{\mathrm{d}^2x_0}{\mathrm{d}\tau^2}-2p_0p_1\dfrac{\mathrm{d}^2x_0}{\mathrm{d}\tau^2}\\ \cdots\end{cases} \tag{3.2.25}$$

其中，$\dfrac{\mathrm{d}f(x_0)}{\mathrm{d}x},\cdots$ 表示 $\dfrac{\mathrm{d}f(x)}{\mathrm{d}x},\cdots$ 在 $x=x_0$ 取值。

式（3.2.25）可逐一解出。不过，现在要同时确定频率的修正量 $p_1,p_2,\cdots$，还要满足使 $x_0,x_1,x_2,\cdots$ 中的每一个都是以 2π 为周期的周期函数的要求，即

$$x_i(\tau+2\pi)=x_i(\tau)\quad i=1,2,\cdots \tag{3.2.26}$$

也就是每一个 x_i 都不包含永年项的要求。可以看出，这就是要求式（3.2.25）右端都不包含以 1 为圆频率的 τ 的简谐项，因为只有这样的项会引起永年项。如果选择 $p_1,p_2,\cdots$ 使得所有的 $x_1,x_2,\cdots$ 中以 1 为圆频率的简谐项的系数为零，上述要求即可满足。从式（3.2.25）的第一式中

可以看出 x_0 中没有出现永年项的危险,因为它所满足的这个方程是齐次的。

例 3.2　用小参数法求下列方程的近似解

$$\ddot{x}+p_0^2(x+\varepsilon x^3)=0 \tag{3.2.27}$$

解:这个系统明显是有周期解的。现在 $f(x)=-p_0^2x^3$ 。式(3.2.25)用 p_0^2 除后得

$$\begin{cases}\dfrac{d^2x_0}{d\tau^2}+x_0=0\\ \dfrac{d^2x_1}{d\tau^2}+x_1=-x_0^3-2\dfrac{p_1}{p_0}\dfrac{d^2x_0}{d\tau^2}\\ \dfrac{d^2x_2}{d\tau^2}+x_2=-3x_0^2x_1-\dfrac{1}{p_0^2}(2p_0p_1+p_1^2)\dfrac{d^2x_0}{d\tau^2}-2\dfrac{p_0}{p_1}\dfrac{d^2x_1}{d\tau^2}\\ \cdots\end{cases} \tag{3.2.28}$$

其中,$x_1,x_2,\cdots$ 应满足周期性条件(3.2.26)。解 x_0 自然满足周期性条件。令初始条件为

$$\frac{dx_i}{d\tau}=0\quad i=0,1,2,\cdots \tag{3.2.29}$$

这种假设如前所述无损于一般性,因为它相当于假设初速度为零,而对于自治系统来说,只要在 τ 中包含一个常相位角,这样做是适合任何初始条件的。

应用式(3.2.29)的第一个初始条件于式(3.2.28)的第一式,得解

$$x_0=A\cos\tau \tag{3.2.30}$$

把式(3.2.30)代入式(3.2.28)的第二式并利用三角关系之后,得

$$\frac{d^2x_1}{d\tau^2}+x_1=\frac{1}{4}\frac{A}{p_0}(8p_1-3p_0A^2)\cos\tau-\frac{1}{4}A^3\cos3\tau \tag{3.2.31}$$

容易看出,现在条件(3.2.17)自动满足。此外,式(3.2.31)右端第一项会引起共振而产生永年项。为消除这种项,引用式(3.2.26)中 $i=1$ 的周期性条件,即令式(3.2.31)右端 $\cos\tau$ 的系数等于零。这等于要求

$$p_1=\frac{3}{8}p_0A^2 \tag{3.2.32}$$

接着引用式(3.2.26)中 $i=1$ 的周期性条件,式(3.2.31)的特解即可写为

$$x_1=\frac{1}{32}A^3\cos3\tau \tag{3.2.33}$$

这里,为了满足唯一性,齐次解可以看作已包含在式(3.2.30)中。求解过程说明满足了式(3.2.32)的关系即可获得周期解。

3.3　非自治系统的小参数法

1. 基本系统周期解的存在条件

在前面对自治系统的讨论中,常有小参数出现。系统的某些因素,例如非线性因素,与其他的因素相比是小的,就让这些因素以小参数的某种形式出现于运动微分方程中。在强迫振动中,这种方法仍将沿用,而且视为小量的不只是系统的非线性因素。

这种利用小参数按等级区分系统中的大小量的方法,在非自治系统用类似于自治系统的方式表达如下。设系统含一参数ε,当它充分小时系统可表示为

$$\frac{\mathrm{d}x_i}{\mathrm{d}t} = F_i^{(0)}(t,x_1,x_2,\cdots,x_n) + \varepsilon F_i^{(1)}(t,x_1,x_2,\cdots,x_n) + \varepsilon^2 F_i^{(2)}(t,x_1,x_2,\cdots,x_n) + \cdots \quad i=1,2,\cdots,n \tag{3.3.1}$$

其中,$F_i^{(j)}$是$x_1,x_2,\cdots,x_n$的解析函数,$x_i = x_i^{(0)} + \varepsilon x_i^{(1)} + \varepsilon^2 x_i^{(2)} + \varepsilon^3 x_i^{(3)} + \cdots$,且是$t$的连续周期函数,周期为$2\pi$,去掉与$\varepsilon$各次幂有关的小项,即得简化的系统为

$$\frac{\mathrm{d}x_i^{(0)}}{\mathrm{d}t} = F_i^{(0)}(t,x_1^{(0)},x_2^{(0)},\cdots,x_n^{(0)}) \quad i=1,2,\cdots,n \tag{3.3.2}$$

称原系统(3.3.1)为基本系统,称简化的系统(3.3.2)为派生系统。派生系统的任一周期解

$$x_i^{(0)} = \phi_i(t) \quad i=1,2,\cdots,n \tag{3.3.3}$$

称为派生解。在以前的近似方法中,派生解常用作基本系统周期解的第一次近似。

现在要研究的是基本系统周期解可以利用派生解来表达的存在条件。这种研究的必要性和自治系统是一样的。

下面分两种情况来研究单自由度非自治系统周期解的存在条件和构成。

1)非共振情况

考虑方程

$$\ddot{x} + p_0^2 x = F(t) + \varepsilon f(t,x,\varepsilon) \tag{3.3.4}$$

其中,ε是小参数,$F(t)$是周期为2π的连续函数。

非共振指派生系统的固有频率p_0不为整数。函数f当ε充分小时是$x,\dot{x},\varepsilon$的解析函数,对t来说,f是周期为2π的连续函数。函数F和f可展为Fourier级数,其中

$$F(t) = \frac{a_0}{2} + \sum_{n=1}^{\infty}(a_n \cos nt + b_n \sin nt) \tag{3.3.5}$$

由于p_0不是整数,派生解是

$$x_0(t) = \frac{a_0}{2p_0^2} + \sum_{n=1}^{\infty}\frac{a_n \cos nt + b_n \sin nt}{p_0^2 - n^2} \tag{3.3.6}$$

研究基本系统(3.3.4)的周期解,它对足够小的ε解析,当$\varepsilon = 0$时,此解成为派生解(3.3.6)。

对于非自治系统,时间t的初始值不能任意取,故不能再假定初始速度等于零。现引入参数β_1,β_2,其定义仍为基本系统周期解$x(t,\beta_1,\beta_2,\varepsilon)$与派生解及其导数在初始时刻之差,有

$$\begin{cases} x(0,\beta_1,\beta_2,\varepsilon) = x_0(0) + \beta_1 \\ \dot{x}(0,\beta_1,\beta_2,\varepsilon) = \dot{x}_0(0) + \beta_2 \end{cases} \tag{3.3.7}$$

根据与自治系统同样的理由,应该把解设为其参数的幂级数

$$x(t,\beta_1,\beta_2,\varepsilon) = x_0(t) + A\beta_1 + B\beta_2 + C\varepsilon + \cdots \tag{3.3.8}$$

其中,A,B,C是时间t的待定函数。把式(3.3.8)代入式(3.3.4)和式(3.3.7),比较同次幂的系数,得到确定A,B的微分方程和初始条件,解之即得

$$\begin{cases} A = \cos p_0 t \\ B = \dfrac{1}{p_0}\sin p_0 t \end{cases} \tag{3.3.9}$$

两个未知函数 $\beta_1(\varepsilon)$，$\beta_2(\varepsilon)$ 将通过解 $x(t,\beta_1,\beta_2,\varepsilon)$ 的周期性条件

$$\begin{cases} \psi_1 = x(2\pi,\beta_1,\beta_2,\varepsilon) - x(0,\beta_1,\beta_2,\varepsilon) \\ \quad = (\cos 2p_0\pi - 1)\beta_1 + \dfrac{1}{p_0}(\sin 2p_0\pi)\beta_2 + [C(2\pi) - C(0)]\varepsilon + \cdots = 0 \\ \psi_2 = \dot{x}(2\pi,\beta_1,\beta_2,\varepsilon) - \dot{x}(0,\beta_1,\beta_2,\varepsilon) \\ \quad = -p_0(\sin 2p_0\pi)\beta_1 + \dfrac{1}{p_0}(\cos 2p_0\pi - 1)\beta_2 + [\dot{C}(2\pi) - \dot{C}(0)]\varepsilon + \cdots = 0 \end{cases} \tag{3.3.10}$$

定出。现验算 Jacobi 式

$$J = \left.\frac{\partial(\psi_1,\psi_2)}{\partial(\beta_1,\beta_2)}\right|_{\beta_1=\beta_2=\varepsilon=0} = (\cos 2p_0\pi - 1)^2 + \sin^2 2p_0\pi \neq 0 \tag{3.3.11}$$

因而根据隐函数定理可断定，存在唯一的函数组 β_1，β_2 满足方程（3.3.10），当 $\varepsilon = 0$ 时成为零，当 ε 充分小时这些函数是解析的。又由于条件（3.3.10）还是解的周期性的充分必要条件（理由见自治系统），故得到结论，当 ε 充分小时，方程（3.3.4）存在唯一的周期解，当 $\varepsilon = 0$ 时成为派生解。如果循此路线解出 β_1，β_2 通常会遇到不可克服的困难。实际求解可利用上面得到的解的性质，当 ε 充分小时，方程（3.3.4）存在唯一的周期解，它对 ε 解析，当 $\varepsilon = 0$ 时成为派生解，即按小参数法设解形式为

$$x(t) = x_0(t) + \varepsilon x_1(t) + \varepsilon^2 x_2(t) + \cdots \tag{3.3.12}$$

其中，$x_1, x_2, \cdots$ 为 t 的待求的函数。

将式（3.3.12）代入基本系统方程（3.3.4），令 ε 各幂次系数相等，即得顺序求解 $x_1, x_2, \cdots$ 所需的方程。故式（3.3.12）的形式满足方程（3.3.4），确为所求的周期解。

2）共振情况

仍考察方程（3.3.4），共振即 p_0 为整数时，派生系统

$$\ddot{x}_0 + p_0^2 x_0 + F(t) = 0 \tag{3.3.13}$$

的周期解

$$x_0 = -\frac{a_0}{2p_0^2} - \sum_{n=1}^{\infty}\frac{a_n\cos nt + b_n\sin nt}{p_0^2 - n^2} \tag{3.3.14}$$

由于有分母为零的项而失去意义，或不再是周期解。根据式（3.3.12）的形式顺序求解 $x_1, x_2, \cdots$ 时也会出现类似问题，这就是所谓的共振情况。很明显它需要另行研究。

当 p_0 不是整数但与某整数 n 相差很小，具体来说即当 $p_0^2 - n^2$ 是与 ε 同阶的小量时，派生解至其后的各 $x_j(t)$ 中都将出现数值很大的项，使级数（3.3.12）发散。这种情况也称为共振情况，在本小节一并研究。

在共振情况下，为使派生方程有周期解，必须限制 $F(t)$，使其展开式中第 n 次谐波的系数与 ε 同阶小，即令

$$\begin{cases} a_n = \varepsilon \bar{a}_n \\ b_n = \varepsilon \bar{b}_n \end{cases} \tag{3.3.15}$$

这种激励称为软激励。把这第 n 次谐波移入函数 $\varepsilon f(t,x,\dot{x},\varepsilon)$ 以致派生方程中不出现该次谐波。$F(t)$ 中去掉这次谐波后剩余

$$F(t) = \frac{a_0}{2} + \sum_{\substack{i=1 \\ i \neq n}}^{\infty} (a_i \cos it + b_i \sin it)$$

此外,令

$$p_0^2 - n^2 = \varepsilon\sigma \tag{3.3.16}$$

从式(3.3.4)左端移 $\varepsilon\sigma x$ 入右端,这样形成的右端仍用原来的 εf 来代表。这个方程的派生方程是

$$\ddot{x}_0 + n^2 x_0 + \bar{F}(t) = 0 \tag{3.3.17}$$

现在,派生方程的同期解族是

$$\begin{aligned} x_0(t) &= \frac{a_0}{2n^2} + \sum_{\substack{i=1 \\ i \neq n}}^{\infty} \frac{a_i \cos it + b_i \sin it}{n^2 - i^2} + A_0 \cos nt + B_0 \sin nt \\ &= \varphi(t) + A_0 \cos nt + B_0 \sin nt \end{aligned} \tag{3.3.18}$$

它含有两个任意常数 A_0 和 B_0 待定。

引入函数 β_1, β_2 得如下式:

$$\begin{cases} x(0,\beta_1,\beta_2,\varepsilon) = x_0(0) + \beta_1 \\ \dot{x}(0,\beta_1,\beta_2,\varepsilon) = \dot{x}_0(0) + \beta_2 \end{cases} \tag{3.3.19}$$

且设解

$$x(t,\beta_1,\beta_2,\varepsilon) = x_0(t) + A\beta_1 + B\beta_2 + C\varepsilon + D\beta_1\varepsilon + E\beta_2\varepsilon + F\varepsilon^2 + \cdots \tag{3.3.20}$$

代回式(3.3.4),得 A, B 所应满足的微分方程和初值,解得

$$\begin{cases} A = \cos nt \\ B = \dfrac{1}{n} \sin nt \end{cases} \tag{3.3.21}$$

故 $A(2\pi) - A(0) = \dot{A}(2\pi) - \dot{A}(0) = B(2\pi) - B(0) = \dot{B}(2\pi) - \dot{B}(0) = 0$ 。

解的周期性条件是

$$\begin{cases} \psi_1 = \varepsilon\{[C(2\pi) - C(0)] + [D(2\pi) - D(0)]\beta_1 + \\ \qquad [E(2\pi) - E(0)]\beta_2 + [F(2\pi) - F(0)]\varepsilon + \cdots\} = 0 \\ \psi_2 = \varepsilon\{[\dot{C}(2\pi) - \dot{C}(0)] + [\dot{D}(2\pi) - \dot{D}(0)]\beta_1 + \\ \qquad [\dot{E}(2\pi) - \dot{E}(0)]\beta_2 + [\dot{F}(2\pi) - \dot{F}(0)]\varepsilon + \cdots\} = 0 \end{cases} \tag{3.3.22}$$

但在式(3.3.22)中只需用考虑 $\varepsilon \neq 0$ 的情况,故两个大括号应分别等于零。根据 β_1, β_2 的定义,当 $\varepsilon \to 0$ 时, β_1, β_2 也趋向零,故需有

$$\begin{cases} C(2\pi) - C(0) = 0 \\ \dot{C}(2\pi) - \dot{C}(0) = 0 \end{cases} \tag{3.3.23}$$

仍利用式(3.3.4)得 C 所应满足的微分方程和初值:

$$\begin{cases} \ddot{C} + n^2 C = f(t, x_0, \dot{x}_0, 0), \\ C(0) = 0 \\ \dot{C}(0) = 0 \end{cases} \tag{3.3.24}$$

从而

$$\begin{cases} C = \dfrac{1}{n}\displaystyle\int_0^t f(\tau, x_0(\tau), \dot{x}_0(\tau), 0)\sin n(t-\tau)\mathrm{d}\tau \\ \dot{C} = \displaystyle\int_0^t f(\tau, x_0(\tau), \dot{x}_0(\tau), 0)\cos n(t-\tau)\mathrm{d}\tau \end{cases} \tag{3.3.25}$$

方程成为

$$\begin{cases} P(A_0, B_0) = \displaystyle\int_0^{2\pi} f(\tau, A_0\cos n\tau + B_0\sin n\tau + \varphi(\tau), -A_0 n\sin n\tau + \\ \qquad\qquad B_0 n\cos n\tau + \varphi(\tau), 0)\sin n\tau\mathrm{d}\tau = 0 \\ Q(A_0, B_0) = \displaystyle\int_0^{2\pi} f(\tau, A_0\cos n\tau + B_0\sin n\tau + \varphi(\tau), -B_0 n\sin n\tau + \\ \qquad\qquad B_0 n\cos n\tau + \varphi(\tau), 0)\cos n\tau\mathrm{d}\tau = 0 \end{cases} \tag{3.3.26}$$

式(3.3.26)中第二个方程可用来确定两个任意常数 A_0, B_0。当此这两个任意常数由式(3.3.26)确定,待条件(3.3.23)满足以后,式(3.3.22)的问题就不难解决了。从式(3.3.22)剩下的项来看,相对于 β_1, β_2 的 Jacobi 式经过进一步解算出 $D, \dot{D}, E, \dot{E}$ 后,成为

$$\begin{aligned} J &= \left.\frac{\partial(\psi_1, \psi_2)}{\partial(\beta_1, \beta_2)}\right|_{\beta_1=\beta_2=\varepsilon=0} \\ &= \begin{vmatrix} D(2\pi) - D(0) & E(2\pi) - E(0) \\ \dot{D}(2\pi) - \dot{D}(0) & \dot{E}(2\pi) - \dot{E}(0) \end{vmatrix} = -\frac{1}{n^2}\frac{\partial(P, Q)}{\partial(A_0, B_0)} \end{aligned} \tag{3.3.27}$$

根据隐函数定理,式(3.3.27)不等于零是使周期解可以建立的充分条件,而且此解对 ε 解析。

利用这个结论可以确定解的构成为

$$x = x_0 + \varepsilon x_1 + \varepsilon^2 x_2 + \cdots \tag{3.3.28}$$

未知函数 $x_1, x_2, \cdots$ 将可顺序解出,其中 x_1 满足

$$\ddot{x}_1 + n^2 x_1 = f\ (t, x_0, \dot{x}_0, 0) \tag{3.3.29}$$

根据式(3.3.29),f 的 Fourier 展开式中的 $\sin nt$ 和 $\cos nt$ 项系数应为零。这一要求在这里就相当于使式(3.3.29)的解中不出现永年项,如此可继续求解。

以本小节所研究的解的存在唯一性和解的构成为基础,小参数法的形式已经基本清楚了。

2. 小参数法

一般说来,各种解析法在研究非自治系统时对于共振情况和非共振情况的方法区别很大,对于系统运动方程的形式也有不同的要求。对于非共振情况,可以研究比较一般的系统

$$\ddot{x} + p_0^2 x = \varepsilon f(x, \dot{x}) + F\sin\omega t \tag{3.3.30}$$

其中,F 可以是不小的量。对于共振情况,只能研究

$$\ddot{x} + p_0^2 x = \varepsilon f(\omega t, x, \dot{x}) \tag{3.3.31}$$

其中,f 对于 ωt 来说是以 2π 为周期的周期函数。在此情况下,激励本身也只能是小量。

对于非共振情况(3.3.30),派生解是$x_0=\dfrac{F}{p_0^2-\omega^2}\sin\omega t$。小参数法设解的形式为

$$x=x_0(t)+\varepsilon x_1(t)+\varepsilon^2 x_2(t)+\cdots \tag{3.3.32}$$

将式(3.3.32)代入式(3.3.30),可依次求出$x_1,x_2,\cdots$,获得周期解。

对于共振情况有两种方法。解的形式仍设为式(3.3.32)。第一种方法是由于ω和p_0很接近,引入$\varepsilon\sigma=p_0^2-\omega^2$,其物理意义为频率平方的差。式(3.3.31)可整理为

$$\ddot{x}+\omega^2 x=\varepsilon f(x,\dot{x},\omega t)-\varepsilon\sigma x \tag{3.3.33}$$

把式(3.3.32)代入式(3.3.33)后,派生解写为

$$x_0=A_0\cos\omega t+B_0\sin\omega t \tag{3.3.34}$$

其中,系数A_0和B_0按照消除后续计算中的永年项的条件即条件(3.3.26)定出。

第二种方法仿效 Lindstedt-Poincaré 法的思想。但现在派生解固有频率p_0和激励频率ω都是确定的数值,没有待定的成分,因而方法稍有不同。现在着眼于激励和振动之间的相位差,它仍是待定的。重要的是,现在是非自治系统,因而时间的起点不能像在处理自治系统时那样任意设置。但只要令

$$\tau=\omega t-\varphi \tag{3.3.35}$$

其中,相位差φ作为待定的量,就可以仍像式(3.3.29)那样设初始条件,即当$\tau=0$时

$$\frac{\mathrm{d}x}{\mathrm{d}\tau}=0 \tag{3.3.36}$$

这样,把待定的解和待定的相位差都设为小参数ε的幂级数形式

$$x(\tau)=x_0(\tau)+\varepsilon x_1(\tau)+\varepsilon^2 x_2(\tau)+\cdots \tag{3.3.37}$$

$$\varphi=\varphi_0+\varepsilon\varphi_1+\varepsilon^2\varphi_2+\cdots \tag{3.3.38}$$

当然,各项近似$x_i(\tau)$仍须满足周期性条件

$$x_i(\tau+2\pi)=x_i(\tau) \tag{3.3.39}$$

以保证$x(\tau)$的周期性。这也为消除永年项确立了依据。

第 4 章　单自由度系统的多尺度方法

4.1　自治系统的多尺度方法

多尺度法 [7] 是 20 世纪五六十年代由 Sturrock, Frieman, Nayfeh, Sandri 等发展起来的一种比较新的奇异摄动法。它与 Lindstedt-Poincaré 法（简称 L-P 法）相比有一个明显的优点，即 L-P 法从它设解的形式就可看出它只适用于严格的周期运动，对哪怕是很简单的耗散系统（例如线性的耗散系统）都无能为力；而多尺度法不但对严格的周期运动适用，也适用于耗散系统的衰减振动和其他的许多场合。

研究下列自治系统

$$\ddot{x}+p_0^2x=\varepsilon f(x,\dot{x}) \tag{4.1.1}$$

的解。鉴于使直接展开法失效的永年项以及函数（微分方程的解也是函数）的展开式中常出现含有 $t,\varepsilon t,\varepsilon^2 t,\cdots$ 的项，多尺度法把微分方程的解不只看作单一变量 t 的函数，而把 $t,\varepsilon t,\varepsilon^2 t,\cdots$ 都看作独立的变量，或时间的尺度，把解看作这些独立的自变量或时间尺度的函数。

根据这种思想，引入新的独立自变量

$$T_n=\varepsilon^n t \quad n=0,1,2,\cdots \tag{4.1.2}$$

根据这些关系，对 t 的导数可用对 T_n 的偏导数表示为如下算子的形式：

$$\begin{cases}\dfrac{\mathrm{d}}{\mathrm{d}t}=\dfrac{\mathrm{d}T_0}{\mathrm{d}t}\dfrac{\partial}{\partial T_0}+\dfrac{\mathrm{d}T_1}{\mathrm{d}t}\dfrac{\partial}{\partial T_1}+\cdots=D_0+\varepsilon D_1+\cdots\\ \dfrac{\mathrm{d}^2}{\mathrm{d}t^2}=D_0^2+2\varepsilon D_0D_1+\varepsilon^2(D_1^2+2D_0D_2)+\cdots\end{cases} \tag{4.1.3}$$

式中：$D_0,D_1,D_2,\cdots$ 分别是对 $T_0,T_1,T_2,\cdots$ 求偏导数的运算符号。

把微分方程（4.1.1）的解设为

$$x(t)=x_0(T_0,T_1,T_2,\cdots)+\varepsilon x_1(T_0,T_1,T_2,\cdots)+\cdots \tag{4.1.4}$$

独立自变量的个数取决于解的展开式所取项数。例如展开式取到 $O(\varepsilon^2)$ 为止，则自变量取 T_0,T_1 就足够了。

把式（4.1.4）代入式（4.1.1）并考虑到式（4.1.2）及式（4.1.3），比较 ε 同幂次项的系数，就可以获得一系列线性偏微分方程，以便解出式（4.1.4）中的 $x_0,x_1,\cdots$，从而得到近似解。

$$\begin{cases}D_0^2x_0+p_0^2x_0=0\\ D_0^2x_1+p_0^2x_1=-2D_0D_1x_0+f(x_0,D_0x_0)\\ D_0^2x_2+p_0^2x_2=F(x_0,x_1)\\ \cdots\end{cases} \tag{4.1.5}$$

把式(4.1.5)的第一式的解写为复数的形式:

$$x_0 = A(T_1,T_2,\cdots)\exp(\mathrm{i}p_0T_0)+\overline{A}(T_1,T_2,\cdots)\exp(-\mathrm{i}p_0T_0) \tag{4.1.6}$$

函数A在这一步仍然是任意的,它可以由下一步消除永年项(求助于所谓可解性条件)而确定。

把式(4.1.6)代入式(4.1.5)的第二式得

$$\begin{aligned}D_0^2x_1+p_0^2x_1 &= -2\mathrm{i}p_0D_1A\exp(\mathrm{i}p_0T_0)+2\mathrm{i}p_0D_1\overline{A}\exp(-\mathrm{i}p_0T_0)+\\ &\quad f[A\exp(\mathrm{i}p_0T_0)+\overline{A}\exp(-\mathrm{i}p_0T_0),\mathrm{i}p_0A\exp(\mathrm{i}p_0T_0)-\mathrm{i}p_0\overline{A}\exp(-\mathrm{i}p_0T_0)]\end{aligned} \tag{4.1.7}$$

此式的解中含有$\exp(\pm\mathrm{i}p_0T_0)$的项都是永年项,这些项中又都包含待定的函数$A$,于是可以选择$A$使永年项得以消除,以便获得一致有效展开。为此把$f(x_0,D_0x_0)$展为Fourier的级数,即

$$f=\sum_{n=-\infty}^{+\infty}f_n(A,\overline{A})\exp(\mathrm{i}np_0T_0) \tag{4.1.8}$$

式中

$$f_n(A,\overline{A})=\frac{p_0}{2\pi}\int_0^{2\pi/p_0}f\exp(-\mathrm{i}np_0T_0)\mathrm{d}T_0 \tag{4.1.9}$$

消除永年项的条件是

$$2\mathrm{i}D_1A=\frac{1}{2\pi}\int_0^{2\pi/p_0}f\exp(-\mathrm{i}p_0T_0)\mathrm{d}T_0 \tag{4.1.10}$$

若求第一次近似,A只看作T_1的函数,并且将解设到这一项为止。为解式(4.1.10),把$A(T_1)$表示为极坐标的形式较为方便,即

$$A(T_1)=\frac{1}{2}a(T_1)\exp[\mathrm{i}\beta(T_1)] \tag{4.1.11}$$

于是式(4.1.6)可写为

$$\begin{cases}x_0=a(T_1)\cos\phi\\ \phi=p_0T_0+\beta(T_1)\end{cases} \tag{4.1.12}$$

将式(4.1.11)代入式(4.1.10),得到

$$\mathrm{i}(D_1a+\mathrm{i}aD_1\beta)=\frac{1}{2\pi p_0}\int_0^{2\pi}f(a\cos\phi,-p_0a\sin\phi)\exp(-\mathrm{i}\phi)\mathrm{d}\phi \tag{4.1.13}$$

分离式(4.1.13)的实部与虚部,得

$$\begin{cases}D_1a=-\dfrac{1}{2\pi p_0}\displaystyle\int_0^{2\pi}f(a\cos\phi,-p_0a\sin\phi)\sin\phi\mathrm{d}\phi\\ D_1\beta=-\dfrac{1}{2\pi p_0a}\displaystyle\int_0^{2\pi}f(a\cos\phi,-p_0a\sin\phi)\cos\phi\mathrm{d}\phi\end{cases} \tag{4.1.14}$$

解出a,β后,可得第一次近似解为

$$x=a(T_1)\cos[p_0T_0+\beta(T_1)] \tag{4.1.15}$$

作为例子,考虑线性小阻尼系统的振动

$$\ddot{x}+2\varepsilon\dot{x}+x=0 \tag{4.1.16}$$

这相当于式(4.1.1)中$p_0^2=1,f=-2\dot{x}$。现令

$$\begin{cases} x = x_0(T_0,T_1,T_2) + \varepsilon x_1(T_0,T_1,T_2) + \varepsilon^2 x_2(T_0,T_1,T_2) + O(\varepsilon^3) \\ T_n = \varepsilon^n t, \quad n = 0,1,2 \end{cases} \tag{4.1.17}$$

式(4.1.16)现在成为

$$\begin{cases} D_0^2 x_0 + x_0 = 0 \\ D_0^2 x_1 + x_1 = -2D_0 D_1 x_0 - 2D_0 x_0 \\ D_0^2 x_2 + x_2 = -2D_0 x_1 - 2D_0 D_1 x_1 - D_1^2 x_0 - 2D_0 D_2 x_0 - 2D_1 x_0 \end{cases} \tag{4.1.18}$$

把式(4.1.18)第一式的通解写为

$$x_0 = A_0(T_1,T_2)\exp(\mathrm{i}T_0) + \bar{A}(T_1,T_2)\exp(-\mathrm{i}T_0) \tag{4.1.19}$$

其中,A_0 是待定的函数。把式(4.1.19)代入式(4.1.18)的第二式得

$$D_0^2 x_1 + x_1 = -2\mathrm{i}(A_0 + D_1 A_0)\exp(\mathrm{i}T_0) + 2\mathrm{i}(\bar{A}_0 + D_1 \bar{A}_0)\exp(-\mathrm{i}T_0) \tag{4.1.20}$$

为消除永年项,令

$$A_0 + D_1 A_0 = 0 \tag{4.1.21}$$

积分得

$$A_0 = a_0(T_2)\exp(-T_1) \tag{4.1.22}$$

其中,a_0 仍是待定的函数。现在式(4.1.20)的解是

$$x_1 = A_1(T_1,T_2)\exp(\mathrm{i}T_0) + \bar{A}_1(T_1,T_2)\exp(-\mathrm{i}T_0) \tag{4.1.23}$$

把式(4.1.19)和式(4.1.23)代入式(4.1.18)的第三式得

$$D_0^2 x_2 + x_2 = -Q(T_1,T_2)\exp(\mathrm{i}T_0) - \bar{Q}(T_1,T_2)\exp(-\mathrm{i}T_0) \tag{4.1.24}$$

其中

$$Q(T_1,T_2) = 2\mathrm{i}A_1 + 2\mathrm{i}D_1 A_1 - a_0\exp(-T_1) + 2\mathrm{i}D_2 a_0 \exp(-T_1) \tag{4.1.25}$$

一般来说,为得到式(4.1.26),x_2 不一定要解出,只要观察式(4.1.24),找出会产生永年项的项并消除即可。为消除永年项,令 $Q = 0$,即

$$D_1 A_1 + A_1 = \frac{1}{2}\mathrm{i}(-a_0 + 2\mathrm{i}D_2 a_0)\exp(-T_1) \tag{4.1.26}$$

式(4.1.26)的通解为

$$A_1 = [a_1(T_2) + \frac{1}{2}\mathrm{i}(-a_0 + 2\mathrm{i}D_2 a_0)T_1]\exp(-T_1) \tag{4.1.27}$$

把式(4.1.27)代入式(4.1.23)得

$$x_1 = [a_1(T_2) + \frac{1}{2}\mathrm{i}(-a_0 + 2\mathrm{i}D_2 a_0)T_1]\exp(-T_1)\exp(\mathrm{i}T_0) + cc \tag{4.1.28}$$

其中,cc 代表前面表达式的复共轭。但现在

$$x_0 = [a_0\exp(\mathrm{i}T_0) + cc]\exp(-T_1) \tag{4.1.29}$$

所以,当 $t \to \infty$ 时,虽有 $x_0, x_1 \to 0$,但只要 t 增至 $O(\varepsilon^{-2})$,就使 εx_1 成为 $O(x_0)$,从而使展开式 $x_0 + \varepsilon x_1$ 失效,除非式(4.1.28)中 T_1 的系数为零,即

$$-a_0 + 2\mathrm{i}D_2 a_0 = 0$$

即

$$a_0 = a_{00}\exp(-\frac{T_2}{2}\mathrm{i}) \tag{4.1.30}$$

其中，a_{00} 为常数。接着，式（4.1.27）成为

$$A_1 = a_1(T_2)\exp(-T_1) \tag{4.1.31}$$

解可以写为

$$x = \exp(-T_1)\{a_{00}\exp[\mathrm{i}(T_0 - \frac{T_2}{2})] + cc + \varepsilon[a_1(T_2)\exp(\mathrm{i}T_0)] + cc\} + O(\varepsilon^2) \tag{4.1.32}$$

其中，$a_1(T_2)$ 可由展开式的第三式确定。

现设问题的初始条件是

$$\begin{cases} x(0) = a\cos\phi \\ \dot{x}(0) = -a(\sin\sqrt{1-\varepsilon^2}\phi + \varepsilon\cos\phi) \end{cases} \tag{4.1.33}$$

把 T_n 还原为 $\varepsilon^n t$，得解

$$x = a\mathrm{e}^{-\varepsilon t}\cos(t - \frac{1}{2}\varepsilon^2 t + \phi) + R \tag{4.1.34}$$

其中，余式 R 可以通过本问题的精确解

$$x = a\mathrm{e}^{-\varepsilon t}\cos(\sqrt{1-\varepsilon^2}t + \phi) \tag{4.1.35}$$

与式（4.1.34）的比较知为 $O(\varepsilon^4 t)$。

例 4.1 用多尺度法求非线性保守系统

$$\ddot{x} + \omega_0^2 x + \varepsilon\omega_0^2(b_2x^2 + b_3x^3) = 0 \tag{4.1.36}$$

的二次渐近解。

扫一扫：例 4.1 程序

解：引进变量 T_0，T_1，T_2，设解为

$$x(t,\varepsilon) = x_0(T_0,T_1,T_2) + \varepsilon x_1(T_0,T_1,T_2) + \varepsilon^2 x_2(T_0,T_1,T_2) \tag{4.1.37}$$

代入式（4.1.36）可得微分方程组

$$\begin{cases} D_0^2 x_0 + \omega_0^2 x_0 = 0 \\ D_0^2 x_1 + \omega_0^2 x_1 = -2D_0D_1x_0 - \omega_0^2 b_2 x_0^2 - \omega_0^2 b_3 x_0^3 \\ D_0^2 x_2 + \omega_0^2 x_2 = -2D_0D_1x_1 - D_1^2 x_0 - 2D_0D_2x_0 - 3\omega_0^2 b_3 x_0^2 x_1 - 2\omega_0^2 b_2 x_0 x_1 \end{cases} \tag{4.1.38}$$

式（4.1.38）第一个方程的解可以写为

$$x_0 = A(T_1,T_2)\exp(\mathrm{i}\omega_0 T_0) + \overline{A}(T_1,T_2)\exp(-\mathrm{i}\omega_0 T_0) \tag{4.1.39}$$

将式（4.1.39）代入式（4.1.38）的第二个方程，得

$$\begin{aligned} D_0^2 x_1 + \omega_0^2 x_1 = & -(2\mathrm{i}\omega_0 D_1 A - 3A^2\overline{A}\omega_0^2 b_3)\exp(\mathrm{i}\omega_0 T_0) - \\ & \omega_0^2 b_2 A^2\exp(2\mathrm{i}\omega_0 T_0) - \omega_0^2 b_3 A^3\exp(3\mathrm{i}\omega_0 T_0) + cc \end{aligned} \tag{4.1.40}$$

为使 x_1 不出现永年项，必须有

$$2\mathrm{i}\omega_0 D_1 A + 3\omega_0 b_3 A^2\overline{A} = 0$$

即

$$D_1 A = \frac{3}{2}\mathrm{i}\omega_0^2 b_3 A^2\overline{A} \tag{4.1.41}$$

由式（4.1.40）解得

$$x_1=\frac{1}{8}b_3A^3\exp(3\mathrm{i}\omega_0T_0)-b_2A\bar{A}+\frac{1}{3}b_2A^2\exp(2\mathrm{i}\omega_0T_0)+cc \tag{4.1.42}$$

将式(4.1.39)和式(4.1.42)代入式(4.1.38)的第三个方程,并利用条件(4.1.41)式,可得

$$\begin{aligned}D_0^2x_2+\omega_0^2x_2=&5\omega_0^2b_2b_3A^2\bar{A}^2+(\frac{51}{8}\omega_0^2b_3^2A^3\bar{A}^2+\frac{10}{3}\omega_0^2b_2^2A^2\bar{A}-\\&2\mathrm{i}\omega_0D_2A)\exp(\mathrm{i}\omega_0T_0)+\frac{31}{4}\omega_0^2b_2b_3A^3\bar{A}\exp(2\mathrm{i}\omega_0T_0)+\\&(\frac{21}{8}\omega_0^2b_3^2A^4\bar{A}-\frac{2}{3}\omega_0^2b_2^2A^3)\exp(3\mathrm{i}\omega_0T_0)-\\&\frac{5}{4}\omega_0^2b_2b_3A^4\exp(4\mathrm{i}\omega_0T_0)-\frac{3}{8}\omega_0^2b_3^2A^5\exp(5\mathrm{i}\omega_0T_0)+cc\end{aligned} \tag{4.1.43}$$

为使 x_2 不出现永年项,必须

$$2\mathrm{i}\omega_0D_2A-\frac{51}{8}\omega_0^2b_3^2A^3\bar{A}^2-\frac{10}{3}\omega_0^2b_2^2A^2\bar{A}=0 \tag{4.1.44}$$

即

$$D_2A=-\frac{1}{2}\mathrm{i}\omega_0(\frac{51}{8}b_3^2A^3\bar{A}^2+\frac{10}{3}b_2^2A^2\bar{A}) \tag{4.1.45}$$

由式(4.1.43)解得

$$\begin{aligned}x_2=&5b_2b_3A^2\bar{A}^2-\frac{31}{4\times3}b_2b_3A^3\bar{A}\exp(2\mathrm{i}\omega_0T_0)-(\frac{21}{8\times8}b_3^2A^4\bar{A}-\\&\frac{2}{3\times8}b_2^2A^3)\exp(3\mathrm{i}\omega_0T_0)+\frac{5}{4\times15}b_2b_3A^4\exp(4\mathrm{i}\omega_0T_0)+\\&\frac{3}{8\times24}b_3^2A^5\exp(5\mathrm{i}\omega_0T_0)+cc\end{aligned} \tag{4.1.46}$$

由式(4.1.41)和式(4.1.45)可确定 A,利用展开式 $\frac{\mathrm{d}}{\mathrm{d}t}=D_0+\varepsilon D_1+\varepsilon^2D_2+\cdots$,并注意到 $D_0A=0$,可得

$$\begin{aligned}\dot{A}&=D_0A+\varepsilon D_1A+\varepsilon^2D_2A\\&=\frac{\mathrm{i}}{2}[\varepsilon\omega_0 3b_3A^2\bar{A}-\varepsilon^2\omega_0(\frac{51}{8}b_3^2A^3\bar{A}^2+\frac{10}{3}b_2^2A^2\bar{A})]\end{aligned} \tag{4.1.47}$$

再令

$$A=\frac{1}{2}a\exp(\mathrm{i}\theta) \tag{4.1.48}$$

将式(4.1.48)代入式(4.1.47),可得

$$\dot{a}=0$$
$$\dot{\theta}=\omega_0[\varepsilon\frac{3}{8}b_3a^2-\varepsilon^2(\frac{51}{256}b_3^2a^4+\frac{5}{12}b_2^2a^2)]$$

积分后,得

$$a=a_0$$
$$\theta=\omega_0[\varepsilon\frac{3}{8}b_3a^2-\varepsilon^2(\frac{51}{256}b_3^2a^4+\frac{5}{12}b_2^2a^4)]t+\theta_0$$

其中,a_0 及 θ_0 为常数。

将式(4.1.48)代入式(4.1.40)、式(4.1.43)和式(4.1.46),再将所得的结果代入式(4.1.38),

可得第二次近似解为

$$x=a\cos\varphi+\varepsilon[\frac{1}{32}b_3a^3\cos3\varphi-\frac{1}{2}b_2a^2+\frac{1}{6}b_2a^2\cos3\varphi]+\varepsilon^2[\frac{5}{8}b_2b_3a^4-\frac{31}{96}b_2b_3a^4\cos2\varphi-(\frac{21}{1024}b_3^2a^5-\frac{1}{48}b_2^2a^3)\times\cos3\varphi+\frac{1}{96}b_2b_3a^4\cos4\varphi+\frac{1}{1024}b_3^2a^5\cos5\varphi]$$

$$\varphi=\omega_0t+\theta=\omega_0[1+\varepsilon\frac{3}{8}b_3a^2-\varepsilon^2(\frac{51}{256}b_3^2a^4+\frac{5}{12}b_2^2a^2)]t+\theta_0$$

4.2 非自治系统的多尺度方法

对于非共振情况

$$\ddot{x}+p_0^2x=\varepsilon f(x,\dot{x})+F\sin\omega t \tag{4.2.1}$$

其中，F可以是不小的量。

对于共振情况

$$\ddot{x}+p_0^2x=\varepsilon f(\omega t,x,\dot{x}) \tag{4.2.2}$$

与非自治系统相似，无论共振与非共振情况，我们都将解设为

$$x=x_0(T_0,T_1,T_2,\cdots)+\varepsilon x(T_0,T_1,T_2,\cdots)+\cdots \tag{4.2.3}$$

其中

$$T_n=\varepsilon^n t\quad n=0,1,2,\cdots \tag{4.2.4}$$

对于非共振情况，把式（4.2.3）和式（4.2.4）代入式（4.2.1），第一次近似应满足的偏微分方程是

$$D_0^2x_0+p_0^2x_0=F\sin\omega t \tag{4.2.5}$$

其通解是

$$x_0=A(T_1)\exp(\mathrm{i}p_0T_0)-\frac{\mathrm{i}}{2}\frac{F}{p_0^2-\omega^2}\exp(\mathrm{i}\omega T_0)+cc \tag{4.2.6}$$

其中，$A(T_1)$在后续的计算中消除永年项时定出。可以看出，这种形式的解可以研究定常振动中周期的和非周期的解。前一情况对应于当$T_1\to\infty$时$A\to0$。

对于共振情况，由于ω和p_0很接近，引入$\varepsilon\sigma=\omega-p_0$。多尺度法的特点是利用原方程的派生系统，在求解过程中再把激励频率表示为派生频率ω。为说明这种做法，考虑下列 Duffing 系统。

例 4.2 用多尺度法求 Duffing 方程

$$\ddot{x}+\omega^2x=-\varepsilon\alpha x^3-\varepsilon2n\dot{x}+\varepsilon E\cos\Omega t \tag{4.2.7}$$

的主共振第一次近似解。

扫一扫:例 4.2 程序

解：令

$$\Omega-\omega=\varepsilon\sigma \tag{4.2.8}$$

设解为

$$x(t,\varepsilon)=x_0(T_0,T_1)+\varepsilon x_1(T_0,T_1) \tag{4.2.9}$$

干扰力也用 T_0，T_1 表示，则有

$$E\cos\Omega t=E\cos(\omega T_0+\sigma T_1) \tag{4.2.10}$$

将式（4.2.9）和式（4.2.10）代入式（4.2.7），得

$$D_0^2x_0+\omega^2x_0=0 \tag{4.2.11}$$

$$D_0^2x_1+\omega^2x_1=-2D_0D_1x_0-2nD_0x_0-\alpha x_0^3+E\cos(\omega T_0+\sigma T_1) \tag{4.2.12}$$

式（4.2.11）的通解可写为

$$x_0=A(T_1)\exp(\mathrm{i}\omega T_0)+\bar{A}(T_1)\exp(-\mathrm{i}\omega T_0) \tag{4.2.13}$$

将式（4.2.13）代入式（4.2.12）得

$$\begin{aligned}D_0^2x_1+\omega^2x_1=&-[2\mathrm{i}\omega(A'+nA)+3\alpha A^2\bar{A}]\exp(\mathrm{i}\omega T_0)-\\&\alpha A^3\exp(3\mathrm{i}\omega T_0)+\frac{1}{2}E\exp[\mathrm{i}(\omega T_0+\sigma T_1)]+cc\end{aligned} \tag{4.2.14}$$

欲使 x_1 有周期解，应设

$$2\mathrm{i}\omega(A'+nA)+3\alpha A^2\bar{A}-\frac{1}{2}E\exp(\mathrm{i}\sigma T_1)=0 \tag{4.2.15}$$

为了求出函数 A，现将 A 表示为指数函数

$$A=\frac{1}{2}a\exp(\mathrm{i}\beta) \tag{4.2.16}$$

其中，a，β都是实数，将式（4.2.16）代入式（4.2.15），将实部和虚部分开，得到

$$\begin{cases}a'=-na+\dfrac{1}{2}\dfrac{E}{\omega}\sin(\sigma T_1-\beta)\\ a\beta'=\dfrac{3\alpha}{8\omega}a^3-\dfrac{1}{2}\dfrac{E}{\omega}\cos(\sigma T_1-\beta)\end{cases} \tag{4.2.17}$$

通过比较可以发现，该渐近解与用平均法或三级数法所得到的结果完全相同。

第5章 单自由度系统的谐波平衡法

5.1 自治系统的谐波平衡法

谐波平衡法[1]也是求解非线性振动问题常用的一种近似解析法。与前述各种摄动法不同,它的应用不限于弱非线性系统。此外,它的求解过程归结为代数方程组的求解,而其他方法则需求解微分方程组或积分微分方程组。但是,谐波平衡法的原始形式在某些应用中也可能导出不准确的或矛盾的结果。而 Nayfeh 和 Mook 基本上抛弃了这种方法。为了提高谐波平衡法的效率,文献 [8] 提出了增量谐波平衡法的理论。本节中,先讲述谐波平衡法的基本方法,然后介绍它与摄动法的配合应用。

设自治系统的运动微分方程为

$$\ddot{x}+F(x,\dot{x})=0 \tag{5.1.1}$$

其中,F为变量x,$\dot{x}$的线性、非线性函数,在实际问题中它经常可以写成变量的多项式的形式。

谐波平衡法的基本思想是将式(5.1.1)的周期解表示为

$$x(t)=\sum A_m\cos m(\omega t+\beta) \tag{5.1.2}$$

的形式。然后将解式(5.1.2)代入式(5.1.1),并令最低$M+1$次谐波的每一个系数都等于零,就得到有关A_m和ω的$M+1$个代数方程组。通常这些方程可将A_0,A_1,A_2,⋯,A_M和ω解为基频振幅A_1的函数。所得到的周期解的精度依赖于A_1的值和式(5.1.2)所取的谐波的项数。

如果系统的定常解非常接近于简谐振动,展开式(5.1.2)可以只取一项,即

$$x(t)=A\cos(\omega t+\beta)=A\cos\phi \tag{5.1.3}$$

将式(5.1.3)代入函数$F(x,\dot{x})$,并展为 Fourier 级数,有

$$\begin{aligned}F(x,\dot{x})&\approx F(A\cos\phi,-A\omega\sin\phi)\\&=C_1(A)\cos\phi+D_1(A)\sin\phi+\text{高次谐波}\end{aligned} \tag{5.1.4}$$

将式(5.1.4)代入微分方程,并使最低谐波项的系数等于零,可得

$$\begin{cases}-\omega^2A+C_1(A)=0\\D_1(A)=0\end{cases} \tag{5.1.5}$$

对于保守系统,式(5.1.5)只有第一个方程,可以解出频率ω作为振幅A的函数,即

$$\omega=h(A,\gamma) \tag{5.1.6}$$

其中,γ表示在微分方程中出现的固定参数。

对于非保守系统,式(5.1.5)为两个方程,由此可解出可能的极限环的参数

$$\begin{cases}\omega_i = h_i(\gamma) \\ A_i = g_i(\gamma)\end{cases} \quad i = 1,2,\cdots,s \tag{5.1.7}$$

其中，s 为极限环的数目。

例 5.1　用谐波平衡法求立方非线性系统

$$\ddot{x} + \alpha_1 x + \alpha_3 x^3 = 0 \tag{5.1.8}$$

的周期解，其中 $\alpha_1 > 0$。

解：设式（5.1.8）的解为

$$x(t) = A\cos\omega t \tag{5.1.9}$$

将式（5.1.9）代入式（5.1.8），得

$$-\omega^2 A\cos\omega t + \alpha_1 A\cos\omega t + \alpha_3 A^3(\frac{3}{4}\cos\omega t + \frac{1}{4}\cos 3\omega t) = 0 \tag{5.1.10}$$

由 $\cos\omega t$ 的系数等于零，得

$$(\alpha_1 - \omega^2)A + \frac{3}{4}\alpha_3 A^3 = 0 \tag{5.1.11}$$

解得

$$\omega = \sqrt{\alpha_1}(1 + \frac{3}{4}\frac{\alpha_3}{\alpha_1}A^2)^{\frac{1}{2}} \tag{5.1.12}$$

若 $|\alpha_3| \ll \alpha_1$，可以得到近似的幅频关系为

$$\omega = \sqrt{\alpha_1}(1 + \frac{3}{8}\frac{\alpha_3}{\alpha_1}A^2) \tag{5.1.13}$$

若设式（5.1.8）的解为

$$x(t) = A_1\cos\omega t + A_3\cos 3\omega t \tag{5.1.14}$$

注：如本题所示的情况，非线性函数 $F(x,\dot{x})$ 为由 $\dot{x}^k x^l$ 形式的各项组成的多项式，且各项的 $k+l$ 都为奇整数时，通常不会出现偶次谐波，因而我们将解设为式（5.1.14）的形式。

将式（5.1.14）代入式（5.1.8），得

$$\begin{aligned}&[(\alpha_1 - \omega^2)A_1 + \frac{3}{4}\alpha_3 A_1^3 + \frac{3}{4}\alpha_3 A_1^2 A_3 + \frac{3}{2}\alpha_3 A_1 A_3^2]\cos\omega t + \\ &[(\alpha_1 - 9\omega^2)A_3 + \frac{3}{4}\alpha_3 A_3^3 + \frac{1}{4}\alpha_3 A_1^3 + \frac{3}{2}\alpha_3 A_1^2 A_3]\cos 3\omega t + \\ &[\frac{3}{4}\alpha_3 A_1^2 A_3 + \frac{3}{4}\alpha_3 A_1 A_3^2]\cos 5\omega t + \frac{3}{4}\alpha_3 A_1 A_3^2\cos 7\omega t + \\ &\frac{1}{4}\alpha_3 A_3^3\cos 9\omega t = 0\end{aligned} \tag{5.1.15}$$

略去高次谐波，由 $\cos\omega t$ 及 $\cos 3\omega t$ 项的系数等于零可得

$$(\alpha_1 - \omega^2)A_1 + \frac{3}{4}\alpha_3 A_1^3 + \frac{3}{4}\alpha_3 A_1^2 A_3 + \frac{3}{2}\alpha_3 A_1 A_3^2 = 0 \tag{5.1.16}$$

$$(\alpha_1 - 9\omega^2)A_3 + \frac{3}{4}\alpha_3 A_3^3 + \frac{1}{4}\alpha_3 A_1^3 + \frac{3}{2}\alpha_3 A_1^2 A_3 = 0 \tag{5.1.17}$$

式（5.1.16）和式（5.1.17）是一个非线性代数方程组，精确求解很困难。如果系统的解近于简谐振动，即 $\left|\frac{A_3}{A_1}\right| \ll 1$，略去式（5.1.16）和式（5.1.17）中 A_3 一次方以上的项，可得

$$(\alpha_1-\omega^2)A_1+\frac{3}{4}\alpha_3A_1^2A_3+\frac{3}{4}\alpha_3A_1^3=0 \tag{5.1.18}$$

$$(\alpha_1-9\omega^2)A_3+\frac{3}{2}\alpha_3A_1^2A_3+\frac{1}{4}\alpha_3A_1^3=0 \tag{5.1.19}$$

联立求解以上两式得

$$8\alpha_1A_1A_3+\frac{27}{4}\alpha_3A_1^2A_3^2+\frac{21}{4}\alpha_3A_1^3A_3-\frac{1}{4}\alpha_3A_1^4=0 \tag{5.1.20}$$

若$|\alpha_3|\ll\alpha_1$，并注意到$\left|\frac{A_3}{A_1}\right|\ll 1$，则近似解为

$$A_3=\frac{1}{32}\frac{\alpha_3}{\alpha_1}A_1^3 \tag{5.1.21}$$

代入式(5.1.18)可解得

$$\omega=\sqrt{\alpha_1}\left(1+\frac{3}{4}\frac{\alpha_3}{\alpha_1}A_1^2+\frac{3}{128}\frac{\alpha_3^2}{\alpha_1^2}A_1^4\right)^{1/2}$$

或

$$\omega=\sqrt{\alpha_1}(1+\frac{3}{4}\frac{\alpha_3}{\alpha_1}A_1^2+\frac{15}{256}\frac{\alpha_3^2}{\alpha_1^2}A_1^4) \tag{5.1.22}$$

于是有

$$x=A_1\cos\omega t+\frac{1}{32}\frac{\alpha_3}{\alpha_1}A_1^3\cos 3\omega t \tag{5.1.23}$$

若令$\varepsilon b_3=\frac{\alpha_3}{\alpha_1},\alpha_1=\omega_0$，则所得结果与前面用其他方法所得结果是完全一致的。并且仅取一项$A\cos\omega t$时，所得结果即为系统的一次近似解。从表面看这时仅对频率做了一次修正，似乎对位移x未做修正。在第一次近似解$x=a\cos\phi+[\varepsilon x_1]$中，就误差的绝对大小而论，保留$[\varepsilon x_1]$没有实际意义。因此式(5.1.9)与式(5.1.13)可认为是第一次近似解，式(5.1.23)与式(5.1.22)则为第二次近似解。

例 5.2 用谐波平衡 - 摄动法求 Van der Pol 方程

$$\ddot{x}+\varepsilon(x^2-1)\dot{x}+x=0 \tag{5.1.24}$$

的周期解。初始条件为$x(0)=A,\dot{x}(0)=0$。

解：令$\tau=\omega t$，以"x'"表示x对τ的微商，式(5.1.24)可以写成

$$\omega^2x''+x=\varepsilon\omega(x'-x'x^2) \tag{5.1.25}$$

设式(5.1.25)的解为

$$x(\tau)=A_1\cos\tau+B_1\sin\tau+A_3\cos 3\tau+B_3\sin 3\tau \tag{5.1.26}$$

由初始条件$x'(\tau)=0$，可得

$$B_1=-3B_3 \tag{5.1.27}$$

将式(5.1.26)代入方程(5.1.25)，可得

$$
\begin{aligned}
&(1-\omega^2)A_1\cos\tau+(1-\omega^2)B_1\sin\tau+(1-9\omega^2)A_3\cos3\tau+(1-9\omega^2)B_3\sin3\tau \\
&=\varepsilon\omega\{[-A_1+\frac{1}{4}(A_1^3+A_1B_1^3+2A_1A_3^2+2A_1B_3^2+A_1^2A_3-B_1^2A_3-2A_1B_1B_3)]\sin\tau+ \\
&[B_1-\frac{1}{4}(A_1^2B_1+B_1^3+2B_1A_3^2+2B_1B_3^2-2A_1B_1A_3-B_1^2B_3+A_1^2B_3)]\cos\tau+ \\
&[-3A_3+\frac{1}{4}(A_1^3-3A_1B_1^2+6A_1^2A_3+6B_1^2A_3+3A_3^3+3A_3B_3^2)]\sin3\tau+ \\
&[3B_3-\frac{1}{4}(3A_1^2B_1-B_1^3+6A_1^2B_3+3A_3^2B_3+3B_3^3+6B_1^2B_3)]\cos3\tau+\text{高次谐波}\}
\end{aligned} \tag{5.1.28}
$$

令式（5.1.28）两端同阶谐波的系数相等，得

$$
\begin{cases}
(1-\omega^2)B_1=\varepsilon\omega[-A_1+\frac{1}{4}(A_1^3+A_1B_1^3+2A_1A_3^2+2A_1B_3^2+A_1^2A_3-B_1^2A_3-2A_1B_1B_3)] \\
(1-\omega^2)A_1=\varepsilon\omega[-B_1+\frac{1}{4}(A_1^2B_1+B_1^3+2B_1A_3^2+2B_1B_3^2-2A_1B_1A_3-B_1^2B_3+A_1^2B_3)] \\
(1-9\omega^2)B_3=\varepsilon\omega[-3A_3+\frac{1}{4}(A_1^3-3A_1B_1^2+6A_3A_1^2+6A_3B_1^2+3A_3^3+3B_3^2A_3)] \\
(1-9\omega^2)A_3=\varepsilon\omega[-3B_3-\frac{1}{4}(3B_1A_1^2-B_1^3+6B_3A_1^2+6B_3B_1^2+3B_3^3+3A_3^2B_3)]
\end{cases} \tag{5.1.29}
$$

为便于从式（5.1.29）求解 ω, A_i, B_i，可将它们展开为 ε 的幂级数，即

$$
\begin{cases}
\omega=\omega_0+\varepsilon\omega_1+\varepsilon^2\omega_2+\varepsilon^3\omega_3+\cdots \\
A_i=A_{i0}+\varepsilon A_{i1}+\varepsilon^2A_{i2}+\varepsilon^3A_{i3}+\cdots \quad (i=1,3) \\
B_i=B_{i0}+\varepsilon B_{i1}+\varepsilon^2B_{i2}+\varepsilon^3B_{i3}+\cdots
\end{cases} \tag{5.1.30}
$$

将式（5.1.30）代入式（5.1.29）并展开，使等式两端 ε 同次幂的系数相等。

首先，由 ε^0 的系数相等，有

$$
\begin{cases}
(1-\omega_0^2)B_{10}=0 \\
(1-\omega_0^2)A_{10}=0 \\
(1-9\omega_0^2)B_{30}=0 \\
(1-9\omega_0^2)A_{30}=0
\end{cases} \tag{5.1.31}
$$

由初始条件有 $x'(0)=0, x(0)\neq 0$，由式（5.1.31）可得

$$B_{10}=0, B_{30}=0, \omega_0=1, A_{30}=0$$

由 ε^1 的系数相等，并考虑到已求得的结果，有

$$
\begin{cases}
\frac{1}{4}A_{10}^3-A_{10}=0 \\
-2\omega_1A_{10}=0 \\
-8B_{31}=\frac{1}{4}A_{10}^3 \\
-8A_{31}=0
\end{cases} \tag{5.1.32}
$$

由此可以解得

$$A_{10}=2, \omega_1=0, B_{31}=-\frac{1}{4}, A_{31}=0$$

根据式（5.1.27），有 $B_{11}=-3B_{31}=\frac{3}{4}$。

由 ε^2 的系数相等，并利用上面已求得的结果，有

$$\begin{cases}-2A_{11}=0\\ -4\omega_2=\frac{1}{4}\\ -8B_{32}=3A_{11}\\ -8A_{32}=-\frac{3}{2}\end{cases}\tag{5.1.33}$$

由此可以解得

$$A_{11}=0,\omega_2=-\frac{1}{16},B_{32}=0,A_{32}=\frac{3}{16},B_{12}=-3B_{32}=0$$

至此，已求出 B_1，B_3，A_3 及 ω 的精确到 ε^2 量级的值，相应的 A_{12} 的值尚未得到，需由下一阶计算才能确定。

由 ε^3 的系数相等，可得

$$\begin{cases}\frac{3}{32}=2A_{12}+\frac{11}{32}\\ -4\omega_3=0\\ -8B_{33}-\frac{9}{32}=(3A_{12}-\frac{9}{32})-\frac{1}{8}\\ 8A_{33}=0\end{cases}\tag{5.1.34}$$

由此可以解得

$$A_{12}=\frac{1}{8},\omega_3=0,B_{33}=-\frac{1}{12},A_{33}=0,B_{13}=-3B_{33}=\frac{1}{4}$$

如果要求得 A_{13} 的值，还需进行下一阶计算。将所得结果代入式（5.1.30），即可得到 ω,A_i,B_i 的 ε 幂级数的表达式。

以上方法是先应用谐波平衡，后进行小参数摄动，也可采用相反的步骤，先进行小参数摄动，后应用谐波平衡。

为此，将式（5.1.30）代入式（5.1.26）再代入式（5.1.25），可得

$$\begin{aligned}&(S_{10}\sin\tau+C_{10}\cos\tau+S_{30}\sin3\tau+C_{30}\cos3\tau)+\\&\varepsilon(S_{11}\sin\tau+C_{11}\cos\tau+S_{31}\sin3\tau+C_{31}\cos3\tau)+\\&\varepsilon^2(S_{12}\sin\tau+C_{12}\cos\tau+S_{32}\sin3\tau+C_{32}\cos3\tau)+\\&\varepsilon^3(S_{13}\sin\tau+C_{13}\cos\tau+S_{33}\sin3\tau+C_{33}\cos3\tau)\\&=\varepsilon\omega_0(f_0-f_0g_0)+\varepsilon^2[\omega_1(f_0-f_0g_0)+\omega_0(f_1-f_0g_1-f_1g_0)]+\\&\varepsilon^3[\omega_2(f_0-f_0g_0)+\omega_1(f_1-f_0g_1-f_1g_0)+\omega_0(f_2-f_0g_2-f_1g_1-f_2g_0)]\end{aligned}\tag{5.1.35}$$

其中

$$S_{ij}=(1-\omega_0^2)B_{ij}-2\omega_0\omega_1B_{i(j-1)}-(\omega_1^2+2\omega_0\omega_2)B_{i(j-2)}-(2\omega_0\omega_3-2\omega_1\omega_2)B_{i(j-3)}$$

$$C_{ij}=(1-\omega_0^2)A_{ij}-2\omega_0\omega_1A_{i(j-1)}-(\omega_1^2+2\omega_0\omega_2)A_{i(j-2)}-(2\omega_0\omega_3-2\omega_1\omega_2)A_{i(j-3)}$$

$$(i=1,3;\ j=0,1,2,3)\quad (B_{ij}=A_{ij}=0,\text{当}s<0\text{时})$$

$$f_k=-A_{1k}\sin\tau+B_{1k}\cos\tau-3A_{3k}\sin3\tau+B_{3k}\cos3\tau\quad k=0,1,2$$

$$\begin{aligned}g_0=&\frac{1}{2}(A_{10}^2+B_{10}^2+A_{30}^2+B_{30}^2)+(\frac{1}{2}A_{10}^2-\frac{1}{2}B_{10}^2+A_{10}A_{30}+B_{10}B_{30})\cos2\tau+\\&(A_{10}B_{10}+A_{10}B_{30}-B_{10}A_{30})\sin2\tau+(A_{10}A_{30}-B_{10}B_{30})\cos4\tau+\\&(A_{10}B_{30}-B_{10}A_{30})\sin4\tau+\frac{1}{2}(A_{30}^2-B_{30}^2)\cos6\tau+A_{30}B_{30}\sin6\tau\end{aligned}$$

$$\begin{aligned}g_1=&(A_{10}A_{11}+B_{10}B_{11}+A_{30}A_{31}+B_{30}B_{31})+(A_{10}A_{11}-B_{10}B_{11}+A_{10}A_{31}+A_{11}A_{30}+\\&B_{10}B_{31}+B_{11}B_{30})\cos2\tau+(A_{10}B_{11}+A_{11}B_{10}+A_{10}B_{31}+A_{11}B_{30}-B_{10}A_{31}-B_{11}A_{30})\sin2\tau+\\&(A_{10}A_{31}+A_{11}A_{30}-B_{10}B_{31}-B_{11}B_{30})\cos4\tau+(A_{10}B_{31}+A_{11}B_{30}-B_{10}A_{31}-B_{11}A_{30})\sin4\tau+\\&(A_{30}A_{31}-B_{30}B_{31})\cos6\tau+(A_{30}B_{31}-A_{31}B_{30})\sin6\tau\end{aligned}$$

$$\begin{aligned}g_2=&\frac{1}{2}(A_{11}^2+2A_{10}A_{12}+B_{11}^2+2B_{10}B_{12}+A_{31}^2+2A_{30}A_{32}+B_{30}^2+2B_{30}B_{32})+\\&(\frac{1}{2}A_{11}^2+A_{10}A_{12}-\frac{1}{2}B_{11}^2-B_{10}B_{12}+A_{10}A_{32}+A_{12}A_{30}+A_{11}A_{31}+B_{10}B_{32}+B_{12}B_{30}+B_{11}B_{31})\cos2\tau+\\&(A_{10}B_{12}+A_{12}B_{10}+A_{11}B_{11}+A_{10}B_{32}+A_{12}B_{30}+A_{11}B_{31}-B_{10}A_{32}-B_{12}A_{30}-B_{11}A_{31})\sin2\tau+\\&(A_{10}A_{32}+A_{12}A_{30}+A_{11}A_{31}-B_{10}B_{32}-B_{12}B_{30}-B_{11}B_{31})\cos4\tau+\\&(A_{10}B_{32}+A_{12}B_{30}+A_{11}B_{31}+B_{10}A_{32}+B_{12}A_{30}+B_{11}A_{31})\sin4\tau+\\&\frac{1}{2}(A_{31}^2+2A_{30}A_{32}-B_{31}^2-2B_{30}B_{32})\cos6\tau+(A_{30}B_{32}+A_{32}B_{30}+A_{32}B_{30})\sin6\tau\end{aligned}$$

令等式（5.1.35）两端ε同次幂的系数相等，由ε^0的系数相等，得

$$(1-\omega_0^2)B_{10}\sin\tau+(1-\omega_0^2)A_{10}\cos\tau+(1-9\omega_0^2)B_{30}\sin3\tau+(1-9\omega_0^2)A_{30}\cos3\tau=0\tag{5.1.36}$$

由谐波平衡法，得

$$\begin{cases}(1-\omega_0^2)B_{10}=0\\(1-\omega_0^2)A_{10}=0\\(1-9\omega_0^2)B_{30}=0\\(1-9\omega_0^2)A_{30}=0\end{cases}\tag{5.1.37}$$

显然即为前面得到过的式（5.1.31）。

再由ε^1的系数相等，并利用已求得的数值，可得

$$-2\omega_1A_{10}\cos\tau-8B_{31}\sin3\tau-8A_{31}\cos3\tau=(\frac{1}{4}A_{10}^3-A_{10})\sin\tau+\frac{1}{4}A_{10}^3\sin3\tau\tag{5.1.38}$$

由式（5.1.38）两端同谐波系数相等，得

$$\begin{cases}0=A_{10}(\frac{1}{4}A_{10}^2-1)\\2\omega_1A_{10}=0\\-8B_{31}=\frac{1}{4}A_{10}^3\\8A_{31}=0\end{cases}\tag{5.1.39}$$

即为式（5.1.32）。

再由ε^2的系数相等，考虑到已求得的数值，可得

$$
\begin{aligned}
&-4\omega_2\cos\tau-8B_{32}\sin 3\tau-8A_{32}\cos 3\tau\\
&=2A_{11}\sin\tau+\frac{1}{4}\cos\tau+3A_{11}\sin 3\tau-\frac{3}{2}\cos 3\tau
\end{aligned}
\tag{5.1.40}
$$

由同次谐波的系数相等，仍得式（5.1.33）。

同样，再由 ε^3 的系数相等，并利用谐波平衡条件，可得

$$
\begin{aligned}
&\frac{3}{32}\sin\tau-4\omega_3\cos\tau+(-8B_{33}-\frac{9}{32})\sin 3\tau-8A_{33}\cos 3\tau\\
&=-\frac{1}{8}\sin 3\tau+(2A_{12}+\frac{11}{32})\sin\tau+(3A_{12}-\frac{9}{32})\sin 3\tau
\end{aligned}
\tag{5.1.41}
$$

及

$$
\begin{cases}
\dfrac{3}{32}=2A_{12}+\dfrac{11}{32}\\
-4\omega_3=0\\
-8B_{33}-\dfrac{9}{32}=-\dfrac{1}{8}+(3A_{12}-\dfrac{9}{32})\\
-8A_{33}=0
\end{cases}
\tag{5.1.42}
$$

可见，所得结果与前面式（5.1.34）完全相同。将所求得各值代入式（5.1.30），有

$$A_1=2-\varepsilon^2\frac{1}{8},B_1=\varepsilon\frac{3}{4},A_3=\varepsilon^2\frac{3}{16},B_3=-\varepsilon\frac{1}{4},\omega=1-\varepsilon^2\frac{1}{16}$$

再代入式（5.1.26）可求得系统的第二次近似解为

$$x(\tau)=2\cos\tau=\frac{1}{4}\varepsilon(3\sin\tau-\sin 3\tau)-\frac{1}{16}\varepsilon^2(2\cos\tau-3\cos 3\tau)$$

$$\tau=(1-\varepsilon^2\frac{1}{16})t$$

与用 L-P 法已得出的结果相比较可以看出，ε^2 量级中相差一项 $-(5/96)\cos 5\tau$。如果进一步考虑 ε^3 量级，除相差一项 $-(35/576)\sin 5\tau$ 之外，$\sin 3\tau$ 的系数也不一样。显然这是我们现在所设的解缺少 5 倍频率项引起的。如果在式（5.1.26）中将解设为

$$x(\tau)=A_1\cos\tau+B_1\sin\tau+A_3\cos 3\tau+B_3\sin 3\tau+A_5\cos 5\tau+B_5\sin 5\tau$$

则在应用谐波平衡法时，经过计算可以得到对应于 $\cos 5\tau$ 及 $\sin 5\tau$ 的系数满足如下等式：

$$
\begin{cases}
(1-25\omega_0^2)B_{50}=0\\
(1-25\omega_0^2)A_{50}=0\\
-24B_{52}=0\\
-24A_{52}=5/4\\
-24B_{53}=35/24\\
-24A_{53}=0
\end{cases}
\tag{5.1.43}
$$

并且式（5.1.42）中第三个方程变成

$$-8B_{33}-\frac{9}{32}=-\frac{1}{8}(3A_{12}-\frac{7}{16})\tag{5.1.44}$$

由以上各式可以解得

$$A_{50} = B_{50} = B_{52} = A_{53} = 0$$

$$A_{52} = -\frac{5}{96}, B_{53} = -\frac{35}{576}, B_{33} = \frac{21}{256}$$

这样不仅可以得出和 L-P 法完全相同的第二次渐近解，而且在 ε^3 量级中各次谐波也完全相同。

由此可见，应用谐波平衡摄动法只要设解时取足够多的项就能得出较好的结果。它不仅保留了只用谐波平衡法不需要求解微分方程的优点，而且克服了只用谐波平衡法时解代数方程组需要分析谐波系数的量级的困难，由摄动法可以直接得出各系数的量级。从表面上看计算烦琐，实际上经过第一步运算后得出一些谐波的 ε^0 级的值为零，立即使算式大大简化，后面进行的都是一些简单的代数运算。

5.2　非自治系统的谐波平衡法

应用谐波平衡法研究非线性微分方程

$$\ddot{x} + \omega_0^2 x - \varepsilon f(x, \dot{x}) = h\cos\Omega t \tag{5.2.1}$$

假定它有周期为 $2\pi/\omega$ 的周期解 $x(t)$，则 $x(t)$ 对所有的 t 可以展开为 Fourier 级数，即

$$x(t) = A_0 + A_1\cos\omega t + B_1\sin\omega t + A_2\cos 2\omega t + \cdots \tag{5.2.2}$$

如将式(5.2.2)代入式(5.2.1)中，非线性项 $\varepsilon f(x, \dot{x})$ 也是周期性的，并能形成类似形式的级数。此时，式(5.2.1)最终能整理成以下形式：

$$E_0 + E_1\cos\omega t + F_1\sin\omega t + E_2\cos 2\omega t + \cdots = h\cos\Omega t \tag{5.2.3}$$

对所有的 t，其系数是 $A_0, A_1, B_1, \cdots$ 的函数。使等式两端同阶谐波的系数相等，原则上能给出有限个关于 $A_0, A_1, B_1, \cdots$ 的方程组，并能确定 ω。例如对式(5.2.1)明显有

$$\omega = \Omega,\ E_1 = h,\ E_0 = F_1 = E_2 = \cdots = 0$$

有些情况下还可能明显地出现以下的“平衡”形式：

$$\omega = \Omega/n\ (n\text{为某一正数}),\ E_n = h,\ E_i = 0\ (i \neq n),\ F_i = 0\ (\text{对所有的}\ i)$$

如果这种组合的解存在，系统将出现频率为 Ω/n 的响应，即亚谐共振。对于一个具体的系统并不是对任意的 n 都能发生这种情况。

虽然在解式(5.2.2)中高次谐波经常出现，并且可能有一定的幅值，但这绝不是单纯的“超谐共振”。

还应注意，式(5.2.2)中的高次谐波项常能“反馈”形成式(5.2.3)中的低次谐波项，理解这种现象对我们认识式(5.2.3)中各个谐波项的来源是重要的。例如在立方非线性系统中

$$x^3(t) = (A_0 + \cdots + A_{11}\cos 11\omega t + \cdots + A_{21}\cos 21\omega t + \cdots)^3$$

其中有一项

$$3A_{11}^2 A_{21}\cos^2 11\omega t\cos 21\omega t = 3A_{11}^2 A_{21}\left(\frac{1}{21}\cos 21\omega t + \frac{1}{4}\cos 43\omega t + \frac{1}{4}\cos\omega t\right)$$

包含了低次谐波项 $\cos\omega t$。

通常假设在式(5.2.2)中某一小阶数以上的高次谐波项可以略去。假设它们的系数是微小的,经过"反馈"以后,由它们组合而来的项的系数也是微小的。

与在自治系统中一样,在有些情况下采用最简单的截断的 Fourier 级数

$$x(t)=A_1\cos\omega t+B_1\sin\omega t$$

作为式(5.2.2),就能导出系统对频率Ω的谐波响应的基本关系。

例 5.3 用谐波平衡法求 Duffing 方程

$$\ddot{x}+\omega_0^2x+\beta x^3=h\cos\Omega t \tag{5.2.4}$$

的近似解。

扫一扫:例 5.3 程序

解:设方程(5.2.4)的近似解为

$$x(t)=A\cos\omega t+B\sin\omega t \tag{5.2.5}$$

$$\begin{aligned}x^3=(A\cos\omega t+B\sin\omega t)^3=\frac{3}{4}A(A^2+B^2)\cos\omega t+\frac{3}{4}B(A^2+B^2)\sin\omega t+\\ \frac{1}{4}A(A^2-3B^2)\cos3\omega t+\frac{1}{4}B(3A^2-B^2)\sin3\omega t\end{aligned} \tag{5.2.6}$$

将式(5.2.5)和式(5.2.6)代入式(5.2.4),整理后得

$$\begin{aligned}[B(\omega^2-\omega_0^2)-\frac{3}{4}\beta B(A^2+B^2)]\sin\omega t-[A(\omega^2-\omega_0^2)-\frac{3}{4}\beta A(A^2+B^2)]\cos\omega t+\\ \frac{1}{4}\beta A(A^2-3B^2)\cos3\omega t+\frac{1}{4}\beta B(3A^2-B^2)\sin3\omega t=h\cos\Omega t\end{aligned} \tag{5.2.7}$$

考虑$\omega=\Omega$,由各主谐波项系数相等,得

$$\begin{cases}B[(\omega^2-\omega_0^2)-\frac{3}{4}\beta(A^2+B^2)]=0\\ A[(\omega^2-\omega_0^2)-\frac{3}{4}\beta(A^2+B^2)]=-h\end{cases} \tag{5.2.8}$$

式(5.2.8)唯一可能的解,要求有$B=0$。因此,相应的A值是下列方程的解:

$$\frac{3}{4}\beta A^3-(\omega^2-\omega_0^2)A-h=0 \tag{5.2.9}$$

如果考虑系统有黏性阻尼,运动微分方程为

$$\ddot{x}+\omega_0^2x+\mu\dot{x}+\beta x^3=h\cos\Omega t \tag{5.2.10}$$

按同样的步骤可得相应的方程为

$$\begin{cases}B[(\omega^2-\omega_0^2)-\frac{3}{4}\beta(A^2+B^2)]+\mu\omega A=0\\ A[(\omega^2-\omega_0^2)-\frac{3}{4}\beta(A^2+B^2)]-\mu\omega B=-h\end{cases} \tag{5.2.11}$$

令$A=a\cos\phi,B=-a\sin\phi$,可得

$$a^2[(\omega^2-\omega_0^2)+\frac{3}{4}\beta a^2]^2-\mu^2\omega^2a^2=h^2-2\mu\omega hB \tag{5.2.12}$$

$$\tan\phi=\frac{-\mu\omega}{(\omega_0^2-\omega^2)+\frac{3}{4}\beta a^2} \tag{5.2.13}$$

与以前用其他方法所得结果相同。

例 5.4　用谐波平衡法求 Van der Pol 方程

$$\ddot{x}+\varepsilon(x^2-1)\dot{x}+x=\varepsilon h^*\cos\Omega t \tag{5.2.14}$$

的近似解。

解:设式(5.2.14)的近似解为

$$x(t)=A\cos\omega t+B\sin\omega t \tag{5.2.15}$$

因此

$$\dot{x}(t)=-A\omega\sin\omega t+B\omega\cos\omega t \tag{5.2.16}$$

由此可得

$$\begin{aligned}(x^2-1)\dot{x}=\omega A[1-\frac{1}{4}(A^2+B^2)]\sin\omega t-\\ \omega B[1-\frac{1}{4}(A^2+B^2)]\cos\omega t+\text{高次谐波项}\end{aligned} \tag{5.2.17}$$

将式(5.2.15)和式(5.2.17)代入式(5.2.14),考虑 $\Omega=\omega$ 的情况,由等式两端主谐波项的系数各自相等,得

$$\begin{cases}\varepsilon\omega[1-\frac{1}{4}(A^2+B^2)]A-(\omega^2-1)B=0\\ \varepsilon\omega[1-\frac{1}{4}(A^2+B^2)]B-(\omega^2-1)A+\varepsilon h^*=0\end{cases} \tag{5.2.18}$$

由式(5.2.18)可得

$$a^2[\varepsilon^2\omega^2(1-\frac{1}{4}a^2)^2+(\omega^2-1)^2]=(\varepsilon h^*)^2 \tag{5.2.19}$$

其中,$a^2=A^2+B^2$。

在以上两例中,应用谐波平衡法时仅取基频项作为近似解,就得出了能反映系统稳态解基本特性的一些结果。在有些问题中需要计算包含高次谐波项的近似解,在这种情况下如同自治系统中一样,需要解决预先确定谐波系数中各参数的量级的困难。在这种情况下,可以将谐波平衡法与建立在小参数摄动基础上的一些方法(如摄动法、渐近法、多尺度法等)结合起来应用。

5.3　增量谐波平衡法

在对系统进行非线性动力学分析时,增量谐波平衡法是一个很好的选择。该方法不考虑做小参数假设,而且能够处理强非线性系统。增量谐波平衡法算法简便,便于计算机实现。

该方法利用 Fourier 系数将非线性微分方程转化为一组线性化的增量代数方程,从而在每一步中只需要迭代地建立和求解线性方程。增量谐波平衡法非常适合于对动力系统进行参数化研究。在获得该参数的特定值的解之后,该参数将被递增。新的解决方案可以再次迭代使用以前的解决方案作为近似。通过这种方式,可以很容易地追踪系统的动态解。

具有 n 个自由度的广义自治系统可以表示如下:

$$\omega^2\ddot{x}_i + f_i(x_1,\cdots,x_n,\dot{x}_1,\cdots,\dot{x}_n,\omega,\gamma) = 0 \quad i=1,\cdots,n \tag{5.3.1}$$

其中,“字母上面一点”表示对无量纲时间 $\tau(=\omega t)$ 的微分,$f_i(x_1,\cdots,x_n,\dot{x}_1,\cdots,\dot{x}_n,\omega,\gamma)$ 表示无量纲振荡频率 ω 的非线性函数,且函数 $f_i(x_1,\cdots,x_n,\dot{x}_1,\cdots,\dot{x}_n,\omega,\gamma)$ 的周期为 2π。

增量谐波平衡法求周期解的过程主要分为两个步骤,第一步是牛顿拉弗森法,用小参数增量 Δ 表示式(5.3.1)参数的增量,即

$$\begin{cases}\omega = \omega_0 + \Delta\omega \\ \gamma = \gamma_0 + \Delta\gamma \\ x_i = x_{i0} + \Delta x_i \quad i=1,\cdots,n\end{cases} \tag{5.3.2}$$

用泰勒级数展开方程(5.3.1)的初始状态,忽略所有小增量的非线性项,得到线性化的增量方程

$$\begin{aligned}&\omega^2\Delta\ddot{x}_i + \sum_{j=1}^{n}\left(\frac{\partial f_i}{\partial \dot{x}_j}\right)_0 \Delta\dot{x}_j + \sum_{j=1}^{n}\left(\frac{\partial f_i}{\partial x_j}\right)_0 \Delta x_j \\ &= -\left(\omega_0^2\ddot{x}_{i0} + f_{i0}\right) - \left[\left(\frac{\partial f_i}{\partial \omega}\right)_0 + 2\omega_0\ddot{x}_{i0}\right]\Delta\omega - \left(\frac{\partial f_i}{\partial \gamma}\right)_0 \Delta\gamma \quad i=1,2,\cdots,n\end{aligned} \tag{5.3.3}$$

此变分方程等价于对于增量的线性矩阵方程

$$\omega^2\Delta\ddot{\boldsymbol{X}} + \boldsymbol{D}\Delta\dot{\boldsymbol{X}} + \boldsymbol{L}\Delta\boldsymbol{X} = \boldsymbol{R} - \left(2\omega\ddot{\boldsymbol{X}}_0 + \boldsymbol{Q}\right)\Delta\omega - \boldsymbol{G}\Delta\gamma \tag{5.3.4}$$

其中

$$\Delta\boldsymbol{X} = \left[\Delta x_1, \Delta x_2, \cdots, \Delta x_n\right]^{\mathrm{T}} \tag{5.3.5}$$

$$\boldsymbol{X}_0 = \left[x_{10}, x_{20}, \cdots, x_{n0}\right]^{\mathrm{T}} \tag{5.3.6}$$

矩阵 $\boldsymbol{L}$ 和 $\boldsymbol{D}$ 的元素为

$$L_{ij} = \left(\frac{\partial f_i}{\partial x_j}\right)_0 \tag{5.3.7}$$

$$D_{ij} = \left(\frac{\partial f_i}{\partial \dot{x}_j}\right)_0 \tag{5.3.8}$$

向量 $\boldsymbol{Q}$,$\boldsymbol{G}$ 和 $\boldsymbol{R}$ 的元素为

$$Q_i = \left(\frac{\partial f_i}{\partial \omega}\right)_0 \tag{5.3.9}$$

$$G_i = \left(\frac{\partial f_i}{\partial \gamma}\right)_0 \tag{5.3.10}$$

$$R_i = -\left[\omega_0^2\ddot{x}_{i0} + f_{i0}\right] \tag{5.3.11}$$

对于方程(5.3.4),$\boldsymbol{R}$ 是防止增量过程偏离实际解的修正项。增量谐波平衡法的第二步是 Galerkin 过程,假设变量 x_0 展成如下 Fourier 级数:

$$x_{i0} = \sum_{n=n_1,n_2,\cdots} \Delta a_{in}\cos n\tau + \sum_{m=m_1,m_2,\cdots} \Delta b_{im}\sin m\tau \quad i=1,\cdots,n \tag{5.3.12}$$

类似地,Δx 展成如下 Fourier 级数:

$$\Delta x_i = \sum_{n=n_1,n_2,\cdots} \Delta a_{in}\cos n\tau + \sum_{m=m_1,m_2,\cdots} \Delta b_{im}\sin m\tau \quad i=1,\cdots,n \tag{5.3.13}$$

函数 x_0 和 Δx 简写如下：

$$x_{i0} = \boldsymbol{T}\boldsymbol{a}_{i0} \tag{5.3.14}$$

$$\Delta x_i = \boldsymbol{T}\Delta\boldsymbol{a}_i \quad i = 1, \cdots, n \tag{5.3.15}$$

其中

$$\boldsymbol{T} = \left[\cos n_1\tau, \cos n_2\tau, \cdots, \sin m_1\tau, \sin m_2\tau, \cdots\right] \tag{5.3.16}$$

$$\boldsymbol{a}_{i0} = \left[a_{in_1}^0, a_{in_2}^0, \cdots, b_{im_1}^0, b_{im_2}^0, \cdots\right]^{\mathrm{T}} \quad i = 1, \cdots, n \tag{5.3.17}$$

$$\Delta\boldsymbol{a}_i = \left[\Delta a_{in_1}, \Delta a_{in_2}, \cdots, \Delta b_{im_1}, \Delta b_{im_2}, \cdots\right]^{\mathrm{T}} \quad i = 1, \cdots, n \tag{5.3.18}$$

得到

$$\boldsymbol{X}_0 = \boldsymbol{Y}\boldsymbol{A}_0 \tag{5.3.19}$$

$$\Delta\boldsymbol{X} = \boldsymbol{Y}\Delta\boldsymbol{A} \tag{5.3.20}$$

其中

$$\boldsymbol{Y} = \begin{bmatrix} T & & & 0 \\ & T & & \\ & & \ddots & \\ 0 & & & T \end{bmatrix} \tag{5.3.21}$$

$$\boldsymbol{A}_0 = \left[a_{10}, a_{20}, \ldots, a_{n0}\right]^{\mathrm{T}} \tag{5.3.22}$$

$$\Delta\boldsymbol{A} = \left[\Delta a_1, \Delta a_2, \ldots, \Delta a_n\right]^{\mathrm{T}} \tag{5.3.23}$$

根据这些关系，得到

$$\dot{\boldsymbol{X}}_0 = \dot{\boldsymbol{Y}}\boldsymbol{A}_0 \tag{5.3.24}$$

$$\ddot{\boldsymbol{X}}_0 = \ddot{\boldsymbol{Y}}\boldsymbol{A}_0 \tag{5.3.25}$$

将方程（5.3.19）（5.3.20）（5.3.24）和（5.3.25）代入方程（5.3.4），运用伽辽金方法，可以得到

$$\begin{aligned} &\delta\Delta\boldsymbol{A}^{\mathrm{T}}\left\{\int_0^{2\pi}\boldsymbol{Y}^{\mathrm{T}}\left[\omega_0^2\ddot{\boldsymbol{Y}} + \boldsymbol{D}\dot{\boldsymbol{Y}} + \boldsymbol{L}\boldsymbol{Y}\right]\mathrm{d}\tau\right\}\Delta\boldsymbol{A} \\ &= \delta\Delta\boldsymbol{A}^{\mathrm{T}}\left\{\int_0^{2\pi}\boldsymbol{Y}^{\mathrm{T}}\boldsymbol{R}\mathrm{d}\tau - \int_0^{2\pi}\boldsymbol{Y}^{\mathrm{T}}\left[\boldsymbol{Q} + 2\omega_0\ddot{\boldsymbol{Y}}\boldsymbol{A}\right]\mathrm{d}\tau\Delta\omega - \int_0^{2\pi}\boldsymbol{Y}^{\mathrm{T}}\boldsymbol{G}\mathrm{d}\tau\Delta\gamma\right\} \end{aligned} \tag{5.3.26}$$

简写为

$$k\Delta\boldsymbol{A} = r + q\Delta\omega + g\Delta\gamma \tag{5.3.27}$$

其中

$$k = \int_0^{2\pi}\boldsymbol{Y}^{\mathrm{T}}\left[\omega_0^2\ddot{\boldsymbol{Y}} + \boldsymbol{D}\dot{\boldsymbol{Y}} + \boldsymbol{L}\boldsymbol{Y}\right]\mathrm{d}\tau \tag{5.3.28}$$

$$r = \int_0^{2\pi}\left[\omega_0^2\dot{\boldsymbol{Y}}^{\mathrm{T}}\dot{\boldsymbol{Y}}\boldsymbol{A}_0 - \boldsymbol{Y}^{\mathrm{T}}\boldsymbol{F}_0\right]\mathrm{d}\tau \tag{5.3.29}$$

$$q = \int_0^{2\pi}\left[2\omega_0\dot{\boldsymbol{Y}}^{\mathrm{T}}\dot{\boldsymbol{Y}}\boldsymbol{A}_0 - \boldsymbol{Y}^{\mathrm{T}}\boldsymbol{Q}\right]\mathrm{d}\tau \tag{5.3.30}$$

$$g = -\int_0^{2\pi}\boldsymbol{Y}^{\mathrm{T}}g\mathrm{d}\tau \tag{5.3.31}$$

第 6 章　多自由度非线性系统的平均方法

在线性系统情况下,多自由度系统的振动行为与单自由度系统没有本质的差别。特别是引入振型的概念后,由于叠加原理适用,多自由度线性系统的振动可以归结为多个单自由度线性系统振动的叠加。非线性多自由度系统则不一样,由于叠加原理不适用,不能简单地归于单自由度非线性系统的振动,它可以出现一些单自由度非线性振动中见不到的现象,例如多自由度系统自由振动中的内共振,强迫振动中的组合共振、饱和,自激振动中的同步现象,参激振动中的组合共振等,以及当存在正阻尼时对于周期干扰力不存在周期解等,同时在非线性振动中多自由度问题十分普遍,所以对多自由度系统进行研究是有重要意义的。

6.1　多自由度系统的强迫振动

一个 q 自由度的非线性振动系统,可用 q 个二阶微分方程组来描述其运动,若将这 q 个方程中的广义速度用 q 个状态变量来替换,则可将原方程用 $2q$ 个一阶微分方程组来描述,我们称这样的方程组为原方程组的典则形式。

1. 化成标准形式

如有典则形式的非线性方程组

$$\frac{\mathrm{d}x_s}{\mathrm{d}t}=\sum_{\beta=1}^{n}a_{s\beta}x_\beta+f_s(vt)+\varepsilon F_s(vt,x,\varepsilon)\quad(s=1,2,\cdots,n;\ q=n/2)\tag{6.1.1}$$

其中,$a_{s\beta}$ 为常数;ε 为小参数;f_s 和 F_s 为 vt 的以 2π 为周期的周期函数、t 的周期函数、x 的多项式以及 ε 的解析函数;$f_s(vt)$ 为非共振干扰力;$F_s(vt,x,\varepsilon)$ 由共振干扰力及状态变量的非线性函数组成。

函数 f_s 和 F_s 的有限 Fourier 级数为

$$\begin{cases}f_s(vt)=\displaystyle\sum_{\sigma=0}^{N}(f_{s\sigma}\cos\sigma vt+f'_{s\sigma}\sin\sigma vt)\\ F_s(vt,x,\varepsilon)=\displaystyle\sum_{\sigma=0}^{N}(F_{s\sigma}\cos\sigma vt+F'_{s\sigma}\sin\sigma vt)\end{cases}\tag{6.1.2}$$

其中,$F_{s\sigma}(x,\varepsilon),F'_{s\sigma}(x,\varepsilon)$ 为 x 的多项式(x 的最高阶数为 N)和 ε 的解析函数。

我们称方程组(6.1.1)中,当 $\varepsilon=0$ 时所对应的系统为其派生系统,那么方程组(6.1.1)的派生系统为

$$\frac{\mathrm{d}x_s}{\mathrm{d}t}=\sum_{\beta=1}^{n}a_{s\beta}x_\beta+f_s(vt)\tag{6.1.3}$$

假设式(6.1.3)的齐次部分

$$\frac{\mathrm{d}x_s}{\mathrm{d}t}=\sum_{\beta=1}^{n}a_{s\beta}x_\beta \tag{6.1.4}$$

的特征方程只有简单的纯虚根 $\pm\mathrm{i}\omega_1,\cdots,\pm\mathrm{i}\omega_q(q=n/2)$。

则方程(6.1.4)对应于 ω_i 的特解为

$$x_{si}=(P_{si}+\mathrm{i}Q_{si})\mathrm{e}^{\mathrm{i}\omega_i t}$$

令 $x_{si}=\varphi_{si}+\mathrm{i}\varphi_{si}^*$,则

$$\begin{cases}\varphi_{si}(\omega_i t)=P_{si}\cos\omega_i t-Q_{si}\sin\omega_i t\\ \varphi_{si}^*(\omega_i t)=P_{si}\sin\omega_i t+Q_{si}\cos\omega_i t\end{cases} \tag{6.1.5}$$

$$\varphi_{si}^*(\omega_i t)=P_{si}\sin\omega_i t+Q_{si}\cos\omega_i t$$

其中,P_{si} 和 Q_{si} 为实数,φ_{si},φ_{si}^* 为基解矩阵的元素。

假若函数 $f_s(\nu t)$ 满足式(6.1.3)的通解为以 $T=\frac{2\pi}{\nu}$ 为周期的周期性条件,即

$$\int_0^T\sum_{s=1}^{n}f_s(\nu t)\psi_{sj}(\omega_j t)\mathrm{d}t=0 \tag{6.1.6}$$

则方程(6.1.3)将有周期特解 x_s^*,其中

$$\begin{cases}\psi_{sj}(\omega_j t)=C_{sj}\cos\omega_j t-D_{sj}\sin\omega_j t\\ \psi_{sj}^*(\omega_j t)=C_{sj}\sin\omega_j t+D_{sj}\cos\omega_j t\end{cases} \tag{6.1.7}$$

是与式(6.1.4)共轭的方程组

$$\frac{\mathrm{d}y_s}{\mathrm{d}t}=-\sum_{\beta=1}^{n}a_{\beta s}\cdot y_\beta \tag{6.1.8}$$

的特解。

设方程组(6.1.1)的通解为

$$x_s=\sum_{i=1}^{q}a_i(t)\varphi_{si}(\theta_i)+x_s^* \tag{6.1.9}$$

引入新变量 $a_1(t),\cdots,a_q(t),\theta_1(t),\cdots,\theta_q(t)$,其中 $\varphi_{si}(\theta_i)=P_{si}\cos\theta_i-Q_{si}\sin\theta_i$。因为当 $a_i=\mathrm{const}$(常数),$\frac{\mathrm{d}\theta_i}{\mathrm{d}t}=\omega_i$ 时,式(6.1.9)为式(6.1.3)的通解,所以 $\frac{\mathrm{d}\varphi_{si}(\theta_i)}{\mathrm{d}\theta_i}=-\varphi_{si}^*(\theta_i)$;$-\sum_{i=1}^{q}a_i\varphi_{si}^*(\theta_i)\omega_i=\sum_{\beta=1}^{n}a_{s\beta}\sum_{i=1}^{q}a_i\varphi_{\beta i}(\theta_i)$,$\frac{\mathrm{d}\varphi_{si}^*}{\mathrm{d}\theta_i}=\varphi_{si}(\theta_i)$。

将式(6.1.9)代入式(6.1.1),则

$$\sum_{i=1}^{q}\frac{\mathrm{d}a_i}{\mathrm{d}t}\varphi_{si}(\theta_i)-\sum_{i=1}^{q}a_i\varphi_{si}^*(\theta_i)(\frac{\mathrm{d}\theta_i}{\mathrm{d}t}-\omega_i)=\varepsilon F_s(\nu t,a,\theta,\varepsilon) \tag{6.1.10}$$

为将上述方程简化为与单自由系统相似的形式,即为了将式(6.1.10)对 $\frac{\mathrm{d}a_i}{\mathrm{d}t}$ 和 $\frac{\mathrm{d}\theta_i}{\mathrm{d}t}$ 求解,须利用方程(6.1.4)的特解(6.1.5)与其共轭方程(6.1.8)的特解(6.1.7)之间的正交性。

下面先来证明在解(6.1.5)和(6.1.7)之间存在着正交性。

$$\begin{cases}\sum_{s=1}^{n}\varphi_{si}(\theta_i)\psi_{sj}(\theta_j)=\sum_{s=1}^{n}\varphi_{si}^{*}(\theta_i)\psi_{sj}^{*}(\theta_j)=0\\ \sum_{s=1}^{n}\varphi_{si}(\theta_i)\psi_{sj}^{*}(\theta_j)=\delta_{ij}\\ \sum_{s=1}^{n}\varphi_{isi}^{*}(\theta_i)\psi_{sj}(\theta_j)=-\delta_{ij}\end{cases}\tag{6.1.11}$$

其中

$$\begin{cases}\delta_{ij}=\begin{cases}\Delta_i(\text{常数}) & i=j\\ 0 & i\neq j\end{cases}\\ \psi_{sj}(\theta_j)=C_{sj}\cos\theta_j-D_{si}\sin\theta_j\\ \psi_{sj}^{*}(\theta_j)=C_{sj}\sin\theta_j+D_{sj}\cos\theta_j\end{cases}\tag{6.1.12}$$

其中，P,Q,C,D 为由原方程确定的实数。

已知方程组（6.1.4）对应频率 $\pm\omega_i$ 的复数形式的特解为

$$\begin{cases}x_{si}(t)=\left(P_{si}+\mathrm{i}Q_{si}\right)\mathrm{e}^{\mathrm{i}\omega_i t}\\ x_{si}^{*}(t)=\left(P_{si}-\mathrm{i}Q_{si}\right)\mathrm{e}^{-\mathrm{i}\omega_i t}\end{cases}\tag{6.1.13}$$

而方程（6.1.8）对应频率 $\pm\omega_j$ 的特解为

$$\begin{cases}y_{sj}=\left(C_{sj}+\mathrm{i}D_{sj}\right)\mathrm{e}^{\mathrm{i}\omega_j t}\\ y_{sj}^{*}=\left(C_{sj}-\mathrm{i}D_{sj}\right)\mathrm{e}^{-\mathrm{i}\omega_j t}\end{cases}\tag{6.1.14}$$

由共轭方程的解的性质

$$\sum_{s=1}^{n}x_{si}(t)y_{sj}(t)=const\quad(i,j=1,2,\cdots,q)\tag{6.1.15}$$

关于共轭方程性质的证明。

证：设

$$\dot{\boldsymbol{X}}=\boldsymbol{A}\boldsymbol{X}\tag{a}$$

$$\dot{\boldsymbol{Y}}=-\boldsymbol{A}^{\mathrm{T}}\boldsymbol{Y}\tag{b}$$

由（a）的转置，则

$$\dot{\boldsymbol{X}}^{\mathrm{T}}=\boldsymbol{X}^{\mathrm{T}}\boldsymbol{A}^{\mathrm{T}}\tag{c}$$

将（c）右乘 $\boldsymbol{Y}$，得

$$\dot{\boldsymbol{X}}^{\mathrm{T}}\boldsymbol{Y}=\boldsymbol{X}^{\mathrm{T}}\boldsymbol{A}^{\mathrm{T}}\boldsymbol{Y}\tag{d}$$

将（b）左乘 $\boldsymbol{X}^{\mathrm{T}}$，得

$$\boldsymbol{X}^{\mathrm{T}}\dot{\boldsymbol{Y}}=-\boldsymbol{X}^{\mathrm{T}}\boldsymbol{A}^{\mathrm{T}}\boldsymbol{Y}\tag{e}$$

（d）+（e），得

$$\dot{\boldsymbol{X}}^{\mathrm{T}}\boldsymbol{Y}+\boldsymbol{X}^{\mathrm{T}}\dot{\boldsymbol{Y}}=0\tag{f}$$

$$\frac{\mathrm{d}}{\mathrm{d}t}(\boldsymbol{X}^{\mathrm{T}}\boldsymbol{Y})=0\tag{g}$$

即

$$X^{\mathrm{T}}Y = const$$

证毕。

当 $i \neq j$ 时,则

$$\sum_{s=1}^{n}(P_{si}+\mathrm{i}Q_{si})(C_{sj}+\mathrm{i}D_{sj})=\sum_{s=1}^{n}(P_{si}+\mathrm{i}Q_{si})(C_{sj}-\mathrm{i}D_{sj})\equiv 0$$

展开上述等式,则有

$$\sum_{s=1}^{n}P_{si}C_{sj}=\sum_{s=1}^{n}P_{si}D_{sj}=\sum_{s=1}^{n}Q_{si}C_{sj}=\sum_{s=1}^{n}Q_{si}D_{sj}=0 \tag{6.1.16}$$

现首先证明式(6.1.11)的第一个和式,将 $\varphi_{si}(\theta_j)$ 和 $\psi_{sj}(\theta_j)$ 代入后,得

$$\begin{aligned}
&\sum_{s=1}^{n}\varphi_{si}(\theta_i)\psi_{sj}(\theta_j)\\
&=\sum_{s=1}^{n}(P_{si}\cos\theta_i-Q_{si}\sin\theta_i)\cdot(C_{sj}\cos\theta_j-D_{sj}\sin\theta_j)\\
&=\cos\theta_i\cos\theta_j\sum_{s}P_{si}C_{sj}-\cos\theta_i\sin\theta_j\sum_{s}P_{si}D_{sj}-\\
&\sin\theta_i\cos\theta_j\sum_{s}Q_{si}C_{sj}+\sin\theta_i\sin\theta_j\sum_{s}Q_{si}D_{sj}
\end{aligned}$$

由式(6.1.16)知,上式恒等于零。同理可证明,式(6.1.11)的其他和式,当 $i \neq j$ 时都恒等于零。现来计算当 $i=j$ 时,式(6.1.11)的值,由式(6.1.15)知,当 $i=j$ 时,为任意常数,我们不妨设其为 0,即

$$\sum_{s=1}^{n}(P_{si}+\mathrm{i}Q_{si})(C_{si}+\mathrm{i}D_{si})=0$$

或令上式实部、虚部分别等于零,即

$$\sum_{s}(P_{si}C_{si}-Q_{si}D_{si})=\sum_{s}(P_{si}D_{si}+Q_{si}C_{si})=0 \tag{6.1.17}$$

及下式不等于 0

$$\sum_{s}(P_{si}+\mathrm{i}Q_{si})(C_{si}-\mathrm{i}D_{si})\neq 0$$

或

$$\sum_{s}(P_{si}C_{si}+Q_{si}D_{si})+\mathrm{i}\sum_{s}(Q_{si}C_{si}-P_{si}D_{si})\neq 0$$

下面计算,当 $i=j$ 时,式(6.1.11)的前两个和式:

$$\begin{aligned}
&\sum_{s}\varphi_{si}(\theta_i)\psi_{si}(\theta_i)\\
&=\sum_{s}(P_{si}\cos\theta_i-Q_{si}\sin\theta_i)(C_{si}\cos\theta_i-D_{si}\sin\theta_i)\\
&=\cos^2\theta_i\sum_{s}P_{si}C_{si}-\cos\theta_i\sin\theta_i\sum_{s}(P_{si}D_{si}+Q_{si}C_{si})+\sin^2\theta_i\sum_{s}Q_{si}D_{si}
\end{aligned}$$

$$\begin{aligned}
&\sum_{s}\varphi_{si}^{*}(\theta_i)\psi_{si}^{*}(\theta_i)\\
&=\sum_{s}(P_{si}\sin\theta_i+Q_{si}\cos\theta_i)(C_{si}\sin\theta_i+D_{si}\cos\theta_i)
\end{aligned}$$

$$=\sin^2\theta_i\sum_s P_{si}C_{si}+\cos^2\theta_i\sum_s Q_{si}D_{si}+\sin\theta_i\cos\theta_i\sum_s\left(P_{si}D_{si}+Q_{si}C_{si}\right)$$

考虑式(6.1.17)后,则

$$\sum_s\varphi_{si}^*(\theta_i)\psi_{si}^*(\theta_i)=\sum_s\varphi_{si}(\theta_i)\psi_{si}(\theta_i)=\sum_s Q_{si}D_{si}$$

在适当的选取y_{si}的系数后,可使$\sum_s Q_{si}D_{si}=0$。以复数$\alpha+\mathrm{i}$乘解(6.1.14),则

$$\begin{aligned}y_{si}&=\left(C_{si}+\mathrm{i}D_{si}\right)(\alpha+\mathrm{i})\mathrm{e}^{\mathrm{i}\omega_i t}\\&=\left(\alpha C_{si}-D_{si}\right)\cos\omega_i t-\left(\alpha D_{si}+C_{si}\right)\sin\omega_i t+\mathrm{i}\left[\left(\alpha C_{si}-D_{si}\right)\sin\omega_i t+\left(\alpha D_{si}+C_{si}\right)\cos\omega_i t\right]\end{aligned}$$

或

$$\psi_{si}(\theta_i)=\left(\alpha C_{si}-D_{si}\right)\cos\theta_i-\left(\alpha D_{si}+C_{si}\right)\sin\theta_i$$

如取$\alpha=-\dfrac{\sum_s Q_{si}C_{si}}{\sum_s Q_{si}D_{si}}$,则

$$\sum_s\varphi_{si}(\theta_i)\psi_{si}(\theta_i)=\sum_s\varphi_{si}^*(\theta_i)\psi_{si}^*(\theta_i)=0 \tag{6.1.18}$$

当$i=j$时,式(6.1.11)的最后两个和式为

$$\begin{aligned}&\sum_s\varphi_{si}(\theta_i)\psi_{si}^*(\theta_i)\\&=\sum_s\left(P_{si}C_{si}-Q_{si}D_{si}\right)\sin\theta_i\cos\theta_i+\cos^2\theta_i\sum_s P_{si}D_{sI}-\sin^2\theta_i\sum_s Q_{si}C_{si}\\&=-\sum_s Q_{si}C_{si}\end{aligned}$$

$$\begin{aligned}&\sum_s\varphi_{si}^*(\theta_i)\psi_{si}(\theta_i)\\&=\sin\theta_i\cos\theta_i\sum_s\left(P_{si}C_{si}-Q_{si}D_{si}\right)+\cos^2\theta_i\sum_s Q_{si}C_{si}-\sin^2\theta_i\sum_s P_{si}D_{si}\\&=\sum_s Q_{si}C_{si}\end{aligned}$$

将$\psi_{si}(\theta_i)$和$\psi_{si}^*(\theta_i)$乘以实数$-\dfrac{1}{\sum_s Q_{si}C_{si}}$后,则

$$\begin{cases}\sum_s\varphi_{si}(\theta_i)\psi_{si}^*(\theta_i)=1\\\sum_s\varphi_{si}^*(\theta_i)\psi_{si}(\theta_i)=-1\end{cases}\quad i=1,2,\cdots,q \tag{6.1.19}$$

所以,在式(6.1.11)中,除式(6.1.19)所示的n个不等于零外,其余都为零,故式(6.1.19)的性质可写为

$$\begin{cases}\sum_s\varphi_{si}(\theta_i)\psi_{sj}^*(\theta_j)=\delta_{ij}\\\sum_s\varphi_{si}^*(\theta_i)\psi_{sj}(\theta_j)=-\delta_{ij}\end{cases} \tag{6.1.20}$$

有了式(6.1.11)、式(6.1.18)和式(6.1.20)后,以$\psi_{si}^*(\theta_i)$和$\psi_{sj}(\theta_j)$分别乘式(6.1.10),再将s从1到n求和,则可得方程(6.1.1)的标准形式如下:

$$\begin{cases}\dfrac{\mathrm{d}a_i}{\mathrm{d}t}=\varepsilon R_i\left(vt,a_1,\cdots,a_q,\theta_1,\cdots,\theta_q,\varepsilon\right)\\ \dfrac{\mathrm{d}\theta_i}{\mathrm{d}t}=\omega_i+\varepsilon S_i\left(vt,a_1,\cdots a_q,\theta_1,\cdots,\theta_q,\varepsilon\right)\end{cases} \tag{6.1.21}$$

其中

$$\begin{cases}R_i=\sum\limits_{s=1}^{n}F_s\left(vt,a,\theta,\varepsilon\right)\psi_{si}^{*}\left(\theta_i\right)\\ S_i=\dfrac{1}{a_i}\sum\limits_{s=1}^{n}F_s\left(vt,a,\theta,\varepsilon\right)\psi_{si}\left(\theta_i\right)\end{cases} \tag{6.1.22}$$

从式(6.1.22)的形式可知，R_i,S_i 为 vt,θ 的以 2π 为周期的周期函数和 t 的周期函数。R_i,S_i 的广义 Fourier 级数为

$$\begin{cases}R_i\left(vt,a,\theta,0\right)=R_{io}\left(a\right)+\sum\limits_{\sigma}\left[R_{i\sigma}\left(a\right)\cos\alpha_\sigma+R'_{i\sigma}\left(a\right)\sin\alpha_\sigma\right]\\ S_i\left(vt,a,\theta,0\right)=S_{io}\left(a\right)+\sum\limits_{\sigma}\left[S_{i\sigma}\left(a\right)\cos\alpha_\sigma+S'_{i\sigma}\left(a\right)\sin\alpha_\sigma\right]\end{cases} \tag{6.1.23}$$

其中，σ 为有限整数，且

$$\alpha_\sigma=m_1^\sigma\theta_1+m_2^\sigma\theta_2+\cdots+m_q^\sigma\theta_q+n^\sigma vt \tag{6.1.24}$$

m,n 为正的或负的整数，而系数 $R_{i\sigma}$ 和 $R'_{i\sigma}$ 为

$$\begin{cases}R_{i\sigma}=\dfrac{2v}{(2\pi)^{q+1}}\underbrace{\int_0^{2\pi}\cdots\int_0^{2\pi}}_{q\text{次}}\int_0^{2\pi/v}R_i\left(vt,a,\theta,0\right)\cdot\\ \qquad\cos\left(m_1^\sigma\theta_1+\cdots+m_q^\sigma\theta_q+n^\sigma vt\right)\mathrm{d}\theta_1\cdots\mathrm{d}\theta_q\mathrm{d}t\\ R'_{i\sigma}=\dfrac{2v}{(2\pi)^{q+1}}\underbrace{\int_0^{2\pi}\cdots\int_0^{2\pi}}_{q\text{次}}\int_0^{2\pi/v}R_i\left(vt,a,\theta,0\right)\cdot\\ \qquad\sin\left(m_1^\sigma\theta_1+\cdots+m_q^\sigma\theta_q+n^\sigma vt\right)\mathrm{d}\theta_1\cdots\mathrm{d}\theta_q\mathrm{d}t\end{cases} \tag{6.1.25}$$

同理，可写出 $S_i\left(vt,a,\theta,0\right)$ 的广义 Fourier 级数的系数。有了标准形式的方程组后，现分别研究不同情况下的渐近解。

2. 非共振情况

如派生系统的固有频率 $\omega_1,\omega_2,\cdots,\omega_q$ 和干扰力频率 v 满足非共振关系，当 m，n 为正的或负的整数时，

$$m_1\omega_1+m_2\omega_2+\cdots+m_q\omega_q+nv\neq 0 \tag{6.1.26}$$

也不是和 ε 同阶的小量。取 KB 变换

$$\begin{cases}a_i=y_i+\varepsilon U_i\left(t,y,\vartheta\right)\\ \theta_i=\omega_i t+\vartheta_i+\varepsilon V_i\left(t,y,\vartheta\right)\end{cases} \tag{6.1.27}$$

并要求新变量 y_i，ϑ_i 的导数为

$$\begin{cases}\dfrac{\mathrm{d}y_i}{\mathrm{d}t}=\varepsilon Y_i(y)+\varepsilon^2 Y_i^*(t,y,\vartheta,\varepsilon)\\ \dfrac{\mathrm{d}\vartheta_i}{\mathrm{d}t}=\varepsilon Z_i(y)+\varepsilon^2 Z_i^*(t,y,\vartheta,\varepsilon)\end{cases} \tag{6.1.28}$$

其中，Y_i,Z_i 为 y 的函数，且不显含 t;U_i,V_i,Y_i^* 和 Z_i^* 为 ϑ 的以 2π 为周期的周期函数和 t 的周期函数。

将式（6.1.27）代入式（6.1.21），并考虑式（6.1.28），则

$$\begin{cases}\varepsilon Y_i+\varepsilon^2 Y_i^*+\varepsilon\dfrac{\partial U_i}{\partial t}+\varepsilon\displaystyle\sum_{j=1}^{q}\dfrac{\partial U_j}{\partial y_j}\left(\varepsilon Y_j+\varepsilon^2 Y_j^*\right)+\varepsilon\sum_{j=1}^{q}\dfrac{\partial U_i}{\partial \vartheta_j}\left(\varepsilon Y_j+\varepsilon^2 Y_j^*\right)\\ =\varepsilon\left\{R_{io}(y)+\displaystyle\sum_{\sigma}\left[R_{i\sigma}(y)\cos\alpha_\sigma+R'_{i\sigma}(y)\sin\alpha_\sigma\right]\right\}+\varepsilon^2\{\ \}+\cdots\\ \varepsilon Z_i+\varepsilon^2 Z_i^*+\varepsilon\dfrac{\partial V_i}{\partial t}+\varepsilon\displaystyle\sum_{j=1}^{q}\dfrac{\partial V_i}{\partial y_j}\left(\varepsilon Y_j+\varepsilon^2 Y_j^*\right)+\varepsilon\sum_{j=1}^{q}\dfrac{\partial V_i}{\partial \vartheta_j}\left(\varepsilon Z_j+\varepsilon^2 Z_j^*\right)\\ =\varepsilon\left\{S_{io}(y)+\displaystyle\sum_{\sigma}\left[S_{i\sigma}(y)\cos\alpha_\sigma+S'_{i\sigma}(y)\sin\alpha_\sigma\right]\right\}+\varepsilon^2\{\ \}+\cdots\\ i=1,2,\cdots,q\end{cases} \tag{6.1.29}$$

其中

$$\alpha_\sigma=\left(m_1^\sigma\omega_1+\cdots+m_q^\sigma\omega_q+n^\sigma v\right)t+\sum_{i=1}^{q}m_i^\sigma\vartheta_i \tag{6.1.30}$$

令等式两端 ε 一次方的系数相等，则

$$\begin{cases}Y_i+\dfrac{\partial U_i}{\partial t}=R_{io}(y)+\displaystyle\sum_{\sigma}\left[R_{i\sigma}(y)\cos\alpha_\sigma+R'_{i\sigma}(y)\sin\alpha_\sigma\right]\\ Z_i+\dfrac{\partial V_i}{\partial t}=S_{io}(y)+\displaystyle\sum_{\sigma}\left[S_{i\sigma}(y)\cos\alpha_\sigma+S'_{i\sigma}(y)\sin\alpha_\sigma\right]\end{cases} \tag{6.1.31}$$

为了使 Y_i 和 Z_i 满足不显含 t 的条件，设

$$\begin{cases}Y_i=R_{io}(y)\\ Z_i=S_{io}(y)\end{cases} \tag{6.1.32}$$

和

$$\begin{cases}\dfrac{\partial U_i}{\partial t}=\displaystyle\sum_{\sigma}\left[R_{i\sigma}(y)\cos\alpha_\sigma+R'_{i\sigma}(y)\sin\alpha_\sigma\right]\\ \dfrac{\partial V_i}{\partial t}=\displaystyle\sum_{\sigma}\left[S_{i\sigma}(y)\cos\alpha_\sigma+S'_{i\sigma}(y)\sin\alpha_\sigma\right]\end{cases}$$

或

$$\begin{cases}U_i=\displaystyle\sum_{\sigma}\dfrac{R_{i\sigma}(y)\sin\alpha_\sigma-R'_{i\sigma}(y)\cos\alpha_\sigma}{m_1^\sigma\omega_1+\cdots+m_q^\sigma\omega_q+n^\sigma v}\\ V_i=\displaystyle\sum_{\sigma}\dfrac{S_{i\sigma}(y)\sin\alpha_\sigma-S'_{i\sigma}(y)\cos\alpha_\sigma}{m_1^\sigma\omega_1+\cdots+m_q^\sigma\omega_q+n^\sigma v}\end{cases} \tag{6.1.33}$$

在非共振情况下，式（6.1.33）的分母每个都不为零，也不是和 ε 同阶的小量，所以 U_i 和 V_i

为 ϑ 的以 2π 为周期的周期函数。

在式(6.1.28)中丢掉 ε^2 以上的项,则得第一次近似方程

$$\begin{cases}\dfrac{\mathrm{d}y_i}{\mathrm{d}t}=\varepsilon Y_i(y)\\ \dfrac{\mathrm{d}\vartheta_i}{\mathrm{d}t}=\varepsilon Z_i(y)\end{cases}\quad i=1,2,\cdots,q \tag{6.1.34}$$

令第一式的右端等于零,则

$$Y_i(y)=0$$

其解为

$$y_i=y_i^0 \tag{6.1.35}$$

所以,从式(6.1.34)可得定常解

$$\begin{cases}y_i=y_i^0\\ \vartheta_i=\varepsilon Z_i(y^0)t+\varepsilon_i\end{cases} \tag{6.1.36}$$

其中,有 q 个任意常数 ε_i。

将式(6.1.36)代入式(6.1.9),则原始变量的定常解

$$\begin{aligned}x_s^0&=\sum_{i=1}^{q}(y_i^0+\varepsilon U_i^0)\varphi_{si}(\omega_i t+\vartheta_i^0+\varepsilon V_i^0)+x_s^*\\&=\sum_{i=1}^{q}y_i^0\varphi_{si}[(\omega_i+\varepsilon Z_i^0)t+\varepsilon_i]+x_s^*+\varepsilon x_s^{(1)}(t)\end{aligned} \tag{6.1.37}$$

其中

$$x_s^{(1)}(t)=\sum_{i=1}^{q}\left\{U_i^0\varphi_{si}[(\omega_i+\varepsilon Z_i^0)t+\varepsilon_i]-y_i^0V_i^0\varphi_{si}^*[(\omega_i+\varepsilon Z_i^0)t+\varepsilon_i]\right\}$$

现研究定常解的稳定性。如扰动方程的特征方程

$$\left|\begin{matrix}\dfrac{\partial Y_1}{\partial y_1}-\lambda & \cdots & \dfrac{\partial Y_1}{\partial y_q}\\ \vdots & & \vdots\\ \dfrac{\partial Y_q}{\partial y_1} & \cdots & \dfrac{\partial Y_q}{\partial y_1}-\lambda\end{matrix}\right|_{y_i=y_i^0}=0 \tag{6.1.38}$$

的所有根都有负实部,则解(6.1.36)将是渐近稳定的;如特征方程有一个或一个以上的解有正实部,则定常解将是不稳定的。

3. 共振情况

设派生系统的固有频率 $\omega_1,\cdots,\omega_q$ 和干扰力频率 ν 满足共振关系

$$\Delta_\varepsilon=m_1^\varepsilon\omega_1+\cdots+m_q^\varepsilon\omega_q+n^\varepsilon\nu=0\qquad \varepsilon=1,2,\cdots,r(r>q) \tag{6.1.39}$$

其中,m,n 为正的或负的整数,在某些共振关系中可能不包括全部的 $\omega_1,\cdots,\omega_q$,但其中至少应有一个 ω_i 不为 0,如 $n=0$,则有所谓的自治系统。在共振关系中,如 $n=0$,则有所谓的内共振,这种内共振在其线性化系统的固有频率之间存在着整数的线性关系时可能发生。如弹簧摆中,当摆式模态和弹簧模态(呼吸模态)之间固有频率成整倍数关系时,将发生两个模态剧

烈的耦合(内共振);另外,多自由度陀螺系统等也可能发生内共振。

在共振情况下,周期性条件将不满足,即 $\mathrm{d}\vartheta_i/\mathrm{d}t$ 不仅和 y_i 有关,而且还和 ϑ_i 有关。欲有周期解,共振干扰力的幅值必与 ε 同量级,须将之并入 F_s 中去。

对标准方程采用 KB 变换

$$\begin{cases} a_i = y_i + \varepsilon U_i(t,y,\vartheta) \\ \theta_i = \omega_i t + \vartheta_i + \varepsilon V_i(t,y,\vartheta) \\ i = 1,2,\cdots,q \end{cases} \tag{6.1.40}$$

并要求新变量 y_i 和 ϑ_i 的导数为

$$\begin{cases} \dfrac{\mathrm{d}y_i}{\mathrm{d}t} = \varepsilon Y_i(y,\vartheta) + \varepsilon^2 Y_i^*(t,y,\vartheta,\varepsilon) \\ \dfrac{\mathrm{d}\vartheta_i}{\mathrm{d}t} = \varepsilon Z_i(y,\vartheta) + \varepsilon^2 Z_i^*(t,y,\vartheta,\varepsilon) \end{cases} \tag{6.1.41}$$

其中,Y_i, Z_i 应为 y,ϑ 的函数,且不显含 t。

将式(6.1.40)代入式(6.1.21),考虑到式(6.1.41),则

$$\begin{cases} \varepsilon Y_i + \varepsilon^2 Y_i^* + \varepsilon \dfrac{\partial U_i}{\partial t} + \varepsilon \displaystyle\sum_{i=1}^{q} \dfrac{\partial U_i}{\partial y_i}(\varepsilon Y_i + \varepsilon^2 Y_i^*) + \varepsilon \sum_{j=1}^{q} \dfrac{\partial U_j}{\partial \vartheta_j}(\varepsilon Z_j + \varepsilon^2 Z_j^*) \\ = \varepsilon\{R_{i0}(y) + \displaystyle\sum_{\sigma}[R_{i\sigma}(y)\cos\alpha_\sigma^0 + R'_{i\sigma}(y)\sin\alpha_\sigma^0]\} + \varepsilon^2\{\quad\} + \cdots \\ \varepsilon Z_i + \varepsilon^2 Z_i^* + \varepsilon \dfrac{\partial V_i}{\partial t} + \varepsilon \displaystyle\sum_{j=1}^{q} \dfrac{\partial V_i}{\partial y_j}(\varepsilon Z_j + \varepsilon^2 Z_i^*) + \varepsilon \sum_{j=1}^{q} \dfrac{\partial V_i}{\partial \vartheta_j}(\varepsilon Z_j + \varepsilon^2 Z_i^*) \\ = \varepsilon\{S_{i0}(y) + \displaystyle\sum_{\sigma}[S_{i\sigma}(y)\cos\alpha_\sigma^0 + S'_{i\sigma}(y)\sin\alpha_\sigma^0]\} + \varepsilon^2\{\quad\} + \cdots \end{cases} \tag{6.1.42}$$

其中

$$\alpha_\sigma^0 = (m_1^\sigma \omega_1 + \cdots + m_q^\sigma \omega_q + n^\sigma v)t + m_1^\sigma \vartheta_1 + \cdots + m_q^\sigma \vartheta_q \tag{6.1.43}$$

令 ε 一次方的系数相等,则

$$\begin{cases} Y_i + \dfrac{\partial U_i}{\partial t} = R_{i0}(y) + \displaystyle\sum_{\sigma}[R_{i\sigma}(y)\cos\alpha_\sigma^0 + R'_{i\sigma}(y)\sin\alpha_\sigma^0] \\ Z_i + \dfrac{\partial V_i}{\partial t} = S_{i0}(y) + \displaystyle\sum_{\sigma}[S_{i\sigma}(y)\cos\alpha_\sigma^0 + S'_{i\sigma}(y)\sin\alpha_\sigma^0] \end{cases} \tag{6.1.44}$$

考虑到共振关系(6.1.39),表达式(6.1.43)中将有某几个关系式和时间 t 无关,在式(6.1.43)中和时间无关的表达式 α_σ^0 应是式(6.1.39)的线性组合,即

$$m_1^\sigma \omega_1 + \cdots + m_q^\sigma \omega_q + n^\sigma v = \sum_{e=1}^{r} S_e^\sigma \Delta_e \tag{6.1.45}$$

应等于零,其中 S_e^σ 为正的或负的整数。

引入符号

$$x_\varepsilon = \sum_{i=1}^{q} m_i^\varepsilon \vartheta_i \quad \varepsilon = 1,2,\cdots,r \tag{6.1.46}$$

并称 x_ε 为非循环坐标,设在式(6.1.43)中和时间无关的 α_σ^0 的数目为 N^*,给它们以指数

$\sigma^* = 1, 2, \cdots, N^*$，则

$$\alpha_\sigma^0 = \sum_{\varepsilon=1}^{r} S_\varepsilon^\sigma \left[\sum m_i^\varepsilon (\vartheta_i + \omega_i t) + n^\varepsilon v t \right] = \sum_{\varepsilon=1}^{r} S_\varepsilon^\sigma x_\varepsilon \tag{6.1.47}$$

为了使 Y_i，Z_i 满足不显含 t 的条件，则

$$\begin{cases} Y_i = R_{i0}(y) + \sum\limits_{\sigma^*=1}^{N^*} \left[R_{i\sigma^*}(y) \cos\left(\sum\limits_{\varepsilon=1}^{r} S_\varepsilon^{\sigma^*} x_\varepsilon \right) + R'_{i\sigma^*}(y) \sin\left(\sum\limits_{\varepsilon}^{r} S_\varepsilon^{\sigma^*} x_\varepsilon \right) \right] \\ Z_i = S_{i0}(y) + \sum\limits_{\sigma^*=1}^{N^*} \left[S_{i\sigma^*}(y) \cos\left(\sum\limits_{\varepsilon=1}^{r} S_\varepsilon^{\sigma^*} x_\varepsilon \right) + S_{i\sigma^*}(y) \sin\left(\sum\limits_{\varepsilon=1}^{r} S_\varepsilon^{\sigma^*} x_\varepsilon \right) \right] \end{cases} \tag{6.1.48}$$

其中，σ^* 表示将 σ 重新排列后的新角标。

而对 U_i，V_i 有

$$\begin{cases} \dfrac{\partial U_i}{\partial t} = \sum\limits_{\sigma^* > N^*} \left[R_{i\sigma^*}(y) \cos\alpha_{\sigma^*}^0 + R'_{i\sigma}(y) \sin\alpha_{\sigma^*}^0 \right] \\ \dfrac{\partial V_i}{\partial t} = \sum\limits_{\sigma^* > N^*} \left[S_{i\sigma^*}(y) \cos\alpha_{\sigma^*}^0 + S'_{i\sigma}(y) \sin\alpha_{\sigma^*}^0 \right] \end{cases}$$

或

$$\begin{cases} U_i = \sum\limits_{\sigma^* > N^*} \dfrac{R_{i\sigma^*}(y) \sin\alpha_{\sigma^*}^0 - R'_{i\sigma^*}(y) \cos\alpha_{\sigma^*}^0}{m_1^{\sigma^*}\omega_1 + \cdots + m_q^{\sigma^*}\omega_q + n^{\sigma^*} v} \\ V_i = \sum\limits_{\sigma^* > N^*} \dfrac{S_{i\sigma^*}(y) \sin\alpha_{\sigma^*}^0 - S'_{i\sigma^*}(y) \cos\alpha_{\sigma^*}^0}{m_1^{\sigma^*}\omega_1 + \cdots + m_q^{\sigma^*}\omega_q + n^{\sigma^*} v} \end{cases} \tag{6.1.49}$$

微分式（6.1.46），将式（6.1.41）代入后，则非循环坐标的导数为

$$\frac{\mathrm{d}x_\varepsilon}{\mathrm{d}t} = \varepsilon \sum_{i=1}^{q} m_i^\varepsilon Z_i + \varepsilon^2 \sum_{i=1}^{q} m_i^\varepsilon Z_i^* \tag{6.1.50}$$

在式（6.1.41）和式（6.1.40）中，忽略 ε^2 以上的各项，则得第一次近似方程为

$$\begin{cases} \dfrac{\mathrm{d}y_i}{\mathrm{d}t} = \varepsilon Y_i(y_1, \cdots, y_q, x_1 \cdots, x_r) \\ \dfrac{\mathrm{d}x_\varepsilon}{\mathrm{d}t} = \varepsilon \sum\limits_{i=1}^{q} m_i^\varepsilon Z_i = \varepsilon Z^\varepsilon(y_1, \cdots, y_q, x_1, \cdots, x_r) \\ i = 1, 2, \cdots, q; \varepsilon = 1, 2, \cdots, r \end{cases} \tag{6.1.51}$$

和

$$\frac{\mathrm{d}\vartheta_i}{\mathrm{d}t} = \varepsilon Z_i(y_1, \cdots, y_q, x_1, \cdots, x_r) \tag{6.1.52}$$

在方程（6.1.51）中，含有 $q+r$ 个方程，未知函数也是 $q+r$ 个，即 $y_1, \cdots, y_q, x_1, \cdots, x_r$ 设定常解为

$$\begin{cases} y_i = y_i^0 \\ x_\varepsilon = x_\varepsilon^0 \end{cases} \quad i = 1, 2, \cdots, q; \varepsilon = 1, 2, \cdots, r \tag{6.1.53}$$

积分式（6.1.52）得

$$\vartheta_i = \varepsilon Z_i(y^0, x^0) t + b_i \tag{6.1.54}$$

由式(6.1.51)的第二式及式(6.1.46)可知,式(6.1.54)中常数应满足

$$x_{\varepsilon}^{o}=\sum_{i=1}^{q}m_{i}^{\varepsilon}b_{i}\quad \varepsilon=1,2,\cdots,r \tag{6.1.55}$$

故在γ重共振情况下,第一次近似的定常解只包含$q-r$个任意常数。如果特征方程

$$\left|\begin{matrix}\frac{\partial Y_1}{\partial y_1}-\lambda & \cdots & \frac{\partial Y_1}{\partial y_q} & \frac{\partial Y_1}{\partial x_1} & \cdots & \frac{\partial Y_1}{\partial x_r}\\ \vdots & & \vdots & \vdots & & \vdots\\ \frac{\partial Y_q}{\partial y_1} & \cdots & \frac{\partial Y_q}{\partial y_q}-\lambda & \frac{\partial Y_q}{\partial x_1} & \cdots & \frac{\partial Y_q}{\partial x_r}\\ \frac{\partial Z^1}{\partial y_1} & \cdots & \frac{\partial Z^1}{\partial y_q} & \frac{\partial Z^1}{\partial x_1}-\lambda & \cdots & \frac{\partial Z^1}{\partial x_r}\\ \vdots & & \vdots & \vdots & & \vdots\\ \frac{\partial Z^r}{\partial y_1} & \cdots & \frac{\partial Z^r}{\partial y_q} & \frac{\partial Z^r}{\partial x_1} & \cdots & \frac{\partial Z^r}{\partial x_r}-\lambda\end{matrix}\right|_{\substack{y_i=y_i^0\\ x_\varepsilon=x_\varepsilon^0}}=0 \tag{6.1.56}$$

的所有的根都有负实部,则振动是稳定的;否则,振动是不稳定的。

4. 一般情况

若需研究在共振区或从非共振区向共振区靠近时的振动性质,设某些频率$\omega_1^0,\cdots,\omega_q^0$满足共振关系,即

$$\varDelta_{\varepsilon}^{0}=m_1^{\varepsilon}\omega_1^0+\cdots+m_q^{\varepsilon}\omega_q^0+n^{\tau}v=0\qquad \varepsilon=1,2,\cdots,\tau \tag{6.1.57}$$

同时,$\omega_i-\omega_i^0$不要求与ε同量级。

对标准方程,采用 KB 变换

$$\begin{cases}a_i=y_i+\varepsilon U_i(t,y,\vartheta)\\ \theta_i=\omega_i^0 t+\vartheta_i+\varepsilon V_i(t,y,\vartheta)\end{cases} \tag{6.1.58}$$

并要求新变量y_i,ϑ_i的导数为

$$\begin{cases}\dfrac{\mathrm{d}y_i}{\mathrm{d}t}=\varepsilon Y_i(y,\vartheta)+\varepsilon^2 Y_i^*(t,y,\vartheta,\varepsilon)\\ \dfrac{\mathrm{d}\vartheta_i}{\mathrm{d}t}=\omega_i-\omega_i^0+\varepsilon Z_i(y,\vartheta)+\varepsilon^2 Z_i^*(t,y,\vartheta,\varepsilon)\end{cases} \tag{6.1.59}$$

其中,Y_i,Z_i不显含t;而U_i,V_i, Y_i^*和Z_i^*为ϑ的以2π为周期的周期函数和t的以T为周期的周期函数。

将式(6.1.58)代入式(6.1.21),并考虑式(6.1.59);令ε一次方的系数相等,则

$$\begin{aligned}&Y_i+\frac{\partial U_i}{\partial t}+\sum_{j=1}^{q}\frac{\partial U_i}{\partial\vartheta_j}(\omega_j-\omega_j^0)\\ &=R_{i0}(y)+\sum_{\sigma}[R_{i\sigma}(y)\cos\alpha_{\sigma}^0+R'_{i\sigma}(y)\sin\alpha_{\sigma}^0]\end{aligned} \tag{6.1.60}$$

$$
\begin{aligned}
&Z_i+\frac{\partial V_i}{\partial t}+\sum_{j=1}^{q}\frac{\partial V_i}{\partial \vartheta_j}\left(\omega_j-\omega_j^0\right)\\
&=S_{i0}(y)+\sum_{\sigma}\left[S_{i\sigma}(y)\cos\alpha_\sigma^0+S_{i\sigma}'(y)\sin\alpha_\sigma^0\right]
\end{aligned}
\tag{6.1.61}
$$

其中，$\alpha_\sigma^0=\left(m_1^\sigma\omega_1^0+\ldots+m_q^\sigma\omega_q^0+n^\sigma v\right)t+m_1^\sigma\vartheta_1+\cdots+m_q^\sigma\vartheta_q$。

和上节相同，上式中和时间无关的量 α_σ^0 应是式（6.1.57）的线性组合，即

$$
m_1^\sigma\omega_1^0+\cdots+m_q^\sigma\omega_q^0+n^\sigma v=S_1^\sigma\Delta_1^0+\cdots+S_\tau^\sigma\Delta_\tau^0 \tag{6.1.62}
$$

设和时间无关的 a_σ^0 共有 N 个，以式（6.1.46）引入新变量 x_ε，为了使式（6.1.60）和式（6.1.61）满足，设

$$
\begin{cases}
Y_i=R_{i0}(y)+\sum\limits_{\sigma^*=1}^{N}\left[R_{i\sigma}(y)\cos\left(\sum\limits_{\varepsilon=1}^{r}S_\varepsilon^\sigma x_\varepsilon\right)+R_{i\sigma}'(y)\sin\left(\sum\limits_{\varepsilon=1}^{r}S_\varepsilon^\sigma x_\varepsilon\right)\right]\\
Z_i=S_{i0}(y)+\sum\limits_{\sigma^*=1}^{N}\left[S_{i\sigma}(y)\cos\left(\sum\limits_{\varepsilon=1}^{r}S_\varepsilon^\sigma x_\varepsilon\right)+S_{i\sigma}'(y)\sin\left(\sum\limits_{\varepsilon=1}^{r}S_\varepsilon^\sigma x_\varepsilon\right)\right]
\end{cases}
\tag{6.1.63}
$$

和

$$
\begin{cases}
\dfrac{\partial U_i}{\partial t}+\sum\limits_{j=1}^{q}\dfrac{\partial U_i}{\partial \vartheta_j}\left(\omega_j-\omega_j^0\right)=\sum\limits_{\sigma^*>N}\left[R_{i\sigma}(y)\cos\alpha_\sigma^0+R_{i\sigma}'(y)\sin\alpha_\sigma^0\right]\\
\dfrac{\partial V_i}{\partial t}+\sum\limits_{j=1}^{q}\dfrac{\partial V_i}{\partial \vartheta_j}\left(\omega_j-\omega_j^0\right)=\sum\limits_{\sigma^*>N}\left[S_{i\sigma}(y)\cos\alpha_\sigma^0+S_{i\sigma}'(y)\sin\alpha_\sigma^0\right]
\end{cases}
\tag{6.1.64}
$$

从式（6.1.63）和式（6.1.64）可研究非共振情况、共振情况和从非共振区向共振区靠近时的振动情况。

在式（6.1.63）和式（6.1.64）中，设 $N=0$，则得到和非共振情况完全相同的表达式（6.1.32）和（6.1.33）。设 $\omega_i=\omega_i^0$，则得到和式（6.1.48）及式（6.1.49）完全相同的表达式，这是共振情况。顺序给 ω_i^0 一系列不同的值，则可研究从非共振区向共振区靠近时的振动性质。

式（6.1.63）从形式上与共振情况的表达式（6.1.48）相同。周期函数（6.1.64）较式（6.1.49）的形式复杂，因式（6.1.64）右端是简单三角函数的和式，故设

$$
\begin{cases}
U_i=\sum\limits_{\sigma>N}\left[\alpha_{i\sigma}\cos\alpha_\sigma^0+\alpha_{i\sigma}'\sin\alpha_\sigma^0\right]\\
V_i=\sum\limits_{\sigma>N}\left[\beta_{i\sigma}\cos\alpha_\sigma^0+\beta_{i\sigma}'\sin\alpha_\sigma^0\right]
\end{cases}
\tag{6.1.65}
$$

其中，$\alpha_{i\sigma},\alpha_{i\sigma}',\beta_{i\sigma}$ 和 $\beta_{i\sigma}'$ 为待定常数。

将式（6.1.65）代入式（6.1.64），则

$$
\begin{cases}
\sum\limits_{\sigma>N}\left\{\left[\sum\limits_{i=1}^{q}m_i^\sigma\omega_i^0+n^\sigma v+\sum\limits_{i=1}^{q}m_i^\sigma\left(\omega_i-\omega_i^0\right)\right]\left(-\alpha_{i\sigma}\sin\alpha_\sigma^0+\alpha_{i\sigma}'\cos\alpha_\sigma^0\right)\right\}\\
=\sum\limits_{\sigma>N}\left[R_{i\sigma}(y)\cos\alpha_\sigma^0+R_{i\sigma}'(y)\sin\alpha_\sigma^0\right]\\
\sum\limits_{\sigma>N}\left\{\left[\sum\limits_{i=1}^{q}m_i^\sigma\omega_i^0+n^\sigma v+\sum\limits_{i=1}^{q}m_i^\sigma\left(\omega_i-\omega_i^0\right)\right]\left(-\beta_{i\sigma}\sin\alpha_\sigma^0+\beta_{i\sigma}'\cos\alpha_\sigma^0\right)\right\}\\
=\sum\limits_{\sigma>N}\left[S_{i\sigma}(y)\cos\alpha_\sigma^0+S_{i\sigma}'(y)\sin\alpha_\sigma^0\right]
\end{cases}
$$

和

$$\begin{cases}\alpha_{i\sigma}=\dfrac{-R'_{i\sigma}(y)}{\sum\limits_{i}m_i^{\sigma}\omega_i+n^{\sigma}v}, & \alpha'_{i\sigma}=\dfrac{R_{i\sigma}(y)}{\sum\limits_{i}m_i^{\sigma}\omega_i+n^{\sigma}v},\\ \beta_{i\sigma}=\dfrac{-S'_{i\sigma}(y)}{\sum\limits_{i}m_i^{\sigma}\omega_i+n^{\sigma}v}, & \beta'_{i\sigma}=\dfrac{S_{i\sigma}(y)}{\sum\limits_{i}m_i^{\sigma}\omega_i+n^{\sigma}v}\end{cases} \tag{6.1.66}$$

将式(6.1.66)代入式(6.1.65),则

$$\begin{cases}U_i=\sum\limits_{\sigma>N}\dfrac{-R'_{i\sigma}(y)\cos\alpha_{\sigma}^{0}+R_{i\sigma}(y)\sin\alpha_{\sigma}^{0}}{\sum\limits_{i}m_i^{\sigma}\omega_i+n^{\sigma}v}\\ V_i=\sum\limits_{\sigma>N}\dfrac{S_{i\sigma}(y)\sin\alpha_{\sigma}^{0}-S'_{i\sigma}(y)\cos\alpha_{\sigma}^{0}}{\sum\limits_{i}m_i^{\sigma}\omega_i+n^{\sigma}v}\end{cases} \tag{6.1.67}$$

微分式(6.1.46),将$\dfrac{\mathrm{d}\vartheta_i}{\mathrm{d}t}$代入,舍掉$\varepsilon^2$以上的项,则

$$\frac{\mathrm{d}x_{\varepsilon}}{\mathrm{d}t}=\sum_{i=1}^{q}m_i^{\varepsilon}\left(\omega_i-\omega_i^{0}\right)+\varepsilon Z^{\varepsilon}(y,x)$$

其中

$$Z^{\varepsilon}(y,x)=\sum_{i}m_i^{\varepsilon}Z_i$$

第一次近似的定常解可从下式

$$\begin{cases}Y_i(y_i,\cdots,y_q,x_1\cdots,x_{\tau})=0\\ \sum\limits_{i=1}^{q}m_i^{\varepsilon}\left(\omega_i-\omega_i^{0}\right)+\varepsilon Z^{\varepsilon}(y_1,\cdots,y_q,x_1,\cdots,x_{\tau})=0\end{cases} \tag{6.1.68}$$

得到

$$\begin{cases}y_i=y_i^{0}\\ x_{\varepsilon}=x_{\varepsilon}^{0}\end{cases}\quad i=1,2,\cdots,q\ ;\ \varepsilon=1,2,\cdots,\tau \tag{6.1.69}$$

和

$$\vartheta_i=\left(\omega_i-\omega_i^{0}\right)t+\varepsilon Z\left(y^{0},x^{0}\right)t+g_i\quad i=1,2,\cdots,q$$

若特征方程

$$\begin{vmatrix}\dfrac{\partial Y_1}{\partial y_1}-\lambda & \cdots & \dfrac{\partial Y_1}{\partial y_q} & \dfrac{\partial Y_1}{\partial x_1} & \cdots & \dfrac{\partial Y_1}{\partial x_r}\\ \vdots & & \vdots & \vdots & & \vdots\\ \dfrac{\partial Y_q}{\partial y_1} & \cdots & \dfrac{\partial Y_q}{\partial y_q}-\lambda & \dfrac{\partial Y_q}{\partial x_1} & \cdots & \dfrac{\partial Y_q}{\partial x_r}\\ \dfrac{\partial Z^1}{\partial y_1} & \cdots & \dfrac{\partial Z^1}{\partial y_q} & \dfrac{\partial Z^1}{\partial x_1}-\lambda & \cdots & \dfrac{\partial Z^1}{\partial x_r}\\ \vdots & & \vdots & \vdots & & \vdots\\ \dfrac{\partial Z^r}{\partial y_1} & \cdots & \dfrac{\partial Z^r}{\partial y_q} & \dfrac{\partial Z^r}{\partial x_1} & \cdots & \dfrac{\partial Z^r}{\partial x_r}-\lambda\end{vmatrix}_{\substack{y_i=y_i^0\\ x_{\varepsilon}=x_{\varepsilon}^0}}=0 \tag{6.1.70}$$

所有的根都有负实部，则振动是稳定的，否则是不稳定的。

6.2　两自由度分段线性系统

在工程技术中很多类型的机械，其振动原理可简化成两个自由度分段线性系统，如双质量非线性共振筛、卧式振动离心脱水机，双质量非线性离心摇床、振动给料机以及带有扭振减振器和弹性联轴器的高速大功率柴油机的扭振系统等，作为方程（6.1.1）的特例，我们研究两自由度分段线性系统的渐近解。

1. 建立系统的振动方程式

由分段线性弹性元件相联系的两个质量，如安装时保证两个质量只产生两个自由度振动，一般意义下其力学模型可取如图6.1所示。

由达朗伯原理，得振动方程如下：

$$\begin{cases} m_1(\ddot{y}_2+\ddot{y}_{12})+S(y_{12})+f_1(\dot{y}_{12})+c_1(y_2+y_{12})+\mu_1 c_1(\dot{y}_2+\dot{y}_{12}) \\ =-c_0(y_{12}-y_0)-\mu_0 c_0(\dot{y}_{12}-\dot{y}_0) \\ m_2\ddot{y}_2-S(y_{12})+c_2 y_2+\mu_2 c_2\dot{y}_2-f_1(\dot{y}_{12}) \\ =c_0(y_{12}-y_0)+\mu_0 c_0(\dot{y}_{12}-\dot{y}_0) \end{cases} \tag{6.2.1}$$

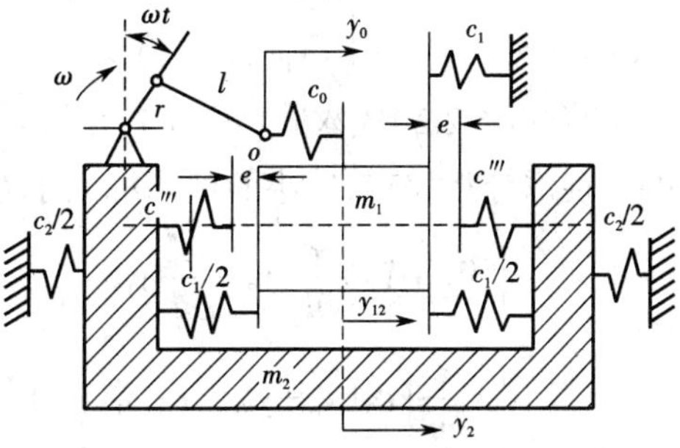

图6.1　力学模型

式中　m_1, m_2——机体质量；

c_1, c_2——两质量支承簧的动刚度系数；

μ_1, μ_2——两质量支承簧单位刚度的内阻尼系数；

c'——第一段连接弹簧的动刚度系数；

μ'——第一段连接弹簧单位刚度的内阻尼系数；

c'''——第二段连接弹簧的动刚度系数；

μ'''——第二段连接弹簧单位刚度的内阻尼系数；

c_0——驱动弹簧的动刚度系数；

μ_0——驱动弹簧单位刚度的内阻尼系数；

y_2——m_2 的绝对位移；

y_{12}——m_1 相对 m_2 的相对位移；

y_0——驱动机构端点相对 m_2 的位移；

$S(y_{12})$——分段线性的非线性弹性恢复力函数；

$f_1(\dot{y}_{12})$——分段线性弹性元件内阻尼函数。

为将系统化为拟线性系统，取

$$\begin{aligned} &S_1(y_{12})=S(y_{12})+c_0 y_{12}=c_1'' y_{12}+\varepsilon f_3(y_{12}) \\ &f_2(\dot{y}_{12})=f_1(\dot{y}_{12})+\mu_0 c_0\dot{y}_{12} \\ &c_1''=c_0+c'+c'''=c'+c''' \end{aligned} \tag{6.2.2}$$

其中，$S_1(y_{12})$ 和 $f_2(\dot{y}_{12})$ 如图 6.2 所示。

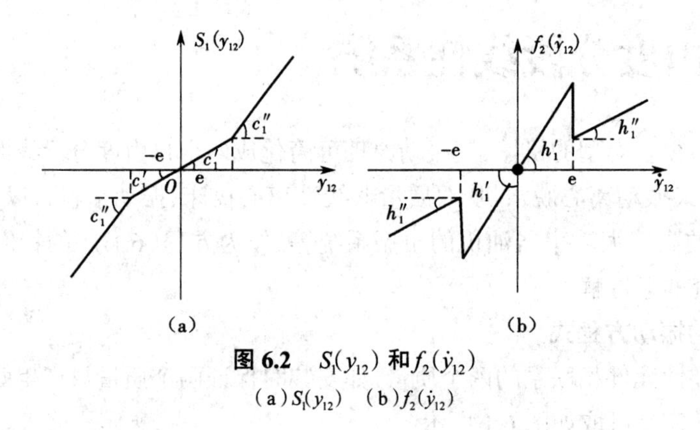

图 6.2 $S_1(y_{12})$ 和 $f_2(\dot{y}_{12})$

(a) $S_1(y_{12})$ (b) $f_2(\dot{y}_{12})$

其表达式为

$$S_1(y_{12})=\begin{cases}(c_1'-c_1'')y_{12} & -e\leqslant y_{12}\leqslant e\\ (c_1'-c_1'')e & e\leqslant y_{12}\\ -(c_1'-c_1'')e & y_{12}\leqslant -e\end{cases} \tag{6.2.3}$$

$$f_2(\dot{y}_{12})=\begin{cases}h_1'\dot{y}_{12} & -e\leqslant y_{12}\leqslant e\\ h_1''\dot{y}_{12} & e\leqslant y_{12}\\ h_1''\dot{y}_{12} & y_{12}\leqslant -e\end{cases} \tag{6.2.4}$$

将式(6.2.2)代入式(6.2.1)，并将阻尼、干扰力、弹性力的非线性部分等与惯性力、弹性力的线性部分相比较，较小的项前标以小参数 ε，则

$$\begin{cases}\ddot{y}_{12}+\ddot{y}_2+\dfrac{c_1}{m_1}y_2+\dfrac{c_1'''}{m_1}y_{12}\\ =\dfrac{\varepsilon}{m_1}\left[c_0(y_0+\mu_0\dot{y}_0)-S_1(y_{12})-f_2(\dot{y}_{12})-\mu_1c_1(\dot{y}_{12}+\dot{y}_2)\right]\\ \ddot{y}_2+\dfrac{c_2}{m_2}y_2-\dfrac{c_1'''}{m_2}y_{12}\\ =\dfrac{\varepsilon}{m_2}\left[S_1(y_{12})+f_2(\dot{y}_{12})-c_0(y_0+\mu_0\dot{y}_0)-\mu_2c_2\dot{y}_2\right]\end{cases} \tag{6.2.5}$$

其中

$$c_1'''=c_1''+c_1$$

2. 将振动方程组化成标准方程组

为了将振动方程组(6.2.5)化成以振幅、相位为未知函数的标准方程，须首先将其化成典则方程，令

$$y_{12}=x_1,\dot{y}_{12}=x_2,y_2=x_3,\dot{y}_2=x_4$$

则得典则方程组

$$
\begin{aligned}
&\frac{\mathrm{d}x_1}{\mathrm{d}t}=x_2\\
&\frac{\mathrm{d}x_2}{\mathrm{d}t}=-a_1'x_1+a_2'x_3+\varepsilon F_3'\\
&\frac{\mathrm{d}x_3}{\mathrm{d}t}=x_4\\
&\frac{\mathrm{d}x_4}{\mathrm{d}t}=b_1x_1-a_2x_3+\varepsilon F_2
\end{aligned}
\tag{6.2.6}
$$

其中

$$
\begin{cases}
F_1=\dfrac{1}{m_1}[c_0(y_0+\mu_0\dot{y}_0)-S_1(x_1)-f_2(x_2)]\\
F_2=-kF_1-\dfrac{\mu_2c_2}{m_2}x_4\\
F_3'=(1+k)F_1-\dfrac{\mu_1c_1}{m_1}x_2+\left(\dfrac{\mu_2c_2}{m_2}-\dfrac{\mu_1c_1}{m_1}\right)x_4\\
a_1'=\dfrac{c_1'''}{m_1}+\dfrac{c_1''}{m_2},a_2'=\dfrac{c_2}{m_2}-\dfrac{c_1}{m_1}\\
b_1=\dfrac{c_1''}{m_2},a_2=\dfrac{c_2}{m_2}\\
k=m_1/m_2
\end{cases}
\tag{6.2.7}
$$

对典则方程(6.2.6),采用变换

$$
x_s=\sum_{k=1}^{2}A_k\varphi_{sk}(\theta_k)\quad s=1,2,3,4 \tag{6.2.8}
$$

所引入的新变量 A_1,A_2 为振幅, θ_1,θ_2 为相位,它们都是时间 t 的函数。

当 $\dfrac{\mathrm{d}\theta_k}{\mathrm{d}t}=\lambda_k$ 时,函数 $\varphi_{sk}(\theta_k)$ 为式(6.2.6)的派生方程组的特解, λ_k 为派生系统的固有频率,当 A_k 为常数和 $\dfrac{\mathrm{d}\theta_k}{\mathrm{d}t}=\lambda_k$ 时,式(6.2.8)为式(6.2.6)的派生方程组的通解,将式(6.2.8)代入式(6.2.6),则

$$
\sum_{k=1}^{2}\frac{\mathrm{d}A_k}{\mathrm{d}t}\varphi_{sk}(\theta_k)-\sum_{k=1}^{2}A_k\varphi_{sk}^*(\theta_k)\left(\frac{\mathrm{d}\theta_k}{\mathrm{d}t}-\lambda_k\right)=\varepsilon\bar{F}_s \tag{6.2.9}
$$

其中

$$
\bar{F}_1=0,\bar{F}_2=F_3',\ \bar{F}_3=0,\bar{F}_4=F_2 \tag{6.2.10}
$$

为了将式(6.2.9)对 $\dfrac{\mathrm{d}A_k}{\mathrm{d}t}$, $\dfrac{\mathrm{d}\theta_k}{\mathrm{d}t}$ 解出,须确定函数 $\varphi_{sk}(\theta_k)$ 和 $\varphi_{sk}^*(\theta_k)$,并需应用式(6.2.6)的派生方程的解 $\varphi_{sk}(\theta_k)$ 和 $\varphi_{sk}^*(\theta_k)$ 与其共轭方程的解 $\psi_{sj}(\theta_j)$, $\psi^*_{sj}(\theta_j)$ 之间的正交关系。方程(6.2.6)的派生方程为

$$\begin{cases}\dfrac{dx_1}{dt}=x_2\\\dfrac{dx_2}{dt}=-a_1'x_1+a_2'x_3\\\dfrac{dx_3}{dt}=x_4\\\dfrac{dx_4}{dt}=b_1x_1-a_2x_3\end{cases}\tag{6.2.11}$$

设方程(6.2.11)的解为

$$x_j=B_j e^{i\lambda t},\quad B_j=P_j+iQ_j\quad j=1,2,3,4\tag{6.2.12}$$

将式(6.2.12)代入式(6.2.11),则

$$\begin{cases}iB_1\lambda-B_2=0\\-a_1'B_1-i\lambda B_2+a_2'B_3=0\\iB_3\lambda-B_4=0\\-b_1B_1+a_2B_3+i\lambda B_4=0\end{cases}\tag{6.2.13}$$

由式(6.2.13)得

$$\begin{cases}B_2=i\lambda B_1\\B_3=\dfrac{1}{a_2'}(a_1'-\lambda^2)B_1\\B_4=\dfrac{i\lambda}{a_2'}(a_1'-\lambda^2)B_1\end{cases}\tag{6.2.14}$$

在式(6.2.13)中,如 $B_1\sim B_4$ 有非零解,则得频率方程式

$$\begin{vmatrix}i\lambda & -1 & 0 & 0\\-a_1' & -i\lambda & a_2' & 0\\0 & 0 & i\lambda & -1\\b_1 & 0 & -a_2 & -i\lambda\end{vmatrix}=\lambda^4-\lambda^2(a_1'+a_2)+a_1'a_2-b_1a_2'=0$$

所以

$$\lambda_{1,2}^2=\frac{1}{2}\left[(a'_1+a_2)\mp\sqrt{(a_1'+a_2)^2-4(a_1'a_2-b_1a_2')}\right]\tag{6.2.15}$$

或

$$\lambda_{1,2}^2=\frac{1}{2}\left[(a_1'+a_2)\mp\sqrt{(a_1'-a_2)^2+4b_1a_2')}\right]$$

由式(6.2.7)知 $a_1'a_2-b_1a_2'>0,\ 4b_1a_2'>0$,因而 $\lambda_{1,2}^2$ 为一对相异的正实根。

将式(6.2.14)代入式(6.2.12),取 $B_1=1$,令其实部为 φ_{sk},虚部为 φ_{sk}^*,则它们是派生方程(6.2.11)的特解,有时称这些函数为派生方程(6.2.11)的基础解系,它们的表达式为

$$\begin{cases}\varphi_{sk}=P_{sk}\cos\lambda_k t-Q_{sk}\sin\lambda_k t,\ \varphi_{sk}^*=P_{sk}\sin\lambda_k t+Q_{sk}\cos\lambda_k t\\ \varphi_{1k}=\cos\lambda_k t,\varphi_{1k}^*=\sin\lambda_k t\\ \varphi_{2k}=-\lambda_k\sin\lambda_k t,\varphi_{2k}^*=\lambda_k\cos\lambda_k t\\ \varphi_{3k}=\dfrac{1}{a_2'}(a_1'-\lambda_k^2)\cos\lambda_k t,\varphi_{3k}^*=\dfrac{1}{a'_2}(a_1'-\lambda_k^2)\sin\lambda_k t\\ \varphi_{4k}=-\dfrac{\lambda_k}{a_2'}(a_1'-\lambda_k^2)\sin\lambda_k t,\varphi_{4k}^*=\dfrac{\lambda_k}{a_2'}(a_1'-\lambda_k^2)\cos\lambda_k t\\ k=1,2\end{cases}\tag{6.2.16}$$

式(6.2.11)的共轭方程组为

$$\begin{cases}\dfrac{\mathrm{d}y_1}{\mathrm{d}t}=a_1'y_2-b_1y_4\\ \dfrac{\mathrm{d}y_2}{\mathrm{d}t}=-y_1\\ \dfrac{\mathrm{d}y_3}{\mathrm{d}t}=-a_2'y_2+a_2y_4\\ \dfrac{\mathrm{d}y_4}{\mathrm{d}t}=-y_3\end{cases}\tag{6.2.17}$$

同理,可得共轭方程组的基础解系为

$$\begin{cases}\psi_{sk}=C_{sk}\cos\lambda_k t-D_{sk}\sin\lambda_k t\\ \psi_{1k}=\cos\lambda_k t,\psi_{1k}^*=\sin\lambda_k t\\ \psi_{2k}=-\dfrac{1}{\lambda_k}\sin\lambda_k t,\psi_{2k}^*=\dfrac{1}{\lambda_k}\cos\lambda_k t\\ \psi_{3k}=\dfrac{1}{b_1}(a_1'-\lambda_k^2)\cos\lambda_k t,\psi_{3k}^*=\dfrac{1}{b_1}(a_1'-\lambda_k^2)\sin\lambda_k t\\ \psi_{4k}=-\dfrac{1}{b_1\lambda_k}(a_1'-\lambda_k^2)\sin\lambda_k t,\psi_{4k}^*=\dfrac{1}{b_1\lambda_k}(a_1'-\lambda_k^2)\cos\lambda_k t\\ k=1,2\end{cases}\tag{6.2.18}$$

求出派生方程和其共轭方程的基础解系后,为了得到标准形式的方程,下面验证其正交性。当 $i\neq j$ 时,我们已经证明了下述关系式:

$$\sum_{s=1}^{4}\varphi_{si}(\theta_i)\psi_{sj}(\theta_j)=\sum_{s=1}^{4}\varphi_{si}(\theta_i)\psi_{sj}^*(\theta_j)=\sum_{s}\varphi_{si}^*(\theta_i)\psi_{sj}^*(\theta_j)=\sum_{s}\varphi_{si}^*(\theta_i)\psi_{sj}(\theta_j)=0\tag{6.2.19}$$

这些关系式在任何情形下都是一定满足的,因而没有必要再去验证。

通过计算可以知道,当 $i=j$ 时,有

$$\sum_{s}\varphi_{si}^*(\theta_i)\,\psi_{si}(\theta_i)=\sum\varphi_{si}(\theta_i)\,\psi_{si}^*(\theta_i)=\sum_{s=1}^{4}Q_{si}C_{si}\equiv 0\tag{6.2.20}$$

$$\sum_{s}\varphi_{si}^*(\theta_i)\psi_{si}^*\theta_i)=\sum\psi_{si}(\theta_i)\varphi_{si}(\theta_i)=\sum_{s=1}^{4}Q_{si}D_{si}=1+\frac{1}{a_2'b_1}(a_1'-\lambda_i^2)^2=\Delta_i'\tag{6.2.21}$$

分别以 $\psi_{si}(\theta_i),\psi_{si}^*(\theta_i)$ 乘式(6.2.9),并将 s 从 1 到 4 求和,由基础解系的正交关系(6.2.19)和(6.2.21),则得标准方程

$$\begin{cases}\dfrac{\mathrm{d}A_k}{\mathrm{d}t}=\dfrac{\varepsilon}{\Delta_k'}\sum\limits_s\bar{F}_s\psi_{sk}(\theta_k)=\varepsilon\varphi_k(A,\theta)\\ \dfrac{\mathrm{d}\theta_k}{\mathrm{d}t}=\lambda_k-\dfrac{\varepsilon}{\Delta_k'A_k}\sum\limits_s\bar{F}_s\psi_{sk}^*(\theta_k)=\lambda_k-\varepsilon\varphi_k^*(A,\theta)\end{cases}\tag{6.2.22}$$

从式(6.2.22)的形式知，A_k 的导数是与 ε 成正比的量，即 A_k 是随着时间而缓慢变化的函数。

3. 共振情况的定常解

现求主共振情况的定常解，为此取 $\lambda_2-\omega$ 为与 ε 同阶的小量，即 $\lambda_2-\omega=\varepsilon H_k$。在振动理论中，共振现象是人们最感兴趣的问题之一，在共振机械中利用共振点工作，可达到节省功率、提高劳动生产率的目的。

对方程(6.2.22)采用 KB 变换

$$\begin{cases}A_k=y_k+\varepsilon U_k(t,y,\vartheta)\\ \theta_k=\omega t+\vartheta_k+\varepsilon V_k(t,y,\vartheta)\end{cases}\tag{6.2.23}$$

并要求新变量 y_k, ϑ_k 的导数为

$$\begin{cases}\dfrac{\mathrm{d}y_k}{\mathrm{d}t}=\varepsilon Y_k(y,\vartheta)+\varepsilon^2Y_k^*(t,y,\vartheta,\varepsilon)\\ \dfrac{\mathrm{d}\vartheta_k}{\mathrm{d}t}=\lambda_k-\omega+\varepsilon Z_k(y,\vartheta)+\varepsilon^2Z_k^*(t,y,\vartheta,e)\end{cases}\tag{6.2.24}$$

其中，Y_k,Z_k 不显含 t；U_k,V_k, Y_k^* 和 Z_k^* 为 ϑ 的以 2π 为周期的周期函数和 t 的周期函数。

将式(6.2.23)代入式(6.2.22)，考虑到式(6.2.24)之后，得

$$\varepsilon Y_k+\varepsilon^2Y_k^*+\varepsilon\frac{\partial U_k}{\partial t}+\varepsilon\sum_{j=1}^{2}\frac{\partial U_k}{\partial y_j}(\varepsilon Y_j+\varepsilon^2Y_j^*)+\varepsilon\sum_{j=1}^{2}\frac{\partial U_k}{\partial\vartheta_i}(\varepsilon Y_j+\varepsilon^2Y_j^*+\lambda_j-\omega)=\varepsilon\phi_k+\varepsilon^2\cdots$$

$$\varepsilon Z_k+\varepsilon^2Z_k^*+\varepsilon\frac{\partial V_k}{\partial t}+\varepsilon\sum_{j=1}^{2}\frac{\partial V_k}{\partial y_j}(\varepsilon Z_j+\varepsilon^2Z_j^*)+\varepsilon\sum_{j=1}^{2}\frac{\partial V_k}{\partial\vartheta_i}(\varepsilon Z_j+\varepsilon^2Z_j^*+\lambda_j-\omega)=-\varepsilon\phi_k^*+\cdots$$

令上式中 ε 的一次方的系数相等，则

$$\begin{cases}Y_k+\dfrac{\partial U_k}{\partial t}+\sum\dfrac{\partial U_k}{\partial\vartheta_j}(\lambda_j-\omega)=\phi_k\\ Z_k+\dfrac{\partial V_k}{\partial t}+\sum\dfrac{\partial V_k}{\partial\vartheta_j}(\lambda_j-\omega)=-\phi_k^*\end{cases}\tag{6.2.25}$$

为了使函数 Y_k,Z_k 满足不显含 t 的条件，可用如下的方法来确定它们：

$$\begin{cases}Y_k=\dfrac{1}{T}\displaystyle\int_0^T\phi_k\mathrm{d}t=\dfrac{1}{2\pi}\int_0^{2\pi}\phi_k\mathrm{d}\psi\\ -Z_k=\dfrac{1}{T}\displaystyle\int_0^T\phi_k^*\mathrm{d}t=\dfrac{1}{2\pi}\int_0^{2\pi}\phi_k^*\mathrm{d}\psi\end{cases}\tag{6.2.26}$$

为了求出以上积分，令 k=2，首先写出 ψ_2 的表达式

$$\phi_2=\frac{1}{\Delta_2'}\sum_s\bar{F}_s\psi_{s2}(\theta_2)=\frac{1}{\Delta_2'\lambda_2}\{\frac{1}{m_1}[\frac{k(a_1'-\lambda_2^2)}{b_1}-(1+k)\ ]\cdot$$

$$\frac{c_0r}{2}[\cos\vartheta_2-\cos(2\omega t+\vartheta_2)+\mu_0\omega\cdot\sin(2\omega t+\vartheta_2)+\mu_0\omega\sin\vartheta_2\ \ ]-f_3(A,\theta)\sin\theta_2-$$

$$f_2(A,\theta)\sin\theta_2+\frac{\mu_1c_1}{m_1}[-\lambda_1A_1(1+\frac{a_1'-\lambda_1^2}{a_2'})\sin\theta_1\cdot\sin\theta_2-\lambda_2A_2(1+\frac{a_1'-\lambda_2^2}{a_2'})\sin^2\theta_2]+$$
$$(\frac{a_1'-\lambda_2^2}{b_1}-1)\cdot\frac{\mu_2c_2}{m_2}\cdot[\frac{\lambda_1}{2a_2'}(\lambda_1^2-a_1')A_1[\cos(\theta_2-\theta_1)-\cos(\theta_2+\theta_1)]+ \tag{6.2.27}$$
$$\frac{\lambda_2A_2}{a_2'}(\lambda_2^2-a_1')\sin^2\theta_2]\}$$

为了使函数 Y_2，Z_2 满足不显含 t 的条件，则

$$Y_2=\frac{1}{T}\int_0^T\phi_2\mathrm{d}t=\frac{1}{2\pi}\int_0^{2\pi}\phi_2\mathrm{d}\psi$$
$$=\frac{1}{\Delta_2'\lambda_2}\{\frac{1}{m_1}[\frac{k(a_1'-\lambda_2^2)}{b_1}-(1+k)]\cdot[\frac{c_0r}{2}(\cos\vartheta_2+\mu_0\omega\sin\vartheta_2)+\frac{1}{2}A_2\lambda_2h_1''[a-H(\alpha,Z)]]-$$
$$\frac{\mu_1c_1\lambda_2A_2}{2m_1}(1+\frac{a_1'-\lambda_2^2}{a_2'})+\frac{\mu_2c_2}{m_2}\frac{\lambda_2A_2}{2a_2'}(\lambda_2^2-a_1')(\frac{a_1'-\lambda_2^2}{b_1}-1)\} \tag{6.2.28}$$

注：在上式中考虑到 $A_2\gg A_1$，略去与 A_1 相关的各项。

同理

$$Z_2=\frac{1}{m_1\Delta_2'\lambda_2A_2}\{[\frac{k(a_1'-\lambda_2^2)}{b_1}-(1+k)]\cdot[\frac{c_0r}{2}(\sin\vartheta_2-\mu_0\omega\cos\vartheta_2)+$$
$$\frac{c_1''A_2}{2}[H(\beta,Z)+1-\beta]]\} \tag{6.2.29}$$

在以上的积分中应用了非线性弹性恢复力 $f_3(A,\theta)$ 和阻尼 $f_2(A,\theta)$ 的 Fourier 级数，即

$$f_3(A,\theta)=A_2c_1''[\beta-1-H(\beta,Z)]\cos\theta+\sum_{n=1}^{\infty}\frac{A_2}{n(n+1)(2n+1)}\cdot\frac{(c'_1-c''_1)}{\pi}\cdot$$
$$[n\sin(2n+2)\theta_0-(n+1)\sin 2n\theta_0]\cos(2n+1)\theta$$
$$f_2(A,\theta)=-\lambda_2A_2h_1''[\alpha-H(\alpha,Z)]\sin\theta-\lambda_2A_2h_1''\frac{2(1-\alpha)}{\pi}\sum_{n=1}^{\infty}[\frac{1}{2n}\sin 2n\theta_0- \tag{6.2.30}$$
$$\frac{1}{2(n+1)}\sin 2(n+1)\theta_0]\sin(2n+1)\theta$$

其中，因只考虑 λ_2 的共振区间，取 $y_{12}=A_2\cos\theta_2=A_2\cos\theta$，$y_2=A_2\varphi_{32}$，$\theta_0$ 是 $y_{12}=\mathrm{e}$ 时所对应的 θ 值，且

$$H(\alpha,Z)=\frac{2}{\pi Z}(\alpha-1)(Z\arccos\frac{1}{Z}-\sqrt{1-\frac{1}{Z^2}}) \tag{6.2.31}$$

同理

$$H(\beta,Z)=\frac{2}{\pi Z}(\beta-1)(Z\arccos\frac{1}{Z}-\sqrt{1-\frac{1}{Z^2}}) \tag{6.2.32}$$

在方程组（6.2.24）中，如只考虑 ε 的一次项，则得到确定第一次近似解的方程

$$\frac{\mathrm{d}A_2}{\mathrm{d}t}=\frac{\varepsilon}{\Delta_2'\lambda_2}\{\frac{1}{m_1}[\frac{k(a_1'-\lambda_2^2)}{b_1}-(1+k)]\cdot[\frac{c_0r}{2}\cdot(\cos\vartheta_2+\mu_0\omega\sin\vartheta_2)+$$
$$\frac{1}{2}A_2\lambda_2h_1''[\alpha-H(\alpha,Z)]]-\frac{\mu_1c_1\lambda_2A_2}{2m_1}(1+\frac{a_1'-\lambda_2^2}{a_2'})+(\frac{a_1'-\lambda_2^2}{b_1}-1)(\lambda_2^2-a_1')\frac{\mu_2c_2\lambda_2A_2}{2a'_2m_2}\} \tag{6.2.33}$$

$$\frac{\mathrm{d}\vartheta_2}{\mathrm{d}t}=\lambda_2-\omega+\frac{1}{m_1\Delta_2'\lambda_2A_2}\{[\frac{k(a_1'-\lambda_2^2)}{b_1}-(1+k)]\cdot$$
$$[-\frac{c_0r}{2}(\sin\vartheta_2-\mu_0\omega\cos\vartheta_2)+\frac{c_1''A_2}{2}[H(\beta,Z)+1-\beta]]\}$$

其中

$$\begin{cases}h_0=\mu_0c_0,h'=\mu'c'\\h'''=\mu'''c''',h_1'=h_0+h'\\h_1''=h_1'+h''',\alpha'=h_1'/h_1''\\\beta=\dfrac{c_1'}{c_1''},Z=A_2/\mathrm{e}\end{cases}\tag{6.2.34}$$

设$\delta_e(A_2)$为等效线性衰减指数，其表达式

$$\delta_e(A_2)=\frac{1}{\Delta_2'\lambda_2}\{(\frac{a_1'-\lambda_2^2}{b_1}-1)(a_1'-\lambda_2^2)\frac{\mu_2c_2\lambda_2}{2a_2'm_2}-\frac{1}{m_1}[\frac{k(a_1'-\lambda_2^2)}{b_1}-(1+k)]\cdot$$
$$[\frac{\lambda_2h_1''}{2}[\alpha-H(\alpha,Z)]]+\frac{\mu_1c_1\lambda_2}{2m_1}(1+\frac{a_1'-\lambda_2^2}{a_2'})\}\tag{6.2.35}$$

设$p_e(A_2)$为等效线性固有频率，在考虑到本系统的特点后，等效线性固有频率方程，即共振曲线的“骨干方程”取

$$p_e(A_2)=\lambda_2+\frac{1}{m_1\Delta_2'\lambda_2}\{\frac{c_1''}{2}[\frac{k(a_1'-\lambda_2^2)}{b_1}-(1+k)]\cdot[1-\beta+H(\beta,Z)]\}\tag{6.2.36}$$

在式（6.2.36）中，当$Z<1$时，即$x_1\leqslant\mathrm{e}$时，则$H(\beta,Z)=0$，所以

$$p_e(A_2)=\lambda_2+\frac{1}{m_1\Delta_2'\lambda_2}\frac{c_1''}{2}[\frac{k(a_1'-\lambda_2^2)}{b_1}-(1+k)](1-\beta)$$

如λ_2'为$c'''=0$时系统的二阶固有频率，从式（6.2.36）知$p_e(A_2)>\lambda_2'$，当$Z>1$时，即非线性弹簧即将起作用时，$p_e(A_2)$不等于λ_2'，而发生了突变，这是由于$x_1=\mathrm{e}$时弹性元件的刚度突然变化所引起的。

将式（6.2.35）和式（6.2.36）代入式（6.2.33），则得第一次近似的方程为

$$\begin{cases}\dfrac{\mathrm{d}A_2}{\mathrm{d}t}=-\delta_e(A_2)A_2+\dfrac{c_0rB}{2m_1\Delta_2'\lambda_2}[\dfrac{k(a_1'-\lambda_2^2)}{b_1}-(1+k)]\cos(\vartheta_2-\alpha)\\\dfrac{\mathrm{d}\vartheta_2}{\mathrm{d}t}=p_e-\omega-\dfrac{c_0rB}{2m_1\Delta_2'\lambda_2}[\dfrac{k(a_1'-\lambda_2^2)}{b_1}-(1+k)]\sin(\vartheta_2-\alpha)\end{cases}\tag{6.2.37}$$

其中

$$\begin{cases}B=\sqrt{1+\mu_0^2\omega^2}\\\tan\alpha=\mu_0\omega\end{cases}\tag{6.2.38}$$

因我们只研究共振情况，在式（6.2.37）的第一式中可令$2\lambda_2\approx2\omega$，在第二式中可令$2\lambda_2\approx p_e(A_2)+\omega$，并令式（6.2.37）的右端等于零，则可得到求定常解的方程

$$2\omega\delta_e(A_2)A_2=\frac{c_0rB}{m_1\Delta_2'}[\frac{k(a_1'-\lambda_2^2)}{b_1}-(1+k)]\cdot\cos(\vartheta_2-\alpha)$$

$$[p_e^2(A_2)-\omega^2]A_2=\frac{c_0rB}{m_1\Delta_2'}\left[\frac{k(a_1'-\lambda_2^2)}{b_1}-(1+k)\right]\cdot\sin(\vartheta_2-\alpha)$$

取上述方程组的平方，等式左、右端分别相加，得

$$A_2^2\left\{[p_e^2(A_2)-\omega^2]^2+4\delta_e^2(A_2)\omega^2\right\}=\left(\frac{c_0rB}{m_1\Delta_2'}\right)^2\left[\frac{k(a_1'-\lambda_2^2)}{b_1}-(1+k)\right]^2$$

则定常解为

$$\begin{cases}A_2=\dfrac{\left(\dfrac{c_0rB}{m_1\Delta_2'}\right)\left[\dfrac{k(a_1'-\lambda_2^2)}{b_1}-(1+k)\right]}{\sqrt{[p_e^2(A_2)-\omega^2]^2+4\delta_e^2(A_2)\omega^2}}\\ \vartheta_2=\operatorname{arccot}\dfrac{2\omega\delta_e(A_2)}{p_e^2(A_2)-\omega^2}+\alpha\end{cases}\tag{6.2.39}$$

应特别指出，$p_e^2(A_2)$已不是第一次近似值，此处考虑了$x_1=e$时弹性参数突然变化的影响后，$p_e(A_2)$是由式(6.2.26)所确定。

因$p_e(A_2)$和$\delta_e(A_2)$都是振幅的函数，所以求解时利用式(6.2.39)并不方便，通常对ω解出

$$\begin{aligned}&\omega=\sqrt{[p_e^2(A_2)-2\delta_e^2(A_2)]\pm\sqrt{[p_e^2(A_2)-2\delta_e^2(A_2)]^2-[p_e^4(A_2)-\frac{P_1^2}{A_2^2}]}}\\&\vartheta_2=\operatorname{arccot}\frac{2\omega\delta_e(A_2)}{p_e^2(A_2)-\omega^2}+\alpha\end{aligned}\tag{6.2.40}$$

其中

$$P_1=\frac{c_0rB}{m_1\Delta_2'}\left[\frac{k(a_1'-\lambda_2^2)}{b_1}-(1+k)\right]$$

给A_2一系列不同的值，由式(6.2.35)和式(6.2.36)算出$\delta_e(A_2)$和$p_e(A_2)$，再由式(6.2.40)算出对应的ω，则可画出A_2-ω曲线(共振曲线)，由之分析非线性振动过程的性质，从而判断系统的动力学参数再算出共振曲线，由它分析所选工作点的工作平稳性(工作频率的微小波动引起振幅的微小波动，则工作平衡性好)及其频率储备量(振幅向下跳跃频率$\omega_{下}$与工作频率ω之差，或以$\omega/\omega_{下}$表示)是否合理，并可分析确定合理的系统参数范围和有效、合理的现场工作参数调整方法。

第7章　多自由度非线性振动系统的多尺度方法

本章讨论离散的有限自由度弱非线性系统，并利用一种摄动方法即多尺度法求解。对于强非线性系统，摄动方法可用于存在基本的精确非线性解的情形。其他情况通常借助几何方法来得到系统性状（包括稳定性）的定性描述，或者利用数值方法来研究。多自由度线性系统与单自由度线性系统的区别是，单自由度系统仅有单个线性固有频率和单个运动模态，而一个n自由度系统有n个线性固有频率和n个相应的模态，我们把这些频率记作$\omega_1, \omega_2, \cdots, \omega_n$，并且全是实的且不等于零。对于非线性系统，当两个或更多个频率的比值为有理数或近似的为有理数时是一种重要情况，举例如下：

$$\omega_2 \approx 2\omega_1,\ \omega_2 \approx 3\omega_1, \omega_3 \approx \omega_2 \pm \omega_1, \omega_3 \approx 2\omega_2 \pm \omega_1,\ \omega_4 \approx \omega_3 \pm \omega_2 \pm \omega_1$$

当系统的固有频率满足上述关系时，可能引起相应模态很强的耦合，这就称为存在内共振的可能。例如，假定系统带平方非线性，如果$\omega_m \approx 2\omega_k$或$\omega_q \approx \omega_p \pm \omega_m$，就存在一阶内共振。对于带立方非线性的系统，如果$\omega_m \approx 3\omega_k$或$\omega_q \approx 2\omega_p \pm \omega_m$或$\omega_q \approx \omega_p \mp \omega_m \mp \omega_k$，就存在一阶内共振。当自由振动系统中存在内共振时，初始时给予涉及内共振的某一个模态的能量，将在涉及内共振全部模态之间不断地交换。如果系统中有阻尼，那么能量在交换中将不断地减少。

在保守的单自由度非陀螺系统里，如果线性运动是振荡的，那么非线性运动是有界的，因此是稳定的；而对于保守的多自由度陀螺系统，假如存在内共振，非线性运动将有可能是无界的，因而是不稳定的。

如果在多自由度系统上作用一个频率为Ω的简谐外激励，则除单自由度系统的全部主共振、超谐共振、亚谐共振和分数共振（$p\Omega \approx q\omega_m$，$p$和$q$是整数）以外，还可以存在其他的共振组合，其形式为

$$p\Omega = a_1\omega_1 + a_2\omega_2 + \cdots + a_N\omega_N$$

其中，p和a_n是整数。且有

$$p + \sum_{n=1}^{N} |a_n| = M$$

其中，M是系统的非线性阶数加1，而N是自由度数。

这种在系统中可能存在的组合共振，其共振的类型依赖于系统的非线性阶数。对于带平方非线性的系统，可能存在的一阶组合共振包含除Ω外的两个频率，即$\Omega \approx \omega_m + \omega_k$或$\Omega \approx \omega_m - \omega_k$，前者称为加法型组合共振，而后者称为减法型组合共振。这些组合共振的类型Malkin（1956）在理论上预言过，并由Yamamoto（1957，1960）在实验中找到。对于带立方非线

性的系统，可能存在的一阶组合共振，包含除 Ω 以外的两个或三个固有频率，即

$$\Omega \approx \omega_p \pm \omega_m \pm \omega_k,\ \Omega \approx 2\omega_p \pm \omega_m,\ \Omega \approx \omega_p \pm 2\omega_m,\ 2\Omega \approx \omega_m \pm \omega_k$$

在有内共振的系统中，在某些条件下，系统的外共振可能涉及一个或多个模态。对于带平方非线性的系统，Nayfeh，Mook 和 Marshall（1973）证明了当 $\Omega \approx 2\omega_1$ 和 $\omega_2 \approx 2\omega_1$ 时存在饱和现象。当激励幅值 k 是小量时，只有频率为 ω_2 的第二阶模态被激发；当 k 达到临界值 k_c（k_c 依赖于两个模态的阻尼系数和解谐）时，第二阶模态达到饱和而第一阶模态开始增长。当 k 再增大时，由于内共振，所有增加的能量都进入了第一阶模态中（即使有 $\Omega \approx \omega_2$）。对于带立方非线性的系统，虽然存在一种趋势，即对涉及内共振的模态，能量从较高次模态流到较低次模态中，但不存在饱和现象。

对于带平方非线性的系统，Nayfeh，Mook 和 Marshall（1973）发现，如果 $\Omega \approx \omega_1$ 和 $\omega_2 \approx 2\omega_1$，则在某些条件下，即使有阻尼也不存在稳态运动。这时，能量在这两个模态之间不断地交换而不衰减。这个性质是与单自由度系统不同的，在有正阻尼的单自由度系统中，当作用有周期性激励时，总存在稳态周期运动。

当涉及内共振的模态也与外激励的组合共振有关时，则根据非线性的阶数，在响应内可能存在两个或更多的分数谐波。对于带平方非线性的系统，可能存在内共振和组合共振 $\omega_2 \approx 2\omega_1$ 和 $\Omega \approx \omega_2 + \omega_1$，因此在响应内可能出现分数谐波偶 $(\frac{1}{3}\Omega, \frac{2}{3}\Omega)$。对于带立方非线性的系统，可能存在 $\omega_2 \approx 3\omega_1$ 和 $\Omega \approx \omega_2 + 2\omega_1$ 或 $\Omega \approx \frac{1}{2}(\omega_2 + \omega_1)$，那么分数谐波偶 $(\frac{1}{5}\Omega,\ \frac{3}{5}\Omega)$ 或 $(\frac{1}{2}\Omega, \frac{2}{3}\Omega)$ 之一可能存在。这种分数谐波偶曾在各种各样的物理系统中观察到。

7.1　带平方非线性的系统的自由振动

带平方非线性的运动方程与许多物理系统相联系，例如电子回旋加速器的振荡，弹簧摆的运动，船舶的运动，流体分界面的运动，旋转轴的运动，壳和复合板的振动，结构在受载静平衡位置附近的振动，柱的纵向和横向的耦合振动，带平方非线性的陀螺系统的自由振动等。

本节证明了到二阶近似，带平方非线性系统的性状与线性系统的性状相同（即频率与振幅无关，振动模态不耦合），除非频率 ω_n 是可公度的或接近于可公度的，也就是除非 $\omega_n \approx 2\omega_m$ 或 $\omega_n \mp \omega_k$ 是可公度的。只要满足这些条件中的一个或几个，就称存在内共振。

为了描述这类系统的物理特性同时避免大量的数学运算，我们研究一个二自由度系统，它由下列方程描述：

$$\begin{cases} \ddot{u}_1 + \omega_1^2 u_1 = -2\hat{\mu}_1 \dot{u}_1 + \alpha_1 u_1 u_2 \\ \ddot{u}_2 + \omega_2^2 u_2 = -2\hat{\mu}_2 \dot{u}_2 + \alpha_2 u_1^2 \end{cases} \tag{7.1.1}$$

下面用多尺度方法来求式（7.1.1）对小且有限振幅的一阶近似解，其形式为

$$\begin{cases} u_1 = \varepsilon u_{11}(T_0, T_1) + \varepsilon^2 u_{12}(T_0, T_1) + \cdots \\ u_2 = \varepsilon u_{21}(T_0, T_1) + \varepsilon^2 u_{22}(T_0, T_1) + \cdots \end{cases} \tag{7.1.2}$$

其中，ε是振动振幅量级的、小的无量纲参数，而$T_n=\varepsilon^n t$。

为了使阻尼和非线性项在同一摄动方程中出现，我们令$\hat{\mu}_j=\varepsilon\mu_j$以调节阻尼系数的量级，把式(7.1.2)代入式(7.1.1)并使ε同阶的系数相等，得到

ε阶

$$\begin{cases}D_0^2u_{11}+\omega_1^2u_{11}=0\\D_0^2u_{21}+\omega_2^2u_{21}=0\end{cases}\tag{7.1.3}$$

ε^2阶

$$\begin{cases}D_0^2u_{12}+\omega_1^2u_{12}=-2D_0(D_1u_{11}+\mu_1u_{11})+\alpha_1u_{11}u_{21}\\D_0^2u_{22}+\omega_2^2u_{22}=-2D_0(D_1u_{21}+\mu_2u_{21})+\alpha_2u_{11}^2\end{cases}\tag{7.1.4}$$

其中，$D_n=\partial/\partial T_n$。

式(7.1.3)的解可写成下列形式：

$$\begin{cases}u_{11}=A_1(T_1)\exp(\mathrm{i}\omega_1T_0)+cc\\u_{21}=A_2(T_1)\exp(\mathrm{i}\omega_2T_0)+cc\end{cases}\tag{7.1.5}$$

将式(7.1.5)代入式(7.1.4)，有

$$\begin{cases}D_0^2u_{12}+\omega_1^2u_{12}=-2\mathrm{i}\omega_1(A_1'+\mu_1A_1)\exp(\mathrm{i}\omega_1T_0)+\\\qquad\alpha_1\{A_1A_2\exp[\mathrm{i}(\omega_1+\omega_2)T_0]+A_2\bar{A}_1\exp[\mathrm{i}(\omega_2-\omega_1)T_0]\}+cc\\D_0^2u_{22}+\omega_2^2u_{22}=-2\mathrm{i}\omega_2(A_2'+\mu_2A_2)\exp(\mathrm{i}\omega_2T_0)+\\\qquad\alpha_2[A_1^2\exp(2\mathrm{i}\omega_1T_0)+A_1\bar{A}_1]+cc\end{cases}\tag{7.1.7}$$

当$2\omega_1\approx\omega_2$时，存在一个额外的联系u_1和u_2的环节(即有这么一项)，这就称为内共振。为了分析式(7.1.6)和式(7.1.7)的特解，我们必须区分$\omega_2\approx2\omega_1$的共振情形和ω_2远离$2\omega_1$的非共振情形。

1. 非共振情形

在这种情形里，可解性条件(消去长期项的条件)是

$$\begin{cases}A_1'+\mu_1A_1=0\\A_2'+\mu_2A_2=0\end{cases}\tag{7.1.8}$$

其中，以“$'$”记作关于T_1导数。由此得出

$$\begin{cases}A_1=a_1\exp(-\mu_1T_1)\\A_2=a_2\exp(-\mu_2T_1)\end{cases}\tag{7.1.9}$$

其中，a_1和a_2是复常数，因而

$$\begin{cases}u_1=\varepsilon\exp(-\varepsilon\mu_1t)[a_1\exp(\mathrm{i}\omega_1t)+cc]+O(\varepsilon^2)\\u_2=\varepsilon\exp(-\varepsilon\mu_2t)[a_2\exp(\mathrm{i}\omega_2t)+cc]+O(\varepsilon^2)\end{cases}\tag{7.1.10}$$

所以，两个模态都衰减，而稳态解是

$$u_1=u_2=0\tag{7.1.11}$$

2. 共振情形(内共振)

在这种情形里，我们按照

$$\omega_2 = 2\omega_1 + \varepsilon\sigma \tag{7.1.12}$$

引进解谐参数 σ，并令

$$\begin{cases} 2\omega_1 T_0 = \omega_2 T_0 - \varepsilon\sigma T_0 = \omega_2 T_0 - \sigma T_1 \\ (\omega_2 - \omega_1) T_0 = \omega_1 T_0 + \varepsilon\sigma T_0 = \omega_1 T_0 + \sigma T_1 \end{cases} \tag{7.1.13}$$

在现在的情形，从式(7.1.6)、式(7.1.7)和式(7.1.13)得出可解性条件是

$$\begin{cases} -2\mathrm{i}\omega_1(A_1' + \mu_1 A_1) + \alpha_1 A_2 \bar{A}_1 \exp(\mathrm{i}\sigma T_1) = 0 \\ -2\mathrm{i}\omega_2(A_2' + \mu_2 A_2) + \alpha_2 A_1^2 \exp(-\mathrm{i}\sigma T_1) = 0 \end{cases} \tag{7.1.14}$$

为了方便，我们采用极坐标形式，令

$$A_m = \frac{1}{2} a_m \exp(\mathrm{i}\theta_m) \quad m = 1, 2 \tag{7.1.15}$$

其中，a_m 和 θ_m 是 T_1 的实函数。将式(7.1.15)代入式(7.1.14)，并将所得结果分为实部和虚部，得到

$$a_1' = -\mu_1 a_1 + \frac{\alpha_1}{4\omega_1} a_1 a_2 \sin\gamma \tag{7.1.16}$$

$$a_2' = -\mu_2 a_2 - \frac{\alpha_2}{4\omega_2} a_1^2 \sin\gamma \tag{7.1.17}$$

$$a_1\theta_1' = -\frac{\alpha_1}{4\omega_1} a_1 a_2 \cos\gamma \tag{7.1.18}$$

$$a_2\theta_2' = -\frac{\alpha_2}{4\omega_2} a_1^2 \cos\gamma \tag{7.1.19}$$

其中

$$\gamma = \theta_2 - 2\theta_1 + \sigma T_1 \tag{7.1.20}$$

从式(7.1.18)至式(7.1.20)中消去 θ_1 和 θ_2，得到

$$a_2\gamma' = \sigma a_2 + \left(\frac{\alpha_1 a_2^2}{2\omega_1} - \frac{\alpha_2 a_1^2}{4\omega_2}\right)\cos\gamma \tag{7.1.21}$$

因此，问题归结为解式(7.1.16)、式(7.1.17)和式(7.1.21)。稳态响应对应于

$$a_1' = a_2' = \gamma' = 0 \tag{7.1.22}$$

它对应于下列三个方程的解：

$$-\mu_1 a_1 + \frac{\alpha_1}{4\omega_1} a_1 a_2 \sin\gamma = 0 \tag{7.1.23}$$

$$-\mu_2 a_2 - \frac{\alpha_2}{4\omega_2} a_1^2 \sin\gamma = 0 \tag{7.1.24}$$

$$\left(\frac{\alpha_1}{2\omega_1} a_2^2 - \frac{\alpha_2}{4\omega_2} a_1^2\right)\cos\gamma + \sigma a_2 = 0 \tag{7.1.25}$$

从式(7.1.23)和式(7.1.24)中消去 γ，可得

$$a_1^2 + \frac{\mu_2\omega_2\alpha_1}{\mu_1\omega_1\alpha_2} a_2^2 = 0 \tag{7.1.26}$$

因此，如果 α_1 和 α_2 正负号相异，a_1 和 a_2 就可以不等于零。可以看出，对式(7.1.23)至式

(7.1.26)进行运算后能够得到

$$\begin{cases} \cot\gamma = -\dfrac{\sigma}{\mu_2 + 2\mu_1} \\ a_2 \sin\gamma = \dfrac{4\mu_1\omega_1}{\alpha_1} \end{cases} \tag{7.1.27}$$

从方程组(7.1.27)可解出 γ 和 a_2；然后从式(7.1.26)可求出 a_1。所以，只要在系统里存在一个再生元件就会出现稳态响应。当不存在任何内共振时，则不论 α_1 和 α_2 的正负号如何，一阶近似解在本质上就是线性问题的解。另一方面，当存在内共振且 α_1 和 α_2 有相反的正负号时，就与线性问题的解大不相同，即尽管存在阻尼，这组方程仍有自持振动的解。

在无阻尼(即 $\mu_1 = \mu_2 = 0$)的情况下，式(7.1.16)、式(7.1.17)和式(7.1.21)的精确解可借助于椭圆函数表示如下。把式(7.1.16)乘以 a_1，把式(7.1.17)乘以 va_2(其中 $v = \dfrac{\alpha_1\omega_2}{\alpha_2\omega_1}$)，把所得方程相加，然后积分，就得到

$$a_1^2 + va_2^2 = E \tag{7.1.28}$$

其中，E 是积分常数，它正比于系统中的初始能量。如果 α_1 和 α_2 同号，式(7.1.28)表明 a_1 和 a_2 总是有界的。然而当 α_1 和 α_2 异号时，a_1 和 a_2 可随时间而增长，虽然 $a_1^2 - |v|a_2^2$ 还是有界的。下面，我们假定系统不含有再生元件，所以 α_1 和 α_2 同号。

利用式(7.1.17)把式(7.1.21)中的自变量 T_1 变为 a_2，得到

$$-a_2a_1^2 \sin\gamma \frac{\mathrm{d}\gamma}{\mathrm{d}a_2} = \frac{4\omega_2\sigma}{\alpha_2} a_2 + (2va_2^2 - a_1^2)\cos\gamma \tag{7.1.29}$$

或

$$-4\omega_2\sigma\alpha_2^{-1}a_2\mathrm{d}a_2 + a_2a_1^2\mathrm{d}(\cos\gamma) - 2va_2^2\cos\gamma\mathrm{d}a_2 + a_1^2\cos\gamma\mathrm{d}a_2 = 0 \tag{7.1.30}$$

但从式(7.1.28)得

$$a_1\mathrm{d}a_1 = -va_2\mathrm{d}a_2 \tag{7.1.31}$$

因此式(7.1.30)又可写为

$$a_2a_1^2\mathrm{d}(\cos\gamma) + a_1^2\cos\gamma\mathrm{d}a_2 + 2a_1a_2\cos\gamma\mathrm{d}a_1 - 4\omega_2\sigma\alpha_2^{-1}a_2\mathrm{d}a_2 = 0$$

或

$$\mathrm{d}(a_1^2a_2\cos\gamma) - 2\omega_2\sigma\alpha_2^{-1}\mathrm{d}(a_2^2) = 0 \tag{7.1.32}$$

对此积分后即可得到

$$a_2a_1^2\cos\gamma - 2\omega_2\sigma\alpha_2^{-1}a_2^2 = L \tag{7.1.33}$$

其中，L 是积分常数。

为了确定只含 a_1 的方程，令

$$a_1^2 = E\xi \tag{7.1.34}$$

由此从式(7.1.28)得出

$$va_2^2 = E(1-\xi) \tag{7.1.35}$$

利用式(7.1.33)，从式(7.1.16)中消去 γ，并将 a_1^2 和 a_2^2 以 ξ 表示，就得到

$$\frac{4\nu\omega_1^2}{\alpha_1^2 E}\left(\frac{\mathrm{d}\xi}{\mathrm{d}T_1}\right)^2=\xi^2(1-\xi)-\frac{\nu}{E^3}\left[L+\frac{2\omega_2\sigma E}{\alpha_2\nu}(1-\xi)\right]^2=F^2(\xi)-G^2(\xi) \tag{7.1.36}$$

其中

$$F=\pm\xi\sqrt{1-\xi},\ G=\pm\left(\frac{\nu}{E^3}\right)^{1/2}\left[L+\frac{2\omega_2\sigma E}{\alpha_2\nu}(1-\xi)\right] \tag{7.1.37}$$

扫一扫:图 7.1 程序

图 7.1 上画出了函数 F 和 G 的示意图。对于真实的运动，$F^2\geqslant G^2$，F 和 G 相交的那些点对应于 ξ' 为零。一般情况下，曲线 G 与 F 的各分支交于三点，它们对应于式(7.1.36)右端部分的三个根 ξ_1，ξ_2 和 ξ_3，设 $\xi_1\leqslant\xi_2\leqslant\xi_3$，因为 $\xi=a_1^2/E$，所以运动限制在 ξ_2 和 ξ_3 之间。

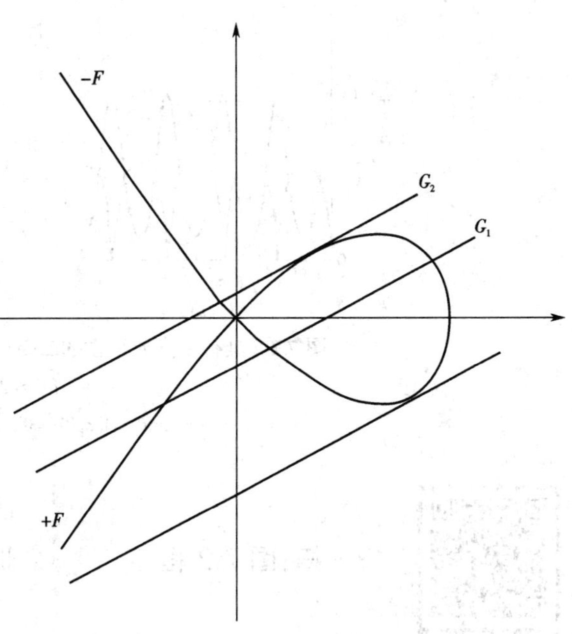

图 7.1　F 和 G 的示意图

相应于图 7.1 中的曲线 G_1 有三个不同的根，此时 ξ 是周期的，在 ξ_2 和 ξ_3 之间振动，运动是非周期的。对这种情形，ξ 的解可通过 Jacobi 椭圆函数表示如下。首先，借助于 ξ_n 把式(7.1.36)表示为

$$\frac{4\nu\omega_1^2}{\alpha_1^2 E}\left(\frac{\mathrm{d}\xi}{\mathrm{d}T_1}\right)^2=(\xi_3-\xi)(\xi-\xi_2)(\xi-\xi_1) \tag{7.1.38}$$

再引入变换

$$\xi_3-\xi=(\xi_3-\xi_2)\sin^2\chi \tag{7.1.39}$$

代入式(7.1.38)就得到

$$\frac{4\omega_1\sqrt{\nu}}{\alpha_1\sqrt{E}}\frac{\mathrm{d}\chi}{\mathrm{d}T_1}=\pm\sqrt{\xi_3-\xi_1}(1-\eta^2\sin^2\chi)^{1/2} \tag{7.1.40}$$

其中

$$\eta=\sqrt{\frac{\xi_3-\xi_2}{\xi_3-\xi_1}} \tag{7.1.41}$$

在式(7.1.40)中令 $T_1=\varepsilon t$，并分离变量及积分，即得

$$\kappa(t-t_0)=\int_0^\chi\frac{\mathrm{d}\chi}{\sqrt{1-\eta^2\sin^2\chi}} \tag{7.1.42}$$

或

$$\sin\chi=\mathrm{sn}[\kappa(t-t_0);\eta] \tag{7.1.43}$$

其中，t_0 对应于 χ=0，sn 是 Jacobi 椭圆函数，而

$$\kappa=\frac{\varepsilon\alpha_1}{4\omega_1}\left[\frac{E(\xi_3-\xi_1)}{v}\right]^{1/2} \tag{7.1.44}$$

联立式(7.1.34)、式(7.1.39)和式(7.1.43)就得到

$$\xi=\frac{a_1^2}{E}=\xi_3-(\xi_3-\xi_2)\mathrm{sn}^2[\kappa(t-t_0);\eta] \tag{7.1.45}$$

式(7.1.45)和式(7.1.35)表明,在没有阻尼和 ξ_n 均不相同的条件下,系统的能量在两个振动模态之间不断地交换而不衰减,如图 7.2 所示,其中(a)、(b)两图对应着两种不同的初始条件。

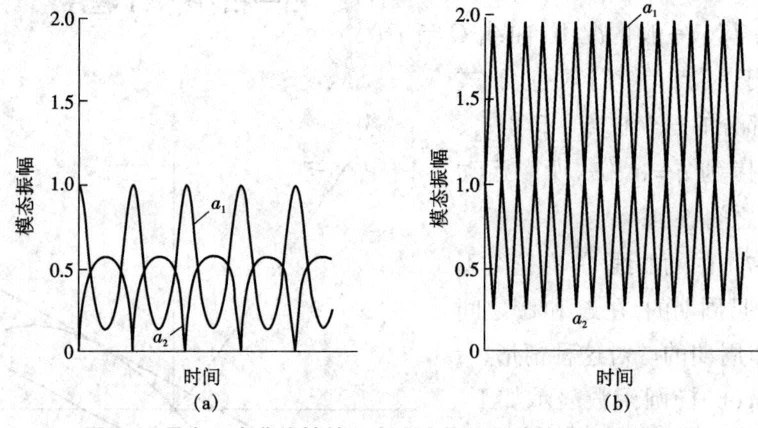

图 7.2 具有平方非线性的二自由度保守系统的自由振动振幅

$\omega_2\approx 2\omega_1$

(a) $a_1(0)=1, a_2(0)=0$ (b) $a_1(0)=a_2(0)=1$

扫一扫:图 7.2 程序

当有阻尼时,式(7.1.16)、式(7.1.17)和式(7.1.21)的数值积分结果示于图 7.3,这时能量也在两个模态之间不断进行交换,但会不断地耗散。

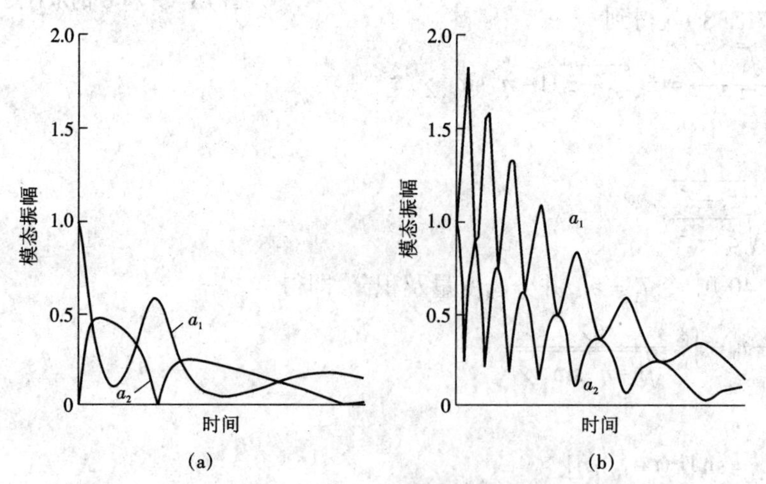

图 7.3 具有平方非线性的二自由度阻尼系统的自由振动振幅

$\omega_2\approx 2\omega_1$

(a) $a_1(0)=1, a_2(0)=0$ (b) $a_1(0)=a_2(0)=1$

内共振可用于调节给定模态衰减的速率。为了说明这一点，我们首先假设不存在内共振，在一阶近似里，如同线性情形一样，a_1 随时间呈指数衰减，这种曲线如图 7.4 所示。在图 7.4 中还画出了存在内共振时 a_1 作为时间函数的两条曲线，一条对应于 $\mu_2 < \mu_1$，而另一条对应于 $\mu_2 > \mu_1$（相应于 a_2 的曲线没有画出），我们注意到，在所有这些情况中，若初始时只激发第一模态，可通过调节该模态与其他模态相耦合的办法来调节该模态的衰减速率。

扫一扫：图 7.3 程序

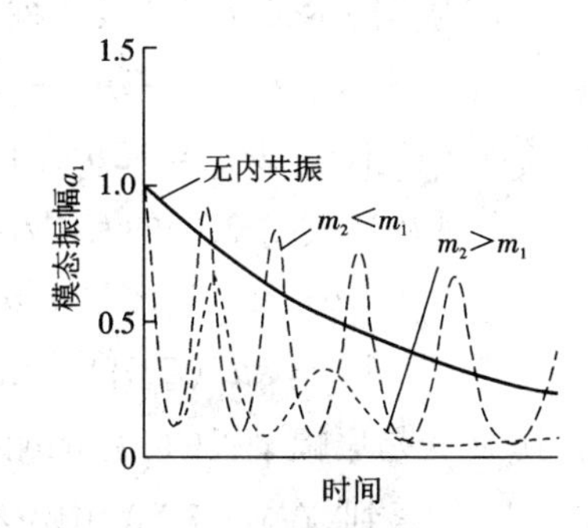

图 7.4　内共振和阻尼系数对衰减率的影响

对应于图 7.1 中的曲线 G_2，它与曲线 F 的一个分支相切，即 $\xi_2 = \xi_3$，按式（7.1.45），此时 $\xi = \xi_3$ 是常数，因此

$$a_1 = \sqrt{E\xi_2}\ ,\ a_2 = [E(1-\xi_2)/v]^{1/2}$$

在这种情况下运动是周期的，然而任意小的扰动都会导致像 G_1 那样的曲线，即三个根都不同，因而如上所述，运动成为非周期的。

当 $\xi_2 = \xi_1$ 时，曲线 G 与 ξ 轴重合，因此按照式（7.1.37），有 $L = \sigma = 0$，而由式（7.1.36）得出 $\xi_1 = \xi_2 = 0$ 和 $\xi_3 = 1$。这种情形下，对式（7.1.36）（其中 $L = \sigma = 0$）作变换

$$\xi = \sec h^2\phi \tag{7.1.46}$$

就可得到解，其结果是

$$\frac{\mathrm{d}\phi}{\mathrm{d}t} = \kappa \tag{7.1.47}$$

它的解是

$$\phi = \kappa(t - t_0) \tag{7.1.48}$$

因此

$$a_1 = \sqrt{E\xi} = \sqrt{E}\sec h[\kappa(t - t_0)] \tag{7.1.49}$$

再从式（7.1.35）得到

$$a_2 = \sqrt{\frac{E}{v}}\tan h[\kappa(t - t_0)] \tag{7.1.50}$$

注意到，按式（7.1.33）由 $L = \sigma = 0$，就有 $\cos\gamma = 0$，因此从式（7.1.18）和式（7.1.19）得出 $\theta_1' = \theta_2' = 0$，即相位是常数，从而此运动仅由调幅运动所组成。当 $t \to \infty$，$a_1 \to 0$ 而 $a_2 \to (E/v)^{1/2}$ 时，这就导致与第一阶模态无关的运动。因此，由内共振引起耦合导致能量从低阶模态完全传递到高阶模态。然而图 7.1 表明，这种运动是不稳定的，因为作用有任何小扰动都有可能导致像 G_1 那样的曲线，即振幅和相位都要调制的运动。

7.2 带立方非线性的系统的自由振动

带立方非线性的方程与许多物理系统有关，例如伸长量比较大的弦、梁、膜和板的振动，动力隔振系统，动力消振器，球面摆、向心摆、双摆以及附于非线性弹簧上的质量的运动。

为了揭示带立方非线性系统的主要特征，我们讨论一个简单的系统，即

$$\begin{cases}\ddot{u}_1+\omega_1^2u_1=-2\hat{\mu}_1\dot{u}_1+\alpha_1u_1^3+\alpha_2u_1^2u_2+\alpha_3u_1u_2^2+\alpha_4u_2^3\\ \ddot{u}_2+\omega_2^2u_2=-2\hat{\mu}_2\dot{u}_2+\alpha_5u_1^3+\alpha_6u_1^2u_2+\alpha_7u_1u_2^2+\alpha_8u_2^3\end{cases}\tag{7.2.1}$$

现在找式（7.2.1）的有限小振幅的一个近似解，它具有如下形式：

$$\begin{cases}u_1=\varepsilon u_{11}(T_0,T_2)+\varepsilon^3u_{13}(T_0,T_2)+\cdots\\ u_2=\varepsilon u_{21}(T_0,T_2)+\varepsilon^3u_{23}(T_0,T_2)+\cdots\end{cases}\tag{7.2.2}$$

其中，ε是振幅量级的、无量纲的小参数，而$T_n=\varepsilon^nt$。

注意到，在式（7.2.2）中没有慢变尺度$T_1=\varepsilon t$以及ε^2u_{12}和ε^2u_{22}两项，这是因为原方程具有立方非线性。假定在式（7.2.2）中保留T_1，u_{12}和u_{22}，将会发现解与T_1无关，而且u_{12}和u_{22}恰好满足关于u_{11}和u_{21}相同的方程。因此，不失一般性，可略去u_{12}和u_{22}。另外，为了使阻尼的影响与非线性的影响相均衡，必须这样来确定阻尼系数的量级：使得阻尼项与非线性项在同一摄动方程中出现，所以我们令$\hat{\mu}_m=\varepsilon^2\mu_m$，然后把式（7.2.2）代入式（7.2.1），并使ε同次幂的系数相等，就得到

ε阶

$$\begin{cases}D_0^2u_{11}+\omega_1^2u_{11}=0\\ D_0^2u_{21}+\omega_2^2u_{21}=0\end{cases}\tag{7.2.3}$$

ε^3阶

$$D_0^2u_{13}+\omega_1^2u_{13}=-2D_0(D_2u_{11}+\mu_1u_{11})+\alpha_1u_{11}^3+\alpha_2u_{11}^2u_{21}+\alpha_3u_{11}u_{21}^2+\alpha_4u_{21}^3\tag{7.2.4}$$

$$D_0^2u_{23}+\omega_2^2u_{23}=-2D_0(D_1u_{21}+\mu_2u_{21})+\alpha_5u_{11}^3+\alpha_6u_{11}^2u_{21}+\alpha_7u_{11}u_{21}^2+\alpha_8u_{21}^3\tag{7.2.5}$$

其中，$D_n=\partial/\partial T_n$。

把方程（7.2.3）的解写成如下形式：

$$\begin{cases}u_{11}=A_1(T_2)\exp(\mathrm{i}\omega_1T_0)+cc\\ u_{21}=A_2(T_2)\exp(\mathrm{i}\omega_2T_0)+cc\end{cases}\tag{7.2.6}$$

将式（7.2.6）代入式（7.2.4）和式（7.2.5），得到

$$\begin{aligned}D_0^2u_{13}+\omega_1^2u_{13}=&[-2\mathrm{i}\omega_1(A_1'+\mu_1A_1)+3\alpha_1A_1^2\overline{A}_1+2\alpha_3A_2\overline{A}_2A_1]\cdot\\ &\exp(\mathrm{i}\omega_1T_0)+(2\alpha_2A_1\overline{A}_1+3\alpha_4A_2\overline{A}_2)A_2\exp(\mathrm{i}\omega_2T_0)+\\ &\alpha_1A_1^3\exp(3\mathrm{i}\omega_1T_0)+\alpha_4A_2^3\exp(3\mathrm{i}\omega_2T_0)+\\ &\alpha_2A_1^2A_2\exp[\mathrm{i}(2\omega_1+\omega_2)T_0]+\alpha_2\overline{A}_1^2A_2\cdot\\ &\exp[\mathrm{i}(\omega_2-2\omega_1)T_0]+\alpha_3A_1A_2^2\exp[\mathrm{i}(\omega_1+2\omega_2)T_0]+\\ &\alpha_3A_1\overline{A}_2^2\exp[\mathrm{i}(\omega_1-2\omega_2)T_0]+cc\end{aligned}\tag{7.2.7}$$

$$
\begin{aligned}
D_0^2 u_{23} + \omega_2^2 u_{23} = & [-2\mathrm{i}\omega_2(A_2' + \mu_2 A_2) + 3\alpha_8 A_2^2 \overline{A}_2 + 2\alpha_6 A_1 \overline{A}_1 A_2] \cdot \\
& \exp(\mathrm{i}\omega_2 T_0) + (2\alpha_7 A_2 \overline{A}_2 + 3\alpha_5 A_1 \overline{A}_1) A_1 \exp(\mathrm{i}\omega_1 T_0) + \\
& \alpha_5 A_1^3 \exp(3\mathrm{i}\omega_1 T_0) + \alpha_8 A_2^3 \exp(3\mathrm{i}\omega_2 T_0) + \\
& \alpha_6 A_1^2 A_2 \exp[\mathrm{i}(2\omega_1 + \omega_2) T_0] + \alpha_6 \overline{A}_1^2 A_2 \cdot \\
& \exp[\mathrm{i}(\omega_2 - 2\omega_1) T_0] + \alpha_7 A_1 A_2^2 \exp[\mathrm{i}(\omega_1 + 2\omega_2) T_0] + \\
& \alpha_7 A_1 \overline{A}_2^2 \exp[\mathrm{i}(\omega_1 - 2\omega_2) T_0] + cc
\end{aligned} \tag{7.2.8}
$$

其中,“′”表示关于 T_2 的导数。

在分析式(7.2.7)和式(7.2.8)的特解时,要区分三种情况,即 $\omega_2 \approx 3\omega_1$,$\omega_2 \approx \frac{1}{3}\omega_1$ 以及 ω_2 远离 $3\omega_1$ 和 $\frac{1}{3}\omega_1$(即非共振情形)。如果出现前两种情形之一,就称为存在内共振。下面分别讨论内共振情形和非共振情形,并且从非共振情形开始。

1. 非共振情形

在这种情形里,只有式(7.2.7)中正比于 $\exp(\pm\mathrm{i}\omega_1 T_0)$ 的项和式(7.2.8)中正比于 $\exp(\pm\mathrm{i}\omega_2 T_0)$ 的项产生永年项。因此,要消去在式(7.2.7)和式(7.2.8)中的永年项,必须有

$$
\begin{cases}
-2\mathrm{i}\omega_1(A_1' + \mu_1 A_1) + 3\alpha_1 A_1^2 \overline{A}_1 + 2\alpha_3 A_2 \overline{A}_2 A_1 = 0 \\
-2\mathrm{i}\omega_2(A_2' + \mu_2 A_2) + 3\alpha_8 A_2^2 \overline{A}_2 + 2\alpha_6 A_1 \overline{A}_1 A_2 = 0
\end{cases} \tag{7.2.9}
$$

在式(7.2.9)中令

$$A_m = \frac{1}{2} a_m \exp(\mathrm{i}\theta_m)$$

并分离实部和虚部,得到

$$a_1' + \mu_1 a_1 = 0 \tag{7.2.10}$$

$$a_2' + \mu_2 a_2 = 0 \tag{7.2.11}$$

$$\theta_1' = -\left(\frac{3\alpha_1}{8\omega_1} a_1^2 + \frac{\alpha_3}{4\omega_1} a_2^2\right) \tag{7.2.12}$$

$$\theta_2' = -\left(\frac{3\alpha_8}{8\omega_2} a_2^2 + \frac{\alpha_6}{4\omega_2} a_1^2\right) \tag{7.2.13}$$

方程(7.2.10)至(7.2.13)的解是

$$a_1 = a_{10} \exp(-\varepsilon^2 \mu_1 t) \tag{7.2.14}$$

$$a_2 = a_{20} \exp(-\varepsilon^2 \mu_2 t) \tag{7.2.15}$$

$$\theta_1 = \frac{3\alpha_1}{16\omega_1\mu_1} a_{10}^2 \exp(-2\varepsilon^2 \mu_1 t) + \frac{\alpha_3}{8\omega_1\mu_2} a_{20}^2 \exp(-2\varepsilon^2 \mu_2 t) + \theta_{10} \tag{7.2.16}$$

$$\theta_2 \approx \frac{3\alpha_8}{16\omega_2\mu_2} a_{20}^2 \exp(-2\varepsilon^2 \mu_2 t) + \frac{\alpha_6}{8\omega_2\mu_1} a_{10}^2 \exp(-2\varepsilon^2 \mu_1 t) + \theta_{20} \tag{7.2.17}$$

其中,a_{10},a_{20},θ_{10} 和 θ_{20} 是积分常数。由此看出,振幅随时间而衰减,因而运动也随时间而衰减。然而,当运动衰减时,相位 θ_1 和 θ_2 以及两个模态的频率都依赖于两个振幅。

当不存在阻尼时(即 $\mu_1 = \mu_2 = 0$),式(7.2.14)至式(7.2.17)简化为 $a_1 = a_{10}$,$a_2 = a_{20}$,以及

$$\begin{cases}\theta_1 = -\left(\dfrac{3\alpha_1}{8\omega_1}a_{10}^2 + \dfrac{\alpha_3}{4\omega_1}a_{20}^2\right)\varepsilon^2 t + \theta_{10} \\ \theta_2 = -\left(\dfrac{3\alpha_8}{8\omega_2}a_{20}^2 + \dfrac{\alpha_6}{4\omega_2}a_{10}^2\right)\varepsilon^2 t + \theta_{20}\end{cases} \tag{7.2.18}$$

这就表明,相位既是频率的函数也是振幅的函数。频率随振幅的增加或减少依赖于 α_1,α_3,α_6 和 α_8 的正负号及相对大小,以及 a_{10} 与 a_{20} 的比值。

2. 共振情形(内共振)

我们只研究 $\omega_2 \approx 3\omega_1$ 的情形,$\omega_1 \approx 3\omega_2$ 的情形也可仿此处理。

为了定量地表示 ω_2 与 $3\omega_1$ 的接近程度,我们按下式引进解谐参数 σ:

$$\omega_2 \approx 3\omega_1 + \varepsilon^2\sigma \tag{7.2.19}$$

则

$$\omega_2 T_0 = 3\omega_1 T_0 + \varepsilon^2\sigma T_0 = 3\omega_1 T_0 + \sigma T_2 \tag{7.2.20}$$

考察式(7.2.7)和式(7.2.8)的右端可以发现,除了正比于 $\exp(\pm i\omega_m T_0)$ 的项以外,式(7.2.7)中正比于 $\exp[\pm i(\omega_2 - 2\omega_1)T_0]$ 的项和式(7.2.8)中正比于 $\exp(\pm 3i\omega_1 T_0)$ 的项也要产生长期项,为了显示出长期性,把这些因子表示为

$$\begin{cases}\exp[\pm i(\omega_2 - 2\omega_1)T_0] = \exp[\pm(i\omega_1 T_0 + i\sigma T_2)] \\ \exp(\pm 3i\omega_1 T_0) = \exp(\pm i\omega_2 T_0 \mp i\sigma T_2)\end{cases} \tag{7.2.21}$$

因此,为了从 u_{13} 和 u_{23} 中消去长期项,只要

$$\begin{cases}-2i\omega_1(A_1' + \mu_1 A_1) + 3\alpha_1 A_1^2\overline{A}_1 + 2\alpha_3 A_2\overline{A}_2 A_1 + \alpha_2\overline{A}_1^2 A_2\exp(i\sigma T_2) = 0 \\ -2i\omega_2(A_2' + \mu_2 A_2) + 3\alpha_8 A_2^2\overline{A}_2 + 2\alpha_6 A_1\overline{A}_1 A_2 + \alpha_5\overline{A}_1^3\exp(-i\sigma T_2) = 0\end{cases} \tag{7.2.22}$$

在式(7.2.22)中令

$$A_m = \frac{1}{2}a_m\exp(i\theta_m)$$

然后分离实部和虚部,可得

$$8\omega_1(a_1' + \mu_1 a_1) = \alpha_2 a_1^2 a_2\sin\gamma \tag{7.2.23}$$

$$8\omega_2(a_2' + \mu_2 a_2) = -\alpha_5 a_1^3\sin\gamma \tag{7.2.24}$$

$$8\omega_1 a_1\theta_1' = -(3\alpha_1 a_1^2 + 2\alpha_3 a_2^2)a_1 - \alpha_2 a_1^2\cos\gamma \tag{7.2.25}$$

$$8\omega_2 a_2\theta_2' = -(3\alpha_8 a_2^2 + 2\alpha_6 a_1^2)a_2 - \alpha_5 a_1^3\cos\gamma \tag{7.2.26}$$

其中

$$\gamma = \theta_2 - 3\theta_1 + \sigma T_2 \tag{7.2.27}$$

从式(7.2.25)至式(7.2.27)中消去 θ_1 和 θ_2,就可得到

$$a_2\gamma' = a_2\sigma + \left(\frac{3\alpha_3}{4\omega_1} - \frac{3\alpha_8}{8\omega_2}\right)a_2^3 + \left(\frac{9\alpha_1}{8\omega_1} - \frac{\alpha_6}{4\omega_2}\right)a_1^2 a_2 + \left(\frac{3\alpha_2}{8\omega_1}a_1 a_2^2 - \frac{\alpha_5}{8\omega_2}a_1^3\right)\cos\gamma \tag{7.2.28}$$

因此,问题归结为寻找式(7.2.23)、式(7.2.24)和式(7.2.28)的解。

以 $\omega_1^{-1}a_1$ 乘式(7.2.23),又以 $\omega_2^{-1}va_2$ 乘式(7.2.24),其中

$$v = \alpha_2\omega_2/\alpha_5\omega_1$$

然后将得到的两个方程相加，就得到

$$a_1a_1' + va_2a_2' = -\mu_1a_1^2 - \mu_2va_2^2 \tag{7.2.29}$$

对于稳态运动有 $a_1' = a_2' = 0$，从式(7.2.29)得到

$$\mu_1a_1^2 + \mu_2va_2^2 = 0 \tag{7.2.30}$$

因此，除 $v>0$ 外，系统就会存在非平凡的稳态自由振动。但是，如果系统中不存在再生元件，这种振动在物理上是不能实现的。下面，我们假定系统中不存在再生元件，因而 $v>0$ 或 α_2 和 α_5 正负号相同。

如果 $\mu_1=\mu_2=\mu$，积分方程(7.2.29)就能得到

$$a_1^2 + va_2^2 = E\exp(-2\varepsilon^2\mu t) \tag{7.2.31}$$

其中，E 是正比于初始能量的积分常数。因此，当 $t\to\infty$，$a_1^2+va_2^2\to 0$ 时，即系统的能量随时间呈指数衰减。

如果 $\mu_1=\mu_2=0$（即无阻尼），能求得第二个运动积分如下，把式(7.2.28)中的自变量由 T_2 变到 a_2，并利用式(7.2.24)，就得到

$$-a_1^3a_2\sin\gamma\frac{\mathrm{d}\gamma}{\mathrm{d}a_2} = \frac{8\omega_2\sigma}{\alpha_5}a_2 + \Gamma_1a_2^3 + \Gamma_2a_1^2a_2 + (3va_1a_2^2 - a_1^3)\cos\gamma \tag{7.2.32}$$

其中

$$\Gamma_1 = \frac{6\alpha_3\omega_2}{\alpha_5\omega_1} - \frac{3\alpha_8}{\alpha_5}, \Gamma_2 = \frac{9\alpha_1\omega_2}{\alpha_5\omega_1} - \frac{2\alpha_6}{\alpha_5}$$

结合式(7.2.31)(其中 $\mu=0$)，对式(7.2.32)进行积分可得

$$a_1^3a_2\cos\gamma - \frac{1}{2}\left(\frac{8\omega_2\sigma}{\alpha_5} + \Gamma_2E\right)a_2^2 + \frac{1}{4}(v\Gamma_2 - \Gamma_1)a_2^4 = L \tag{7.2.33}$$

其中，L 是积分常数。

利用式(7.2.31)和式(7.2.33)能把问题简化为单个一阶方程，为此令 $a_1^2=E\xi$。然后从式(7.2.31)得到 $a_2^2 = Ev^{-1}(1-\xi)$。又从式(7.2.23)和式(7.2.33)中消去 γ，再利用 a_1^2 和 a_2^2 的表达式，就可得到

$$\frac{16\omega_1^2v}{E^2\alpha_2^2}\xi'^2 = F^2(\xi) - G^2(\xi) \tag{7.2.34}$$

其中

$$F = \pm\sqrt{\xi^3(1-\xi)} \tag{7.2.35}$$

$$G = \frac{\sqrt{v}}{E^2}\left\{L + \frac{E}{2v}\left(\frac{8\omega_2\sigma}{\alpha_5} + \Gamma_2E\right)(1-\xi) - \frac{E_2}{4v^2}(v\Gamma_2 - \Gamma_1)(1-\xi)^2\right\} \tag{7.2.36}$$

与带平方非线性的情形不同，式(7.2.34)至式(7.2.36)的精确解还没有找到，所以式(7.2.34)采用数值方法求解。

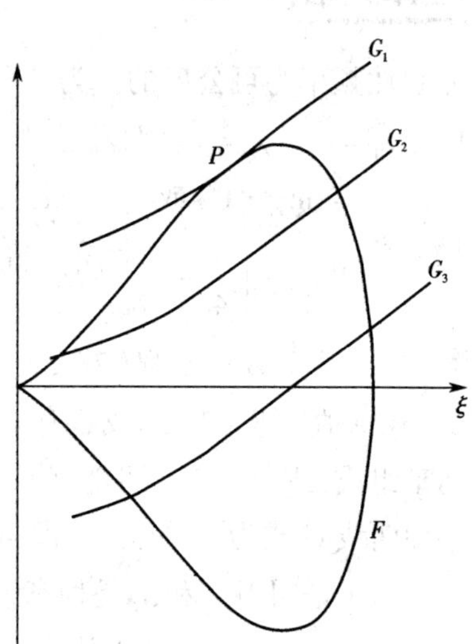

图 7.5 F 和 G 的示意图

图 7.5 是函数 $F(\xi)$ 和 $G(\xi)$ 的示意图。因为 a_1 必须是

实的，因而 ξ 也必须是实的，所以

$$F^2(\xi)\geqslant G^2(\xi)$$

曲线 G 与曲线 F 相交的那些点对应于 ξ' =零，因而 a_1' 和 a_2' 也为零。像 G_2 曲线与 F 曲线的一个分支相交于两个不同的点，或者像 G_3 曲线与 F 曲线的两个分支都相交，它们对应着 ξ 的周期解，因而也对应着 a_1 和 a_2 的周期解，所以运动是非周期的。图 7.6 表明，没有阻尼时能量在两个模态之间不断地交换。式(7.2.23)、式(7.2.24)和式(7.2.28)的数值积分显示了阻尼的影响，如果某一模态经由内共振与带有大阻尼系数的另一模态相耦合，则在该模态里的能量将更迅速地衰减。

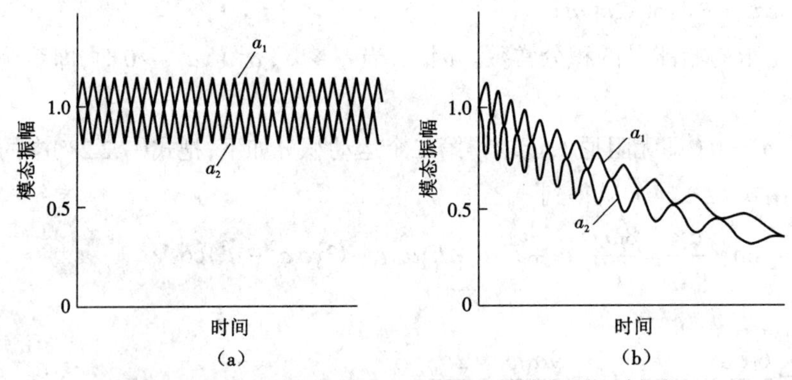

图 7.6 具有立方非线性的二自由度系统的自由振动振幅

$\omega_2\cong 3\omega_1$

(a)无阻尼 (b)μ_1, μ_2>0

扫一扫：图 7.6 程序

另一方面，在图 7.5 中的曲线 G_1 与 F 相切于一点 P，点 P 就代表 ξ 的稳态解，因此也是 a_1 和 a_2 的稳态解。因而，对应于这种点的运动是周期的，而非线性的作用是调制相位使得两个非线性频率为可公度的。为了分析 a_1 和 a_2 的稳态解，在式(7.2.23)、式(7.2.24)和式(7.2.28)中令 $a_1'=a_2'=\gamma'=0$。无阻尼时的稳态解就由下式给出：

$$\sin\gamma=0 \quad 或 \quad \gamma=n\pi \tag{7.2.37}$$

$$a_2\sigma+\left(\frac{3\alpha_3}{4\omega_1}-\frac{3\alpha_8}{8\omega_2}\right)a_2^3+\left(\frac{9\alpha_1}{8\omega_1}-\frac{\alpha_6}{4\omega_2}\right)a_1^2a_2+\left(\frac{3\alpha_2}{8\omega_1}a_1a_2^2-\frac{\alpha_5}{8\omega_2}a_1^3\right)\cos n\pi=0 \tag{7.2.38}$$

其中，n 是整数。方程(7.2.38)是按 $a_1\cos n\pi$ 表示的 a_2 的三次方程，因此对于给定的 σ 和 $a_1\cos n\pi$ 值，式(7.2.38)或者有一个实根，或者有三个实根，所以对应的周期运动可以只由一个运动组成，或者是三个可能运动之一。图 7.5 表明了周期运动是不稳定的，因为任何小扰动都会使曲线 G 成为 G_2 的类型，即与 F 的一份支相交于两个不同的点，因此会导致非周期运动。

为了证明当 a_1 和 a_2 是稳态解时，非线性运动是周期的，注意到模态频率为

$$\hat{\omega}_1=\omega_1+\varepsilon^2\theta_1', \hat{\omega}_2=\omega_2+\varepsilon^2\theta_2' \tag{7.2.39}$$

于是

$$\hat{\omega}_2-3\hat{\omega}_1=\omega_2-3\omega_1+\varepsilon^2(\theta_2'-3\theta_1')=\varepsilon^2\sigma+\varepsilon^2(\theta_2'-3\theta_1')=\varepsilon^2\gamma'=0 \tag{7.2.40}$$

因此，非线性调节了相位，使得频率精确地成为 3 与 1 之比，所以运动是周期的。

至此我们已经讨论过调相运动（周期运动）以及既调幅又调相的运动。问题是，能否像前节所讨论的带平方非线性的情形一样，存在纯调幅运动呢？如果 θ_1 和 θ_2 是常数，那么从式（7.2.25）得出

$$\begin{cases}(3\alpha_1a_1^2+2\alpha_3a_2^2)a_1+\alpha_2a_1^2a_2\cos\gamma=0\\(3\alpha_8a_2^2+2\alpha_6a_1^2)a_2+\alpha_5a_1^3\cos\gamma=0\end{cases} \tag{7.2.41}$$

从式（7.2.41）中消去 $\cos\gamma$ 就得到

$$\alpha_5(3\alpha_1a_1^2+2\alpha_3a_2^2)a_1^2-\alpha_2(3\alpha_8a_2^2+2\alpha_6a_1^2)a_2^2=0 \tag{7.2.42}$$

而无阻尼时

$$a_1^2+va_2^2=E \tag{7.2.43}$$

解方程（7.2.42）和（7.2.43）就能得到 a_1 和 a_2 的常数解，因此在立方非线性的系统中不存在纯调幅运动，这一点是与带平方非线性的情形不同的。

7.3　带平方非线性的系统的强迫振动

在这节我们研究带平方非线性的系统的强迫振动响应。为简单起见，只讨论单频激励的情形。Van Dooren（1971，1973）研究了双频激励并求得了当 $\omega_n=\Omega_2\pm\Omega_1$ 时的结果，这里 ω_n 是系统的固有频率之一，而 Ω_1 和 Ω_2 是激励频率。现在我们考察如下方程：

$$\begin{cases}\ddot{u}_1+\omega_1^2u_1=-2\hat{\mu}_1\dot{u}_1+u_1u_2+F_1\cos(\Omega t+\tau_1)\\\ddot{u}_2+\omega_2^2u_2=-2\hat{\mu}_2\dot{u}_2+u_1^2+F_2\cos(\Omega t+\tau_2)\end{cases} \tag{7.3.1}$$

其中，$\omega_2>\omega_1$。现仿照 Nayfeh，Mook 和 Marshall（1973）用多尺度法寻求如下形式的一阶的一致展开式：

$$\begin{cases}u_1=\varepsilon u_{11}(T_0,T_1)+\varepsilon^2u_{12}(T_0,T_1)+\cdots\\u_2=\varepsilon u_{21}(T_0,T_1)+\varepsilon^2u_{22}(T_0,T_1)+\cdots\end{cases} \tag{7.3.2}$$

其中，ε 是与振幅有关的、无量纲的小参数，而 $T_n=\varepsilon^nt$。现在这样来确定阻尼系数的量级，使阻尼的效应和非线性的效应出现在同一摄动方程中。因此，令 $\hat{\mu}_n=\varepsilon\mu_n$，就像以前一样，研究两种主要类型——主共振（$\Omega=\omega_n$）和次共振（$\Omega=2\omega_n$，$\Omega=\omega_1\pm\omega_2$，或 $\Omega\approx\frac{1}{2}\omega_n$），对每一种类型又研究若干情形。

1. Ω 接近于 ω_2 的情形

为了分析主共振，我们这样确定强迫项的量级，使它与非线性项和阻尼项一起出现在同一个摄动方程中。首先讨论 $\Omega\approx\omega_2$ 的情形。令 $F_1=\varepsilon f_1$ 和 $F_2=\varepsilon^2f_2$，再把式（7.3.2）代入式（7.3.1），并注意到 $\hat{\mu}_n=\varepsilon\mu_n$，然后令 ε 同次幂的系数相等，就得到下列方程组：

ε阶

$$\begin{cases} D_0^2 u_{11} + \omega_1^2 u_{11} = f_1 \cos(\Omega T_0 + \tau_1) \\ D_0^2 u_{21} + \omega_2^2 u_{21} = 0 \end{cases} \tag{7.3.3}$$

ε^2阶

$$\begin{cases} D_0^2 u_{12} + \omega_1^2 u_{12} = -2D_0(D_1 u_{11} + \mu_1 u_{11}) + u_{11} u_{21} \\ D_0^2 u_{22} + \omega_2^2 u_{22} = -2D_0(D_1 u_{21} + \mu_2 u_{21}) + u_{11}^2 + f_2 \cos(\Omega T_0 + \tau_2) \end{cases} \tag{7.3.4}$$

式(7.3.3)的解可表示成如下形式：

$$\begin{cases} u_{11} = A_1(T_1)\exp(\mathrm{i}\omega_1 T_0) + \Lambda \exp[\mathrm{i}(\Omega T_0 + \tau_1)] + cc \\ u_{21} = A_2(T_1)\exp(\mathrm{i}\omega_2 T_0) + cc \end{cases} \tag{7.3.5}$$

其中，A_1和A_2在一阶近似上是任意函数，而$\Lambda = f_1 / 2(\omega_1^2 - \Omega^2)$。把式(7.3.5)代入式(7.3.4)，得到

$$\begin{aligned} D_0^2 u_{12} + \omega_1^2 u_{12} = & -2\mathrm{i}\omega_1(A_1' + \mu_1 A_1)\exp(\mathrm{i}\omega_1 T_0) + A_2 A_1 \exp[\mathrm{i}(\omega_2 + \omega_1)T_0] + \\ & A_2 \overline{A}_1 \exp[\mathrm{i}(\omega_2 - \omega_1)T_0] + \Lambda A_2 \exp[\mathrm{i}(\Omega + \omega_2)T_0 + i\tau_1] + \\ & \Lambda \overline{A}_2 \exp[\mathrm{i}(\Omega - \omega_2)T_0 + \mathrm{i}\tau_1] - 2\mathrm{i}\mu_1 \Omega \Lambda \exp[\mathrm{i}(\Omega T_0 + \tau_1)] + cc \end{aligned} \tag{7.3.6}$$

$$\begin{aligned} D_0^2 u_{22} + \omega_2^2 u_{22} = & -2\mathrm{i}\omega_2(A_2' + \mu_2 A_2)\exp(\mathrm{i}\omega_2 T_0) + A_1^2 \exp(2\mathrm{i}\omega_1 T_0) + \\ & A_1 \overline{A}_1 + \Lambda^2 + 2A_1 \Lambda \exp[\mathrm{i}(\omega_1 + \Omega)T_0 + \mathrm{i}\tau_1] + \\ & 2\overline{A}_1 \Lambda \exp[\mathrm{i}(\Omega - \omega_1)T_0 + \mathrm{i}\tau_1] + \Lambda^2 \exp[2\mathrm{i}(\Omega T_0 + \tau_1)] + \\ & \frac{1}{2} f_2 \exp[\mathrm{i}(\omega_2 T_0 + \sigma_1 T_1 + \tau_2)] + cc \end{aligned} \tag{7.3.7}$$

其中

$$\Omega = \omega_2 + \varepsilon\sigma_1 \tag{7.3.8}$$

我们必须区分内共振情形($\omega_2 \approx 2\omega_1$)以及非内共振情形(即$\omega_2$远离$2\omega_1$)。在后一种情形里，任何一项非线性项都不产生长期项，而可解性条件是

$$A_1' + \mu_1 A_1 = 0 + \tag{7.3.9}$$

$$2\mathrm{i}\omega_2(A_2' + \mu_2 A_2) = \frac{1}{2} f_2 \exp[\mathrm{i}(\sigma_1 T_1 + \tau_2)] \tag{7.3.10}$$

它们的解是

$$A_1 = \frac{1}{2} a_1 \exp(-\mu_1 T_1 + \mathrm{i}\theta_1) \tag{7.3.11}$$

$$A_2 = \frac{1}{2} a_2 \exp(-\mu_2 T_2 + \mathrm{i}\theta_2) - \frac{1}{4} \mathrm{i} f_2 \omega_2^{-1} (\mu_2 + \mathrm{i}\sigma_1)^{-1} \exp[\mathrm{i}(\sigma_1 T_1 + \tau_2)] \tag{7.3.12}$$

其中，a_n和θ_n是常数。

当$t \to \infty, T_1 \to \infty$，而

$$\begin{aligned} & A_1 \to 0 \\ & A_2 \to -\frac{1}{4} \mathrm{i} f_2 \omega_2^{-1} (\mu_2 + \mathrm{i}\sigma_1)^{-1} \exp[\mathrm{i}(\sigma_1 T_1 + \tau_2)] \end{aligned} \tag{7.3.13}$$

将式(7.3.13)代入式(7.3.5)和式(7.3.2)，并用原变量表示，就得到下列稳态响应：

$$\begin{cases} u_1 = F_1(w_1^2 - \Omega^2)^{-1}\cos(\Omega t + \tau_1) + O(\varepsilon^2) \\ u_2 = \dfrac{1}{2}\varepsilon^{-1}F_2\omega_2^{-1}(\mu^2 + \sigma_1^2)^{-1/2}\sin(\Omega t + \tau_2 - \gamma_0) + O(\varepsilon^2) \end{cases} \tag{7.3.14}$$

其中，$\gamma_0 = \arctan(\sigma_1/\mu_2)$。因此，不存在内共振时，一阶近似不受非线性的影响，它实质上就是相应线性问题的解，我们将在下面看到，存在内共振时，系统的解将与式（7.3.14）有极大的区别。

当 $\omega_2 \approx 2\omega_1$ 时，式（7.3.6）和式（7.3.7）的可解性条件是

$$\begin{aligned} &-2\mathrm{i}\omega_1(A_1' + \mu_1 A_1) + A_2\bar{A}_1\exp(-\mathrm{i}\sigma_2 T_1) = 0 \\ &-2\mathrm{i}\omega_2(A_2' + \mu_2 A_2) + A_1^2\exp(\mathrm{i}\sigma_2 T_1) + \frac{1}{2}f_2\exp[\mathrm{i}(\sigma_1 T_1' + \tau_2)] = 0 \end{aligned} \tag{7.3.15}$$

其中

$$\omega_2 = 2\omega_1 - \varepsilon\sigma_2 \tag{7.3.16}$$

同前一样，引进极坐标记号

$$A_n = \frac{1}{2}a_n\exp(\mathrm{i}\theta_n)$$

则得

$$a_1' = -\mu_1 a_1 + \frac{1}{4}\omega_1^{-1}a_1 a_2\sin\gamma_2 \tag{7.3.17}$$

$$a_2' = -\mu_2 a_2 - \frac{1}{4}\omega_2^{-1}a_1^2\sin\gamma_2 + \frac{1}{2}\omega_2^{-1}f_2\sin\gamma_1 \tag{7.3.18}$$

$$a_1\theta_1' = -\frac{1}{4}\omega_1^{-1}a_2 a_1\cos\gamma_2 \tag{7.3.19}$$

$$a_2\theta_2' = -\frac{1}{4}\omega_2^{-1}a_1^2\cos\gamma_2 - \frac{1}{2}\omega_2^{-1}f_2\cos\gamma_1 \tag{7.3.20}$$

其中

$$\begin{cases} \gamma_1 = \sigma_1 T_1 - \theta_2 + \tau_2 \\ \gamma_2 = \theta_2 - 2\theta_1 - \sigma_2 T_1 \end{cases} \tag{7.3.21}$$

对于稳态响应，$a_n' = \gamma_n' = 0$，现求两种可能的解。第一种由式（7.3.13）给出，它实质上就是线性问题的解；第二种解是

$$a_1 = 2\left[-\Gamma_1 \pm \left(\frac{1}{4}f_2^2 - \Gamma_2^2\right)^{1/2}\right]^{1/2} \tag{7.3.22}$$

$$a_2 = a_2^* = 2\omega_1[4\mu_1^2 + (\sigma_1 - \sigma_2)^2]^{1/2} \tag{7.3.23}$$

其中

$$\begin{cases} \Gamma_1 = 2\omega_1\omega_2[\sigma_1(\sigma_2 - \sigma_1) + 2\mu_1\mu_2] \\ \Gamma_2 = 2\omega_1\omega_2[2\sigma_1\mu_1 - \mu_2(\sigma_2 - \sigma_1)] \end{cases} \tag{7.3.24}$$

这里需要指出响应的一个非常有趣的特性，由外激励直接激发的唯一模态的振幅 a_2 与激励的幅值 f_2 无关。

从式（7.3.5）、式（7.3.21）、式（7.3.22）和式（7.3.23）可以得到

$$u_1 = F_1(\omega_1^2 - \Omega^2)^{-1}\cos(\Omega t + \tau_1) + 2\varepsilon\left[-\Gamma_1 \pm (\frac{1}{4}f_2^2 - \Gamma_2^2)^{1/2}\right]^{1/2} \times \cos\left[\frac{1}{2}(\Omega t + \tau_2 - \gamma_1 - \gamma_2)\right] + O(\varepsilon^2) \tag{7.3.25}$$

$$u_2 = 2\varepsilon\omega_1[4\mu_1^2 + (\sigma_1 - \sigma_2)^2]^{1/2}\cos(\Omega t + \tau_2 - \gamma_1) + O(\varepsilon^2) \tag{7.3.26}$$

因此,非线性项对主(外)共振和内共振产生了完全调谐。

下面讨论式(7.3.22)和式(7.3.23)在什么情况下有实根。

我们先定义f_2的两个临界值,即

$$f_2 = \zeta_1 = 2|\Gamma_2| \quad 和 \quad f_2 = \zeta_2 = 2(\Gamma_1^2 + \Gamma_2^2)^{1/2} \tag{7.3.27}$$

显然ζ_2必须大于ζ_1,因此有两种可能性,$\Gamma_1 > 0$或$\Gamma_1 < 0$。对于前一种可能,如果

$$f_2 > \zeta_2 \tag{7.3.28}$$

就存在一个实数解;对于后一种可能,如果

$$f_2 < \zeta_2 \tag{7.3.29}$$

就存在两个解,而如果

$$f_2 > \zeta_2 \tag{7.3.30}$$

就只存在一个解。因此,当$f_2 < \zeta_2$时,响应必须由式(7.3.14)给出;当$\Gamma_1 < 0$和$\zeta_1 < f_2 < \zeta_2$时,响应由式(7.3.14)、式(7.3.25)和式(7.3.26)所预示的三种可能之一给出;而当$f_2 > \zeta_2$时,响应是式(7.3.14)、式(7.3.25)和式(7.3.26)所预示的两种可能性之一。

下面讨论各种稳态解的稳定性。因为振幅和相位的运动方程具有方程(7.3.5)的形式,所以要确定状态空间中各种奇点(或稳态点)的性质,像第3章一样,现在把式(7.3.17)至式(7.3.21)的右端在奇点附近展开,得到一组描述扰动量的常系数线性方程。假定该方程的系数矩阵的各特征值的实部都不是正的,则该点是稳定的,否则就是不稳定的。

为了阐明这些可能响应的基本特征,Nayfeh, Mook和Marshall(1973)对任意选取的参数值进行求解。为了验证多尺度法的精度,他们还对式(7.3.1)用数值积分法求解,将其结果同解析解(近似解)进行比较。

图7.7和图7.8给出了a_1和a_2作为f_2的函数的图形。在图7.7中,存在小的外共振失调而内共振完全调谐,这种组合使得Γ_1变成负的。图上已经标出了式(7.3.27)所定义的ζ_1和ζ_2的值以及由式(7.3.30)所定义的各个区域里不同的解。对于$\zeta_1 < f_2 < \zeta_2$,按近似解分析,三个解中有两个是稳定的,由初始条件来决定这些解中的哪一个是真实的响应。在其他区域里仅存在一个稳定解。这些结果均被数值计算所证实。在图7.7上,两种共振都是完全调谐的,这种组合导致$\Gamma_1 > 0$。

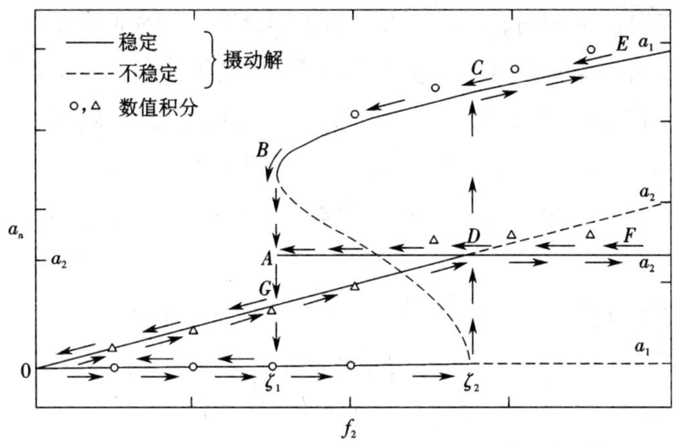

图 7.7　响应的振幅作为激励幅值的函数

$\Gamma_1 < 0, \Omega \approx \omega_2$

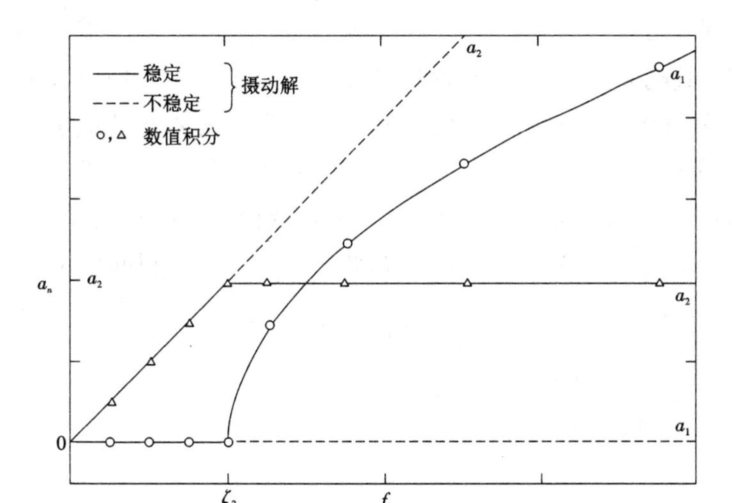

图 7.8　响应的振幅作为激励幅值的函数

$\sigma_1 = \sigma_2 = 0, \Omega \approx \omega_2$

回到方程(7.3.1),它实质上表示 u_2 是对 u_1 的参数激发。内共振(即 ω_2 接近于 $2\omega_1$)也是一种参数共振,有时称为自参数共振。对于参数激励的线性系统,其特征是当激励幅值(现在就是 u_2 的幅值)超过一个临界值时,平凡的齐次解就成为不稳定的。然而式(7.3.20)表明,在响应和激励之间的调相开始变化,这是线性系统所没有的。上述的调节器相变化是重要的,因为它将响应的振幅限制为有限值。

在图 7.7 和图 7.8 上能清楚地看到饱和现象。当 f_2 从零增加时 a_2 也增加,直到 a_2^* 值为止,而 a_1 一直保持为零,这与相应的线性问题的解相一致。然而 a_2 在这点达到最大值后,f_2 再继续增长时,a_2 不再继续增加,因为由(7.3.14)给出的解是不稳定的。而由式(7.3.25)和式(7.3.26)给出的解是稳定的。u_2 模态是饱和的,f_2 进一步增加引起 a_1 的增加,正如图 7.7 和式(7.3.22)所表明的。

对图 7.7 所示有多个稳定解的情况,存在着与激励幅值变化有关的跳跃现象。参见图

7.7，注意到当f_2从零慢慢增加时，a_2就沿着经过O点和D点的曲线变化，而a_1保持为零。当f_2增加到超过ζ_2时，a_2仍维持a_2^*值（饱和），而a_1从ζ_2点跳到O点，再增加f_2时，a_1就沿着B，C和E点的曲线的右部变化，当f_2从某个大大超过ζ_2的值慢慢地减少时，a_2保持常值，即沿直线从F点经过D到A点，而a_1沿曲线从B点经过C到B点，当f_2减少到小于ζ_1时，a_2从A点往下跳到G点，而a_1从B点往下跳到ζ_1点。以后f_2再继续减少时，a_1和a_2都按照线性解回到原点。

图 7.9 和图 7.10 分别对应$\sigma_1=0$和$\sigma_1>0$时a_1和a_2关于σ_2的函数，用虚线表示曲线在$\sigma_2=0$（对应于$a_1=0$）处具有峰值，而它们是相应的线性问题的解。对于“线性解”的不稳定区域依赖于σ_1和σ_2的值。因此，对于给定的σ_2值，线性解既可能是稳定的也可能是不稳定的，它取决于σ_1的值。存在两个稳定解的区域与图 7.7 相对应，而中心区域则与图 7.8 相对应。

在图 7.9 和图 7.10 上已用箭头标出了激励频率Ω变化时有关的跳跃现象。当Ω值使σ_2在A点的左侧时，其响应总是由“线性解”式（7.3.14）给出。当σ_2慢慢增加时，响应沿着“线性”曲线，即沿着经过N点到F点的实线变化，而a_1沿着经过A点到B点的实线变化。当σ_2增加到B点的右侧时，正如由式（7.3.25）和式（7.3.26）所给出的，a_2沿曲线FGH变化，而a_1从B点往上跳到J点，然后沿着经过K点到L点的实线变化。当σ_2增加到D点右侧时，a_2从H点往下跳到M点，而a_1从L点往下跳到D点，此后，当σ_2继续增加时，a_1和a_2都沿着线性曲线变化。

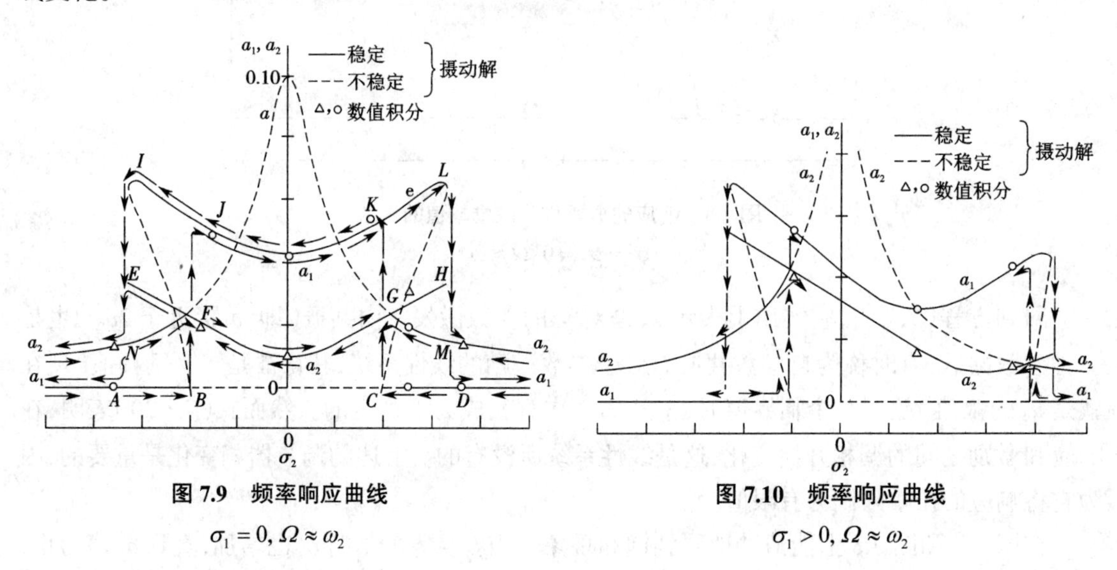

图 7.9 频率响应曲线

$\sigma_1=0, \Omega\approx\omega_2$

图 7.10 频率响应曲线

$\sigma_1>0, \Omega\approx\omega_2$

2. Ω接近于ω_1的情形

对这种情形，设

$$F_1=\varepsilon^2 f_1, F_2=\varepsilon f_2 \tag{7.3.31}$$

又令

$$\Omega=\omega_1+\varepsilon\sigma_1 \tag{7.3.32}$$

并设

$$\gamma_1 = \sigma_1 T_1 - \theta_1 + \tau_1 \tag{7.3.33}$$

以代替式(7.3.21)的第一式。利用极坐标可得下列可解性条件：

$$a_1' = -\mu_1 a_1 + \frac{1}{4}\omega_1^{-1} a_1 a_2 \sin\gamma_2 + \frac{1}{2}\omega_1^{-1} f_1 \sin\gamma_1 \tag{7.3.34}$$

$$a_2' = -\mu_2 a_2 - \frac{1}{4}\omega_2^{-1} a_1^2 \sin\gamma_2 \tag{7.3.35}$$

$$a_1\theta_1' = -\frac{1}{4}\omega_1^{-1} a_1 a_2 \cos\gamma_2 - \frac{1}{2}\omega_1^{-1} f_1 \cos\gamma_1 \tag{7.3.36}$$

$$a_2\theta_2' = -\frac{1}{4}\omega_2^{-1} a_1^2 \cos\gamma_2 \tag{7.3.37}$$

其中，γ_2, μ_1, μ_2 和 σ_2 的意义与式(7.3.1)相同。

对于稳态解，$a_n' = \gamma_n' = 0$，因此式(7.3.34)至式(7.3.37)可以组合成

$$a_2^3 + 8\omega_1(\sigma_1\cos\gamma_2 - \mu_1\sin\gamma_2)a_2^2 + 16\omega_1^2(\mu_1^2 + \sigma_1^2)a_2 - \Gamma\omega_2^{-1} f_1^2 = 0 \tag{7.3.38}$$

$$a_1 = 2\sqrt{\frac{\omega_2 a_2}{\Gamma}} \tag{7.3.39}$$

$$\sin\gamma_2 = -\mu_2\Gamma, \quad \cos\gamma_2 = -(\sigma_2 + 2\sigma_1)\Gamma \tag{7.3.40}$$

其中

$$\Gamma = [\mu_2^2 + (\sigma_2 + 2\sigma_1)^2]^{-1/2} \tag{7.3.41}$$

因此第一次近似解为

$$u_1 = 2\varepsilon\sqrt{\frac{\omega_2 a_2}{\Gamma}}\cos(\Omega t - \gamma_1 + \tau_1) + O(\varepsilon^2) \tag{7.3.42}$$

$$u_2 = F_1(\omega_2^2 - \Omega^2)^{-1}\cos(\Omega t + \tau_2) + \varepsilon a_2\cos(2\Omega t + 2\tau_1 + \gamma_2 - 2\gamma_1) + O(\varepsilon^2) \tag{7.3.43}$$

如果没有内共振，这个解实质上就是相应的线性问题的解。

图 7.11 和图 7.12 分别对应于 $\sigma_1 = 0$ 和 $\sigma_1 > 0$ 画出了 a_1 和 a_2（作为 σ_2 的函数）的图形。对于各参数的某些组合，存在一个接近于这些曲线的中心下倾处的区域，在那里不存在稳定的稳态解；图 7.13 画出了当 t 值很大时 u_1 和 u_2 的曲线图，图形表明能量在两个模态之间不断地来回交换。

在图 7.11 和图 7.12 上已用箭头标出跳跃现象（与图 7.9 和图 7.10 相似）。现在不存在饱和现象，当 f_1 趋于零时，a_2 比 a_1 更快地趋于零，所以在响应振幅非常小时，此解也与线性问题的解相一致。

以上表明了寻找解析解的重要性。容易设想，单用数值方法要找出解的主要特性将是困难的。

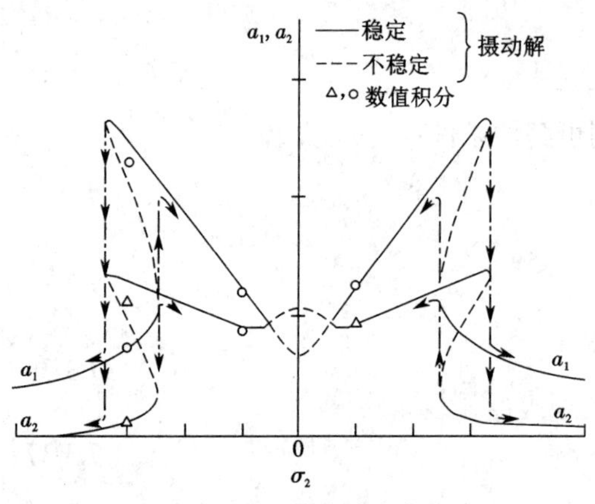

图 7.11 频率响应曲线

$\sigma_1 = 0, \Omega \approx \omega_1$

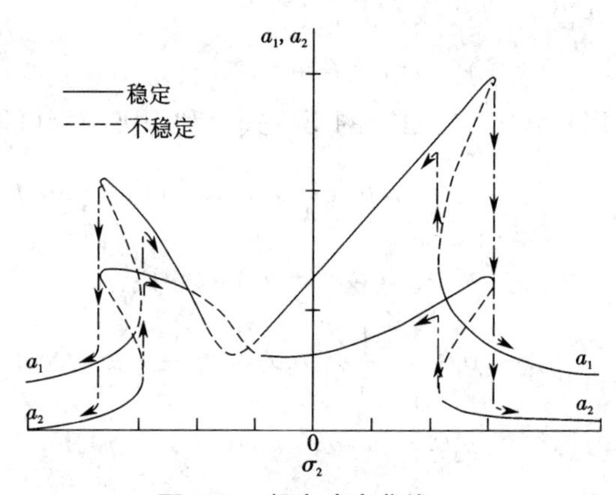

图 7.12 频率响应曲线

$\sigma_1 > 0, \Omega \approx \omega_1$

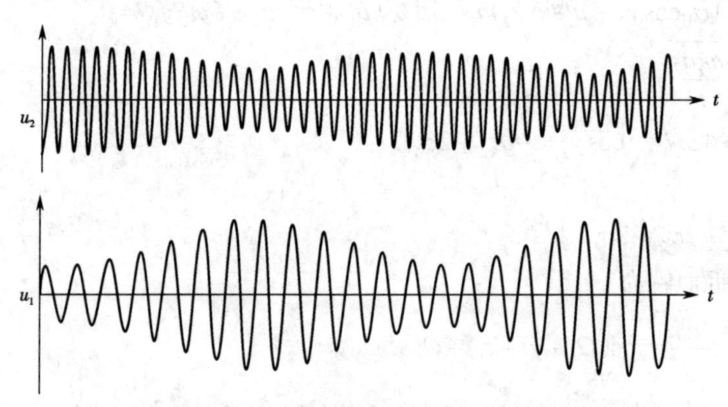

图 7.13 具有平方非线性系统不存在周期运动

3. 非共振激励的情形

在这种情形我们设

$$F_n = \varepsilon f_n \tag{7.3.44}$$

将式(7.3.2)代入式(7.3.1),再注意到 $\hat{\mu}_n = \varepsilon\mu_n$,然后使 ε 的同次幂的系数相等,就得到如下方程组:

ε 阶

$$\begin{cases} D_0^2 u_{11} + \omega_1^2 u_{11} = f_1 \cos(\Omega T_0 + \tau_1) \\ D_0^2 u_{21} + \omega_2^2 u_{21} = f_2 \cos(\Omega T_0 + \tau_2) \end{cases} \tag{7.3.45}$$

ε^2 阶

$$\begin{cases} D_0^2 u_{12} + \omega_1^2 u_{12} = -2D_0(D_1 u_{11} + \mu_1 u_{11}) + u_{11} u_{21} \\ D_0^2 u_{22} + \omega_2^2 u_{22} = -2D_0(D_1 u_{21} + \mu_2 u_{21}) + u_{11}^2 \end{cases} \tag{7.3.46}$$

式(7.3.45)的解可表示成如下形式:

$$\begin{cases} u_{11} = A_1(T_1)\exp(\mathrm{i}\omega_1 T_0) + \Lambda_1 \exp(\mathrm{i}\Omega T_0) + cc \\ u_{21} = A_2(T_1)\exp(\mathrm{i}\omega_2 T_0) + \Lambda_2 \exp(\mathrm{i}\Omega T_0) + cc \end{cases} \tag{7.3.47}$$

其中

$$\Lambda_n = f_n / 2(\omega_n^2 - \Omega^2)^{-1}\exp(\mathrm{i}\tau_n) \tag{7.3.48}$$

因此式(7.3.46)成为

$$\begin{aligned} D_0^2 u_{12} + \omega_1^2 u_{12} = & -2\mathrm{i}\omega_1(A_1' + \mu_1 A_1)\exp(\mathrm{i}\omega_1 T_0) - 2\mathrm{i}\Omega\mu_1\Lambda_1\exp(\mathrm{i}\Omega T_0) + \\ & A_2 A_1 \exp[\mathrm{i}(\omega_1+\omega_2)T_0] + A_2\Lambda_1\exp[\mathrm{i}(\omega_2+\Omega)T_0] + \\ & A_2\bar{A}_1\exp[\mathrm{i}(\omega_2-\omega_1)T_0] + A_2\bar{\Lambda}_1\exp[\mathrm{i}(\omega_2-\Omega)T_0] + \\ & A_1\Lambda_2\exp[\mathrm{i}(\omega_1+\Omega)T_0] + \Lambda_1\Lambda_2\exp(2\mathrm{i}\Omega T_0) + \\ & \Lambda_2\bar{A}_1\exp[\mathrm{i}(\Omega-\omega_1)T_0] + \Lambda_2\bar{\Lambda}_1 + cc \end{aligned} \tag{7.3.49}$$

$$\begin{aligned} D_0^2 u_{22} + \omega_2^2 u_{22} = & -2\mathrm{i}\omega_2(A_2' + \mu_2 A_2)\exp(\mathrm{i}\omega_2 T_0) - \\ & 2\mathrm{i}\Omega\mu_2\Lambda_2\exp(\mathrm{i}\Omega T_0) + A_1^2\exp(2\mathrm{i}\omega_1 T_0) + 2A_1\Lambda_1\exp[\mathrm{i}(\omega_1+\Omega)T_0] + \\ & 2A_1\bar{\Lambda}_1\exp[\mathrm{i}(\omega_1-\Omega)T_0] + \Lambda_1^2\exp(2\mathrm{i}\Omega T_0) + A_1\bar{A}_1 + \Lambda_1\bar{\Lambda}_1 + cc \end{aligned} \tag{7.3.50}$$

考察式(7.3.49)和式(7.3.50)中的非齐次项,可发现除了正比于 $\exp(\pm\mathrm{i}\omega_1 T_0)$ 的项以外,当 $\Omega = 2\omega_1$, $\Omega \approx \frac{1}{2}\omega_1$, $\Omega \approx \frac{1}{2}\omega_2$, $\Omega \approx \omega_2 - \omega_1$, $\Omega \approx \omega_2 + \omega_1$ 以及 $\omega_2 \approx 2\omega_1$ 时也引起长期项,最后一种是内共振的情形,而前面六种情形都对应于次共振(外共振)。

不存在次共振和内共振时,可解性条件是

$$\begin{cases} A_1' + \mu_1 A_1 = 0 \\ A_2' + \mu_2 A_2 = 0 \end{cases} \tag{7.3.51}$$

当不存在次共振而存在内共振时($\omega_2 = 2\omega_1 - \varepsilon\sigma_2$),其可解性条件与式(7.1.14)相同(但其中的 $\alpha_1 = \alpha_2 = 1$)。这种情形下运动的分析与 7.1 节相同。

4. 接近于 ω_1 情形

系统不存在内共振时,两个模态是不耦合的,而且单独对 u_1 模式存在一个超谐波共振。

系统存在内共振时,引进两个解谐参数如下:

$$\omega_2 = 2\omega_1 - \varepsilon\sigma_2,\ 2\Omega = \omega_1 + \varepsilon\sigma_1 \tag{7.3.52}$$

从式(7.3.49)和式(7.3.50)知道,如果要在 u_{12} 和 u_{22} 中消去长期项,只要

$$\begin{cases} -2\mathrm{i}\omega_1(A_1' + \mu_1 A_1) + A_2\bar{A}_1\exp(-\mathrm{i}\sigma_2 T_1) + \Lambda_1\Lambda_2\exp(\mathrm{i}\sigma T_1) = 0 \\ -2\mathrm{i}\omega_2(A_2' + \mu_2 A_2) + A_1^2\exp(\mathrm{i}\sigma_2 T_1) = 0 \end{cases} \tag{7.3.53}$$

像以前一样,在式(7.3.53)中引进极坐标记号后就得到

$$a_1' = -\mu_1 a_1 + \frac{1}{4}\omega_1^{-1}a_1 a_2\sin\gamma_2 + \frac{1}{2}\omega_2^{-1}\Gamma\sin\gamma_1 \tag{7.3.54}$$

$$a_2' = -\mu_2 a_2 - \frac{1}{4}\omega_2^{-1}a_1^2\sin\gamma_2 \tag{7.3.55}$$

$$a_1\theta_1' = -\frac{1}{4}\omega_1^{-1}a_1 a_2\cos\gamma_2 - \frac{1}{2}\omega_2^{-1}\Gamma\cos\gamma_1 \tag{7.3.56}$$

$$a_2\theta_2' = -\frac{1}{4}\omega_2^{-1}a_1^2\cos\gamma_2 \tag{7.3.57}$$

其中,γ_2 由式(7.3.21)定义,而

$$\begin{cases}\Gamma = \dfrac{1}{2} f_1\ f_2(\omega_1^2 - \Omega^2)^{-1}(\omega_2^2 - \Omega^2)^{-1} \\ \gamma_1 = \sigma_1 T_1 - \theta_1 + \tau_1 + \tau_2\end{cases} \tag{7.3.58}$$

因为式(7.3.54)至式(7.3.58)与式(7.3.33)至式(7.3.37)有相同的形式,所以如果式(7.3.38)至式(7.3.43)中以Γ代替f_1和以$\tau_1+\tau_2$代替τ_1,就得到本情形的稳态解。因此,响应曲线在定性上与图7.12和图7.11中的曲线相同。特别是对于某些参数组合,存在一个没有稳态解的区域。

5. Ω接近于$\omega_1+\omega_2$的情形

在组合共振的情形里,不论是否存在内共振,两个模态都是相互耦合的,因此我们对这两种情形都加以讨论。设

$$\Omega = \omega_1 + \omega_2 + \varepsilon\sigma_1 \tag{7.3.59}$$

不存在内共振时,式(7.3.49)和式(7.3.50)的可解性条件是

$$\begin{cases}-2\mathrm{i}\omega_1(A_1' + \mu_1 A_1) + \bar{A}_2 \Lambda_1 \exp(\mathrm{i}\sigma_1 T_1) = 0 \\ -\mathrm{i}\omega_2(A_2' + \mu_2 A_2) + \bar{A}_1 \Lambda_1 \exp(\mathrm{i}\sigma_1 T_1) = 0\end{cases} \tag{7.3.60}$$

为了使方程(7.3.60)的解有形式

$$\begin{cases}A_1 = b_1 \exp(\lambda T_1 + \mathrm{i}\sigma_1 T_1 + \mathrm{i}\tau_1) \\ A_2 = b_2 \exp(\bar{\lambda} T_1)\end{cases} \tag{7.3.61}$$

需要有

$$\lambda^2 + (\mu_1 + \mu_2 + \mathrm{i}\sigma_1)\lambda + \mu_2(\mu_1 + \mathrm{i}\sigma_1) - \frac{1}{2}\omega_1^{-1}\omega_2^{-1}|\Lambda_1|^2 = 0 \tag{7.3.62}$$

因此

$$\lambda = -\frac{1}{2}(\mu_1 + \mu_2 + \mathrm{i}\sigma_1) \pm \frac{1}{2}[(\mu_1 - \mu_2 + \mathrm{i}\sigma_1)^2 + 2\omega_1^{-1}\omega_2^{-1}|\Lambda_1|^2]^{1/2} \tag{7.3.63}$$

为了把齐次解衰减掉,所有λ值的实部必须是负的。如果某个λ的实部是正的,则齐次解将是增长的,它成为一阶近似响应的一部分。这种情况类似于单自由度系统的次谐波共振。只要在以上结果中改变ω_1的正负号,就能得到$\Omega \approx \omega_2 - \omega_1$的情形。Yamamoto(1960)从实验上找到了$\Omega = \omega_1 + \omega_2$的加法型组合共振。

出现内共振时,$\omega_2 = 2\omega_1 - \varepsilon\sigma_2$,此时式(7.3.49)和式(7.3.50)的可解性条件是

$$\begin{cases}-2\mathrm{i}\omega_1(A_1' + \mu_1 A_1) + A_2\bar{A}_1 \exp(-\mathrm{i}\sigma_2 T_1) + \bar{A}_2 \Lambda_1 \exp(\mathrm{i}\sigma T_1) = 0 \\ -2\mathrm{i}\omega_2(A_2' + \mu_2 A_2) + A_1^2 \exp(\mathrm{i}\sigma_2 T_1) + 2\bar{A}_1 \Lambda_1 \exp(\mathrm{i}\sigma T_1) = 0\end{cases} \tag{7.3.64}$$

引进极坐标记号后,式(7.3.64)就可写成

$$a_1' = -\mu_1 a_1 + \frac{1}{4}\omega_1^{-1} a_1 a_2 \sin\gamma_2 + \frac{1}{2}\omega_1^{-1}|\Lambda_1|\Gamma \sin\gamma_1 \tag{7.3.65}$$

$$a_2' = -\mu_2 a_2 - \frac{1}{4}\omega_2^{-1} a_2^2 \sin\gamma_2 + \omega_2^{-1} a_1 |\Lambda_1| \sin\gamma_1 \tag{7.3.66}$$

$$a_1\theta_1' = -\frac{1}{4}\omega_1^{-1} a_1 a_2 \cos\gamma_2 - \frac{1}{2}\omega_1^{-1}\Gamma|\Lambda_1|\cos\gamma_1 \tag{7.3.67}$$

$$a_2\theta_2' = -\frac{1}{4}\omega_2^{-1} a_1^2 \cos\gamma_2 + \omega_2^{-1} a_1 |\Lambda_1| \cos\gamma_1 \tag{7.3.68}$$

其中

$$\begin{cases}\gamma_1=\sigma_1T_1-\theta_2-\theta_1+\tau_1\\ \gamma_2=-\sigma_2T_1-2\theta_1+\theta_2\end{cases} \tag{7.3.69}$$

对于稳态响应，$a_n'=0$ 和 $\gamma_n'=0$。从式（7.3.69）得出

$$\theta_1'=\frac{1}{3}(\sigma_1-\sigma_2)\ ,\ \theta_2'=\frac{1}{3}(2\sigma_1+\sigma_2)$$

现在有两种可能性，或者是 $a_1=a_2=0$，或者是 $a_1\neq 0$ 和 $a_2\neq 0$。对后一种情形，从式（7.3.65）至式（7.3.68）的稳态形式中解出 γ_1 和 γ_2 的三角函数，得到

$$\frac{3}{2}a_1a_2|\Lambda_1|\sin\gamma_1=\omega_1\mu_1a_1^2+\omega_2\mu_2a_2^2 \tag{7.3.70}$$

$$\frac{3}{4}a_1^2a_2\sin\gamma_2=2\omega_1\mu_1a_1^2-\omega_2\mu_2a_2^2 \tag{7.3.71}$$

$$\frac{1}{2}a_1a_2|\Lambda_1|\cos\gamma_1=\frac{1}{3}(\sigma_1-\sigma_2)a_1^2-\frac{1}{3}\omega_2(2\sigma_1+\sigma_2)a_2^2 \tag{7.3.72}$$

$$\frac{1}{4}a_1^2a_2\cos\gamma_2=-\frac{2}{3}\omega_2(\sigma_1-\sigma_2)a_1^2+\frac{1}{3}\omega_2(2\sigma_1+\sigma_2)a_2^2 \tag{7.3.73}$$

从式（7.3.70）至式（7.3.73）中消去 γ_n，得到

$$\begin{aligned}&\omega_1^2[\mu_1^2+(\sigma_1-\sigma_2)^2]a_1^4+\omega_2^2[\mu_2^2+(2\sigma_1+\sigma_2)^2]a_2^4+\\&2\omega_1\omega_2[\mu_1\mu_2-(\sigma_1-\sigma_2)(2\sigma_1+\sigma_2)]a_1^2a_2^2=\frac{9}{4}a_1^2a_2^2|\Lambda_1|^2\end{aligned} \tag{7.3.74}$$

$$\begin{aligned}&4\omega_1^2[\mu_1^2+(\sigma_1-\sigma_2)^2]a_1^4+\omega_2^2[\mu_2^2+(2\sigma_1+\sigma_2)^2]a_1^4-\\&4\omega_1\omega_2[\mu_1\mu_2+(\sigma_1-\sigma_2)(2\sigma_1+\sigma_2)]a_1^2a_2^2=\frac{9}{16}a_2^2a_1^4\end{aligned} \tag{7.3.75}$$

从式（7.3.74）和式（7.3.75）中消去 a_2^4，得到

$$\begin{aligned}&3\omega_1^2[\mu_1^2+(\sigma_1-\sigma_2)^2]a_1^2-2\omega_1\omega_2[3\mu_1\mu_2+(\sigma_1-\sigma_2)(2\sigma_1+\sigma_2)]a_2^2\\&=\frac{9}{16}a_2^2a_1^2-\frac{9}{4}|\Lambda_1|^2a_2^2\end{aligned} \tag{7.3.76}$$

又从式（7.3.74）和式（7.3.75）中消去 a_1^4，得到

$$\begin{aligned}&3\omega_2^2[\mu_2^2+(2\sigma_1+\sigma_2)^2]a_2^2+4\omega_1\omega_2[\mu_1\mu_2-(\sigma_1-\sigma_2)(2\sigma_1+\sigma_2)]a_1^2\\&=\frac{9}{16}a_2^2a_1^2-\frac{9}{4}|\Lambda_1|^2a_2^2\end{aligned} \tag{7.3.77}$$

从式（7.3.76）和式（7.3.77）中消去 a_2^2 就得到 a_1^2 的二次方程，并可解得

$$\begin{aligned}a_1^2=&5|\Lambda_1|^2-16\omega_1\omega_2[\mu_1\mu_2-\frac{2}{9}(\sigma_1+\frac{1}{2}\sigma_2)(\sigma_1-\sigma_2)]\pm\\&2|\Lambda_1|\{9|\Lambda_1|^2-16\omega_1\omega_2[\mu_1\mu_2-2(\sigma_1+\frac{1}{2}\sigma_2)(\sigma_1-\sigma_2)]-\\&\frac{256}{9}\omega_1^2\omega_2^2[\mu_2^2(\sigma_1-\sigma_2)^2+4\mu_1^2(\sigma_1+\frac{1}{2}\sigma_2)^2+\\&4\mu_1\mu_2(\sigma_1+\frac{1}{2}\sigma_2)(\sigma_1-\sigma_2)]\}^{1/2}\end{aligned} \tag{7.3.78}$$

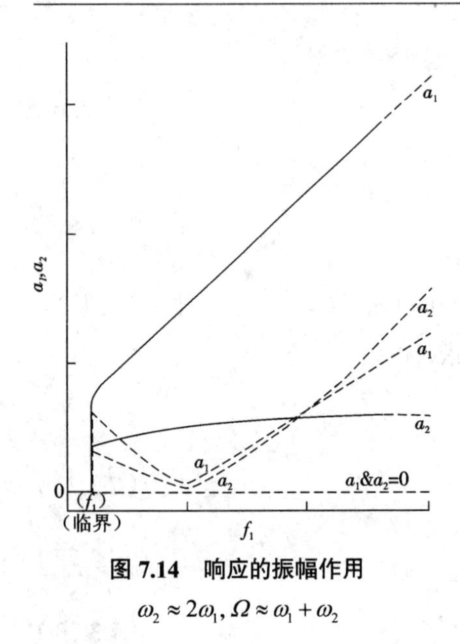

图 7.14 响应的振幅作用

$\omega_2 \approx 2\omega_1, \Omega \approx \omega_1 + \omega_2$

当 a_1 和 a_2 不等于零时，稳态响应为

$$u_1 = \frac{\varepsilon f_1}{\omega_1^2 - \Omega^2}\cos(\Omega t + \tau_1) + \varepsilon a_1 \cos[\frac{1}{3}(\Omega t + \tau_1 - \gamma_1 - \gamma_2)] + O(\varepsilon^2) \tag{7.3.79}$$

$$u_2 = \frac{\varepsilon f_2}{\omega_2^2 - \Omega^2}\cos(\Omega t + \tau_2) + \varepsilon a_2 \cos[\frac{2}{3}(\Omega t + \tau_1 + \frac{1}{2}\gamma_2 - \gamma_1)] + O(\varepsilon^2) \tag{7.3.80}$$

所以，激励产生了分数谐波偶。图 7.14 画出了 a_1 和 a_2（作为 f_1 的函数）的曲线。该图形揭示了只有当 f_1 增加到超过某个最小值之后，a_1 和 a_2 才可能不为零，而且超过这个临界值之后，方程的解 $a_1 = a_2 = 0$ 是不稳定的，因此响应由式（7.3.79）和式（7.3.80）给出，要注意图上有一个很像饱和的现象。在 f_1 超过临界值以后，a_2 只有微小的变化，而 a_1 却随着 f_1 的增加而迅速增长。最后，还要注意到对于大的 f_1 值，所有的稳态解都是不稳定的。

7.4 带立方非线性的系统的强迫振动

我们要讨论已在 7.2 节考察过的系统（7.2.1）的强迫振动，即

$$\ddot{u}_1 + \omega_1^2 u_1 = -2\hat{\mu}_1 \dot{u}_1 + \alpha_1 u_1^3 + \alpha_2 u_1^2 u_2 + \alpha_3 u_1 u_2^2 + \alpha_4 u_2^3 + F_1 \cos(\Omega t + \tau_1) \tag{7.4.1}$$

$$\ddot{u}_2 + \omega_2^2 u_2 = -2\hat{\mu}_2 \dot{u}_2 + \alpha_5 u_1^3 + \alpha_6 u_1^2 u_2 + \alpha_7 u_1 u_2^2 + \alpha_8 u_2^3 + F_2 \cos(\Omega t + \tau_2) \tag{7.4.2}$$

许多学者对二自由度系统的主共振作过研究。

求系统的周期响应的方法可分为两类。第一类方法包括多尺度法和平均法。用这些方法可求出一组依赖于时间的方程，它们描述振幅和相位随时间的变化。通常把这些方程变换到自治系统，那么它们的平稳点（驻点）对应于周期运动，而平稳点的稳定性对应于周期运动的稳定性。第二类方法包括谐波平衡法、Galérkin-Ritz 方法以及 Lindstedt-Poincaré 方法。用这些方法可直接求出周期解。为了研究这些周期运动的稳定性，通常是进行摄动，然后建立带周期系数的变分方程，因而把决定周期运动稳定性的问题变为周期系数方程组的解的稳定性问题。Plotnikova（1965）用后一种方法讨论了二自由度系统周期解的稳定性。Akulenko（1968），Szemplinska-Stupnicka（1973），Ponzo 和 Wax（1974）研究了多个自由度系统的稳定性。

带立方非线性系统的次共振，包括次谐波共振、超谐波共振以及组合共振。有内共振或没有内共振时都可能激发出一个或几个上述的共振。有许多学者曾对次谐波共振进行了研究。在这里我们仅讨论主共振，即 $\omega_1 \approx \Omega$ 和 $\omega_2 \approx \Omega$，另外假定 $\omega_2 > \omega_1$。现在像 7.2 节一样，寻求形式为

$$\begin{cases}u_1=\varepsilon u_{11}(T_0,T_2)+\varepsilon^3 u_{13}(T_0,T_2)+\cdots\\u_2=\varepsilon u_{21}(T_0,T_2)+\varepsilon^3 u_{23}(T_0,T_2)+\cdots\end{cases}\tag{7.4.3}$$

的渐近展开式。

同以前一样，因为非线性出现在 $O(\varepsilon^3)$ 中，所以式(7.4.3)中不出现 $O(\varepsilon^2)$ 项和尺度 T_1。另外，令 $\hat{\mu}_n=\varepsilon^2\mu_n$ 和 $F_n=\varepsilon^3 f_n$，这样就使得在主共振情形里，阻尼、非线性和激励的影响在同一摄动方程中出现。然后，把式(7.4.3)代入式(7.4.1)和式(7.4.2)，并令 ε 同次幂的系数相等，就得到

ε 阶

$$\begin{cases}D_0^2u_{11}+\omega_1^2u_{11}=0\\D_0^2u_{21}+\omega_2^2u_{21}=0\end{cases}\tag{7.4.4}$$

ε^3 阶

$$D_0^2u_{13}+\omega_1^2u_{13}=-2D_0(D_1u_{11}+\mu_1u_{11})+\alpha_1u_{11}^3+\alpha_2u_{11}^2u_{21}+\alpha_3u_{11}u_{21}^2+\alpha_4u_{21}^3+f_1\cos(\Omega T_0+\tau_1)\tag{7.4.5}$$

$$D_0^2u_{23}+\omega_2^2u_{23}=-2D_0(D_1u_{21}+\mu_2u_{21})+\alpha_5u_{11}^3+\alpha_6u_{11}^2u_{21}+\alpha_7u_{11}u_{21}^2+\alpha_8u_{21}^3+f_2\cos(\Omega T_0+\tau_2)\tag{7.4.6}$$

现把式(7.4.4)的解表示成下列形式：

$$\begin{cases}u_{11}=A_1(T_2)\exp(\mathrm{i}\omega_1T_0)+cc\\u_{21}=A_2(T_2)\exp(\mathrm{i}\omega_2T_0)+cc\end{cases}\tag{7.4.7}$$

把 u_{11} 和 u_{21} 代入 式(7.4.5)和式(7.4.6)，所得结果只是比方程(7.2.7)和(7.2.8)各增加了一项，分别为

$$\frac{1}{2}f_1\exp[\mathrm{i}(\Omega T_0+\tau_1)]\text{ 和 }\frac{1}{2}f_2\exp[\mathrm{i}(\Omega T_0+\tau_2)]$$

当没有内共振时，稳态解是不耦合的。因此，本节只讨论内共振的情形。由于非线性是立方形的，所以当 $\omega_2\approx3\omega_1$ 时，在一阶近似里出现内共振。现按下式引进解谐参数 σ_1：

$$\omega_2=3\omega_1+\varepsilon^2\sigma_1\tag{7.4.8}$$

下面就只讨论 $\omega_1\approx\Omega$ 和 $\omega_2\approx\Omega$ 的情形。

1. Ω 接近于 ω_1 的情形

现按照

$$\Omega=\omega_1+\varepsilon^2\sigma_2\tag{7.4.9}$$

引进第二个解谐参数 σ_2。由式(7.4.8)和式(7.4.9)，从经过补充的方程(7.4.7)和(7.4.8)得可解性条件为

$$\begin{cases}-2\mathrm{i}\omega_1(A_1'+\mu_1A_1)+3\alpha_1A_1^2\overline{A}_1+2\alpha_3A_2\overline{A}_2A_1+\alpha_2A_2\overline{A}_1^2\exp(\mathrm{i}\sigma_1T_2)+\\\dfrac{1}{2}f_1\exp(\mathrm{i}\sigma_2T_2+\tau_1)=0\\-2\mathrm{i}\omega_2(A_2'+\mu_2A_2)+\alpha_5A_1^3\exp(-\mathrm{i}\sigma_1T_2)+3\alpha_8A_2^2\overline{A}_2+2\alpha_6A_1\overline{A}_1A_2=0\end{cases}\tag{7.4.10}$$

引入极坐标记号，式(7.4.10)就可写为

$$8\omega_1(a_1' + \mu_1 a_1) = \alpha_2 a_1^2 a_2 \sin\gamma_1 + 4 f_1 \sin\gamma_2 \tag{7.4.11}$$

$$8\omega_2(a_2' + \mu_2 a_2) = -\alpha_5 a_1^3 \sin\gamma_1 \tag{7.4.12}$$

$$8\omega_1 a_1 \theta_1' = -(3\alpha_1 a_1^2 + 2\alpha_3 a_2^2)a_1 - \alpha_2 a_1^2 a_2 \cos\gamma_1 - 4 f_1 \cos\gamma_2 \tag{7.4.13}$$

$$8\omega_2 a_2 \theta_2' = -(3\alpha_8 a_2^2 + 2\alpha_6 a_1^2)a_2 - \alpha_5 a_1^3 \cos\gamma_1 \tag{7.4.14}$$

其中

$$\begin{cases}\gamma_1 = \sigma_1 T_2 + \theta_2 - 3\theta_1 \\ \gamma_2 = \sigma_2 T_2 - \theta_1 + \tau_1\end{cases} \tag{7.4.15}$$

对于稳态响应，$a_n' = \gamma_n' = 0$，它对应于如下方程组的解：

$$8\omega_1 \mu_1 a_1 - \alpha_2 a_1^2 a_2 \sin\gamma_1 - 4 f_1 \sin\gamma_2 = 0 \tag{7.4.16}$$

$$8\omega_2 \mu_2 a_2 + \alpha_5 a_1^3 \sin\gamma_1 = 0 \tag{7.4.17}$$

$$8\omega_1 a_1 \sigma_2 + (3\alpha_1 a_1^2 + 2\alpha_3 a_2^2)a_1 + \alpha_2 a_1^2 a_2 \cos\gamma_1 + 4 f_1 \cos\gamma_2 = 0 \tag{7.4.18}$$

$$8\omega_2 a_2(3\sigma_2 - \sigma_1) + (3\alpha_8 a_2^2 + 2\alpha_6 a_1^2)a_2 + \alpha_5 a_1^3 \cos\gamma_1 = 0 \tag{7.4.19}$$

Nayfeh，Mook 和 Sridhar（1974）对固支铰支梁的主共振问题导出了与上面相类似的方程，并求得了数值解。

图 7.15 和图 7.16 示出 $\Omega \approx \omega_1$ 时对于几个激励幅值，a_1 和 a_2 随 σ_2 的变化曲线。图 7.15 和图 7.16 上的小圆圈表示对应方程（7.4.1）和（7.4.2）数值积分的结果。虽然 a_2 不能为零，但它与 a_1 相比是小量，所以实际上响应由第一模态给出。这些图形是用典型的梁振动的系数画出的，表示了多自由度系统响应的典型特性；即使这些高阶模态通过内共振和基本模态相耦合，对基本模态的激励也并不对高阶模态产生大的影响。但是下节将要阐述，如果这些低阶模态通过内共振与受激励的模态相耦合的话，激励高阶模态可以在低阶模态产生大的影响，使得这些高阶模态可以通过内共振在低阶模态（特别是基本模态）产生大的响应。

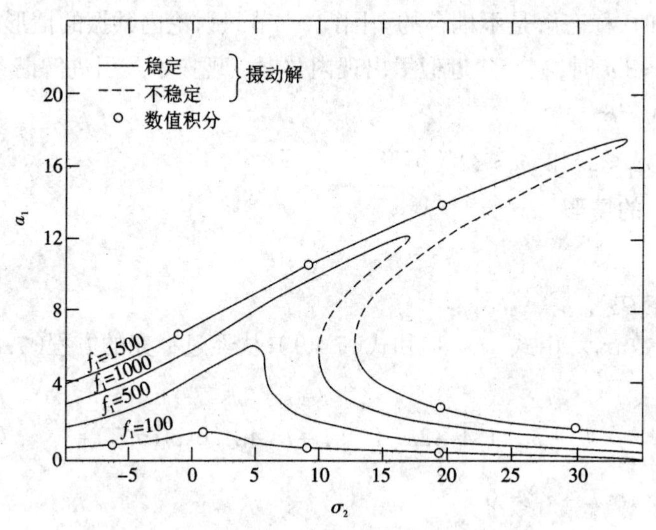

图 7.15　频率响应曲线

$\omega_2 \cong 3\omega_1$，$\Omega \cong \omega_1$

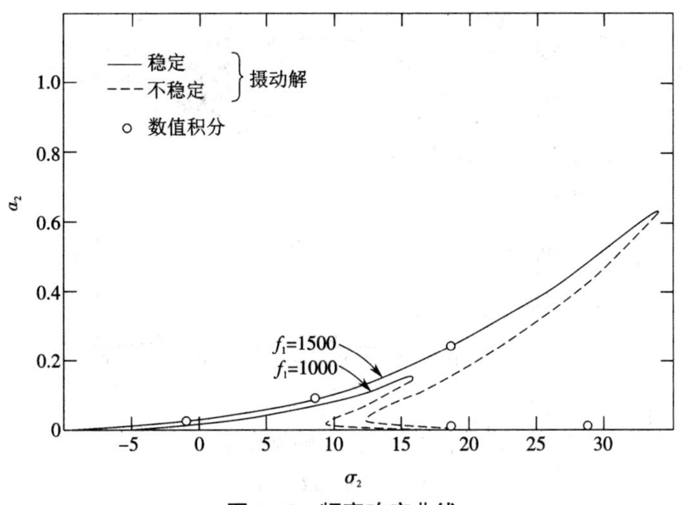

图 7.16　频率响应曲线

$\omega_2 \cong 3\omega_1, \Omega \cong \omega_1$

2. Ω 接近于的 ω_2 情形

现在按照

$$\Omega = \omega_2 + \varepsilon^2 \sigma_2 \tag{7.4.20}$$

引进第二个解谐参数 σ_2，并仍用方程（7.4.8）定义 σ_1，则由式（7.4.5）和式（7.4.6）得出，为了在 u_{12} 和 u_{22} 中消去长期项，只要

$$-2\mathrm{i}\omega_1(A_1' + \mu_1 A_1) + 3\alpha_1 A_1^2 \overline{A}_1 + 2\alpha_3 A_1 \overline{A}_2 A_2 + \alpha_2 A_2 \overline{A}_1^2 \exp(\mathrm{i}\sigma_1 T_2) = 0 \tag{7.4.21}$$

$$\begin{gathered}-2\mathrm{i}\omega_2(A_2' + \mu_2 A_2) + 3\alpha_8 A_2^2 \overline{A}_2 + 2\alpha_6 A_2 A_1 \overline{A}_1 + \alpha_5 A_1^3 \exp(-\mathrm{i}\sigma_1 T_2) + \\ \frac{1}{2} f_2 \exp(\mathrm{i}\sigma_2 T_2 + \tau_2) = 0\end{gathered} \tag{7.4.22}$$

在式（7.4.21）和式（7.4.22）中引进极坐标记号，然后分离实部和虚部就得到

$$8\omega_1(a_1' + \mu_1 a_1) - \alpha_2 a_2 a_1^2 \sin\gamma_1 = 0 \tag{7.4.23}$$

$$8\omega_1 a_1 \theta_1' + 3\alpha_1 a_1^3 + 2\alpha_3 a_1 a_2^2 + \alpha_2 a_2 a_1^2 \cos\gamma_1 = 0 \tag{7.4.24}$$

$$8\omega_2(a_2' + \mu_2 a_2) + \alpha_5 a_1^3 \sin\gamma_1 - 4 f_2 \sin\gamma_2 = 0 \tag{7.4.25}$$

$$8\omega_2 a_2 \theta_2' + 3\alpha_8 a_2^3 + 2\alpha_6 a_2 a_1^2 + \alpha_5 a_1^3 \cos\gamma_1 + 4 f_2 \cos\gamma_2 = 0 \tag{7.4.26}$$

与以前一样，式中

$$\gamma_1 = \sigma_1 T_2 - 3\theta_1 + \theta_2$$

现在另外有

$$\gamma_2 = \sigma_2 T_2 - \theta_2 + \tau_2 \tag{7.4.27}$$

对于稳态运动，$a_n' = 0$ 和 $\gamma_n' = 0$。当 a_2 不为零时，a_1 可以为零，或者是 a_1 和 a_2 两者都为非零，当 a_1 =0 时的结果与单自由度的结果相类似。图 7.17 和图 7.18 示出了 a_n 作为 σ_2 函数的曲线。要注意到 a_1 不为零时，它可以比 a_2 大得多，这就意味着内共振提供了一种机构，把能量从高阶模态传到低阶模态。

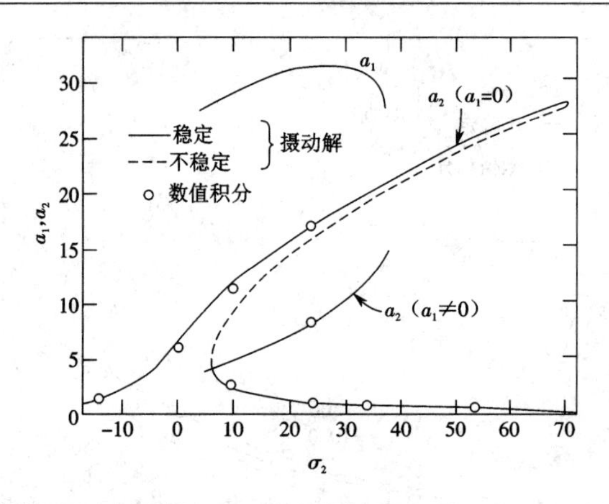

图 7.17 频率响应曲线

$\omega_2 \cong 3\omega_1$, $\Omega \cong \omega_2$

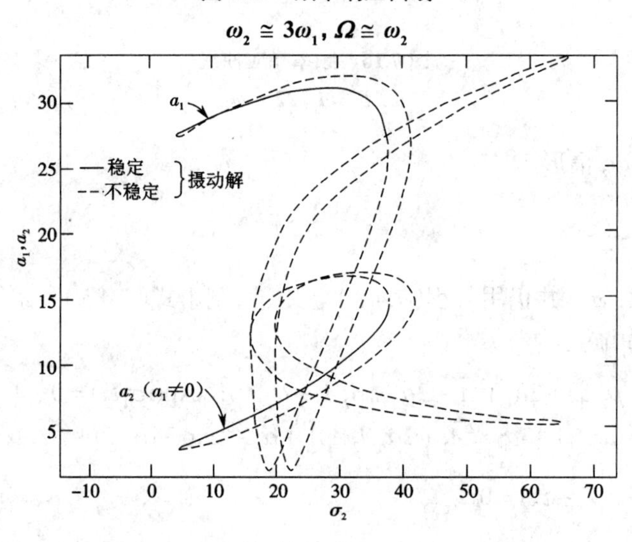

图 7.18 频率响应曲线

$\omega_2 \cong 3\omega_1$, $\Omega \cong \omega_2$

从图 7.18 可以看出,激发高阶模态即 $\Omega \approx \omega_2$ 时,解会变得非常复杂。然而,这些曲线的许多段(虚线部分)都对应于不稳定的解,因此实际上是不可能实现的。图 7.17 只表示出了其中的稳定部分(即可能的响应)随 σ_2 变化的曲线。要注意到虽然受激励的是第二模态(即 $\Omega \approx \omega_2$),但基本模态的振幅可以达到激励模态振幅的 5 倍(依赖于解谐)。然而,与带平方非线性的情形不同,在带立方非线性的系统里不存在饱和现象。现在的问题是系统参数(例如阻尼、激励幅值和频率、非线性的强度)的改变对响应有什么影响?特别是,能不能用充分大的扰动把系统的响应从一个稳态解强制地变到另一个稳态解?这就要建立解关于扰动的稳定区域,也就是得出一个给定解的稳定程度(Holzer, 1974)。虽然相平面分析对于多于两个方程的情形是不适用的,但我们仍然可以利用投影到适当的两个坐标平面上的办法来研究积分曲线的性质(例如, Subramanian 和 Kronauer, 1972, 1973; Blauuiére, 1966)。在保守的力学系统中,原始的支配方程是从积分表示式导出的,因存在某些函数而带来方便。例如存在势能(Thompson 和 Hunt, 1973)或者有 Lagrange 函数(Kronauer 和 Musa, 1966; Musa 和 Kronauer,

1968)或者是 Hamilton 函数。它的逆问题(即给定一个方程组,求运动的一个积分)是更为困难的。

7.5　参数激励系统

考察如下的方程组:

$$\begin{aligned}&\ddot{u}_1+\omega_1^2u_1+\varepsilon[2\cos(\Omega t)(f_{11}u_1+f_{12}u_2)-\\&\quad(\alpha_1u_1^3+\alpha_2u_2u_1^2+\alpha_3u_1u_2^2+\alpha_4u_2^3)+2\mu_1\dot{u}_1]=0\end{aligned}\tag{7.5.1}$$

$$\begin{aligned}&\ddot{u}_2+\omega_2^2u_2+\varepsilon[2\cos(\Omega t)(f_{21}u_1+f_{22}u_2)-\\&\quad(\alpha_5u_1^3+\alpha_6u_1^2u_2+\alpha_7u_1u_2^2+\alpha_8u_2^3)+2\mu_2\dot{u}_2]=0\end{aligned}\tag{7.5.2}$$

许多问题都可以归结为这类方程,例如研究在简谐载荷作用下铰支固定梁的有限振幅振动时就出现这种类型的方程。当 $\omega_2\approx3\omega_1$ 时,如果存在正比于 α_2 和 α_5 的项,就产生内共振。

Tso 和 Asmis(1974)研究了类似的系统,然而没有考虑内共振的影响。他们用平均法得到的结果就不能应用于这种情况。现用多尺度法,按如下熟悉的步骤来求近似解。假设

$$u_1(t;\varepsilon)=u_{10}(T_0,T_1)+\varepsilon u_{11}(T_0,T_1)+\cdots\tag{7.5.3}$$

$$u_2(t;\varepsilon)=u_{20}(T_0,T_1)+\varepsilon u_{21}(T_0,T_1)+\cdots\tag{7.5.4}$$

把式(7.5.3)和式(7.5.4)代入式(7.5.1)和式(7.5.2),就得到

$$u_{10}=A_1(T_1)\exp(\mathrm{i}\omega_1T_0)+cc\tag{7.5.5}$$

$$u_{20}=A_2(T_1)\exp(\mathrm{i}\omega_2T_0)+cc\tag{7.5.6}$$

$$\begin{aligned}D_0^2u_{11}+\omega_1^2u_{11}=&[-2\mathrm{i}\omega_1(A_1'+\mu_1A_1)+3\alpha_1A_1^2\overline{A}_1+\\&2\alpha_3A_2\overline{A}_2A_1]\exp(\mathrm{i}\omega_1T_0)+\alpha_2A_2\overline{A}_1^2\exp[\mathrm{i}(\omega_2-2\omega_1)T_0]-\\&f_{11}A_1\exp[\mathrm{i}(\Omega+\omega_1)T_0]-f_{11}\overline{A}_1\exp[\mathrm{i}(\Omega-\omega_1)T_0]-\\&f_{12}A_2\exp[\mathrm{i}(\Omega+\omega_2)T_0]-f_{12}\overline{A}_2\exp[\mathrm{i}(\Omega-\omega_2)T_0]+\\&cc+\mathrm{NST}\ (\text{non resonance term})\end{aligned}\tag{7.5.7}$$

$$\begin{aligned}D_0^2u_{21}+\omega_2^2u_{21}=&[-2\mathrm{i}\omega_2(A_2'+\mu_2A_2)+3\alpha_8A_2^2\overline{A}_2+2\alpha_6A_1\overline{A}_1A_2]\exp(\mathrm{i}\omega_2T_0)+\\&\alpha_5A_1^3\exp(3\mathrm{i}\omega_1T_0)-f_{21}A_1\exp[\mathrm{i}(\Omega+\omega_1)T_0]-\\&f_{21}\overline{A}_1\exp[\mathrm{i}(\Omega-\omega_1)T_0]-f_{22}A_2\exp[\mathrm{i}(\Omega+\omega_2)T_0]-\\&f_{22}\overline{A}_2\exp[\mathrm{i}(\Omega-\omega_2)T_0]+cc\end{aligned}\tag{7.5.8}$$

再按下式引进关于内共振的解谐参数:

$$\omega_2=3\omega_1+\varepsilon\sigma\tag{7.5.9}$$

对参数共振有三种可能情形,即 Ω 接近于 $2\omega_1\approx\omega_2-\omega_1$,$\Omega$ 接近于 $2\omega_2$ 和 Ω 接近于 $\omega_2+\omega_1$,下面分别讨论这些情形。

1. $\boldsymbol{\Omega}$ 接近于 $\boldsymbol{2\omega_1}$ 的情形

对这种情形,为考虑参数共振,按

$$\Omega=2\omega_1+\varepsilon\rho\tag{7.5.10}$$

引进解谐参数 ρ。为了从 u_{11} 中消去长期项,必须有

$$8\omega_1(a_1'+\mu_1 a_1)-\alpha_2 a_1^2 a_2\sin\gamma_1+4f_{11}a_1\sin\gamma_2=0 \tag{7.5.11}$$

$$8\omega_1 a_1\beta_1'+3\alpha_1 a_1^3+2\alpha_3 a_1 a_2^2+\alpha_2 a_1^2 a_2\cos\gamma_1-4f_{11}a_1\cos\gamma_2=0 \tag{7.5.12}$$

其中

$$A_n=\frac{1}{2}a_n(T_1)\exp[i\beta_n(T_1)] \tag{7.5.13}$$

$$\gamma_1=\sigma T_1+\beta_2-3\beta_1,\ \gamma_2=\rho T_1-2\beta_1 \tag{7.5.14}$$

为了从 u_{21} 中消去长期项,必须有

$$8\omega_2(a_2'+\mu_2 a_2)+\alpha_5 a_1^3\sin\gamma_1+4f_{21}a_1\sin(\gamma_2-\gamma_1)=0 \tag{7.5.15}$$

$$8\omega_2 a_2\beta_2'+2\alpha_6 a_1^2 a_2+3\alpha_8 a_2^3+\alpha_5 a_1^3\sin\gamma_1-4f_{21}a_1\cos(\gamma_2-\gamma_1)=0 \tag{7.5.16}$$

对于稳态解,a_1,a_2,γ_1 和 γ_2 都是常数,利用方程(7.5.14)可消去 β_1' 和 β_2',结果得到

$$a_1(8\omega_1\mu_1-\alpha_2 a_1 a_2\sin\gamma_1+4f_{11}\sin\gamma_2)=0 \tag{7.5.17}$$

$$a_1(4\omega_1\rho+3\alpha_1 a_1^2+2\alpha_3 a_2^2+\alpha_2 a_1 a_2\cos\gamma_1-4f_{11}\cos\gamma_2)=0 \tag{7.5.18}$$

$$8\omega_2\mu_2 a_2+\alpha_5 a_1^3\sin\gamma_1+4f_{21}a_1\sin(\gamma_2-\gamma_1)=0 \tag{7.5.19}$$

$$8\omega_2\left(\frac{3}{2}\rho-\sigma\right)a_2+2\alpha_6 a_1^2 a_2+3\alpha_8 a_2^3+\alpha_5 a_1^3\cos\gamma_1-4f_{21}a_1\cos(\gamma_2-\gamma_1)=0 \tag{7.5.20}$$

注意到有两种可能性,或者 a_1 和 a_2 都为零,或者一个也不为零。对于后一种情形,可用 Newton-Raphson 方法解出 a_1,a_2,γ_1 和 γ_2。各个奇点的特性(即稳定或不稳定)可以用通常的方法来确定。

图 7.19 示出了 a_1 和 a_2 作为激励幅值 F 函数的一些典型结果。对于梁柱,f_{nm} 正比于单个常数 F。

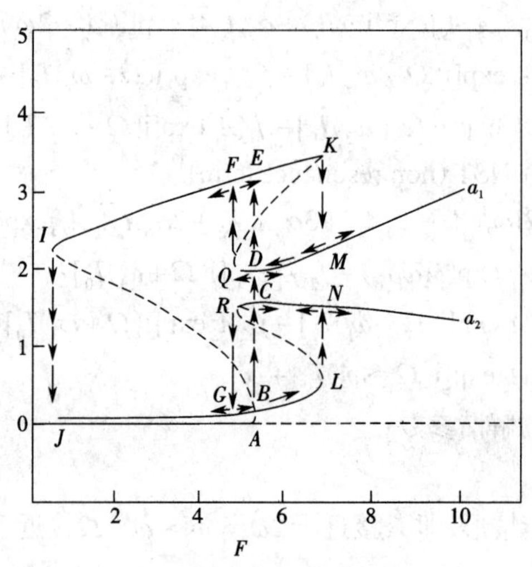

图 7.19 各模态的振幅和激励幅值的关系

$\omega_2\cong 3\omega_1$, $\Omega\cong 2\omega_1$

图 7.19 上用箭头标出了跳跃现象。要注意到各种跳跃的复杂性。我们来追溯一下 a_1 和 a_2 随 F 的变化史。当 F 从零慢慢地增加到一个大的值,然后再慢慢地回到零,初始时 a_1 和 a_2

都是零，一直保持到达 A 点以前。在 A 点，平凡解成为不稳定的。往后，或者是 a_1 向上跳到 E 点，而 a_2 向上跳到 B 点，或者是 a_1 向上跳到 D 点而 a_2 向上跳到 C 点。在第一种情形，a_1 沿曲线 $IFEK$ 变化，而 a_2 沿曲线 GBL 变化。以后 a_1 从 K 点往下跳到 M 点而 a_2 从 L 点往上跳到 N 点。在第二种情形，a_1 沿着经过 D 点和 M 点，a_2 沿着通过 C 点和 N 点的一支变化。在返回时，或者是 a_1 从 Q 点向上跳到 F 点，而 a_2 从 B 点往下跳到 G 点，或者是都跳回到零。如果 a_1 向上跳，那么 a_1 沿曲线 $KEFI$ 运动，而 a_2 沿曲线 LBG 运动，直至都在 J 点跳回到零。

2. Ω接近于 $2\omega_2$ 的情形

在这种情形，考虑参数共振，引进解谐参数 ρ 如下：

$$\Omega = 2\omega_2 + \varepsilon\rho \tag{7.5.21}$$

对于稳态运动，求得

$$a_1(8\omega_1\mu_1 - \alpha_2 a_1 a_2 \sin\gamma_1) = 0 \tag{7.5.22}$$

$$a_1\left[\frac{8}{3}\omega_1\left(\sigma+\frac{1}{2}\rho\right)+3\alpha_1 a_1^2 + 2\alpha_3 a_2^2 + \alpha_2 a_1 a_2 \cos\gamma_1\right] = 0 \tag{7.5.23}$$

$$a_2\left(8\omega_2\mu_2 + 4f_{22}\sin\gamma_2\right) + \alpha_5 a_1^3 \sin\gamma_1 = 0 \tag{7.5.24}$$

$$a_2(4\omega_2\rho + 2\alpha_6 a_1^2 + 3\alpha_8 a_2^2 - 4f_{22}\cos\gamma_2) + \alpha_5 a_1^3 \cos\gamma_1 = 0 \tag{7.5.25}$$

其中

$$\gamma_2 = \rho T_1 - 2\beta_2 \tag{7.5.26}$$

$$\gamma_1 = \sigma T_1 - 3\beta_1 + \beta_2 \tag{7.5.27}$$

现在与 Ω 接近于 $2\omega_1$ 的情形不同，它显示出两种可能性，a_1 为零而 a_2 不为零，或者是 a_1 和 a_2 都不为零。对于第一种情形，问题归结为单自由度问题。对于第二种情形的一些典型结果在图 7.20 上显示。注意到虽然由参数激励直接激发的是 a_2，但在相当宽的范围内 a_1 比 a_2 要大得多，内共振是引起这种现象的唯一原因。从式（7.5.22）可知，如果 a_2 是零（即没有内共振），则 a_1 必须是零。

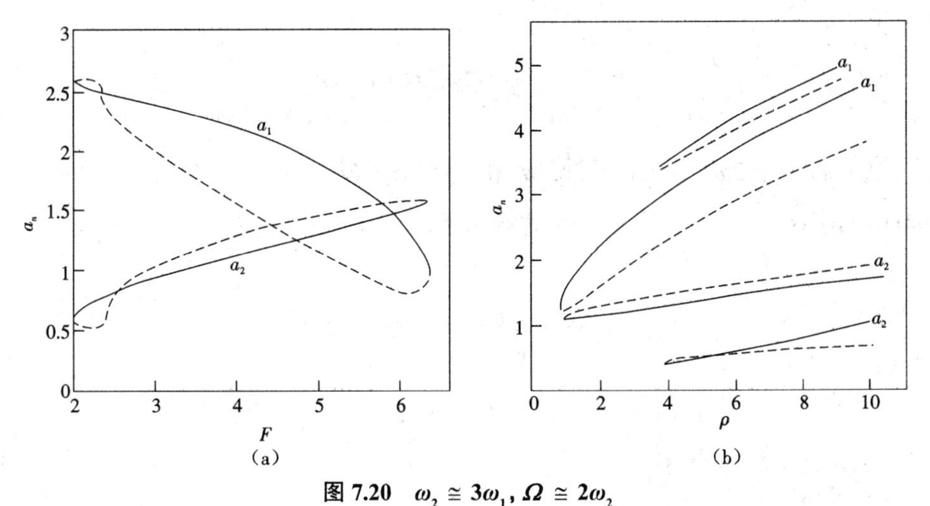

图 7.20　$\omega_2 \cong 3\omega_1$，$\Omega \cong 2\omega_2$

（a）模态的振幅和激励幅值的关系　（b）模态的振幅和激励频率的关系

3. Ω接近于 $\omega_1+\omega_2$ 的情形

在这种情形，令

$$\Omega=\omega_2+\omega_1+\varepsilon(\rho+\sigma) \tag{7.5.28}$$

则稳态运动对应于下列方程组的解：

$$8\omega_1\mu_1a_1+4f_{12}a_2\sin\gamma_2-\alpha_2a_1^2a_2\sin\gamma_1=0 \tag{7.5.29}$$

$$2\omega_1a_1(\rho+2\sigma)+3\alpha_1a_1^2+2\alpha_3a_1a_2^2-4f_{12}a_2\cos\gamma_2+\alpha_2a_1^2a_2\cos\gamma_1=0 \tag{7.5.30}$$

$$8\omega_2\mu_2a_2+a_1(\alpha_5a_1^2\sin\gamma_1+4f_{21}\sin\gamma_2)=0 \tag{7.5.31}$$

$$a_2[2\omega_2(3\rho+2\sigma)+2\alpha_6a_1^2+3\alpha_8a_2^2]+a_1(\alpha_5a_1^2\cos\gamma_1-4f_{21}\cos\gamma_2)=0 \tag{7.5.32}$$

其中

$$\gamma_2=(\rho+\sigma)T_1-\beta_1-\beta_2 \tag{7.5.33}$$

而仍和以前一样，有

$$\gamma_1=\sigma T_1+\beta_2-3\beta_1 \tag{7.5.34}$$

存在两种可能性，或者是 a_1 和 a_2 都为零，或者是一个也不为零。后一种情况的某些典型结果示于图 7.21 中。

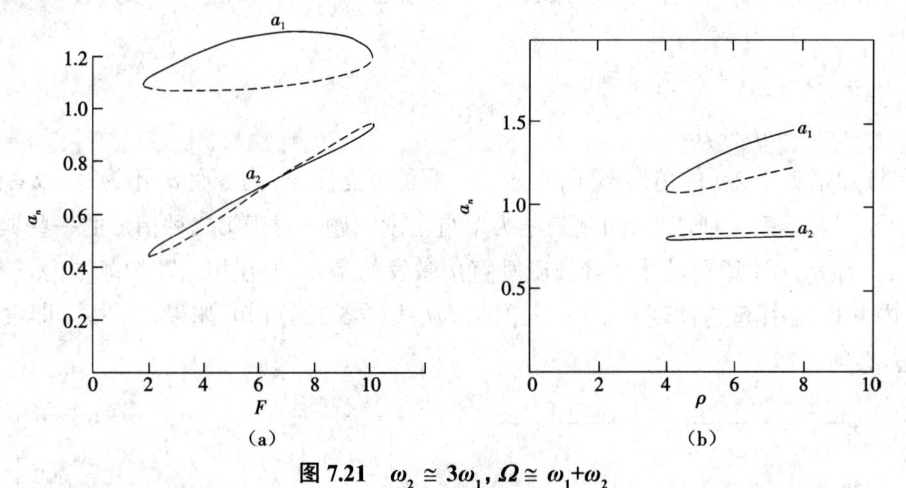

图 7.21　$\omega_2\cong3\omega_1$，$\Omega\cong\omega_1+\omega_2$

（a）模态的振幅和激励幅值的关系　（a）模态的振幅和激励频率的关系

总之，当 Ω 接近于 $2\omega_1$ 或 $\omega_1+\omega_2$ 时，a_1 和 a_2 都被激发。然而，当 Ω 接近于 $2\omega_2$ 时，存在有两种可能性，只激发 a_2 或者 a_1 和 a_2 都被激发。

第 2 篇
非线性振动理论的定性方法

第 8 章　非线性振动系统的定性分析方法

前几章介绍了非线性振动系统的定量分析方法。本章介绍定性分析方法,定性方法比定量方法更直观,同时可以给出一些全局性结果。

8.1　引言

运动稳定性问题与常微分方程稳定性问题密切相关,因此在这一节首先介绍一些常微分方程 [9-12] 的基本概念。

让我们从一个简单的方程谈起:

$$\frac{\mathrm{d}y}{\mathrm{d}t}=Ay-By^2 \tag{8.1.1}$$

其中,A,B 为常数,且 $A\cdot B>0$,初始条件给定为 $y(0)=y_0$。易见,方程有两个常数解:

$$y_1(t)\equiv 0 \text{ 和 } y_2(t)\equiv\frac{A}{B} \tag{8.1.2}$$

当 $y\neq 0$ 且 $y\neq\frac{A}{B}$ 时,方程(8.1.1)可改写成为

$$\frac{\mathrm{d}y}{y(A-By)}\mathrm{d}y=A\,\mathrm{d}t$$

两边积分即得

$$\ln|y|-\ln|A-By|=At+c$$

这就是方程(8.1.1)的通解,其中 c 为任意常数。再利用初始条件 $y(0)=y_0$ ($y_0\neq 0$和$\frac{A}{B}$) 确定常数

$$c=\ln\left|\frac{y_0}{A-By_0}\right|$$

这样,我们就得到方程(8.1.1)满足所给初始条件的解为

$$y=\frac{A}{B+\left(\frac{A}{y_0}-B\right)\mathrm{e}^{-At}} \tag{8.1.3}$$

对应于初值 y_0 的所有可能情况,解(8.1.3)的图像如图 8.1 所示。

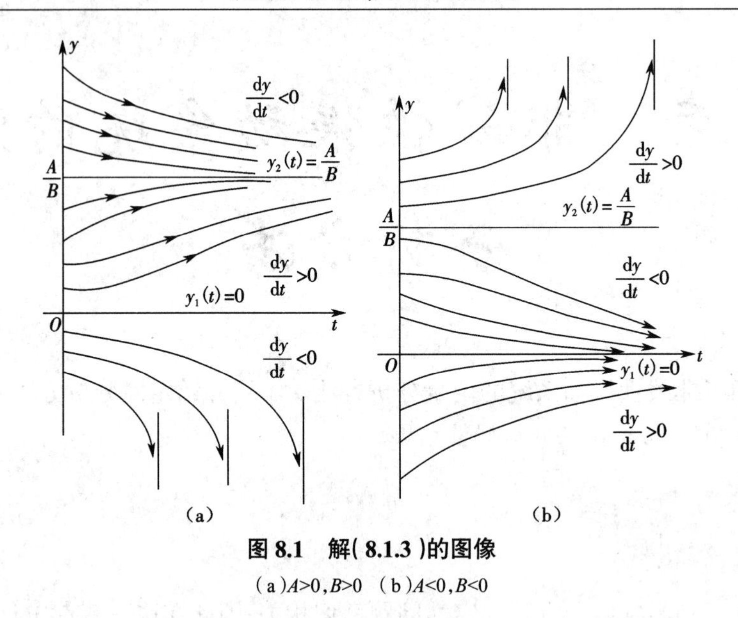

图 8.1 解(8.1.3)的图像

(a) $A>0, B>0$ (b) $A<0, B<0$

从图中可以看到,当 $A>0$, $B>0$ 时,满足初始条件 $y(0)=y_0>0$ 的所有解均渐近地趋于解 $y_2(t)=\dfrac{A}{B}$;而当 $A<0$ 及 $B<0$ 时,满足初始条件 $y(0)=y_0<\dfrac{A}{B}$ 的解均趋于解 $y_1(t)=0$,但满足初始条件 $y(0)=y_0>\dfrac{A}{B}$ 的解则趋向无穷,且以平行于 y 轴的直线为渐近线。这些特性也可以由解的表达式(8.1.3)直接推出。在第一种情形,即 $A>0, B>0$ 时,解 $y_2(t)=\dfrac{A}{B}$ 被说成是稳定的,而对解 $y_1(t)=0$,由于满足初始条件 $y(0)=y_0<\dfrac{A}{B}$ 的解均逐渐远离,这样的解 $y_1(t)=0$ 被说成不是稳定的,或不稳定的;同样,在第二种情形,即 $A<0$ 及 $B<0$ 时,解 $y_1(t)$ 是稳定的,而解 $y_2(t)$ 为不稳定的。

稳定性的物理意义是明显的,因为用微分方程描述的物质运动(例如某一质点运动)的轨线密切依赖于初值,而初值的计算或测定实际上不可避免地会出现误差和干扰。如果描述这种运动的微分方程的特解是不稳定的,则初值的微小误差或干扰将招致“差之毫厘,谬以千里”的严重后果。因此,这样不稳定的特解将不宜作为设计的依据;反之,稳定的特解才是我们最感兴趣的。这说明解的稳定性的研究是一个十分重要的问题,可是大多数非线性微分方程是不可能或很难求出其解的具体表达式的。因此,必须要求在不具体解出方程的情况下判断方程的解的稳定性态。

考虑一般的 n 阶微分方程

$$z^{(n)}=g(t;z,z',\cdots,z^{(n-1)}) \tag{8.1.4}$$

如果不仅把 z 而且把 $z',z'',\cdots,z^{(n-1)}$ 一并理解为未知函数,即取变换

$$y_1=z, y_2=z', \cdots, y_n=z^{(n-1)}$$

则 n 阶方程(8.1.4)可以用一阶方程组

$$\begin{cases}\dfrac{\mathrm{d}y_1}{\mathrm{d}t}=y_2\\ \dfrac{\mathrm{d}y_2}{dt}=y_3\\ \dfrac{\mathrm{d}y_{n-1}}{\mathrm{d}t}=y_n\\ \dfrac{\mathrm{d}y_n}{\mathrm{d}t}=g(t;y_1,y_2,\cdots,y_n)\end{cases}$$

代替。

因此，以后我们可以仅考虑一般的一阶方程组

$$\frac{\mathrm{d}y_i}{\mathrm{d}t}=g_i(t;y_1,y_2,\cdots,y_n)\quad(i=1,2,\cdots,n)$$

或写成向量形式

$$\frac{\mathrm{d}\boldsymbol{y}}{\mathrm{d}t}=\boldsymbol{g}(t;\boldsymbol{y})\tag{8.1.5}$$

其中

$$\boldsymbol{y}=\begin{bmatrix}y_1\\y_2\\\vdots\\y_n\end{bmatrix}\quad \boldsymbol{g}(t;\boldsymbol{y})=\begin{bmatrix}g_1(t;y_1,y_2,\cdots,y_n)\\g_2(t;y_1,y_2,\cdots,y_n)\\\vdots\\g_n(t;y_1,y_2,\cdots,y_n)\end{bmatrix}$$

我们称向量函数 $\boldsymbol{\varphi}(t)$ 是方程组（8.1.5）的解，解的存在唯一性以及解的延拓和解对初值的连续性、可微性等，可概括为下面的定理。

设给定方程组（8.1.5）的初始条件为

$$y(t_0)=y_0\tag{8.1.6}$$

考虑包含点 $(t_0,\boldsymbol{y}_0)=(t_0;y_{10},y_{20},\cdots,y_{n0})$ 的某区域

$$R:|t-t_0|\leqslant a,\quad \|\boldsymbol{y}-\boldsymbol{y}_0\|\leqslant b$$

所谓 $\boldsymbol{g}(t;\boldsymbol{y})$ 在域 R 上满足**利普希茨（Lipschitz）条件**是指，存在常数 $L>0$，使得不等式

$$\|\boldsymbol{g}(t;\tilde{\boldsymbol{y}})-\boldsymbol{g}(t;\bar{\boldsymbol{y}})\|\leqslant L\|\tilde{\boldsymbol{y}}-\bar{\boldsymbol{y}}\|$$

对所有 $(t;\tilde{\boldsymbol{y}})$，$(t;\bar{\boldsymbol{y}})\in\boldsymbol{y}$ 成立，L 称为利普希茨常数。

存在唯一性定理　如果向量函数 $\boldsymbol{g}(t;\boldsymbol{y})$ 在域 R 上连续且满足利普希茨条件，则方程组（8.1.5）存在唯一解 $\boldsymbol{y}=\boldsymbol{\varphi}(t;t_0,y_0)$ 定义于区间 $|t-t_0|\leqslant h$ 上，连续且

$$\boldsymbol{\varphi}(t_0;t_0,y_0)=\boldsymbol{y}_0$$

这里 $h=\min\left(a,\dfrac{b}{M}\right)$，$M=\max\limits_{(t,y)\in R}\|\boldsymbol{g}(t;\boldsymbol{y})\|$。

解的延拓与连续性定理　如果向量函数 $\boldsymbol{g}(t;\boldsymbol{y})$ 在某域 G 内连续，且满足局部利普希茨条件，则方程组（8.1.5）的满足初始条件（8.1.6）的解 $\boldsymbol{y}=\boldsymbol{\varphi}(t;t_0,y_0)$ $((t_0,y_0)\in G)$ 可以延拓，或者延拓到 $+\infty$（或 $-\infty$）；或者使点 $(t,\boldsymbol{\varphi}(t;t_0,y_0))$ 任意接近区域 G 的边界。而解 $\boldsymbol{y}(t;t_0,y_0)$ 作为 $t,\ t_0,y_0$ 的函数，在它的存在范围内是连续的。

可微性定理 如果向量函数 $\boldsymbol{g}(t;\boldsymbol{y})$及$\dfrac{\partial g_i}{\partial y_j}(i, j=1,2,\cdots,n)$在域 G 内连续,那么方程组(8.1.5)由初始条件(8.1.6)确定的解$\boldsymbol{y}=\boldsymbol{\varphi}(t;t_0,y_0)$作为$t$, t_0, y_0的函数,在它的存在范围内是连续可微的。

当我们研究方程(8.1.5)的解的性态时往往与具有某些特殊性质的特解联系在一起。为研究方程组(8.1.5)的特解$\boldsymbol{y}=\boldsymbol{\varphi}(t)$邻近的解的性态,通常先利用变换

$$\boldsymbol{x}=\boldsymbol{y}-\boldsymbol{\varphi}(t) \tag{8.1.7}$$

把方程组(8.1.5)化为

$$\frac{\mathrm{d}\boldsymbol{x}}{\mathrm{d}t}=\boldsymbol{f}(t;\boldsymbol{x}) \tag{8.1.8}$$

其中

$$\boldsymbol{f}(t;\boldsymbol{x})=\boldsymbol{g}(t;\boldsymbol{y})-\frac{\mathrm{d}\boldsymbol{\varphi}(t)}{\mathrm{d}t}=\boldsymbol{g}(t;\boldsymbol{x}+\boldsymbol{\varphi}(t))-\boldsymbol{g}(t;\boldsymbol{\varphi}(t))$$

此时显然有

$$f(t;0)\equiv 0 \tag{8.1.9}$$

从而将方程组(8.1.5)的特解$\boldsymbol{y}=\boldsymbol{\varphi}(t)$变为方程组(8.1.8)的零解$x$=0。于是,问题就化为讨论方程组(8.1.8)的零解x=0 邻近的解的性态。

例如对方程(8.1.1)的特解$y_2(t)=\dfrac{A}{B}$,我们可以通过变换

$$x=y-\frac{A}{B}$$

把方程(8.1.1)变为方程

$$\frac{\mathrm{d}x}{\mathrm{d}t}=-Ax-Bx^2 \tag{8.1.10}$$

这样,讨论方程(8.1.6)的特解$y_2(t)=\dfrac{A}{B}$的稳定性态便可以化为讨论方程(8.1.10)的零解x=0 的稳定性态。

下面给出方程组(8.1.8)的零解x=0 的稳定性——通常称为李雅普诺夫意义下的稳定性——的定义。

考虑微分方程组(8.1.8),假设其右端函数$\boldsymbol{f}(t;\boldsymbol{x})$满足条件(8.1.9)且在包含原点的域$G$内有连续的偏导数,从而满足解的存在唯一性、延拓、连续性和可微性条件。

定义 8.1.1 如果对任意给定的$\varepsilon>0$,存在$\delta>0$(δ一般与ε和t_0有关),使当任一x_0满足

$$\|x_0\|\leqslant\delta$$

时,方程组(8.1.8)由初始条件$x(t_0)=x_0$确定的解$x(t)$对一切$t\geqslant t_0$均有

$$\|x(t)\|<\varepsilon$$

则称方程组(8.1.8)的零解x=0 为**稳定**的。

如果方程组(8.1.8)的零解x=0 稳定,且存在这样的$\delta_0>0$使当

$$\|x_0\|\leqslant\delta_0$$

时，满足初始条件 $x(t_0)=x_0$ 的解 $x(t)$ 均有

$$\lim_{t\to+\infty} x(t)=0$$

则称零解 $x=0$ 为**渐近稳定**的。

如果 $x=0$ 渐近稳定，且存在域 D_0，当且仅当 $x_0\in D_0$ 时，满足初始条件 $x(t_0)=x_0$ 的解 $x(t)$ 均有 $\lim\limits_{t\to+\infty} x(t)=0$，则域 D_0 称为**(渐近)稳定域**或**吸引域**。若稳定域为全空间，即 $\delta_0=+\infty$，则称零解 $x=0$ 为**全局渐近稳定**的或简称**全局稳定**的。

如果对某个给定的 $\varepsilon>0$，不管 $\delta>0$ 怎样小，总有一个 x_0 满足

$$\|x_0\|\leqslant\delta$$

使由初始条件 $x(t_0)=x_0$ 所确定的解 $x(t)$，至少存在某个 $t_1>t_0$ 使得

$$\|x(t_1)\|=\varepsilon$$

则称方程组(8.1.8)的零解 $x=0$ 为**不稳定**的。

二维情形零解的稳定性态在平面上的示意图如图 8.2 所示。

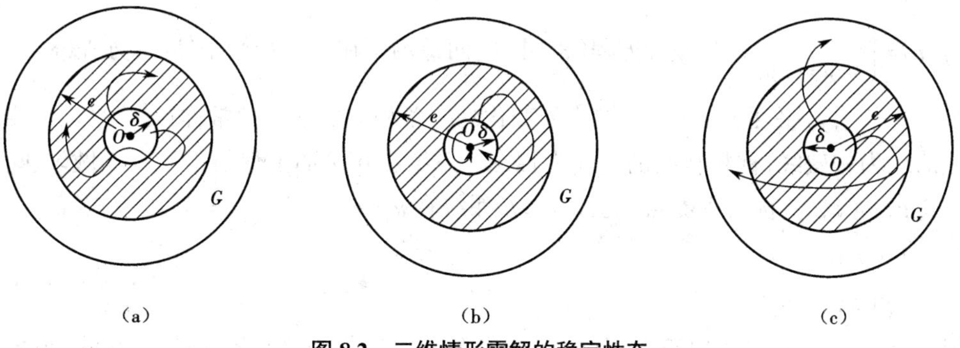

(a)　(b)　(c)

图 8.2　二维情形零解的稳定性态

(a)稳定　(b)渐近稳定　(c)不稳定

例如对方程(8.1.1)，当 $A<0$ 及 $B<0$ 时，其零解 $y=0$ 为渐近稳定的，稳定域为 $y<\dfrac{A}{B}$。这只要取 $\delta<\varepsilon$ 及 $\delta_0=\dfrac{A}{B}$ 即可。事实上，由解的表达式(8.1.3)或图 8.1(b)可知，当 $y_0<\dfrac{A}{B}$ 时，解 $y(t)$ 对一切 $t\geqslant t_0\geqslant 0$ 有

$$|y(t)|\leqslant|y(t_0)|,$$

$$\lim_{t\to+\infty} y(t)=0$$

故由定义，零解 $y=0$ 为渐近稳定的，稳定域为 $y<\dfrac{A}{B}$。

同样，当 $A>0$，$B>0$ 时，方程(8.1.10)的零解 $x=0$ 即方程(8.1.6)的解 $y_2(t)=\dfrac{A}{B}$ 为渐近稳定的，稳定域为 $y>-\dfrac{A}{B}$ 或 $y>0$。而当 $A>0$，$B>0$ 时，方程(8.1.1)的零解 $y=0$ 和当 $A<0$，$B<0$ 时方程(8.1.10)的零解 $x=0$ 或方程(8.1.1)的解 $y=\dfrac{A}{B}$ 都是不稳定的。这同样可由解的表达式

(8.1.3)直接推出或从图 8.1 看出。

8.2 基本概念

按方程是否显含时间 t,单自由度非线性振动系统可以分为自治系统和非自治系统。我们首先研究自治系统

考虑单自由度自治系统

$$\ddot{x}+p(x,\dot{x})=0 \tag{8.2.1}$$

若令 $\dot{x}=y$,并取二维状态向量

$$\boldsymbol{u}=\begin{pmatrix}x\\y\end{pmatrix}=\begin{pmatrix}x\\\dot{x}\end{pmatrix} \tag{8.2.2}$$

则原方程可变为

$$\dot{\boldsymbol{u}}=\begin{pmatrix}\dot{x}\\\dot{y}\end{pmatrix}=\begin{pmatrix}y\\-p(x,y)\end{pmatrix}=f(\boldsymbol{u}) \tag{8.2.3}$$

其中,$f(\boldsymbol{u})=\begin{pmatrix}y\\-p(x,y)\end{pmatrix}$称为微分方程(8.2.1)的**向量场**。在给定初始条件后,方程(8.2.3)的解 $x(t)$ 和 $y(t)$ 是 (x,y) 平面上随参数 t 增加而变化的一条积分曲线。通常称 (x,y) 平面为**相平面**,称上述曲线为**相轨线**,称相轨线的全体为**相图**。系统在相平面上保持平衡且不做匀速直线运动的位置 $u_s=(x_s,y_s)$ 称为**平衡点**。也就是说,系统在 $u=u_s$ 处有 $\dot{u}|_{u=u_s}=0$,则由式(8.2.3),有

$$\begin{cases}y_s=0\\p(x_s,y_s)=0\end{cases} \tag{8.2.4}$$

因此,系统的平衡点可以直接用 $(x_s,0)$ 来表示,且满足 $p(x_s,0)=0$。此外,由式(8.2.3)知

$$\begin{cases}\dot{u}_1=u_2\\\dot{u}_2=-p(u_1,u_2)\end{cases} \tag{8.2.5}$$

将式(8.2.5)两式相除,得

$$\frac{\mathrm{d}u_2}{\mathrm{d}u_1}=-\frac{p(u_1,u_2)}{u_2} \tag{8.2.6}$$

式(8.2.5)说明,相轨线在相平面上点 $\boldsymbol{u}=(u_1,u_2)^{\mathrm{T}}$ 处的方向取决于 $f(\boldsymbol{u})$ 的两个分量,与时间 t 无关。只要式(8.2.5)中分子与分母在 $\boldsymbol{u}=(u_1,u_2)^{\mathrm{T}}$ 处不同时为 0,则相轨线在该点的切向是唯一的,也就是说,过点 $\boldsymbol{u}=(u_1,u_2)^{\mathrm{T}}$ 只有一条相轨线。这正是常微分方程解的存在和唯一性定理的几何意义。

另外,在平衡点 $u=u_s$ 处,由式(8.2.4)知式(8.2.6)的右端的分子和分母均为 0,即相轨线在平衡点处的切线的方向不唯一,故平衡点也称为**奇点**。

8.3　相轨线的两种作图方法

本节介绍两种定性绘出相图的方法。通过绘制相图，有助于我们从全局的角度来把握系统的动态特性。这两种方法都是根据方程（8.2.6），即 $\frac{\mathrm{d}u_2}{\mathrm{d}u_1}=-\frac{p(u_1,u_2)}{u_2}$ 来确定相平面上的相轨线的方向，但方法有所不同。下面分别予以介绍。

1. 等倾线法

根据式（8.2.6）有

$$\frac{\mathrm{d}u_2}{\mathrm{d}u_1}=-\frac{p(u_1,u_2)}{u_2}$$

等倾线法的基本思想是设 $\frac{\mathrm{d}u_2}{\mathrm{d}u_1}=k$，则可得

$$p(u_1,u_2)+ku_2=0 \tag{8.3.1}$$

这是相平面 (u_1,u_2) 上的一条曲线 S，且相平面上所有与该曲线相交的相轨线，在其交点处的切线的斜率均为 k，故这条曲线 S 称为**等倾线**。通过选取不同的 k 值 k_1，k_2，…，可以得到不同的等倾线 S_i（S_i 对应斜率 k_i）。然后，在每条等倾线 S_i 上任取若干点，在这些点处画出斜率等于 k_i 的微小线段（显然同一条等倾线上的这些微小线段是相互平行的），就得到了系统相轨线的方向场。再根据系统的初始条件定出相平面上的起始点，则从该点起作曲线，使曲线在穿过每条等倾线时方向都与该等倾线上的微小线段方向平行，这样就近似地绘出一条相轨线。显然，等倾线取得越多，相轨线的绘制越精确。

下面举例说明等倾线法。

例 8.3.1　试用等倾线法绘出系统的相图，系统方程为

$$\ddot{x}+x=0$$

解： $u_1=x$，$u_2=\dot{x}$，系统变为

$$\begin{cases}\dot{u}_1=u_2\\ \dot{u}_2=-u_1\end{cases}$$

上下两式相除，得

$$\frac{\mathrm{d}u_2}{\mathrm{d}u_1}=-\frac{u_1}{u_2}$$

设 $\frac{\mathrm{d}u_2}{\mathrm{d}u_1}=k$，则可得

$$u_2=-\frac{1}{k}u_1$$

下面取不同的 k 值，首先取 $k=1$，则等倾线 S_1 为 $u_2=-u_1$，因此相轨线与等倾线 $u_2=-u_1$ 相交时，在交点处相轨线的切线斜率应为 1；再取 $k=\frac{1}{2}$，则等倾线 S_2 为 $u_2=-2u_1$，……这样进行下去，即可得到系统相轨线的方向场，如图 8.3 所示。再根据系统的初始条件定出相平面上的

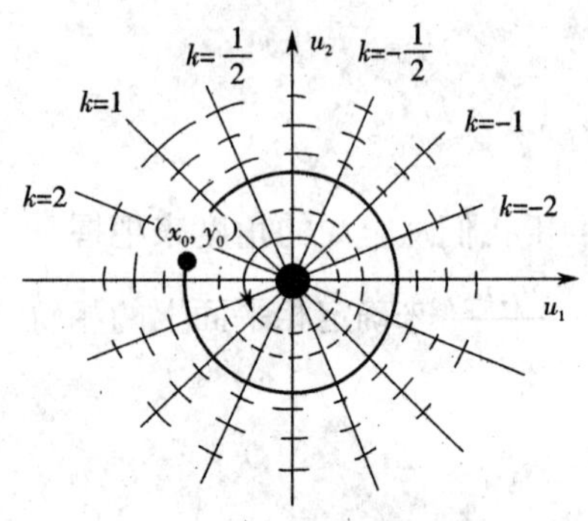

图 8.3 系统相轨线的方向场

起始点，则从该点起作曲线，使曲线在穿过等倾线 S_1，S_2，…时斜率分别为 1，$\frac{1}{2}$，…这样就近似地绘出一条相轨线。从图中可以看出，此系统的相轨线实际上是一族同心圆。

2.Liénard 作图法

还是考虑式(8.2.6)

$$\frac{du_2}{du_1}=-\frac{p(u_1,u_2)}{u_2}$$

对相平面上的任一点 (u_{10},u_{20})，若有一条相轨线经过该点，则此相轨线在该点的切线方向应为

$$\left.\frac{du_2}{du_1}\right|_{(u_{10},u_{20})}=-\frac{p(u_{10},u_{20})}{u_{20}} \tag{8.3.2}$$

这样问题转化为对于相平面上给定的任一点 $P\ (u_{10},u_{20})$，如何用几何的方法作出满足式(8.3.2)的斜率。

若系统具有线性恢复力和非线性阻尼力，也就是说，函数 $p(u_1,u_2)$ 可写为 $p(u_1,u_2)=u_1+f(u_2)$，则可用 Liénard 作图法。它的方法是，首先在相平面 (u_1,u_2) 上作出曲线 $p(u_1,u_2)=0$，则对于相平面上给定的任一点 $P\ (u_{10},u_{20})$，过 P 点作平行于 u_1 轴的直线，交曲线 $p(u_1,u_2)=0$ 于点 R；再过点 R 作 u_1 轴的垂线，交 u_1 轴于点 S；最后连接 P、S，并过点 P 作微小线段 PA 垂直于 PS，则 PA 的方向就是相轨线在点 P 处的切线方向，也就是说，PA 的斜率满足式(8.3.2)。此时式(8.3.2)变为

$$\left.\frac{du_2}{du_1}\right|_{(u_{10},u_{20})}=-\frac{u_{10}+f(u_{20})}{u_{20}} \tag{8.3.3}$$

Liénard 作图法的过程如图 8.4 所示。下面来证明它。

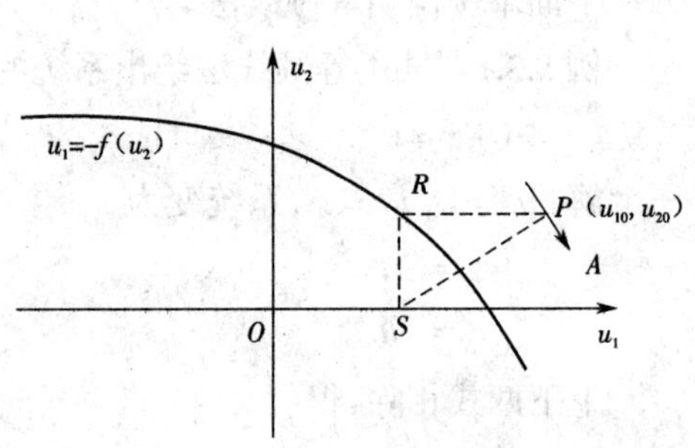

图 8.4 Liénard 作图法

证明：设 R 的坐标为 (u_{11},u_{21})。由作图过程可知，PR 平行于 u_1 轴，故

$$u_{21}=u_{20}$$

又因为点 R 属于曲线 $p(u_1,u_2)=u_1+f(u_2)=0$，故有 $u_{11}+f(u_{20})=0$，即

$$u_{11}=-f(u_{20})$$

又因为 RS 垂直于 u_1 轴，且点 S 在 u_1 轴上，故可设点 S 的坐标为 $(u_{12},0)$，则

$$u_{12}=u_{11}=-f(u_{20})$$

因此，PS 的斜率 k 为

$$k=\frac{u_{20}-0}{u_{10}-u_{12}}=\frac{u_{20}}{u_{10}+f(u_{20})}$$

又因为 PA 垂直于 PS，故 PA 的斜率 k' 为

$$k' = -\frac{1}{k} = -\frac{u_{10} + f(u_{20})}{u_{20}}$$

正是式(8.3.3)。证毕。

另外需要指出,只要系统方程的线性项的系数大于 0,即使其不为 1,也可通过变换将方程的线性项的系数化为 1。比如下述系统

$$\ddot{x} + f(\dot{x}) + kx = 0$$

其中 $k > 0$ 且 $k \neq 1$,则可设 $k = \omega^2$,并作变换 $\tau = \omega t$,则得

$$\frac{d^2 x}{d\tau^2} + \frac{1}{\omega^2} f(\omega \cdot \frac{dx}{d\tau}) + x = 0$$

这样就把线性项的系数化为 1 了。

8.4　相平面上的奇点及其稳定性

定义 8.4.1　设系统的平衡点为 u_s,若对于任意的 $\varepsilon > 0$,存在 $\delta(\varepsilon) > 0$,使得当 $\|u(0) - u_s\| < \delta(\varepsilon)$ 时,有 $\|u(t) - u_s\| < \varepsilon$ 对任意 $t \geqslant 0$ 成立,则称系统的平衡点 u_s 是**稳定**的,否则称为**不稳定**的。若平衡点 u_s 是稳定的,且满足 $\lim\limits_{t \to +\infty} u(t) = u_s$,则称平衡点 u_s 是**渐近稳定**的。

下面研究相平面上奇点的性质。考虑系统

$$\dot{\boldsymbol{u}} = f(\boldsymbol{u}) \tag{8.4.1}$$

其中,$\boldsymbol{u} = (x, y)^{\mathrm{T}} \in R^2$。

如果系统的平衡点 $u = u_s$ 不是原点 $(0,0)$,则可作线性变换 $v = u - u_s$,则式(8.4.1)变为 $\dot{v} = f(v)$,此时系统的平衡点已变为原点 $(0,0)$。因此,本节着重讨论平衡点为原点的振动系统。设系统

$$\dot{\boldsymbol{u}} = \begin{pmatrix} \dot{u}_1 \\ \dot{u}_2 \end{pmatrix} = f(\boldsymbol{u}) = \begin{pmatrix} f_1(u_1, u_2) \\ f_2(u_1, u_2) \end{pmatrix} \tag{8.4.2}$$

的平衡点 $u = u_s = 0$。显然,前面研究的系统(8.2.3)只是系统(8.4.2)的一个特例。

将系统(8.4.2)在 $u = u_s = 0$ 处作泰勒展开,并忽略高次项,得

$$\dot{\boldsymbol{u}} = Df(0)\boldsymbol{u} \tag{8.4.3}$$

式(8.4.3)称为式(8.4.1)的线性化系统,写成向量形式即为

$$\begin{pmatrix} \dot{u}_1 \\ \dot{u}_2 \end{pmatrix} = \boldsymbol{A} \begin{pmatrix} u_1 \\ u_2 \end{pmatrix} \tag{8.4.4}$$

其中

$$\boldsymbol{A} = \begin{bmatrix} a & b \\ c & d \end{bmatrix} \tag{8.4.5}$$

可以证明,当矩阵 $\boldsymbol{A}$ 的所有特征值都不具有零实部时,系统(8.4.2)与其线性化系统(8.4.3)在平衡点附近具有相同的性态。故我们着重讨论线性系统(8.4.4),并假设此时矩阵 $\boldsymbol{A}$ 的所有特征值都不具有零实部。显然,此时 $\det \boldsymbol{A} \neq 0$,即 $\boldsymbol{A}$ 是非奇异的,由线性代数的知识可

知，此时 $\boldsymbol{A}$ 的特征值 λ_1 和 λ_2 对应的特征向量或广义特征向量（当 $\lambda_1=\lambda_2$ 时）$\boldsymbol{\xi}_1$ 和 $\boldsymbol{\xi}_2$ 可以组成一个可逆（非奇异）实矩阵 $\boldsymbol{T}=(\boldsymbol{\xi}_1,\boldsymbol{\xi}_2)$。利用该矩阵，通过线性变换

$$\boldsymbol{u}=\boldsymbol{T}\boldsymbol{v} \tag{8.4.6}$$

其中

$$\boldsymbol{u}=\begin{pmatrix}x\\y\end{pmatrix},\ \boldsymbol{v}=\begin{pmatrix}\xi\\\eta\end{pmatrix},\ \boldsymbol{T}=\begin{pmatrix}k_{11}&k_{12}\\k_{21}&k_{22}\end{pmatrix}$$

可把线性方程组（8.4.4）化成标准形式，其系统矩阵为下列四种形式之一：

$$\begin{bmatrix}\lambda_1&0\\0&\lambda_2\end{bmatrix},\ \begin{bmatrix}\lambda&0\\0&\lambda\end{bmatrix},\ \begin{bmatrix}\lambda&1\\0&\lambda\end{bmatrix},\ \begin{bmatrix}\alpha&\beta\\-\beta&\alpha\end{bmatrix} \tag{8.4.7}$$

其中，$\lambda_1,\lambda_2,\lambda,\alpha,\beta$ 为实数。

由于线性变换（8.4.6）不改变奇点的位置，也不会引起相平面上轨线性态的改变，从而奇点的类型也保持不变。因此，为了简单起见，下面仅就标准形式的线性方程讨论奇点的类型，至于一般方程组（8.4.4）在奇点邻域内轨线分布的面貌也同时附于相应的图中，以供比较。现按特征方程为相异实根、重根或共轭复根，分五种情形进行讨论。

扫一扫：图 8.5 至图 8.10 程序

情形Ⅰ 同号相异实根。这时方程的标准形式为

$$\frac{\mathrm{d}\xi}{\mathrm{d}t}=\lambda_1\xi,\quad \frac{\mathrm{d}\eta}{\mathrm{d}t}=\lambda_2\eta \tag{8.4.8}$$

其解为

$$\xi=A\mathrm{e}^{\lambda_1 t},\ \eta=B\mathrm{e}^{\lambda_2 t} \tag{8.4.9}$$

其中，λ_1、λ_2 为实特征根，而 A,B 为任意实常数。

首先假定 λ_1,λ_2 同为负实数，此时易见，零解是渐近稳定的。当 $B=0$ 时，ξ 的左半轴及右半轴本身为轨线；而当 $A=0$ 时，η 的上半轴及下半轴为轨线。若 $A\cdot B\neq 0$，可分 $\lambda_1>\lambda_2$ 和 $\lambda_1<\lambda_2$ 两种情况。

如果 $\lambda_1>\lambda_2$，由解（8.4.9）有

$$\frac{\eta(t)}{\xi(t)}=\frac{B}{A}\mathrm{e}^{(\lambda_2-\lambda_1)t}\to 0\ (\text{当}t\to+\infty)$$

故轨线切 ξ 轴于原点，相平面上轨线的形状如图 8.5（a）所示。

如果 $\lambda_1<\lambda_2$，则有

$$\frac{\xi(t)}{\eta(t)}=\frac{A}{B}\mathrm{e}^{(\lambda_1-\lambda_2)t}\to 0\ (\text{当}t\to+\infty)$$

这表明轨线切 η 轴于原点，相平面上轨线的形状如图 8.5（b）所示。

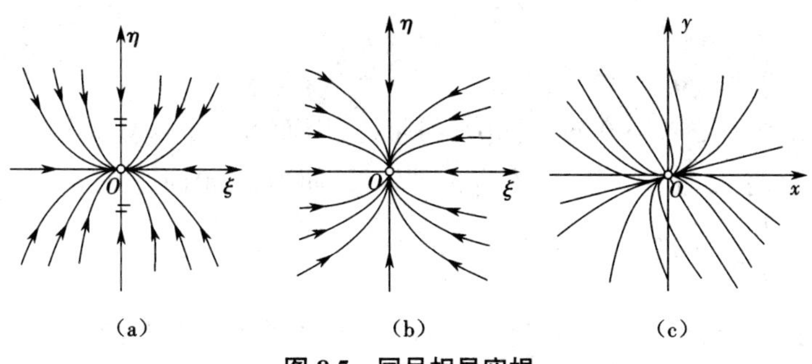

图 8.5　同号相异实根

(a) $0>\lambda_1>\lambda_2$　(b) $\lambda_1<\lambda_2<0$　(c)一般情况

从图 8.5 中可以看到,除个别轨线外,所有轨线均沿同一个方向趋向奇点,其邻域内轨线具有这样性态的奇点称为**结点**。

如上所述,当 λ_1、λ_2 同为负实数时,方程的零解是渐近稳定的,我们称对应的奇点为**稳定结点**。

当 λ_1、λ_2 同为正实数时,上述讨论仍然有效,只需将 $t\to+\infty$ 改为 $t\to-\infty$,即图 8.5 中轨线的走向均须改为相反的方向,这时方程的零解为不稳定的,而对应的奇点为**不稳定结点**。

情形Ⅱ　异号实根。这时方程的标准形式及其解的表达式仍为式(8.4.8)和式(8.4.9),不过其中 λ_1 和 λ_2 的符号相异。

解(8.4.9)中当 B=0 或 A=0 时,其轨线分别为 ξ 轴的左、右半轴或 η 轴的上、下半轴,且其中一轴趋于原点,另一轴远离原点。

当 $A\cdot B\neq 0$ 时,如 $\lambda_1<\lambda_2$,则由式(8.4.9)可知,当 $t\to+\infty$ 时,$\xi(t)\to+0$,$\eta(t)\to+\infty$,轨线如图 8.6(a)所示;如 $\lambda_2<0<\lambda_1$,则有 $\xi(t)\to+\infty,\ \eta(t)\to0$(当 $t\to+\infty$),轨线如图 8.6(b)所示。

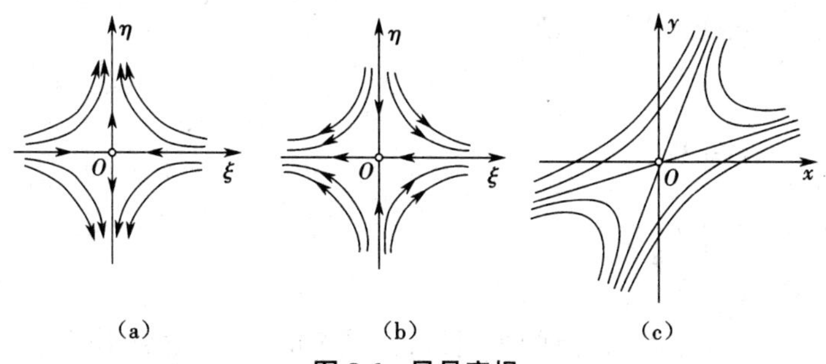

图 8.6　异号实根

(a) $\lambda_1<0<\lambda_2$　(b) $\lambda_1>0>\lambda_2$　(c)一般情况

由图 8.6 可见,在奇点邻域内,方程的轨线如鞍形,这样的奇点称为**鞍点**。显然,鞍点只能是不稳定的。

情形Ⅲ　重根。这时可分两种情况讨论。

(1) $b\neq0$ 或 $c\neq0$。如前面所指出的,这时方程可化为如下标准形式:

$$\frac{\mathrm{d}\xi}{\mathrm{d}t}=\lambda\xi+\eta,\quad \frac{\mathrm{d}\eta}{\mathrm{d}t}=\lambda\eta \tag{8.4.10}$$

其解为

$$\xi=(At+B)\mathrm{e}^{\lambda t}\ ,\ \eta=A\mathrm{e}^{\lambda t} \tag{8.4.11}$$

当 $\lambda<0$ 时，显然有 $\xi(t)\to 0,\eta(t)\to 0\ (t\to+\infty)$，因而方程的零解是渐近稳定的。又由式(8.4.11)知，当 A=0 时，ξ 轴左、右半轴本身也是轨线；而当 $A\neq 0$ 时，由于

$$\frac{\eta(t)}{\xi(t)}=\frac{A}{At+B}\to 0\ (\text{当}t\to+\infty)$$

且当 $t=-\dfrac{B}{A}$ 时，$\xi(t)=0$，可知轨线越过 η 轴而切 ξ 轴于原点，如图 8.7(a)所示。所有轨线毫无例外地沿同一个方向(ξ 轴)趋于奇点，其附近轨线具有这种性态的奇点称为**退化结点**。在此情形，奇点是稳定的，因此称为**稳定退化结点**。

假若 $\lambda>0$，这时只要将 $t\to+\infty$ 改为 $t\to-\infty$，则前面讨论仍然有效，轨线如图 8.7(b)所示，奇点是**不稳定退化结点**。

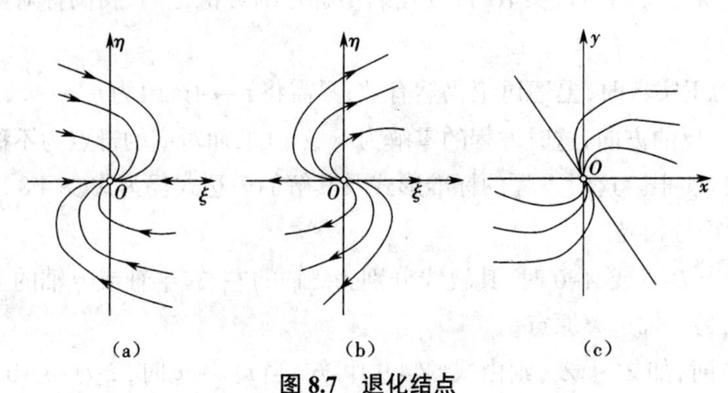

图 8.7 退化结点

(a) $\lambda<0$ (b) $\lambda>0$ (c)一般情况

(2) b=c=0，这时方程组(8.4.4)取形式

$$\frac{\mathrm{d}x}{\mathrm{d}t}=\lambda x,\quad \frac{\mathrm{d}y}{\mathrm{d}t}=\lambda y,\quad \lambda=a=d$$

其解为

$$x(t)=A\mathrm{e}^{\lambda t},y(t)=B\mathrm{e}^{\lambda t}$$

于是

$$y=\frac{B}{A}x$$

此时，轨线是趋向(或远离)奇点的半射线，如图 8.8 所示。轨线均沿确定的方向趋于(或远离)奇点，且不同轨线其切向也不同，这样的奇点称为**奇结点**，且 $\lambda<0$ 时为稳定的，而 $\lambda>0$ 时为不稳定的。

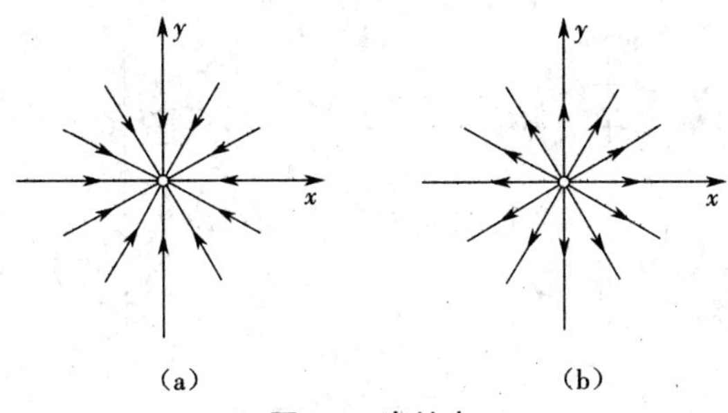

图 8.8　奇结点

(a) $\lambda<0$　(b) $\lambda>0$

情形Ⅳ　非零实部复根。这时方程的标准形式为

$$\frac{d\xi}{dt}=\alpha\xi+\beta\eta,\frac{d\eta}{dt}=-\beta\xi+\alpha\eta \tag{8.4.12}$$

这里 α,β 分别为特征根的实部和虚部。引入极坐标，即令 $\xi=r\cos\theta,\ \eta=r\sin\theta$，再注意到

$$r^2=\xi^2+\eta^2,\ \frac{\partial r}{\partial\xi}=\frac{\xi}{r},\ \ \frac{\partial r}{\partial\eta}=\frac{\eta}{r}$$

$$\xi\frac{d\xi}{dt}+\eta\frac{d\eta}{dt}=r\frac{dr}{dt},\frac{\xi}{d\eta dt}-\eta\frac{d\xi}{dt}=r^2\frac{d\theta}{dt}$$

则将式(8.4.12)代入上式，并整理可以得到

$$\frac{dr}{dt}=\alpha r,\frac{d\theta}{dt}=-\beta$$

由此得到方程(8.4.12)的解的极坐标形式

$$r=Ae^{\alpha t},\theta=\beta t+B \tag{8.4.13}$$

其中，$A>0$ 和 B 为任意常数。

从式(8.4.13)直接看出，轨线为一族对数螺旋线，依顺(逆)时针方向盘旋地趋近或远离原点，如图 8.9 所示。此时，奇点称为**焦点**，且 $\alpha<0$ 时为稳定的，而 $\alpha>0$ 时为不稳定的。

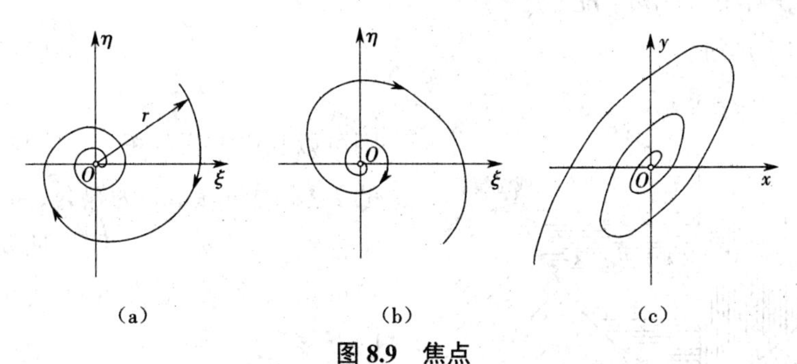

图 8.9　焦点

(a) $\alpha<0,\beta>0$　(b) $\alpha>0,\beta>0$　(c) 一般情况

情形Ⅴ　纯虚根。这相当于情形Ⅳ中 $\alpha=0$ 的情形。易见这时轨线为以原点为中心的一族圆，如图 8.10 所示。此时，奇点称为**中心**。显然，在这种情形下零解为稳定但非渐近稳定的。

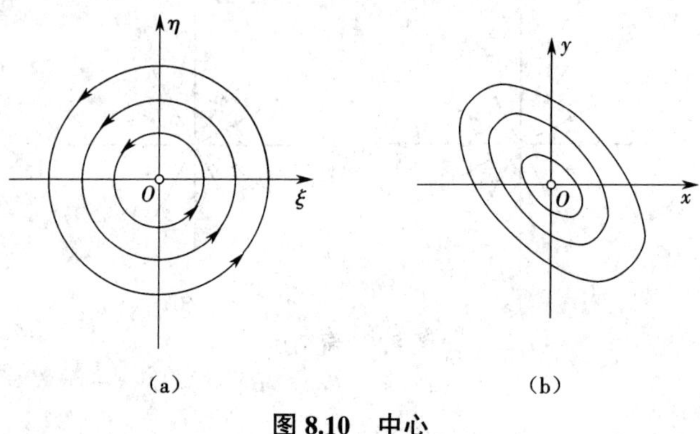

图 8.10 中心

(a) $\alpha=0,\beta<0$ (b)一般情况

综上讨论,可得下面定理。

定理 8.4.1 如果一阶线性驻定方程组(8.4.4)的系数满足条件(8.4.5),则方程的零解(奇点)将依特征方程(8.4.7)的根的性质而分别具有如下的不同特性。

(1)如果特征方程的根 $\lambda_1\neq\lambda_2$ 为实根,则 $\lambda_1\lambda_2>0$ 时奇点为结点,且当 $\lambda_1<0$ 时结点是稳定的,而对应的零解为渐近稳定的,但当 $\lambda_1>0$ 时奇点和对应的零解均是不稳定的;当 $\lambda_1\lambda_2<0$ 时奇点为鞍点,零解为不稳定的。

(2)如果特征方程具有重根 λ,则奇点通常为退化结点,但在 $b=c=0$ 的情形下奇点为奇结点。又当 $\lambda<0$ 时,这两类结点均为稳定的,而零解为渐近稳定的,但当 $\lambda>0$ 时奇点和对应的零解均为不稳定的。

(3)如果特征方程的根为共轭复根,即 $\lambda_1=\bar{\lambda}_2$,则当 Re $\lambda_1\neq0$ 时奇点为焦点,且当 Re $\lambda_1<0$ 时焦点是稳定的,对应的零解为渐近稳定的;而当 Re $\lambda_1>0$ 时奇点和对应的零解均为不稳定的;当 Re $\lambda_1=0$ 时奇点为中心,零解为稳定但非渐近稳定的。

上述奇点的类型和特征方程的根之间的关系还可以用图表来明了地表示出来。例如,引入符号

$$p=-(a+d),\ a=ad-bc$$

而特征方程(8.4.7)写成

$$\lambda^2+p\lambda+q=0$$

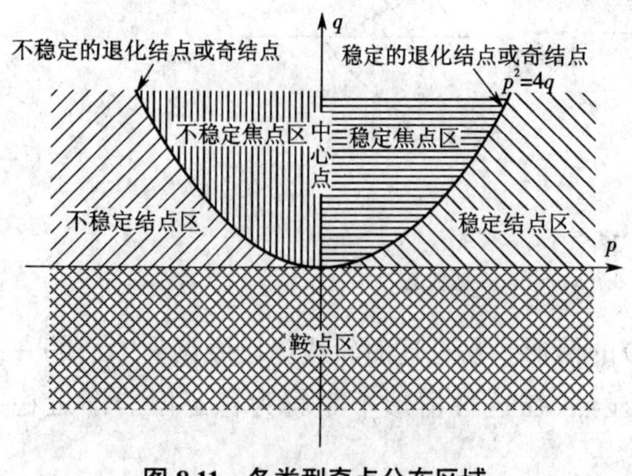

图 8.11 各类型奇点分布区域

则可以利用方程的根 λ_1, λ_2 与系数 p, q 之间的关系,通过 λ_1, λ_2 为媒介,在以 p, q 为直角坐标的平面(p, q)上明了地划分出各类型奇点的分布区域,如图 8.11 所示(图中抛物线的方程为 $p^2-4q=0$)。

例 8.4.1 考虑二阶线性微分方程

$$\frac{\mathrm{d}^2x}{\mathrm{d}t^2}+3\frac{\mathrm{d}x}{\mathrm{d}t}+2x=0$$

通过变换 $\frac{\mathrm{d}x}{\mathrm{d}t}=y$ 可将方程化为下列方

程组：

$$\begin{cases}\dfrac{\mathrm{d}x}{\mathrm{d}t}=y\\\dfrac{\mathrm{d}y}{\mathrm{d}t}=-2x-3y\end{cases}$$

由直接计算可得其特征方程的根为 $\lambda_1=-1,\ \lambda_2=-2$，是一对相异负实根，根据定理 8.4.1 可知奇点是一个稳定结点。又 $\lambda_1>\lambda_2$，根据前面的讨论知道，在 $\xi\eta$ 平面上奇点附近轨线分布如图 8.5(a)所示。为画出轨线在 xy 相平面上的图貌，必须根据线性变换(8.4.6)具体求出 ξ 轴和 η 轴在 xy 相平面上所对应的直线方程。

扫一扫：图 8.12 程序

在此，由前面的讨论，我们容易将它们写成如下形式：

$$x+y=0\text{ 和 }2x+y=0$$

由此，不难画出轨线如图 8.12 所示。

另外，当"$q>0$ 且 $p^2-4q<0$ 且 $p=0$"时，系统有一对纯虚根，而 $q=0$ 时系统有零根。这两种情况下，非线性系统在平衡点附近的性态难以确定。事实上，此时系统在平衡点附近会产生非常复杂的动力学行为，包括出现分岔和混沌现象。以后在第 10 章我们会看到，"矩阵 $\boldsymbol{A}$ 至少有一个零根"是发生静态分岔的必要条件，而"矩阵 $\boldsymbol{A}$ 至少有一对纯虚根"是发生动态分岔中的 Hopf 分岔的必要条件。

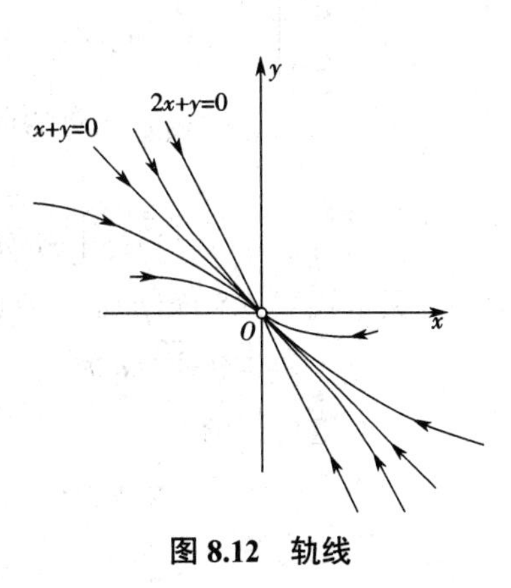

图 8.12 轨线

8.5 保守系统的定性分析

考虑保守系统

$$\ddot{u}+p(u)=0 \tag{8.5.1}$$

根据导数关系

$$\ddot{u}=\frac{\mathrm{d}\dot{u}}{\mathrm{d}t}=\frac{\mathrm{d}\dot{u}}{\mathrm{d}u}\cdot\frac{\mathrm{d}u}{\mathrm{d}t}=\dot{u}\frac{\mathrm{d}\dot{u}}{\mathrm{d}u} \tag{8.5.2}$$

则方程(8.5.1)可化为

$$\dot{u}\mathrm{d}\dot{u}+p(u)\mathrm{d}u=0 \tag{8.5.3}$$

对两边积分，得

$$\frac{1}{2}\dot{u}^2+V(u)=E=const \tag{8.5.4}$$

上式实际上就是单位质量的保守系统的能量守恒原理。第一项是系统的动能，第二项

$$V(u)=\int_0^u p(x)\mathrm{d}x \tag{8.5.5}$$

是系统的势能，E 是系统的总机械能。若给定系统总机械能 E，则式(8.5.4)等价于相平面上的

等能量相轨线

$$\frac{1}{2}u_2^2+V(u_1)=E \tag{8.5.6}$$

由此解出

$$u_2=\pm\sqrt{2[E-V(u_1)]} \tag{8.5.7}$$

可见，保守系统的相轨线关于 u_1 轴对称，故系统的平衡点不可能是焦点。而且可以证明相平面上任一相轨线随时间的增加呈顺时针走向，并且与 u_1 轴正交。

下面进一步分析保守系统的平衡点。从 8.1 节中知道，系统的平衡点可以用 $(u_{1s},0)$ 来表示，且满足 $p(u_{1s},0)=0$。将式(8.5.6)对 u_1 求导，并注意到式(8.2.6)，则有

$$\frac{\mathrm{d}V}{\mathrm{d}u_1}=-u_2\cdot\frac{\mathrm{d}u_2}{\mathrm{d}u_1}=p(u_1,u_2) \tag{8.5.8}$$

故在点 $(u_{1s},0)$ 处，有

$$\left.\frac{\mathrm{d}V}{\mathrm{d}u_1}\right|_{u_1=u_{1s}}=p(u_{1s},0)=0$$

可见平衡点使系统的势能取极值。此时，线性化系统的特征值满足

$$\det(\boldsymbol{A}-\lambda\boldsymbol{I})=\det\begin{bmatrix}-\lambda & 1\\ -p'(u_{1s}) & -\lambda\end{bmatrix}=\lambda^2+p'(u_{1s})=0$$

又由式(8.5.5)知 $p'(u)=V''(u)$，则

$$\lambda_{1,2}=\mp\sqrt{-V''(u_{1s})}$$

下面进行讨论。

(1)若 $V''(u_{1s})=p'(u_{1s})<0$，即系统势能 V 在 $(u_{1s},0)$ 处取极大值，则 λ_1 和 λ_2 为异号实数，平衡点 $(u_{1s},0)$ 为鞍点。

(2)若 $V''(u_{1s})=p'(u_{1s})>0$，即系统势能 V 在 $(u_{1s},0)$ 处取极小值，则 λ_1 和 λ_2 为共轭虚数，平衡点 $(u_{1s},0)$ 为中心。

(3)若 $V''(u_{1s})=p'(u_{1s})=0$，则需求出 V 的更高阶导数。记 $V^{(k)}$ 为 V 在点 $(u_{1s},0)$ 处对 u_1 的 k 阶导数，设 $V'=V''=\cdots=V^{(k-1)}=0$，$V^{(k)}\neq 0$，则又可细分为以下两种情形。

①若 k 为奇数，则此时 $(u_{1s},0)$ 是系统势能 V 的极值点，且有

若 $V^{(k)}<0$，则 $V(u_{1s})$ 为极大值，平衡点为 k 阶鞍点；

若 $V^{(k)}>0$，则 $V(u_{1s})$ 为极小值，平衡点为 k 阶中心。

②若 k 为偶数，则此时 $(u_{1s},0)$ 是系统势能 V 的拐点，平衡点 $(u_{1s},0)$ 称为 k 阶奇点。

此外，对式(8.5.6)分离变量后积分，可以得到系统的位移与时间的关系。对于闭轨，可得其周期

$$T=2\int_{u_{1\max}}^{u_{1\min}}\frac{\mathrm{d}u_1}{\sqrt{2[E-V(u_1)]}} \tag{8.5.9}$$

显然，周期依赖于系统的非线性强弱以及振幅的大小。

例 8.5.1　图 8.13 中的质点的质量为 m，沿转速为 ω 的光滑圆环运动，试分析其平衡点及

相图。

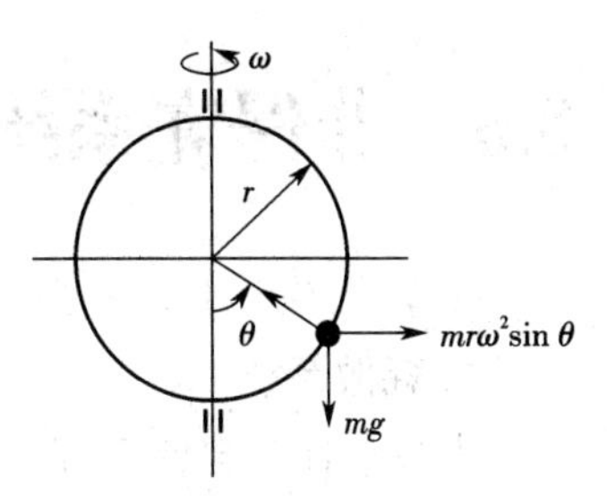

图 8.13　例 8.5.1 图

解:若以角度 θ 为广义坐标来描述质点的运动,则图示质点满足运动方程

$$mr\ddot{\theta} = mr\omega^2 \sin\theta - mg\sin\theta \tag{8.5.10}$$

令

$$u_1 = \theta\,,\ u_2 = \dot{\theta}\,,\ \tau = \omega t\,,\ \mu = \frac{g}{r\omega^2} < 1$$

得到状态方程

$$\begin{cases} \dfrac{\mathrm{d}u_1}{\mathrm{d}\tau} = \dfrac{u_2}{\omega} \\ \dfrac{\mathrm{d}u_2}{\mathrm{d}\tau} = \sin u_1 \cdot (\cos u_1 - \mu) \end{cases} \tag{8.5.11}$$

系统的平衡点为 $(0,0)$、$(\pm\pi,0)$ 和 $(\pm\arccos\mu,0)$。注意到此时 $p(u_1) = \sin u_1 \cdot (\mu - \cos u_1)$,故有

$$V''(u_1) = \frac{\mathrm{d}}{\mathrm{d}u_1}[\sin u_1(\mu - \cos u_1)] = 1 + \mu\cos u_1 - 2\cos^2 u_1 \tag{8.5.12}$$

因此,有

(1)$V''(0) = \mu - 1 < 0$,故(0,0)为鞍点;

(2)$V''(\pm\pi) = \mu - 1 < 0$,故 $(\pm\pi,0)$ 为鞍点;

(3)$V''(\pm\arccos\mu) = 1 - \mu^2 > 0$,故 $(\pm\arccos\mu,0)$ 为中心。

此外,为求势能 V,对 $p(u_1)$ 积分得

$$V(u_1) = \int_0^{u_1} p(\xi)\mathrm{d}\xi = \mu - \mu\cos u_1 - \frac{1}{2}\sin^2 u_1 \tag{8.5.13}$$

将式(8.5.13)代入式(8.5.6)得等能量相轨线方程

$$u_2^2 - (\sin^2 u_1 + 2\mu\cos u_1) = 2(E - \mu)$$

因此,过鞍点 $(0,0)$、$(\pm\pi,0)$ 的等能量相轨线分别为 $u_2 = \pm\sqrt{\sin^2 u_1 + 2\mu(\cos u_1 - 1)}$ 和 $u_2 = \pm\sqrt{\sin^2 u_1 + 2\mu(\cos u_1 + 1)}$。系统的相图如图 8.14 所示。该系统具有两个中心,质点围绕哪个中心做周期运动取决于系统的初始条件。

扫一扫:图 8.14 程序

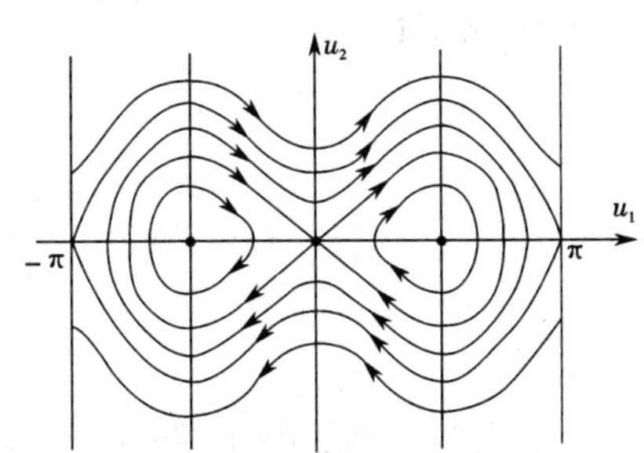

图 8.14　系统的相图

8.6 非保守系统的定性分析

本节介绍几种非保守系统的定性分析方法。

1. 耗散系统

考虑非保守自治系统

$$\ddot{u}+p(u)+q(u,\dot{u})=0 \tag{8.6.1}$$

其中，$p(u)$代表系统中所有的有势力。则系统的总能量为

$$E=\frac{1}{2}\dot{u}^2+V(u) \tag{8.6.2}$$

其中，$V(u)=\int_0^u p(x)\mathrm{d}x$。对式(8.6.2)两边求导，并注意到式(8.6.1)，则有系统总能量随时间的变化率

$$\dot{E}=[\ddot{u}+p(u)]\dot{u}=-q(u,\dot{u})\dot{u} \tag{8.6.3}$$

若

$$\begin{cases} q(u,\dot{u})=0，\text{当}\dot{u}=0\text{时} \\ q(u,\dot{u})\dot{u}>0，\text{当}\dot{u}\neq 0\text{时} \end{cases} \tag{8.6.4}$$

则有$\dot{E}<0$，即系统的总能量随时间的增加而减少，故系统运动趋于一个渐近稳定的平衡点，这类系统称为耗散系统。

例 8.6.1　试分析下述含库仑干摩擦的系统的相图。

$$m\ddot{x}+\mu N\,\mathrm{sgn}\,\dot{x}+kx=0 \tag{8.6.5}$$

其中，$\mu N>0$，sgn为符号函数。

解：将式(8.6.5)写成显式的分段线性微分方程

$$\ddot{x}+\omega^2x=\begin{cases} -\delta\omega^2，\text{当}\dot{x}>0\text{时} \\ \delta\omega^2，\text{当}\dot{x}<0\text{时} \end{cases} \tag{8.6.6}$$

其中

$$\omega=\sqrt{\frac{k}{m}}，\delta=\frac{\mu N}{k}>0$$

再令$u_1=x$，$u_2=\dot{x}$，则按式(8.6.6)，有

$$\frac{\mathrm{d}u_2}{\mathrm{d}u_1}=\begin{cases} -\omega^2(u_1+\delta)/u_2，\text{当}u_2>0\text{时} \\ -\omega^2(u_1-\delta)/u_2，\text{当}u_2<0\text{时} \end{cases} \tag{8.6.7}$$

积分得

$$\begin{cases} \dfrac{(u_1+\delta)^2}{R_1^2}+\dfrac{u_2^2}{\omega^2R_1^2}=1，\text{当}u_2>0\text{时} \\ \dfrac{(u_1-\delta)^2}{R_2^2}+\dfrac{u_2^2}{\omega^2R_2^2}=1，\text{当}u_2<0\text{时} \end{cases} \tag{8.6.8}$$

式中：R_1和R_2分别是相应分段的积分常数。系统的相图如图8.15所示，可以看出，当相轨线进

入 u_1 轴上的区间 $(-\delta,\delta)$ 后，运动即告终止。这也可以从物理的角度来解释，因为此时有 $|u_1|<\delta$，而由式（8.6.6）知，系统的线性恢复力为 $\omega^2 x=\omega^2 u_1$，系统的阻尼力（本系统中实际上就是摩擦力）为 $\delta\omega^2$（或 $-\delta\omega^2$），恢复力和阻尼力方向相反。因此，$|u_1|<\delta$ 表示系统的恢复力小于阻尼力，故系统停止运动。

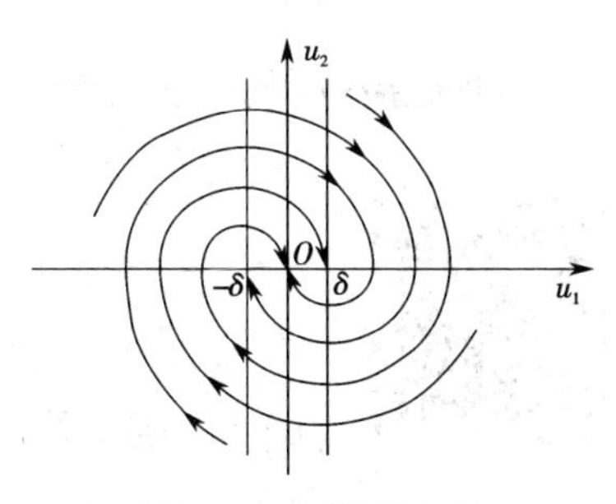

图 8.15　系统的相图

2. 自激振动系统

非保守系统要实现不衰减的振动，需要不断地补充能量。如果是依赖外界的激励来补充能量，则系统属于强迫振动，系统方程将显含时间 t，因而属于非自治系统；若系统是从不显含时间 t 的常能源中获得能量，则系统是自治的，这种振动系统称为自激振动系统。

自激振动的基本机理是当系统振动的位移或速度比较小时，系统将从外界常能源中吸取能量，使振动位移或速度增加；而当系统振动的位移或速度增大到一定程度时，系统将消耗多余的能量；最终，系统会趋于稳态振动。在工程中，干摩擦力、气动弹性力、滑动轴承的油膜力都会使系统的能量随振幅发生这种变化，从而诱发金属切削工具、飞行器机翼、燃气轮机的自激振动，造成危害乃至灾难性事故。

下面介绍一种典型的自激振动系统——Van der Pol 系统。

Van der Pol 方程是表征电磁耦合振荡现象的一种具有代表性的动力学方程，它的典型形式为

$$\ddot{x}+\varepsilon(x^2-1)\dot{x}+x=0 \tag{8.6.9}$$

由式（8.6.3）知，系统总能量随时间的变化率为

$$\dot{E}=\varepsilon(1-x^2)\dot{x}^2=\begin{cases}<0, & \text{当}|x|>1\text{时}\\ >0, & \text{当}|x|<1\text{时}\end{cases} \tag{8.6.10}$$

可见，当系统的位移 $|x|<1$ 时，系统将吸收能量，振幅增加；当系统的位移 $|x|>1$ 时，系统将消耗能量，振幅减小；最终系统呈固定振幅的周期振动。图 8.16 是用计算机进行数值计算后绘出的相图。由图 8.16 可见，对于任意非零初始状态，系统最终都会趋于周期运动。当 ε 比较小时，该周期运动接近简谐运动；随着 ε 增大，该周期运动明显远离简谐运动。

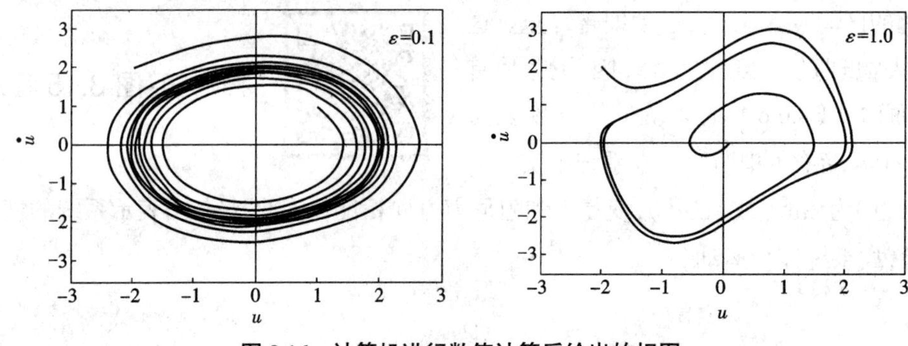

图 8.16 计算机进行数值计算后绘出的相图

扫一扫：图 8.16 至图 8.17 程序

图 8.17 给出了 $\varepsilon=10$ 时 Van der Pol 系统的位移时间历程和相轨线。由图可见，当系统的位移 $|x|>1$ 时，位移将缓慢减小；而一旦 $|x|<1$，则位移迅速减小到反向的极值，然后又进入缓慢减小阶段。这种一张一弛的振动称为张弛振动。此时系统位移的张弛临界条件是 $|x|=1$。

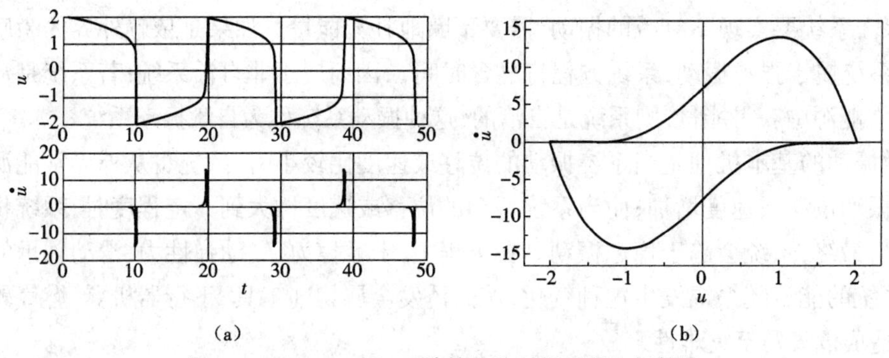

图 8.17 Van der Pol 系统的位移时间历程和相轨线

(a)位移与速度时间历程 (b)相轨线

3. 极限环

对于保守系统，可以证明若给定一个初始条件后得到的相轨线是一条闭轨，则若给定一个新的初始条件，它与原初始条件无限接近但不在同一条相轨线上，那么由新的初始条件决定的相轨线也是一条闭轨，它与原初始条件决定的闭轨无限接近且围绕着同一个中心。尽管如此，这两条闭轨彼此永不相交。

对于非保守系统，情况有所不同。例如自激振动系统，若给定一个初始条件后得到的相轨线是一条闭轨，则若给定一个新的初始条件，它与原初始条件无限接近但不在同一条相轨线上，那么由新的初始条件决定的相轨线将随着时间 $t\to+\infty$ 而趋于或远离原先这条闭轨。在图中我们可以很明显地看到这种现象。

非保守系统的孤立闭轨称为极限环。与奇点一样，极限环也可以定义稳定性。为此，先定义点与轨线之间的距离。

定义 8.6.1 设系统的相平面上有一点 $x=(x_1,x_2)$ 和一条轨线 $u_1(t)$，则可定义点 x 与轨线 $u_1(t)$ 之间的距离 d 为

$$d(x,u_1(t))=\inf\|x-y\| \tag{8.6.11}$$

其中

$$y\in u_1(t)$$

进一步，若系统有两条轨线 $u_1(t)$ 和 $u_2(t)$，则可定义轨线 $u_1(t)$ 和 $u_2(t)$ 之间的距离 d 为

$$d(u_1(t),u_2(t))=\inf\|x-y\| \tag{8.6.12}$$

其中

$$x\in u_1(t)\text{ , }y\in u_2(t)$$

定义 8.6.2 设系统的闭轨为 $\varGamma$，若对于任意的 $\varepsilon>0$，存在 $\delta(\varepsilon)>0$，使得对系统的任意相轨线 $u(t)$，当 $d(u(0),\varGamma)<\delta(\varepsilon)$ 时，有 $d(u(t),\varGamma)<\varepsilon$ 对任意 $t\geqslant 0$ 成立，则称系统的闭轨 $\varGamma$ 是稳定的，否则称为不稳定的。若闭轨 $\varGamma$ 是稳定的，且满足 $\lim\limits_{t\to+\infty}d(u(t),\varGamma)=0$，则称闭轨 $\varGamma$ 是渐近稳定的。

由于极限环属于闭轨，故也可用定义 8.6.2 来定义其稳定性。

判断系统极限环是否存在以及极限环的个数和位置是一个极其困难的数学问题。长期以来，人们提出了一些较为简单的条件来判定系统极限环的存在性，但这些条件都只是充分条件或必要条件。因此，系统极限环的存在性判定问题至今仍未完全解决。

下面介绍几个常用的极限环存在性判据。仍考虑系统

$$\dot{\boldsymbol{u}}=\begin{pmatrix}\dot{u}_1\\ \dot{u}_2\end{pmatrix}=f(\boldsymbol{u})=\begin{pmatrix}f_1(u_1,u_2)\\ f_2(u_1,u_2)\end{pmatrix} \tag{8.6.13}$$

1）必要条件

定理 8.6.1 班迪克逊定理 若系统（8.6.13）在单连通区域 D 内有闭轨，则其向量场的散度

$$\operatorname{div} f=\frac{\partial f_1}{\partial u_1}+\frac{\partial f_2}{\partial u_2}$$

在 D 内恒为 0 或变号。

证：设闭轨为 $\varGamma\in D$，$\varGamma$ 所围区域为 A，则由格林公式和式（8.6.13）知

$$\iint_A \operatorname{div} f\mathrm{d}u_1\mathrm{d}u_2=\oint_\varGamma(f_1\mathrm{d}u_2-f_2\mathrm{d}u_1)=\oint_\varGamma(\dot{u}_1\mathrm{d}u_2-\dot{u}_2\mathrm{d}u_1)=\oint_\varGamma(\dot{u}_1\dot{u}_2-\dot{u}_2\dot{u}_1)\mathrm{d}t=0$$

而若 $\operatorname{div} f$ 在 D 内恒正或恒负，都会使 $\iint_A \operatorname{div} f\mathrm{d}u_1\mathrm{d}u_2\neq 0$，从而与上式矛盾。故 $\operatorname{div} f$ 在 D 内恒为 0 或变号。证毕。

例 8.6.2 试考察非线性系统

$$\ddot{x}+(2\dot{x}-\sin 2\dot{x})+p(x)=0 \tag{8.6.14}$$

的相轨线中是否存在闭轨。

解：令 $u_1=x$，$u_2=\dot{x}$，则有

$$f(\boldsymbol{u})=\begin{pmatrix}f_1(u_1,u_2)\\ f_2(u_1,u_2)\end{pmatrix}=\begin{pmatrix}u_2\\ -p(u_1)-2u_2+\sin 2u_2\end{pmatrix}$$

因此

$$\operatorname{div} f = -2 + 2\cos 2u_2 < 0$$

故该系统没有闭轨。

2）充分条件

定理 8.6.2　庞加莱环域定理　设 D 是以闭曲线 Γ_1、Γ_2 作为其内外边界的环形域。若系统（8.6.13）在 D 及其边界 Γ_1、Γ_2 上无奇点，且系统的相轨线在 Γ_1 和 Γ_2 上都指向 D 内部（或外部），则系统在 D 内至少有一个渐近稳定（或不稳定）的极限环。

该定理是本书第 10 章的庞加莱班迪克逊定理的推论。

例 8.6.3　试考察非线性系统

$$\begin{cases} \dot{u}_1 = -u_2 - u_1(u_1^2 + u_2^2) \\ \dot{u}_2 = u_1 - u_2(u_1^2 + u_2^2) \end{cases} \tag{8.6.15}$$

的相轨线中是否存在极限环。

解：将系统改用极坐标表示，即进行变换 $u_1 = r\cos\theta$，$u_2 = r\sin\theta$，则有

$$\begin{cases} \dot{r} = -r(r^2 - 1) \\ \dot{\theta} = 1 \end{cases} \tag{8.6.16}$$

现在取

$$\Gamma_1 \text{ 为 } u_1^2 + u_2^2 = \frac{1}{2}\text{，即 } r = \frac{\sqrt{2}}{2}$$

$$\Gamma_2 \text{ 为 } u_1^2 + u_2^2 = 2\text{，即 } r = \sqrt{2}$$

则有

$$\left.\frac{\mathrm{d}r}{\mathrm{d}t}\right|_{\Gamma_1} = \frac{\sqrt{2}}{4} > 0\text{，}\left.\frac{\mathrm{d}r}{\mathrm{d}t}\right|_{\Gamma_2} = -\sqrt{2} < 0$$

则对于 Γ_1、Γ_2 围成的环域 D 来说，系统的相轨线在其边界 Γ_1 和 Γ_2 上都指向 D 的内部，而且系统（8.6.15）的平衡点（0,0）并不在 D 的内部。故由庞加莱环域定理知，此时 D 的内部必有一个渐近稳定的极限环。实际上从式（8.6.16）可以看出，该极限环就是 $r = 1$，即 $u_1^2 + u_2^2 = 1$。

庞加莱指数

仍考虑系统（8.6.13）

$$\dot{\boldsymbol{u}} = \begin{pmatrix} \dot{u}_1 \\ \dot{u}_2 \end{pmatrix} = f(\boldsymbol{u}) = \begin{pmatrix} f_1(u_1, u_2) \\ f_2(u_1, u_2) \end{pmatrix}$$

显然，仿照 8.1 节对系统（8.1.3）的方法，可以得到系统（8.6.13）的相图上任一点 u 处相轨线的切向为

$$\frac{\mathrm{d}u_2}{\mathrm{d}u_1} = \frac{f_2(u_1, u_2)}{f_1(u_1, u_2)}$$

设这个切向与 u_1 轴的夹角为 θ，则

$$\theta = \arctan\frac{\mathrm{d}u_2}{\mathrm{d}u_1} = \arctan\frac{f_2(u_1, u_2)}{f_1(u_1, u_2)}$$

可见，θ是由向量场$f(\boldsymbol{u})$以及点u的位置决定的。

设相平面上有一条简单闭曲线Γ，并记Γ所围的区域为D，若Γ上的一个动点u沿着Γ逆时针运动，则u对应的θ值也在不断地变化。此时，可定义向量场$f(\boldsymbol{u})$在Γ上的庞加莱指数为

$$k(\Gamma,f)=\frac{1}{2\pi}\oint_{\Gamma}\mathrm{d}\theta=\frac{1}{2\pi}\oint_{\Gamma}\frac{f_1\mathrm{d}f_2-f_2\mathrm{d}f_1}{f_1^2+f_2^2}$$

该指数又称为旋转数。

可以证明，庞加莱指数具有如下性质：

(1)若D内无奇点，则$k(\Gamma,f)=0$；

(2)若D内有一焦点、结点或中心，则$k(\Gamma,f)=1$；

(3)若D内有一鞍点，则$k(\Gamma,f)=-1$；

(4)若D内有一闭轨，则$k(\Gamma,f)=1$；

(5)若Γ上任一点u处相轨线的切向均指向D的内部或外部，则$k(\Gamma,f)=1$。

若D内有多个奇点，则可在D内划分网格，使每个网格中至多只有一个奇点，并记这些网格为C_i，$i=1,2,\cdots$。显然这些网格是简单闭曲线。由曲线积分的知识可知，有

$$k(\Gamma,f)=\sum_i k(C_i,f)$$

可见，若简单闭曲线Γ包含多个奇点，则$k(\Gamma,f)$为各奇点对应的庞加莱指数之和。

从上述结论中还可以得到以下两个推论。

推论 1　一个闭轨内至少包含一个指数为 1 的奇点。

推论 2　一个闭轨内若包含n个奇点，则它们的指数的代数和等于 1。

由推论 1 可知，若极限环内部只有一个奇点，则只可能是焦点、结点或中心，不可能是鞍点。由推论 2 可知，任一闭轨内部的奇点个数一定是奇数，且鞍点数一定比其他种类的奇点数少一个。

由于极限环属于闭轨，故上述性质实际上给出了极限环存在的必要条件：

(1)若极限环存在，则其内部至少有一个指数为 1 的奇点；

(2)若系统没有奇点，则系统不存在极限环；

(3)若系统只有一个奇点，且其指数不为 1，则系统不存在极限环；

(4)即使系统只有一个指数为 1 的奇点，但若相平面上每条轨线都趋于它，则系统也不存在极限环。

8.7　非自治系统定性分析简介

在非线性振动中，典型的非自治系统方程可表达为

$$\ddot{x}+\varphi(x,\dot{x})+f(x)=p(\Omega t) \tag{8.7.1}$$

其中，$p(\Omega t)$是Ωt的周期函数，周期为2π。作变换$u_1=x$，$u_2=\dot{x}$，则式(8.7.1)可写成

$$\begin{pmatrix}\dot{u}_1\\ \dot{u}_2\end{pmatrix}=\begin{pmatrix}u_2\\ -\varphi(u_1,u_2)-f(u_1)+p(\Omega t)\end{pmatrix} \tag{8.7.2}$$

等式右端即为系统的向量场。可见，由于非自治系统的向量场表达式中含有时间 t，故不再是定常的。一般地，对单自由度非自治系统

$$\begin{cases}\dot{x}=P(x,y,\Omega t)\\ \dot{y}=Q(x,y,\Omega t)\end{cases}$$

有

$$\frac{\mathrm{d}y}{\mathrm{d}x}=\frac{Q(x,y,\Omega t)}{P(x,y,\Omega t)}$$

因此，即使对相平面上的定点 (x_0,y_0)，$\dfrac{\mathrm{d}y}{\mathrm{d}x}$ 也不是常数，而是随 t 变化的。

我们知道，在自治系统中，除了在奇点或极限环处，相平面上的任意两条相轨线是不会相交的。这是因为，若两条相轨线相交，则交点处沿两条相轨线各有一个切向，而这是不可能的，因为自治系统的向量场在相平面上任一点处的方向都是定常的。而在非自治系统中，由于向量场不是定常的，若我们仍在相平面上研究系统的动力学特性，就会出现两条相轨线相交的现象。为此，人们在相平面的基础上引入第三个坐标 $\theta=\Omega t$，构成三维相空间 (u_1,u_2,θ)，则式（8.7.2）变为

$$\begin{pmatrix}\dot{u}_1\\ \dot{u}_2\\ \dot{\theta}\end{pmatrix}=\begin{pmatrix}u_2\\ -\varphi(u_1,u_2)-f(u_1)+p(\theta)\\ \Omega\end{pmatrix}\tag{8.7.3}$$

并记三维相空间为 $C(u_1,u_2,\theta)$。则对 C 来说，系统（8.7.3）是一个自治系统，故不会再出现相轨线相交的现象。

在单自由度非线性振动系统的研究中，周期解的研究占有重要的地位。对自治系统，周期解就是相平面上的闭轨；而对非自治系统来说，周期解是三维相空间 C 上的一条螺旋线，它在相平面 $S_{\theta_0}=(u_1,u_2)$ 上的投影为闭轨，其中 S_{θ_0} 为相空间 C 中 $\theta=\theta_0$ 时的相平面，如图 8.18 所示。

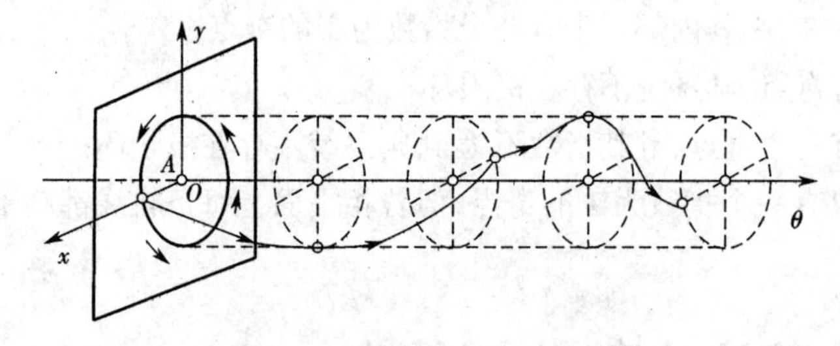

图 8.18　非自治系统的周期解

显然，若设系统（8.7.1）的固有频率为 ω，则当 ω 为激励频率 Ω 的 $\dfrac{1}{n}$（n 为整数）时，或者说系统的周期 $T_0=\dfrac{2\pi}{\omega}$ 为激励周期 $T_p=\dfrac{2\pi}{\Omega}$ 的整数倍时，周期解的相轨线上任一点 u 都具有这样的性质，即从该点出发，经过周期 T 后，得到另一点 u'，则 u 和 u' 在 u_1 和 u_2 轴的坐标是相同的，即在相平面 S_{θ_0} 上的投影是同一点。反之亦然，若从某一点 u 出发，经过时间 T 后，得到另一点 u'，且 u 和 u' 在相平面 S_{θ_0} 上的投影是同一点，则 u 和 u' 都是系统周期解的相轨线上的点。可

见,如果能找到具有这种性质的点的全体,我们就可以找出系统的周期解。为此,我们引入庞加莱映射。

庞加莱映射的基本思想是将系统的相轨线看成是相空间中任意两个在θ轴上相距为2π的相平面S_{θ_0}和S_{θ_1}上的点之间的映射,其中$\theta_1=\theta_0+\omega T_0=\theta_0+2\pi$,记这个映射为$T$。设$u=(u_{10},u_{20})$是相平面$S_{\theta_0}$上任意一点,若$T$将点$u$映射为相平面$S_{\theta_1}$上的点$u'$(即相轨线从$u$开始,经过周期$T_0$后到达点$u'$),$u'=(u_{11},u_{21})$,则有

$$u'=T(u)$$

即

$$(u_{11},u_{21})=T(u_{10},u_{20})$$

这种映射称为庞加莱映射或T映射。

若点$u=(u_{10},u_{20})$满足

$$T(u_{10},u_{20})=(u_{10},u_{20})$$

则点u称为T映射的不动点。可见,系统的周期解的相轨线,就是T映射的不动点的全体,或者说,系统的周期解就是经过T映射的不动点的积分曲线。

对经过T映射后得到的点u',还可以再对它进行T映射,从而得到$u''=T(u')=T^2(u)$。这种映射可以一直作下去。我们从中可以看到,庞加莱映射不是一种连续映射,只有在经过时间$t=kT_0$($k=1,2,\cdots$)时才能进行,故庞加莱映射又称频闪映射,是离散映射的一种。之所以会这样,是因为当$t\in(kT_0,(k+1)T_0)$时,即使u和u'都是周期解的相轨线上的点,它们在相平面上的投影也是不同的。为了解决这一问题,人们建立了 Van der Pol 变换。

Van der Pol 变换的基本思想是将静止的相平面$S_{\theta_0}=(u_1,u_2)$改为以角速度Ω绕θ轴旋转的动平面$S'(u,v)$,该平面称为 Van der Pol 平面。这种变换使相轨线的投影得到简化。例如,若系统的周期解为正弦振动,相轨线上的点在静止的相平面上的投影是一个圆周,而在 Van der Pol 平面$S'(u,v)$上的投影则是一个不动点。

Van der Pol 变换的解析表达式为

$$\begin{cases}x=u(t)\cos\Omega t+v(t)\sin\Omega t\\ \dfrac{\dot{x}}{\Omega}=y=-u(t)\sin\Omega t+v(t)\cos\Omega t\end{cases}\tag{8.7.4}$$

它将系统

$$\begin{cases}\dot{x}=P(x,y,\Omega t)\\ \dot{y}=Q(x,y,\Omega t)\end{cases}\tag{8.7.5}$$

变换为

$$\begin{cases}\dot{u}=U(u,v,t)\\ \dot{v}=V(u,v,t)\end{cases}\tag{8.7.6}$$

则式(8.7.6)的平衡点(u_0,v_0)就对应了一个原系统的周期解。由于U,V都是非线性函数,故式(8.7.6)的平衡点的求解仍有困难。但在弱非线性情况下,可以用近似法求出(u_0,v_0)的近似解,从而得到原系统的周期解。

8.8 周期系统与 Floquet 理论

在 8.4 节中我们研究了自治系统的奇点的稳定性,但对自治系统的周期解的稳定性未作研究。事实上,周期解的稳定性判定比奇点的稳定性判定要困难得多。例如,极限环是闭轨,故代表了一个周期解,但若用定义 8.6.2 来判定极限环的稳定性是非常困难的(只有绘出相图后才能判定)。本节我们会看到,自治系统的周期解的稳定性问题可以转化为非自治的周期系统的零解的稳定性问题。

考虑系统

$$\dot{x}=f(x),\ x\in R^n \tag{8.8.1}$$

设 $x=\varphi(t)$ 是系统(8.8.1)的一个周期解,其周期为 T。作变换 $y=x-\varphi(t)$,得

$$\dot{y}=f(y+\varphi(t))-f(\varphi(t)) \tag{8.8.2}$$

式(8.8.2)还可写成

$$\dot{y}=\boldsymbol{A}(t)y+\boldsymbol{g}(t,y) \tag{8.8.3}$$

其中,$\boldsymbol{A}(t)=Df(\varphi(t))$ 为 $x=\varphi(t)$ 处的雅可比矩阵,$\boldsymbol{g}(t,y)=f(y+\varphi(t))-f(\varphi(t))\ -Df(\varphi(t))y$。显然,$\boldsymbol{A}(t)$ 是 t 的周期为 T 的函数矩阵,$\boldsymbol{g}(t,y)$ 是 t 的周期为 T 的向量函数,则系统(8.8.1)的周期解 $x=\varphi(t)$ 的稳定性问题就转化为周期系统(8.8.3)的零解的稳定性问题。

系统(8.8.3)的线性化系统为

$$\dot{y}=\boldsymbol{A}(t)y \tag{8.8.4}$$

设其基解矩阵为 $\boldsymbol{\Phi}(t)$,即 $\boldsymbol{\Phi}(t)$ 满足

$$\frac{\mathrm{d}\boldsymbol{\Phi}(t)}{\mathrm{d}t}=\boldsymbol{A}(t)\boldsymbol{\Phi}(t) \tag{8.8.5}$$

由于 $\varphi(t)$ 以 T 为周期,故若将 $\boldsymbol{\Phi}(t)$ 中的 t 换为 $t+T$,由式(8.8.5)知 $\boldsymbol{\Phi}(t+T)$ 仍为线性系统(8.8.4)的基解矩阵,从而存在非奇异的常数矩阵 $\boldsymbol{B}$,使得

$$\boldsymbol{\Phi}(t+T)=\boldsymbol{\Phi}(t)\boldsymbol{B}$$

特别地,若 $\boldsymbol{\Phi}(t)$ 也以 T 为周期,则 $\boldsymbol{B}$ 就是单位矩阵 $\boldsymbol{E}$。

定义 8.8.1 方程 $D(\lambda)=\det(\boldsymbol{B}-\lambda\boldsymbol{E})=0$ 称为系统(8.8.4)对应于周期 T 的特征方程,简称特征方程;$D(\lambda)=0$ 的根称为系统(8.8.4)的特征乘数,也称 Floquet 乘数。

可以证明,特征方程具有以下性质:

(1)特征方程是由系统唯一决定的,与系统的基解矩阵的选择无关;

(2)特征方程经过以 T 为周期的非奇异变换后保持不变。

定义 8.8.2 若矩阵 $\boldsymbol{L}(t)$ 满足:

当 $t\geqslant 0$ 时,$\boldsymbol{L}(t)$ 有连续的导数 $\dfrac{\mathrm{d}\boldsymbol{L}(t)}{\mathrm{d}t}$;

当 $t\geqslant 0$ 时,$\boldsymbol{L}(t)$ 与 $\dfrac{\mathrm{d}\boldsymbol{L}(t)}{\mathrm{d}t}$ 有界;

当 $t\geqslant 0$ 时,$\boldsymbol{L}^{-1}(t)$ 有界,

则称 $\boldsymbol{L}(t)$ 为李雅普诺夫矩阵，并称 $y=\boldsymbol{L}(t)z$ 为李雅普诺夫变换。

由定义 8.8.2 可以推出以下两个结论。

推论 8.8.1　线性系统（8.8.4）的稳定性经李雅普诺夫变换后是不变的。

推论 8.8.2　若 $\boldsymbol{L}(t)$ 为李雅普诺夫矩阵，则 $\boldsymbol{L}^{-1}(t)$ 也是李雅普诺夫矩阵。

定义 8.8.3　若系统（8.8.4）经李雅普诺夫变换化为

$$\frac{\mathrm{d}z}{\mathrm{d}t}=\boldsymbol{C}z$$

其中，$\boldsymbol{C}$ 为常数矩阵，则称系统（8.8.4）是李雅普诺夫意义下可化的。关于可化性，我们有如下定理。

定理 8.8.1　可化性定理　具有周期系数的线性系统（8.8.4）是李雅普诺夫意义下可化的。

最后，我们给出周期系统的稳定性判据。

定理 8.8.2　Floquet 定理　若系统（8.8.4）的所有 Floquet 乘数的模均小于 1，则系统（8.8.4）的零解是渐近稳定的；若系统（8.8.4）的 Floquet 乘数的模中至少有一个大于 1，则系统（8.8.4）的零解是不稳定的；若系统（8.8.4）的所有 Floquet 乘数的模均小于或等于 1，且模为 1 的 Floquet 乘数所对应的初等因子均为一次的，则系统（8.8.4）的零解是稳定的；若系统至少有一个模为 1 的 Floquet 乘数，且该乘数有二次或二次以上的初等因子，则系统（8.8.4）的零解是不稳定的。

扫一扫：Floquet 理论程序

由定理 8.8.2 可以得出如下推论。

推论 8.8.3　周期系统具有周期为 T 的周期解的充要条件是该系统有一个特征乘数为 1。

第9章　李雅普诺夫运动稳定性理论

9.1　引言

稳定性这个词最先出现在力学中，它描述了一个刚体运动的平衡状态。如果说这个平衡状态是稳定的，就是说刚体在受到干扰的作用下从原来位置微微移动后，仍回到它原来的位置。反之，如果它趋于一个新位置，这时的平衡状态就是不稳定的。

运动系统的稳定性概念是平衡稳定性概念的直接扩大。李雅普诺夫意义下的运动稳定性理论是研究微小干扰性因素对于物质系统运动的影响。微小的干扰因素（或者说涨落）总是存在的，且不可确定。

对于一些运动，微小干扰因素的影响并不显著，因而受干扰的运动与不受干扰的运动差别很小，这类运动称为稳定的；对于另外一些运动，无论干扰多么小，随着时间的推移，受干扰的运动与不受干扰的运动相差很多，这类运动称为不稳定的。由于干扰总是不可避免地存在，所以运动稳定性问题就有其重要的理论和实际意义，在自然科学与工程技术领域内受到了人们的普遍关注。

本章介绍常微分方程系统的稳定性理论，对于差分方程系统、泛函微分方程系统等其他系统的进展可以参考 Lasalle 的 The Stability of Dynamical Systems 和 Hale 的 Functional Differential Equation。

9.2　运动稳定性的概念

假定我们考虑的系统可以用下列微分方程组来描述：

$$\dot{y}_i = F_i(y_1, y_2, \cdots, y_n, t) \quad i = 1, 2, \cdots, n \tag{9.2.1}$$

其中，y_i 是与运动有关的变量，例如位移、速度、加速度等满足解的存在和唯一性条件，其矢量微分方程形式为

$$\dot{\boldsymbol{y}} = \boldsymbol{F} \tag{9.2.1a}$$

其中，$\boldsymbol{y} = (y_1, y_2, \cdots, y_n)^{\mathrm{T}}$，$\boldsymbol{F} = (F_1, F_2, \cdots, F_n)^{\mathrm{T}}$ 为 n 维向量函数，设其在初始条件

$$y = y_0, t = t_0 \tag{9.2.2}$$

下的解为

$$y_i = \tilde{y}_i(t) \quad i = 1, 2, \cdots, n \tag{9.2.3}$$

选取此式为干扰运动，考虑其稳定性。设初始条件有微扰动

$$\boldsymbol{y} = \tilde{\boldsymbol{y}} + \boldsymbol{\eta} = \boldsymbol{y}_0; \quad t = t_0 \tag{9.2.4}$$

其中，$\boldsymbol{\eta}$ 为 n 维扰动向量，是一阶小量。此初始条件下的微分方程（9.2.1）的解为

$$\boldsymbol{y} = \boldsymbol{y}(t) \tag{9.2.5}$$

定义 9.2.1　如果对于任意小的正数 ε，总存在正数 $\eta(\varepsilon)$，使得对于所有受干扰的运动 $y_i = y_i(t)$ $(i = 1, 2, \cdots, n)$，当其在初始时刻 $t = t_0$ 满足不等式

$$\left| y_i(t_0) - \tilde{y}_i(t_0) \right| \leqslant \eta(\varepsilon) \quad i = 1, 2, 3, \cdots, n \tag{9.2.6}$$

而在所有 $t \geqslant t_0$ 时满足不等式

$$\left| y_i(t) - \tilde{y}_i(t) \right| < \varepsilon \quad i = 1, 2, 3, \cdots, n \tag{9.2.7}$$

则未受干扰的运动就称为对变量是稳定的。

未受干扰的运动如果不是稳定的，则称为不稳定的。即对任意正数，至少有一种受干扰的运动，它满足不等式（9.2.6），但在某一时刻不满足不等式（9.2.7），那么未被扰动的运动就是不稳定的。

若未被扰动的运动不但是稳定的，而且初始振动足够小，随着时间的增加，所有受干扰的运动都逐渐趋近于未受干扰的运动，在这种情况下，我们就说未被扰动运动是渐近稳定的。

对于方程（9.2.1），研究新解 $y_i = \tilde{y}_i(t)$ 相对变量 $y_i(t)$ 的稳定性还很复杂。为此对方程（9.2.1）进行坐标变换

$$x_i = y_i(t) - \tilde{y}_i(t) \quad i = 1, 2, \cdots, n$$

$$\begin{aligned} \frac{\mathrm{d}x_i}{\mathrm{d}t} &= \frac{\mathrm{d}y_i(t)}{\mathrm{d}t} - \frac{\mathrm{d}\tilde{y}_i(t)}{\mathrm{d}t} \\ &= f_i[x_1 + \tilde{y}_1(t), \cdots, x_n + \tilde{y}_n(t), t] - f_i[\tilde{y}_1(t), \cdots, \tilde{y}_n(t), t] \\ &= f_i(x_1, x_2, \cdots, x_n, t) \end{aligned}$$

即

$$\frac{\mathrm{d}x_i}{\mathrm{d}t} = f_i(x_1, x_2, \cdots, x_n, t) \tag{9.2.8}$$

由于 $f_i = 0$ 时，$y_i(t) = \tilde{y}_i(t)$，所以方程（9.2.1）的未扰运动稳定性问题转化为方程（9.2.8）的零解稳定性问题。

定义 9.2.2　对于任意正数，存在 $\eta(\varepsilon)$，使得对于受到干扰的运动，在初始时刻 t_0 时满足 $\left| x_i(t_0) \right| \leqslant \eta$，$i = 1, 2, \cdots, n$，当 $t > t_0$ 时满足 $\left| x_i(t) \right| < \varepsilon$，则系统（9.2.8）在平衡位置 $(x_i = 0, i = 1, 2, \cdots, n)$ 是稳定的。反之则称未扰运动 $(x_i = 0, i = 1, 2, \cdots, n)$ 是不稳定的。

如果未扰运动 $(x_i = 0, i = 1, 2, \cdots, n)$ 是稳定的，且有 $\lim\limits_{t \to \infty} x_i(t) = 0$ $(i = 1, 2, \cdots, n)$ 成立，则称为是渐近稳定的。

设非自治系统的扰动微分方程为

$$\dot{x} = f(t, x) \tag{9.2.9}$$

在平衡位置 $x = 0$ 的邻域 $\varOmega$：$\| x \| < H$ 内解存在且唯一，其中 $\| x \| = (\sum\limits_{i=1}^{n} x_i^2)^{1/2}$ 为欧氏范数；

$\|x\|<H$表示在以原点为球心，H为半径的球内。

定义 9.2.3 对任意$\varepsilon>0\,(\varepsilon\subset H)$，可以找到$\delta(\varepsilon)>0$，使得当初始扰动$\|x_0\|<\delta$时对一切$t>t_0$有

$$\|x\|<\varepsilon \tag{9.2.10}$$

则称系统(9.2.8)在平衡位置$x=0$为稳定的。

定义 9.2.4 如果系统(9.2.8)在平衡位置$x=0$稳定，且有

$$\lim_{t\to\infty}\|x\|=0$$

则称平衡位置为渐近稳定。

定义 9.2.5 如果系统(9.2.8)在平衡位置$x=0$为渐近稳定，而x_0可以取任何值，则称平衡位置为全局渐近稳定。

定义 9.2.6 对任意给定的$\varepsilon>0\,(\varepsilon\subset H)$，无论$x_0$如何选择，总能找到一个时刻$\tau>t_0$，使得在此时刻之后的任意时刻$t>\tau$，找不到一个$\delta>0$，使得式(9.2.10)得到满足，则称系统(9.2.8)平衡位置为不稳定。

9.3 李雅普诺夫函数

李雅普诺夫对运动稳定性问题提出了两种解决方法：第一种是级数展开法，第二种是通过构造李雅普诺夫函数来判别解的稳定性。第二种方法已成为解决运动稳定性问题的基本方法。我们先行叙述第二种方法的内容。

李雅普诺夫第二种方法的基本思想是构造一个李雅普诺夫函数，简称V函数，根据V函数及其导数符号的性质，直接判别方程解的稳定性，而不去求解方程。

例 9.1 考虑小阻尼线性振动系统

$$m\ddot{x}+H\dot{x}+Kx=0 \tag{9.3.1a}$$

其中，m, H, K为大于零的常数。

系统的机械能为

$$E=\frac{1}{2}m\dot{x}^2+\frac{1}{2}Kx^2>0$$

而机械能的变化率为

$$\dot{E}=m\dot{x}\ddot{x}+Kx\dot{x}$$

将$m\ddot{x}$从式(9.3.1)中得出代入上式得

$$\dot{E}=-H\dot{x}^2<0$$

从物理意义上讲，系统总能量$E>0$且有限，又$\dot{E}<0$则说明总能量最后要消耗完，所以原点是渐近稳定的。

若$x_1=x, x_2=\dot{x}$，则式(9.3.1)可化为

$$\begin{cases}\dfrac{dx_1}{dt}=x_2\\ \dfrac{dx_2}{dt}=-\dfrac{H}{m}x_2-\dfrac{K}{m}x_1\end{cases}$$

从几何意义上看,在相平面上 $E=h=$ 常数为等能量线(即等高线),$E=0$ 为原点,能量愈低,等能量线愈靠近原点,而且(显然各能量线互不相交,且自行封闭,等能量线是以原点为中心的一族同心椭圆),轨线从高能量线向低能量线运动,最后等能量线逐渐收缩至原点,所以原点为渐近稳定,若 H=0 则 $\dot{E}=0$,则 $E=h=\frac{1}{2}Kx^2+\frac{1}{2}m\dot{x}^2$ 仍表示以原点为中心的一族椭圆,如图 9.1 所示。当初始位移与初始速度足够小时(h 是由初始位置与初始速度决定的,这里 $h=\frac{1}{2}Kx_0^2+\frac{1}{2}m\dot{x}_0^2$),那么它总是在原点足够小的邻域内,因此系统(9.3.1)的零解是稳定的,但显然不是渐近稳定的。

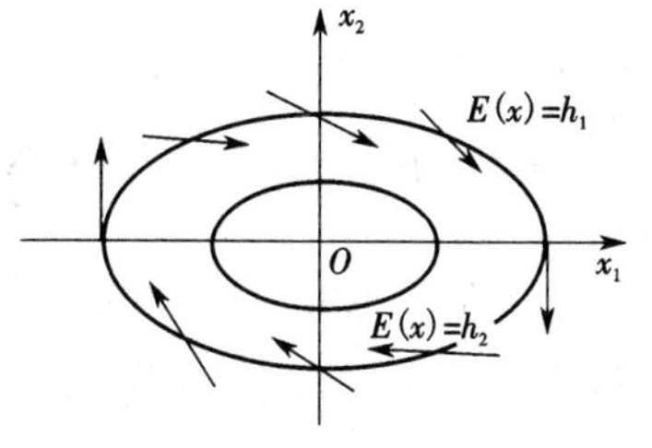

图 9.1　系统的相平面

这里借助 $E(x,\dot{x})$ 的性质而得出了系统(9.3.1)的稳定性,$E(x,\dot{x})$ 正是我们所要寻求的李雅普诺夫函数 $V(x_1,x_2)$,可以看出,只要找到一个满足下列条件的 $V(x_1,x_2,\cdots,x_n)$,就可判断未扰运动的稳定性,即要求:

(1)仅当 $x_1=x_2=\cdots=x_n=0$ 时,$V(x_1,x_2,\cdots,x_n)=0$;

(2)$V(x_1,x_2,\cdots,x_n)=h$ 是包含原点的一族封闭曲面;

(3)取不同的常数 h,这些曲面层层嵌套而不相交;

(4)若方程组的全导数 $\dot{V}(x_1,x_2,\cdots,x_n)$ 具有一定的符号特性,就可判断未扰运动的稳定性。

9.4　基本定义

1. 定号、常号和变号函数

定义 9.4.1　对于自治系统,假设 $V(x_1,\cdots,x_n)$ 为在域 $\|x\|\leqslant H$ 内定义的实连续函数,$V(0)=0$,其中 $\|x\|=(\sum_{i=1}^{n}x_i^2)^{1/2}$。如果在此域内恒有 $V(x_1,x_2,\cdots,x_n)\geqslant 0$,则称函数 V 为**常正**的。如果对一切 $\boldsymbol{x}\neq\mathbf{0}$,都有 $V(x_1,\cdots,x_n)$ >0,则称函数 V 为**定正**的。如果函数 $-V$ 是为**常正(或定正)**的,称函数 V 为**常负(或定负)**的。

定义 9.4.2　若函数 $V(x_1,\cdots,x_n)$ 关于所有变量的偏导数存在且连续,则称

$$\frac{dV}{dt}=\sum_{i=1}^{n}\frac{\partial V}{\partial x_i}\frac{dx_i}{dt}$$

为函数 $V(x_1,x_2,\cdots,x_n)$ 的全导数。

定义 9.4.3　函数 $V(x_1,x_2,\cdots,x_n)$ 称为是变号的,如果它既不是定号的,也不是常号的,也就是说,无论 H 多么小,它在区域 $\|x\|\leqslant H$ 内既可取到正值,也可取到负值。

例如：

$V(x_1,x_2,x_2)=x_1^2+x_2^2+x_3^2$是定正的；

$V(x_1,x_2,x_3)=3x_1^2+x_2^2$是常正的；

$V(x_1,x_2,x_3)=x_1^2+4x_2^2-x_3^4$是变号的。

最常见的是把二次型作为李雅普诺夫函数 V,因二次型有成熟的理论和判定准则。二次型可以用矩阵形式来表示：

$$V(x_1,x_2,\cdots x_n)=\sum_{i=1}^{n}\sum_{j=1}^{n}a_{ij}x_ix_j=\boldsymbol{X}^{\mathrm{T}}\boldsymbol{AX}$$

其中，$\boldsymbol{X}$表示 n 行一列的矩阵；$\boldsymbol{X}^{\mathrm{T}}$表示$\boldsymbol{X}$的转置矩阵；$\boldsymbol{A}=(a_{ij})_{n\times n}$且$\boldsymbol{A}^{\mathrm{T}}=\boldsymbol{A}$，二次型的定号性与矩阵$\boldsymbol{A}$的定号性一致，即二次型$V$正定（负定，常号），当且仅当$\boldsymbol{A}$正定（负定，常号），这里的二次型为实二次型。

定理 9.4.1 对实二次型$V(x_1,\cdots,x_n)=\boldsymbol{X}^{\mathrm{T}}\boldsymbol{AX}$，其中$\boldsymbol{A}$是实对称的，下列条件等价：

（1）$V(x_1,\cdots,x_n)$是正定的；

（2）存在一个非奇异矩阵$\boldsymbol{C}$，使得$\boldsymbol{C}^{\mathrm{T}}\boldsymbol{C}=\boldsymbol{A}$，即$\boldsymbol{A}$与单位矩阵合同；

（3）$\boldsymbol{A}$的特征值都大于零；

（4）行列式$|\boldsymbol{A}|$的所有顺序主子式P_i大于零，$\boldsymbol{A}$是定正矩阵。

其中，$P_i=\begin{vmatrix}a_1\cdots a_{1i}\\ \vdots \quad \vdots\\ a_{i1}\cdots a_{ii}\end{vmatrix}$ $(i=1,2,\cdots,n)$，称为矩阵$\boldsymbol{A}=(a_{ij})_{n\times n}$的顺序主子式。

二次型$V(x_1,x_2,\cdots,x_n)$是常正的，当且仅当$\boldsymbol{A}$是常正的，常正的也称为半正定。

定理 9.4.2 对实二次型$V(x_1,\cdots,x_n)=\boldsymbol{X}^{\mathrm{T}}\boldsymbol{AX}$，其中$\boldsymbol{A}$是实对称的，下列条件等价：

（1）$V(x_1,\cdots,x_n)$是半正定的；

（2）有可逆实矩阵$\boldsymbol{C}$，使$\boldsymbol{C'AC}=\begin{pmatrix}d_1&&&\\&d_2&&\\&&0&\\&&&d_n\end{pmatrix}$，其中$d_i\geqslant 0,i=1,2,\cdots,n$；

（3）$\boldsymbol{A}$的特征值大于或等于零；

（4）$\boldsymbol{A}$的所有主子式或皆大于或等于零；

（5）$\boldsymbol{A}$为半正定矩阵。

其中，主子式为行指标与列指标相同的子式。不难得出负定与半负定的条件，因为$V(x_1,\cdots,x_n)$是正定（半正定）时，$-V(x_1,x_2,\cdots,x_n)$就是负定（半负定）的。

2. 含时间 t 的函数 $V(t,x_1,x_2,\cdots,x_n)$

对于非自治系统，考虑形如$V(t,x_1,\cdots,x_n)$的李雅普诺夫函数。

定义 9.4.4 在定义域Ω内，对$t>t_0$，有函数$V(t,x_1,x_2,\cdots,x_n)\geqslant 0$（或$V\leqslant 0$），则称函数$V$为常正（或常负）。常正或常负函数称为常号函数。

定义 9.4.5 在定义域Ω内，函数$V(t,x_1,x_2,\cdots,x_n)$显含时间t，但能找到一个与时间无关的

正定函数 $W(x_1, x_2, \cdots, x_n)$，当 $t \geqslant t_0$ 时，使得

$$V \geqslant W（或 -V \geqslant W）$$

则称函数 $V(t, x_1, \cdots, x_n)$ 为正定（负定）的函数。定正或定负函数称为定号函数。

定义 9.4.6　在定义域内，对于任意 $\varepsilon > 0$，存在 $\delta > 0$，当 $\|x\| < \delta$ 时使得

$$|V(t, x)| < \varepsilon$$

成立，则称 V 具有无穷小上界。

对于所有不含时间 t 的 V 函数，由于其连续性，必有无穷小上界。但对于显含时间 t 的 $V(t, x)$ 函数，即使有界，也不一定有无穷小上界。

例 9.2　试证明 $v = t(x_1^2 + x_2^2 + \cdots + x_n^2)$ 为正定的。

证明：取 $w = t_0(x_1^2 + x_2^2 + \cdots + x_n^2)$，其中 $t_0 > 0$，显然 w 为正定的，则当 $t > t_0$ 时

$$V > W$$

因而 V 为正定的。证毕。

例 9.3　$V(t, x) = (x_1 + \cdots + x_n)\sin t$ 具有无穷小上界，

$V(t, x) = \sin[t(x_1 + x_2 + \cdots + x_n)]$ 不具有无穷小上界。

定义 9.4.7　若存在常数 $L > 0$，对一切 $(t, y), (t, z) \in D$，使得 $\|f(t, y) - f(t, z)\| \leqslant L\|y - z\|$ 成立，则称 $f: D \subseteq R \times R^n \to R^n$ 在 D 上满足关于 y 的利普希茨（Lipschitz）条件（或对 y 是利普希茨的）。

9.5　李雅普诺夫运动稳定性定理

1. 考虑非自治系统

设扰动微分方程具有形式

$$\dot{x} = f(t, x_1, \cdots, x_n) = f(t, x) \tag{9.5.1}$$

当 $t \geqslant t_0$ 时，在原点邻域 $\Omega: \|x\| \leqslant H$ 内解存在且唯一。

定理 9.5.1　如果对于扰动运动方程的微分方程（9.5.1），可以找到定号函数 $V(t, x_1, x_2, \cdots, x_n)$，它对于时间 t 的全导数

$$\frac{\mathrm{d}V}{\mathrm{d}t} = \frac{\partial V}{\partial t} + \sum_{i=1}^{n} \frac{\partial V}{\partial x_i} f_i(t, x_1, \cdots, x_n) \tag{9.5.2}$$

是正负号与 V 相反的常号函数，或者恒等零，则式（9.5.1）的未被扰运动（即平凡解 $x_1 = x_2 = \cdots = x_n = 0$）是稳定的。

定理 9.5.2　如果对于扰动微分方程（9.5.1）可以找到定号函数 $V(t, x_1, x_2, \cdots, x_n)$，它对于时间 t 的式（9.5.1）构成的全导数（9.5.2）是与 V 相反的定号函数，且具有无穷小上界，那么未被扰动运动（即平凡解 $x_1 = x_2 = \cdots = x_n = 0$）是渐近稳定的。

定理 9.5.2 比定理 9.5.1 增加两个条件，即 V 须具有无穷小上界和 V 与 $\mathrm{d}V/\mathrm{d}t$ 是异号的定号函数。对自治系统（9.4.1）而言，没有无穷小上界的条件，取 $V(x_1, \cdots, x_n)$ 为定号函数，$\dot{V} = \operatorname{grad} V \cdot f$ 是与 V 为异号的定号函数，即可保证平凡解 $x_1 = \cdots = x_n = 0$ 为渐近稳定。

定理 9.5.3 在原点 Ω 邻域内，若存在一个具有无穷上界的函数 V，它沿解的导数 $\dot{V}=\dfrac{\partial V}{\partial t}+\text{grad}\,V\cdot f$ 是定号函数，同时对任意大的 $t>t_0$，无论 x_i 如何小，总可以使 $\dot{V}$ 与 V 的值同正或同负，则未扰运动即(9.5.1)的平凡解是不稳定的。

定理 9.5.4 切达耶夫不稳定性定理 在定义域 Ω 内若能找到一个函数，它在 $V>0$ 的区域内有界；当 $t\geqslant t_0$ 且无论 $\|x\|$ 多小它都存在，而 V 沿解的全导致 $\dot{V}$ 在 $V>0$ 的域内取正值，则式(9.5.1)的平凡解是不稳定的。

定理 9.5.4 比定理 9.5.3 条件宽松，定理 9.5.3 要求 V 在原点整个邻域内定号，V 具有无穷小上界，定理 9.5.4 只要有 $V>0$ 的区域，在其内有 $V>0$ 及 V 在其内有界即可。

定理 9.5.5 若系统(9.5.1)存在无限大正定函数，它沿解的全导数在整个相空间上，函数 V 是全局负定的，则原点是渐近稳定的。

其中，无限大正定函数是指 $\lim\limits_{\|x\|\to\infty}V=+\infty$。

2. 考虑自治系统

$$\frac{\mathrm{d}x}{\mathrm{d}t}=f(x_1,x_2,\cdots,x_n)=f(x) \tag{9.5.3}$$

其中，函数 f 定义在区域

$$\|x\|\leqslant 0 \tag{9.5.4}$$

Ω 内。假定在上述区域内，函数 $f(x)$ 连续，$f(0,\cdots,0)=0$ 并满足关于变量 $x_1,\cdots,x_n$ 的利普希茨条件，以保证有唯一满足给定初始条件的解存在。

这时 $V(x_1,\cdots,x_n)$ 关于时间的全导数变为

$$\frac{\mathrm{d}V}{\mathrm{d}t}=\sum_{i=1}^{n}\frac{\partial V}{\partial x_i}\frac{\mathrm{d}x_i}{\mathrm{d}t}=\text{grad}\,V\cdot f \tag{9.5.5}$$

其中，$\dfrac{\mathrm{d}V}{\mathrm{d}t}$ 也是 $x_1,x_2,\cdots,x_n$ 的函数，且在 $x_1=\cdots=x_n=0$ 变为零。

定理 9.5.6 稳定性定理 如果对于扰动运动的微分方程(9.5.3)可以找到一个定号函数 $V(x_1,\cdots,x_n)$，它对于时间 t 构成的全导数(9.5.5)是常号函数，且正负号 $V(x_1,\cdots,x_n)$ 相反或恒等于零，则未扰运动是稳定的。

定理 9.5.7 渐近稳定性定理 如果对于扰动运动的微分方程(9.5.3)可以找到一个定号函数 $V(x_1,\cdots,x_n)$，它对于时间 t 的全导数(9.5.5)是与 V 异号的定号函数，则未被扰运动是渐近稳定的。

定理 9.5.8 渐近稳定性扩展定理 对于自治系统(9.5.3)存在定号函数 $V(x_1,\cdots,x_n)$，使其对于解的全导数 $\dfrac{\mathrm{d}V}{\mathrm{d}t}\leqslant 0$ 并且 $\dot{V}=0$，除原点外不含系统(9.5.3)的整条轨线，则系统(9.5.3)的未被扰运动在李雅普诺夫意义下是渐近稳定的。

定理 9.5.9 全局稳定性定理 如果存在正定性的具有无限大性质的函数 $V(x_1,\cdots,x_n)$，它关于 t 的由系统(9.5.3)构成的全导数

$$\frac{\mathrm{d}V}{\mathrm{d}t}=\sum_{i=1}^{n}\frac{\partial V}{\partial x_i}f_i$$

在相空间是负定的，则系统（9.5.3）的未扰运动是全局稳定的。其中，函数 $V(x_1,\cdots,x_n)$ 若对于任何 $A>0$，存在这样的 $R>0$，使在球 $\sum_{i=1}^{n}x_i^2=R^2$ 之外不等式 $V(x_1,\cdots,x_n)>A$ 成立。

定理 9.5.10　全局稳定性扩展定理　如果对于系统（9.5.3）存在正定的，具有无限大性质的函数 $V(x_1,\cdots,x_n)$，使得

$$\frac{\mathrm{d}V}{\mathrm{d}t}=\sum_{i=1}^{n}\frac{\partial V}{\partial x_i}f_i\leqslant 0$$

且在集合 $\dot{V}=0$ 上除平凡解 $f(0,\cdots,0)$，不包含系统（9.5.3）的整条轨线，则系统（9.5.3）的零解是全局稳定的。

定理 9.5.11　运动的不稳定性定理　如果对于扰动运动的微分方程（9.5.3），可以找到函数 $V(x_1,x_2,\cdots,x_n)$，它对于时间 t 由方程（9.5.3）构成的全导数 $\frac{\mathrm{d}V}{\mathrm{d}t}=\mathrm{grad}V\cdot f$ 是定号的函数，而函数 V 本身不是与 $\mathrm{d}V/\mathrm{d}t$ 的正负号相反的常号函数，则系统（9.5.3）的未被扰运动是不稳定的。

定理 9.5.12　切达耶夫不稳定性定理　如果对于运动微分方程（9.5.3），可找到这样的函数 $V(x_1,\cdots,x_n)$，使得

（1）在坐标原点的任意小邻域内存在有 $V>0$ 的区域，在它的边界上有 $V=0$；

（2）在区域 $V>0$ 的所有点，全导数 $\frac{\mathrm{d}V}{\mathrm{d}t}$ 取正值，则方程（9.5.3）的未被扰运动是不稳定的。

可以看出，自治系统的稳定性定理是非自治系统稳定性定理的直接推论。这些定理的证明过程在关于运动的稳定性的专著上都可以找到。

例 9.4　研究

$$\begin{cases}\dot{x}_1=5x_1+x_2+x_1^2\\ \dot{x}_2=x_1-x_2+x_1x_2\end{cases}$$

的原点稳定性。

解： 根据定理 9.5.12 取 $V=x_1x_2$ 在相平面第一象限内为 $V>0$ 的区域，$x_1=0,x_2=0$ 为边界，则

$$\dot{V}=\dot{x}_1x_2+\dot{x}_2x_1=x_1^2+x_2^2+4x_1x_2+2x_1^2x_2$$

显然在 $V>0$ 的区域及其边界上都有 $\dot{V}>0$，故原点不稳定。

例 9.5　研究

$$\begin{cases}\dot{x}_1=x_2-x_1^3\\ \dot{x}_2=-x_1-x_2^3\end{cases}$$

的原点稳定性。

解： 取 $V=x_1^2+x_2^2$ 在全平面上正定，则

$$\dot{V}=2x_1\dot{x}_1+2x_2\dot{x}_2=-2(x_1^4+x_2^4)$$

所以原点全局渐近稳定。

例 9.6　研究

$$\begin{cases}\dot{x}_1=x_2\\ \dot{x}_2=-x_2-x_1\end{cases}$$

的原点稳定性。

解:取 $V = x_1^2 + x_2^2$ 为正定函数,则

$$\dot{V} = 2x_2\dot{x}_2 + 2x_1\dot{x}_1 = -2x_1^2$$

为常负函数,所以原点是稳定的。

9.6 李雅普诺夫函数的构造

对于自治的线性系统,构造李雅普诺夫函数的方法早已由李雅普诺夫本人指出。然而,对于非线性系统而言,并没有一般的方法。

对于特殊类型的非线性系统的李雅普诺夫函数,很多都是按照对线性系统的李雅普诺夫函数类似地作出。这种方法成为解决稳定性最有效的方法之一。

对同一个问题可以构造许多不同的李雅普诺夫函数,用不同的李雅普诺夫函数不会得出相反的结论。若原问题是稳定的,不会因 V 函数不同而得出相反的结论,但若原问题是渐近稳定的,选取不同的 V 函数,可以得到原点是稳定的或渐近稳定的结果,且吸引域大小可能不同。遗憾的是不存在一般的构造方法。

对于自治的线性系统,其稳定性问题早已解决,并不需用李雅普诺夫第二种方法,但作出其李雅普诺夫函数,再经过一些变动,可以得到很大一类非线性方程的合适的李雅普诺夫函数。

1. 类比法

对一个带有非线性项的系统,首先找出其相应的线性系统的李雅普诺夫函数 $V(x)$,然后对非线性系统选取类似的李雅普诺夫函数。

例 9.7 研究方程

$$\ddot{x} + \psi(x)\dot{x} + f(x) = 0 \tag{9.6.1}$$

这个方程等价于下列一阶微分方程组

$$\begin{cases} \dot{x} = y \\ \dot{y} = -f(x) - \psi(x)y \end{cases} \tag{9.6.2}$$

其对应的线性系统为

$$\begin{cases} \dot{x} = y \\ \dot{y} = -bx - ay \end{cases} \tag{9.6.3}$$

对系统(9.6.3)而言,作出其李雅普诺夫函数

$$V = \frac{y^2}{2} + b\frac{x^2}{2}$$

$$\dot{V} = -ay^2$$

为得到系统(9.6.2)的李雅普诺夫函数,仔细观察 V 中不包含参数 a,因此 $f(x)$ 不影响相应非线性系统李雅普诺夫函数的形式,但须找出 V 中表达式的 bx^2 相应的在非线性系统中的类似项,为此考虑其物理意义,从力学观点来看,bx(或 $f(x)$)表示恢复力,而 $\frac{1}{2}bx^2$(即 $\int_0^x f(x)\mathrm{d}x$)

则对应于位能，因此自然也可以取函数

$$V=\frac{1}{2}y^2+\int_0^x f(x_1)\mathrm{d}x_1 \tag{9.6.4}$$

作为系统（9.6.2）的李雅普诺夫函数，其相应的全导数为

$$\dot{V}=-\psi(x)y^2$$

方程（9.6.1）平凡解全局稳定性条件为

（1）$f(x)x>0$，当$x\neq 0$时；

（2）$\psi(x)>0$；

（3）$\int_0^x f(x)\mathrm{d}x\to\infty$，当$(x)\to\infty$时。

容易验证，集合$\dot{V}=0$（即直线$y=0$）不包含除坐标原点以外的整条轨线。

例 9.8 研究系统

$$\begin{cases}\dot{x}=f(x)+by \qquad f(0)=0\\ \dot{y}=cx+dy\end{cases} \tag{9.6.5}$$

其相应的线性系统为

$$\begin{cases}\dot{x}=ax+by\\ \dot{y}=cx+dy\end{cases} \tag{9.6.6}$$

存在负的特征根条件为

$$(a+d)<0, ad-bc>0 \tag{9.6.7}$$

取$V=(dx-by)^2+(ad-bc)x^2$作为李雅普诺夫函数，其相应的全导数为

$$\dot{V}=-2(a+b)(bc-ad)x^2$$

条件（9.6.7）保证了V的正定性与$\dot{V}$的常负性。

为找出非线性系统（9.6.5）的李雅普诺夫函数，需找出相应的类似项，由于$f(x)$代替了ax的位置。V中$ax^2(=2\int_0^x ax_1\mathrm{d}x_1)$的位置类似的应由$2\int_0^x f(x_1)\mathrm{d}x_1$来代替。因此取

$$V=(dx-by)^2+2d\int_0^x f(x_1)\mathrm{d}x_1-bcx^2$$

作为系统（9.6.5）的李雅普诺夫函数。其相应的全导数为

$$\dot{V}=-2(\frac{f(x)}{x}+d)(bc-\frac{f(x)}{x}d)x^2$$

因为$V=(dx-by)^2+2\int_0^x(df(x_1)-bcx_1)\mathrm{d}x_1$，那么函数$V$的定号性条件为

（1）$\frac{\mathrm{d}f(x)}{x}-bc>0$，当$x\neq 0$时；

（2）$\frac{f(x)}{x}+d<0$，当$x\neq 0$时。

保证了$\mathrm{d}V/\mathrm{d}t$的常负性，$\mathrm{d}V/\mathrm{d}t=0$（即$x=0$）除原点外不包含整条轨线。如果另有条件

（3）$\int_0^x[d\cdot f(x_1)-bcx_1]\,\mathrm{d}x_1\to\infty, |x|\to\infty$时，

则条件a,b,c保证了系统零解的全局稳定性

2. 变量分离法

例 9.9 研究方程

$$\ddot{x}+\varphi(\dot{x})+g(\dot{x})f(x)=0 \tag{9.6.8}$$

其等价系统为

$$\begin{cases}\dot{x}=y\\ \dot{y}=-g(y)f(x)-\varphi(y)\end{cases} \tag{9.6.9}$$

为了作出李雅普诺夫函数，利用变量分离法，寻找形如

$$V=F(x)+\varphi(y)$$

的函数 V，其相应的全导数为

$$\dot{V}=F'(x)\cdot y-\varphi'(y)[g(y)f(x)+\varphi(y)]$$

现要求 $\dot{V}$ 与 V 同样具有分离变量的结构，即要求

$$F'(x)\cdot y-\varphi'(y)g(y)\cdot f(x)=0$$

即 $\dfrac{F'(x)}{f(x)}=\dfrac{\varphi'(y)\cdot g(y)}{y}=$ 常量，让常量等于 1，立即得到

$$F(x)=\int_0^x f(x)\mathrm{d}x,\varphi(y)=\int_0^y \frac{y}{g(y)}\mathrm{d}y$$

即有 $V=\int_0^x f(x)\mathrm{d}x+\int_0^y \dfrac{y}{g(y)}\mathrm{d}y$，故系统（9.6.8）的全局稳定条件为

（1）$f(x)x>0$，当$x\neq 0$时；

（2）$g(y)>0$，当$y\neq 0$时；

（3）$\varphi(y)y>0$，当$y\neq 0$时；

（4）$\int_0^x f(x)\mathrm{d}x\to\infty$，当$|x|\to\infty$时；

（5）$\int_0^y \dfrac{y}{g(y)}\mathrm{d}y\to\infty$，当$|y|\to\infty$时。

3. 非线性自治系统的积分方法

考虑系统

$$\frac{\mathrm{d}^n x}{\mathrm{d}t}+g(x,\dot{x},\cdots,\frac{\mathrm{d}^{n-1}x}{\mathrm{d}x^{n-1}})=0 \tag{9.6.10}$$

其等价系统为

$$\begin{cases}\dot{x}_1=x_2\\ \dot{x}_2=x_3\\ \cdots\\ \dot{x}_{n-1}=x_n\\ \dot{x}_n=-g(x_1,\cdots,x_n)\end{cases} \tag{9.6.11}$$

积分步骤如下。

（1）

$$\frac{\partial H}{\partial x_1}=h_1(x_1,\cdots,x_n)$$

$$\frac{\partial H}{\partial x_2}=h_2(x_1,\cdots,x_n)$$

$$\cdots$$

$$\frac{\partial H}{\partial x_{n-2}}=h_{n-2}(x_1,\cdots,x_n)$$

$$\frac{\partial H}{\partial x_{n-1}}=g(x_1,\cdots,x_n)$$

$$\frac{\partial H}{\partial x_n}=x_n+h_n(x_1,\cdots,x_n)$$

这里

$$h_i=\int\frac{\partial}{\partial x_i}g(x_1,\cdots,x_{n-1},x_n)\mathrm{d}x_{n-1}$$

（2）

$$\begin{cases}\dfrac{\partial V}{\partial x_1}=\dfrac{\partial H}{\partial x_1}+f_1\\ \dfrac{\partial V}{\partial x_2}=\dfrac{\partial H}{\partial x_2}+f_2\\ \cdots\\ \dfrac{\partial V}{\partial x_n}=\dfrac{\partial H}{\partial x_n}+f_n\end{cases}\tag{9.6.12}$$

其中，f_i是未确定函数，满足$\dfrac{\partial f_i}{\partial x_j}=\dfrac{\partial f_j}{\partial x_i}$。

（3）

$$\frac{\mathrm{d}V}{\mathrm{d}t}=\frac{\partial V}{\partial x_1}\frac{\mathrm{d}x_1}{\mathrm{d}t}+\cdots+\frac{\partial V}{\partial x_n}\frac{\mathrm{d}x_n}{\mathrm{d}t}=x_2\frac{\partial V}{\partial x_1}+\cdots+[-g(x_1,\cdots,x_n)\frac{\partial V}{\partial x_n}]$$

使$\dfrac{\mathrm{d}V}{\mathrm{d}t}$负定或者半负定，求确定$f_1,\cdots,f_n$。

（4）由方程（9.6.12）的线积分来确定 V，即

$$V=\int_0^{x_1}\frac{\partial V}{\partial x_1}(x_1,0,\cdots,0)\mathrm{d}x_1+\int_0^{x_2}\frac{\partial V}{\partial x_2}(x_1,x_2,0,\cdots,0)\mathrm{d}x_2+\int_0^{x_n}\frac{\partial V}{\partial x_n}(x_1,\cdots,x_n)\mathrm{d}x_n$$

例 9.10　考虑

$$\begin{cases}\dot{x}_1=x_2\\ \dot{x}_2=x_3\\ \dot{x}_3=-3x_1^2x_3-2x_2-6x_1x_2^2-x_1^3\end{cases}\tag{9.6.13}$$

(1)

$$\frac{\partial H}{\partial x_1}=\int\frac{\partial}{\partial x_1}g(x_1,x_2,x_3)\mathrm{d}x_2=\int(6x_1x_3+6x_2^2+3x_1^2)\mathrm{d}x_2$$
$$=6x_1x_2x_3+2x_2^3+3x_1^2x_2$$
$$\frac{\partial H}{\partial x_2}=3x_1^2x_3+2x_2+6x_1x_2^2+x_1^3$$
$$\frac{\partial H}{\partial x_3}=x_3+\int\frac{\partial}{\partial x_3}g(x_1,x_2,x_3)\mathrm{d}x_2=x_3+3x_1^2x_2$$

(2)

$$\frac{\partial V}{\partial x_1}=6x_1x_2x_3+2x_1^3+3x_1^2x_2+f_1$$
$$\frac{\partial V}{\partial x_2}=3x_1^2x_3+2x_2+6x_1x_2^2+x_1^3+f_2$$
$$\frac{\partial V}{\partial x_3}=x_3+3x_1^2x_2+f_3$$

(3)

$$\frac{\partial V}{\partial t}=\frac{\partial V}{\partial x_1}\cdot\frac{\mathrm{d}x_1}{\mathrm{d}t}+\frac{\partial V}{\partial x_2}\cdot\frac{\mathrm{d}x}{\mathrm{d}t}+\frac{\partial V}{\partial x_3}\cdot\frac{\mathrm{d}x_3}{\mathrm{d}t}$$
$$=(6x_1x_2^2-9x_1^4x_2)x_3+(2x_1^3-18x_1^3x_2-3x_1^5)x_2-$$
$$3x_1^2x_2^2+x_2f_1+x_3f_2-f_3(3x_1^2x_3+2x_2+6x_1x_2^2+x_1^3)$$

如果取

$$f_1=-2x_1^3+18x_1^3x_2+3x_1^5$$
$$f_2=-6x_1x_2^2+9x_1^4x_2$$
$$f_3=0$$

则 $\dot V=-3x_1^2x_2^2$ 是常负的。

(4)

$$V=\int_0^{x_1}\frac{\partial V}{\partial x_1}(x_1,0,0)\mathrm{d}x_1+\int_0^{x_2}\frac{\partial V}{\partial x_2}(x_1,x_2,0)\mathrm{d}x_2+\int_0^{x_1}\frac{\partial V}{\partial x_3}(x_1,x_2,x_3)\mathrm{d}x_3$$
$$=\frac{1}{2}(x_3+3x_1^2x_2)^2+\frac{1}{4}x_1^6$$

这是全局正定的李雅普诺夫函数,故系统(9.6.13)的零解全局渐近稳定。

9.7 一阶线性常微分方程组的稳定性

常系数微分方程组是最重要的一类常微分方程,可以通过初等函数表示其解答。大量的工程实际问题可以近似地用线性系统理论来研究设计。

1. 一般理论

考虑常系数线性微分方程组

$$\frac{\mathrm{d}x_i}{\mathrm{d}t}=a_{i1}x_1+a_{i2}x_2+\cdots+a_{in}x_n \quad i=1,2,\cdots,n \tag{9.7.1}$$

其矩阵形式为

$$\dot{\boldsymbol{X}}=\boldsymbol{AX} \tag{9.7.2}$$

其中，$\boldsymbol{X}=(x_1,\cdots,x_n)^{\mathrm{T}}$ 为 n 维矢量，$\boldsymbol{A}$ 为 $(a_{ij})_{n\times n}$ 矩阵，方程组解的形式可设为

$$\boldsymbol{X}=\boldsymbol{b}\cdot \mathrm{e}^{\lambda t} \tag{9.7.3}$$

其中，$\boldsymbol{b}=(b_1,b_2,\cdots,b_n)^{\mathrm{T}}$ 为 n 维矢量，代入式（9.7.2）得

$$(\boldsymbol{A}-\lambda\boldsymbol{I})\boldsymbol{b}=0 \tag{9.7.4}$$

式（9.7.4）具有非零解的条件是 b 的系数行列式为零，即

$$D(\lambda)=|\boldsymbol{A}-\lambda\boldsymbol{I}|=0 \tag{9.7.5}$$

$D(\lambda)$ 称为特征行列式，行列式展开后得相应的特征方程为

$$f(\lambda)=\lambda^n+a_1\lambda^{n-1}+\cdots+a_{n-1}\lambda+a_n=0 \tag{9.7.6}$$

λ 为特征方程的特征根。它们的重数分别为 $n_1,n_2,\cdots,n_m$，称为对应特征值的代数重数。

选取非奇异矩阵 $\boldsymbol{P}$ 作线性变换

$$\boldsymbol{X}=\boldsymbol{PY} \tag{9.7.7}$$

代入式（9.7.2）得

$$\boldsymbol{P\dot{Y}}=\boldsymbol{APY}$$

即

$$\dot{\boldsymbol{Y}}=\boldsymbol{P}^{-1}\boldsymbol{APY}=\boldsymbol{JY} \tag{9.7.8}$$

其中，$\boldsymbol{J}=\boldsymbol{P}^{-1}\boldsymbol{AP}$ 与 $\boldsymbol{A}$ 相似，具有相同的特征根及重数。不妨设 $\boldsymbol{J}$ 为约当型矩阵，即

$$\boldsymbol{J}=\begin{bmatrix} J_1 & 0 & \cdots & 0 \\ 0 & J_2 & \cdots & 0 \\ \vdots & \vdots & \ddots & \vdots \\ 0 & 0 & \vdots & J_m \end{bmatrix}$$

是对角型分块矩阵，非对角线上的元素为零，对角线上共 m 个非零子阵，每个子阵也是 $n_i\times n_i\ (i=1,2,\cdots,m)$ 阶的对角型分块子阵，即

$$\boldsymbol{J}_i=\begin{bmatrix} J_{i1} & & & \\ & J_{i2} & & \\ & & \ddots & \\ & & & J_{i\alpha_i} \end{bmatrix} \quad (\alpha_i\leqslant n_i, i=1,2,\cdots,m)$$

其中子阵

$$\boldsymbol{J}_{iK}=\begin{bmatrix} \lambda_i & 1 & 0 & \cdots & 0 \\ 0 & \lambda_i & 1 & 0 & 0 \\ 0 & 0 & \lambda_i & \cdots & 0 \\ 0 & 0 & 0 & \ddots & 1 \\ 0 & 0 & 0 & \cdots & \lambda_i \end{bmatrix} \quad (K=1,2,\cdots,\alpha_i)$$

称为对应于特征根的若当块，有 $n_{i1}+n_{i2}+\cdots+n_{i\alpha_i}=n_i$，特征值 λ_i 共有 α_i 个若当块；$1\leqslant\alpha_i\leqslant n_i$，$\alpha_i$ 称几何重数，若 $\alpha_i=n_i$，即为对角阵；代数重数与几何重数相同。

2. 稳定性分析

（1）当 $\boldsymbol{A}$ 有 n 个互异单根时，$\boldsymbol{J}$ 为对角阵，几何重数与代数重数均为 1，则解的形式为

$$y_i = c_i e^{\lambda_i t} \tag{9.7.9}$$

此时若 λ_i 具有正实部，无论 c_i 为何值，当 $t \to \infty$ 时 $|y_i| \to \infty$，平凡解是不稳定的。若所有特征值具有负实部，无论 c_i 为何值，当 $t \to \infty$ 时 $|y_i| \to 0$，平凡解是渐近稳定的。

（2）当 $\boldsymbol{A}$ 有重特征根时，且代数重数等于几何重数，$\boldsymbol{J}$ 仍为对角型矩阵，解的形式同式（9.7.9），稳定性分析结果同上，若几何重数小于代数重数，这时方程的形式为

$$y_i = f_i(t) \cdot e^{\lambda_i t} \tag{9.7.10}$$

式中，$f_i(t)$ 为时间 t 的多项式，多项式的次数小于几何重数。由于指数函数的增大速度大于幂函数，故在特征值实部不为零时，稳定性分析结果同上。若有零实部特征值，此时因 $f_i(t)$ 为时间 t 的多项式，故 $t \to \infty$ 时 $|y_i|$ 必有趋向于无穷的子列，所以系统平凡解（零解）不稳定。

又由于所做的变换是线性变换，所以式（9.7.1）和式（9.7.8）解的稳定性是等价的。

据以上讨论，总结如下。

（1）若 $\boldsymbol{A}$ 的所有特征根都具有负实部（负实根或负实部的复根），则方程（9.7.1）的零解是渐近稳定的。

$$\lim_{t\to\infty} x_i(t) = 0 \quad (i = 1, \cdots, n)$$

（2）若特征根中至少有一个根有正实部（即正实根或有正实部的复根），则方程（9.7.1）的零解是不稳定的。

（3）若没有带正实部的根，但有实部为零的单根（零根或一对纯虚根），则系统的零解是稳定的，但不渐近稳定。

（4）若没有带正实部的根，但有多重零根或多重纯虚根，此时若每个重根的代数重数与几何重数相等，则零解为稳定，若至少有一个重根的几何重数小于代数重数，则系统零解为不稳定。

3. 霍尔维茨判据

由于特征根实部的符号在稳定性问题中有关键性的作用，这里列出 Routh-Hurwitz 判据或称 Hurwitz（霍尔维茨）判据。它给出特征方程的根有负实部的充分必要条件。

系统（9.7.1）零解的稳定性问题，可以归结为特征方程（9.7.6）

$$f(\lambda) = a_0\lambda^n + a_1\lambda^{n-1} + \cdots + a_{n-1}\lambda + a_n = 0 \quad (a_0 = 1)$$

的根的性质的研究。

$$\Delta_1 = a_1, \Delta_2 = \begin{vmatrix} a_1 & 1 \\ a_3 & a_2 \end{vmatrix}, \Delta_3 = \begin{vmatrix} a_1 & 1 & 0 \\ a_3 & a_2 & a_1 \\ a_5 & a_4 & a_3 \end{vmatrix}, \cdots, \Delta_n = a_n \Delta_{n-1}$$

特征方程（9.7.6）的所有根都具有负实部，其充要条件是不等式

$$\Delta_k > 0 \quad k = 1, 2, \cdots, n \tag{9.7.11}$$

成立。最后的 $\Delta_n > 0$，可用条件 $a_n > 0$ 代替。

这个论断称为霍尔维茨定理，条件称为霍尔维茨条件，可以看出所有根具有负实部的必要

条件是 $a_i > 0(i=1,\cdots,n)$，若有其中一个系数是 0 或负数，则不再计算行列式的值。

霍尔维茨条件有一个等价条件，即

$$\Delta_k > 0, k=1,\cdots,n \Leftrightarrow a_i > 0, i=1,\cdots,n \text{且} \Delta_{n-3} > 0, \Delta_{n-5} > 0 \cdots$$

另有一个充分条件，即

$$\Delta_k > 0, k=1,\cdots,n \Leftarrow a_i a_{i+1} \geqslant 3a_{i-1}a_{i+2}$$

例 9.11　对于二阶方程

$$\lambda^2 + a_1\lambda + a_2 = 0$$

霍尔维茨条件为 $a_1 > 0, \begin{vmatrix} a_1 & 1 \\ 0 & a_2 \end{vmatrix} > 0$ 或 $a_1 > 0, a_2 > 0$

例 9.12　对于三阶方程

$$\lambda^3 + a_1\lambda^2 + a_2\lambda + a_3 = 0$$

霍尔维茨条件为

$$a_1 > 0, \begin{vmatrix} a_1 & 1 \\ a_3 & a_2 \end{vmatrix} > 0, \begin{vmatrix} a_1 & 1 & 0 \\ a_3 & a_2 & a_1 \\ 0 & 0 & a_3 \end{vmatrix} = a_3(a_1a_2 - a_3) > 0$$

即 $a_1 > 0, a_3 > 0, a_1a_2 > a_3$。

9.8　李雅普诺夫第一运动稳定性理论

设系统的扰动运动微分方程为

$$\dot{x}_i = f_i(x_1,\cdots,x_n) \quad i=1,2,\cdots,n \tag{9.8.1}$$

$f_i(0)=0, f_i(x_1,\cdots,x_n)$ 为 x_i 的非线性函数。将 f_i 在原点 $x_i = 0(i=1,\cdots,n)$ 附近展开成泰勒级数

$$f_i(x) = a_{i1}x_1 + \cdots + a_{in}x_n + \sum_{(\sum m_i \geqslant 2)} p_i^{(m_1,\cdots,m_n)} x_1^{m_1} \cdots x_n^{m_n} \tag{9.8.2}$$

简写为

$$f_i(x) = \sum_{j=1}^{n} a_{ij}x_j + X_i[x_1,\cdots,x_n]$$

如果略去高次项，微分方程（9.8.2）可写为

$$\dot{x}_i = \sum_{j=1}^{n} a_{ij}x_j \tag{9.8.3}$$

式（9.8.3）称为微分方程（9.8.1）的一次近似方程。问题是在什么情况下能够根据一次近似方程决定系统（9.8.1）原点的稳定性，什么情况下不能根据它决定原点的稳定性。李雅普诺夫证明了以下定理。

定理 9.8.1　如果一次近似式（9.8.3）的所有特征根都具有负实部，则原非线性系统的原点是渐近稳定的，而与高次项无关。

定理 9.8.2　如果一次近似式（9.8.3）至少有一个特征根具有正实部，则原非线性系统的原点是不稳定的，而与高次项无关。

定理 9.8.3 如果一次近似式有实部为零的特征根,而其余的特征根实部为负,则原非线性系统原点的稳定性取决于高次项,即原点可能稳定,也可能不稳定,称此为临界情况。

对于定理 9.8.1,设一次近似式(9.8.3)原点为渐近稳定,根据定理 9.8.2,可以构成一个二次正定型函数 $V(x_1,\cdots,x_n)$,使其沿式(9.8.3)的积分曲线所成的导数为

$$\dot{V}=\sum_{i=1}^{n}\frac{\partial V}{\partial x_i}\dot{x}_i=\sum_{i=1}^{n}\frac{\partial V}{\partial x_i}(a_{i1}x_1+\cdots a_{in}x_n)=w$$

其中,w 为负定的二次型函数。

正定函数沿式(9.8.1)的积分曲线的导数为

$$\begin{aligned}\dot{V}&=\sum_{i=1}^{n}\frac{\partial V}{\partial x_i}\dot{x}_i=\sum_{i=1}^{n}\frac{\partial V}{\partial x_i}(a_{i1}x_1+\cdots+a_{in}x_n+X_i)\\&=\sum_{i=1}^{n}\frac{\partial V}{\partial x_i}(a_{i1}x_1+\cdots+a_{in}x_n+\sum_{i=1}^{n}\frac{\partial V}{\partial x_i}X_i)\\&=w+\sum_{i=1}^{n}\frac{\partial V}{\partial x_i}X_i\end{aligned}$$

右端第二项为不低于三次方的函数,所以在原点充分小邻域里 $\dot{V}$ 与 w 符号相同,即 $\dot{V}$ 负定。因此,原系统(9.8.1)原点为渐近稳定的。

第 3 篇

现代非线性动力系统理论

第 10 章　动力系统理论概述

动力系统是牛顿微分方程所描述的力学系统概念的推广，是研究分岔与混沌的重要数学基础。动力系统理论[13-17]起源于19世纪末对动力学行为中常微分方程的定性研究。到了20世纪60年代，随着微分几何和微分拓扑理论的发展，动力系统理论取得了重大的进展，在物理、化学、生态学、经济学、控制理论、数值计算等各个领域都得到了广泛的应用，成为当代最活跃的数学分支之一。

10.1　基本概念

在介绍动力系统理论以前，先给出几个基本概念的定义。需要指出的是，有些概念在前几章中已提到过，而本节所给出的定义则是前文中定义的深化和扩展，读者可自行比较。

定义 10.1.1　设 M、N 为 Banach 空间，若 $f: U \to V$ 为 C^0 映射（即双边单值的连续映射），其中 U、V 为开集，$U \subset M$、$V \subset N$；其逆映射 f^{-1} 存在且连续，则称 f 是 U 到 V 上的一个**同胚**。特别地，若 f、f^{-1} 均为 C^k 映射（即经过 k 次微分后仍连续的映射），则称 f 是 U 到 V 上的一个 **C^k 同胚**，也称 **k 阶微分同胚**。

定义 10.1.2　设 $E \subset R^n$ 为开集，$\varphi: R \times E \to E$ 为映射，$\varphi = \varphi_t(x)$，其中 $t \in R$、$x \in E$。若 φ 满足

（1）$\varphi_0 = I$，

（2）$\varphi_s \varphi_t = \varphi_{s+t}$，$s$、$t \in R$，

则称 φ 或 $\{\varphi_t | t \in R\}$ 为 E 上的**动力系统**或**流**。对流 φ_t 来说，$f(x) = \left.\dfrac{\mathrm{d}\varphi_t(x)}{\mathrm{d}t}\right|_{t=0} = \lim\limits_{\Delta t \to 0} \dfrac{\varphi_{\Delta t}(x) - \varphi_0(x)}{\Delta t}$ 称为流 φ_t 所对应的**向量场**。

由于以上两条性质是群的性质，故流 $\{\varphi_t | t \in R\}$ 为 E 上的单参数变换群，t 为参数。

根据 φ 的性质不同，可对动力系统进行分类。

（1）若 $\varphi: R \times E \to E$ 为 C^0 映射，则称为**连续动力系统**。

（2）若 $\varphi: R \times E \to E$ 为 C^k 映射（$k \geqslant 1$），则称为 k 阶**微分动力系统**。

（3）若 $\varphi = \varphi_k(x)$，其中 $k \in \mathbf{Z}$（$\mathbf{Z}$ 为整数集），则称为**离散动力系统**。

（4）若 t、$s \geqslant 0$，则称为**半动力系统**。

（5）由于对于任意给定的 t，φ_t 都有其逆映射 φ_t^{-1}，且 φ_t^{-1} 也是 C^0 的（或 C^k 的），故 φ_t 是一个同胚（或微分同胚）。

定义 10.1.3　对于固定的 $x \in E \subset R^n$，集 $\{\varphi_t(x) | t \in R\}$ 称为流 φ_t 过点 x 的**轨线**或**轨道**。特

别的,集$\{\varphi_t(x)|t\geqslant 0,t\in R\}$称为流$\varphi_t$过点$x$的**正半轨线**,$\{\varphi_t(x)|t\leqslant 0,t\in R\}$称为流$\varphi_t$过点$x$的**负半轨线**。

定义 10.1.4 若点$p\in E$对任意$t\in R$满足$\varphi_t(p)=p$,则称p为流φ_t的**平衡点**。对于流φ_t所对应的向量场$f(x)$,显然有$f(p)=0$,故p称为向量场$f(x)$的**零点**。若点$q\in E$对某个$T>0$满足$\varphi_T(q)=q$,则称q为流φ_t的**周期点**。显然,平衡点是周期点的特例。T值中的最小值称为**最小正周期**,简称为**周期**,流φ_t过周期点q的轨线,称为流φ_t的**闭轨**或**周期轨线**。

定义 10.1.5 对流φ_t来说,若点集F满足 $\varphi_t(x)\in F$,$x\in F$,$t\in R$,则称F为流φ_t的**不变集**。若其中$t>0$(或$t<0$),则称F为流φ_t的**正不变集**(或**负不变集**)。

关于不变集有如下定理。

定理 10.1.1

(1)任一整轨线均为一不变集,正(或负)半轨线是正(或负)不变集。

(2)任一不变集都是由一些整轨线组成,正(或负)不变集都是由一些正(或负)半轨线组成。

定义 10.1.6 设对点$p\in E$的任何邻域U和任意大的$T>0$,存在$t>T$,使得$U\cap\varphi_t(U)\neq\varnothing$,其中$\varphi_t(U)=\{x|x=\varphi_t(y),y\in U\}$,则称$p$为流$\varphi_t$的一个**非游荡点**。$\varphi_t$的全体非游荡点的集合称为**非游荡集**,记作$\Omega(\varphi)$。若$q\in E\setminus\Omega(\varphi)$,则称$q$为流$\varphi_t$的一个**游荡点**。

定义 10.1.7 在过点x的轨线r上,若存在点列$\{\varphi_{t_n}(x)\}$,使得当$n\to\infty$时,$t_n\to+\infty$(或$-\infty$),且$\varphi_{t_n}(x)\to p$,则称p为过点x的轨线r的一个ω**极限点**(或α**极限点**)。过点x的轨线r的全体ω极限点(或α极限点)的集合称为ω**极限集**(或α**极限集**),记为$\omega(x)$(或$\alpha(x)$)。

有了ω极限集和α极限集的定义后,我们很容易得到以下结论。

(1)若轨线$r=\varphi_t(x_0)$是平衡点,即$\varphi_t(x_0)=x_0$,则x_0是过点x_0的轨线r的ω极限点,也是α极限点。

(2)闭轨线$\varphi_t(x_0)$上的任一点均为该轨线的ω极限点和α极限点,故闭轨线是它自身的ω极限集和α极限集。

(3)若x_0是一个渐近稳定平衡点,则它是一切当$t\to\infty$时趋于它的轨线的ω极限点。

(4)稳定的极限环是一切当$t\to\infty$时,渐近地趋于它的轨线的ω极限集。不稳定的极限环是一切当$t\to-\infty$时,渐近地趋于它的轨线的α极限集。

下面给出同宿轨道和异宿轨道的定义。

定义 10.1.8 若t沿着正和负的方向趋于无穷大时,轨道上的动点趋于同一点p,则称该轨道为**同宿轨道**,点p称为**同宿点**。若t沿着正和负的方向趋于无穷大时,轨道上的动点趋于不同点,则称该轨道为**异宿轨道**。

对于给定轨线的极限集有以下性质。

(1)ω极限集(或α极限集)是闭的不变集,因而是由整轨线组成的。

(2)ω极限集(或α极限集)是空集的充要条件是当$t\to+\infty$(或$t\to-\infty$)时,有轨线$\varphi_t(x_0)\to\infty$。

（3）ω 极限集（或 α 极限集）只有唯一一点 $\bar{x}$ 的充要条件是 $\lim\limits_{t\to+\infty}\varphi_t(x_0)=\bar{x}$（或 $\lim\limits_{t\to-\infty}\varphi_t(x_0)=\bar{x}$）。

（4）有界区域内的正（或负）半轨线的 ω 极限集（或 α 极限集）是连通的。

（5）若 F 是闭的不变集，$x_0\in F$，则 $\omega(x_0)$ 和 $\alpha(x_0)$ 都属于 F。

（6）若 x 和 y 在同一轨线上，则 $\omega(x)=\omega(y)$。

（7）若 $x\in\omega(y)$，则 $\omega(x)\subseteq\omega(y)$。

定义 10.1.9　设 F 是一不变集，若对于 F 的每个 ε 邻域 $U_\varepsilon=\{x|d(x,F)<\varepsilon\}$，存在着一个 δ 邻域 $U_\delta=\{x|d(x,F)<\delta\}$，使得对任何 $p\in U_\delta$，有 $\varphi_t(p)\in U_\varepsilon(t\geqslant 0)$，则称 F 是**稳定**的。如果 F 是稳定的，此外存在 $\alpha>0$，使得对任何 $q\in U_\alpha$，当 $t\to+\infty$ 时 $d(\varphi_t(q),F)\to 0$，则称 F 是**渐近稳定**的。

定义 10.1.10　若 F 是一闭的不变集，且是渐近稳定的，则称 F 为**吸引集**。集合 $B=\{x|\lim\limits_{t\to+\infty}d(\varphi_t(x),F)=0\}$ 称为 F 的**吸引域**。

在定义 10.1.9 和定义 10.1.10 中，若将"$t\to+\infty$"改为"$t\to-\infty$"，即得**排斥集**和**排斥域**的概念。此外，若在吸引集（或排斥集）中包含一条稠密的轨线，则称为**吸引子**（或**排斥子**）。点吸引子也称为**汇**，点排斥子也称为**源**。

下面介绍平面动力系统的极限集的重要性质，即庞加莱 - 本迪克松定理。为此。先介绍若当曲线定理。

定理 10.1.2　若当曲线定理　R^2 上的简单闭曲线 C 将 R^2 分为两个互不相交的开集 P_1 和 P_2，P_1 是有界集，称为 C 的**内域**；P_2 是无界集，称为 C 的**外域**。P_1（或 P_2）中任意两点都可以用完全在 P_1（或 P_2）中的连续曲线来连接。

庞加莱 - 本迪克松定理是由解的存在唯一性和若当曲线定理推得的，由于若当曲线定理的限制，庞加莱 - 本迪克松定理只对 R^2 成立。

定理 10.1.3　庞加莱 - 本迪克松定理　设平面动力系统的轨线 $r=\{\varphi_t(x)|t\in R\}$，$x\in D$，$\omega(x)\subseteq K\subseteq D\subseteq R^2$，$K$ 为紧集，且 $\omega(x)$ 不包含平衡点，则轨线 r 只可能属于以下两种情形：

（1）$r=\omega(x)$，即 x 位于一个周期轨道上；

（2）$\omega(x)$ 对 r 是一个极限环，且当 $t\to\infty$ 时 r 卷绕在 $\omega(x)$ 上，或 r 本身不是闭轨，但 $\omega(x)=\bar{r}(x)\setminus r(x)$ 是闭轨，其中 $\bar{r}(x)$ 是 $r(x)$ 的闭包。

10.2　流的线性化和流形

考虑 n 维线性系统

$$\dot{x}=\boldsymbol{A}x, x\in R^n \tag{10.2.1}$$

其中，$\boldsymbol{A}$ 为 $n\times n$ 常值矩阵，显然原点 O 是系统的平衡点。这个系统的流为 $\varphi_t=\mathrm{e}^{At}:R^n\to R^n$，称为**线性流**。

对R^n作直和分解

$$R^n = E^S + E^U + E^C$$

其中,E^S,E^U和E^C分别为矩阵$\boldsymbol{A}$的具有负实部、正实部和零实部特征值所对应的不变子空间,它们的维数分别为n_S、n_U和n_C,且$n_S + n_U + n_C = n$,矩阵$\boldsymbol{A}$的具有负实部、正实部和零实部的特征值所对应的特征向量和广义特征向量分别记为$\left\{v_1, v_2, \cdots, v_{n_S}\right\}$、$\left\{u_1, u_2, \cdots, u_{n_U}\right\}$和$\left\{w_1, w_2, \cdots, w_{n_C}\right\}$,因此不变子空间$E^S$,$E^U$和$E^C$分别称为

稳定子空间,E^S =span $\left\{v_1, v_2, \cdots, v_{n_S}\right\}$;

不稳定子空间,E^U =span $\left\{u_1, u_2, \cdots, u_{n_U}\right\}$;

中心子空间,E^C =span $\left\{w_1, w_2, \cdots, w_{n_C}\right\}$;

定义 10.2.1 若矩阵$\boldsymbol{A}$的所有特征值都有非零实部,则原点O为系统的**双曲平衡点**,并称e^{At}为**线性双曲流**。

对于n维非线性系统

$$\dot{\boldsymbol{x}} = f(\boldsymbol{x}), \boldsymbol{x} \in R^n \tag{10.2.2}$$

$f: R^n$上$C^r (r \geqslant 1)$向量场,设原点是孤立平衡点,即$f(0) = 0$(若平衡点x_0不是原点,则可作线性变换$y = x - x_0$,则系统变为$\dot{y} = g(y)$,从而原点成为新系统的平衡点),则可在原点处对系统进行**线性化**,并定义

$$\dot{\boldsymbol{x}} = \boldsymbol{A} \cdot \boldsymbol{x} \tag{10.2.3}$$

其中,$\boldsymbol{x} \in R^n$。

式(10.2.3)为系统(10.2.2)在原点处的**线性化系统**,并称其右端为向量场$f(x)$关于原点的**线性化向量场**,其中A为原点处的雅可比矩阵,$\boldsymbol{A} = D_x f(0)$,这个系统的流是$\varphi_t = \mathrm{e}^{AT}: R^n \to R^n$,且为线性流。

关于线性化系统的动力学特性,我们有以下定理。

定理 10.2.1 哈特曼-格罗布曼定理(Hartman-Grobman) 设点O是系统(10.2.3)的双曲平衡点,则向量场$f(x)$与其线性化向量场$D_x f(0)$在点O的某邻域内是拓扑等价的。

定义 10.2.2 设点集$M \subset R^n$,若M有一个开覆盖$\{U_i\}$,且有一族同胚$\{\varphi_i\}$,$\varphi_i: U_i \to R^n$,使得$\varphi_i(U_i)$是R^n的开集;此外,对于不同的i、j,复合映射$\varphi_i \circ \varphi_j^{-1}$在其定义域上是$C^r$的,$0 \leqslant r \leqslant \infty$,则称$M$为$R^n$中的一个**$n$维$C^r$流形**。其中,$C^0$流形亦称**拓扑流形**,$C^r$($r \geqslant 1$)流形亦称为**$C^r$微分流形**。

流形的概念是通常的曲线、曲面等概念的自然推广。

定义 10.2.3 设点x_0是系统的一个孤立平衡点,U是点x_0的某个邻域,则称$W^s(x_0) = \left\{x \in U \middle| \varphi_t(x) \in U, t \geqslant 0; \varphi_t(x) \to x_0, t \to +\infty\right\}$为平衡点$x_0$的**局部稳定流形**;称$W^u(x_0) = \left\{x \in U \middle| \varphi_t(x) \in U, t \leqslant 0; \varphi_t(x) \to x_0, t \to -\infty\right\}$为平衡点$x_0$的**局部不稳定流形**。

定理 10.2.2 稳定流形定理 设点O为系统的双曲平衡点,E^S为线性化系统的稳定子空间,$\dim E^S = n_S$,且$f(x)$为C^r($r \geqslant 1$)向量场,则$W^S(0)$是n_S维C^r微分流形,且在点O处与E^S

相切。对 $W^U(0)$ 也有类似的结论。

哈特曼 - 格罗布曼定理和稳定流形定理是双曲平衡点的两条重要性质。一个动力系统，若其所有平衡点均为双曲平衡点，则可通过对其在平衡点处的线性化系统的考察来把握原系统的动力学特性。但对于许多系统，其平衡点并非都是双曲平衡点（即系统在平衡点处的线性化矩阵有零实部特征根），此时系统的动力学特性可能会发生质的变化，产生分岔、混沌等各种复杂的非线性现象。

10.3　结构稳定性与分岔

结构稳定性是指动力系统受到扰动后，其拓扑结构保持不变的性质。设 f 是微分流形 M 上的 C^k 向量场，若存在 $\varepsilon > 0$，使得在 f 的某邻域 $B_\varepsilon(f)$ 中的任何 C^k 向量场 g 都与 f 拓扑等价，则称向量场 f 是 C^k **结构稳定的**；否则，称向量场 f 是 C^k **结构不稳定的**。

记 U 上全体 C^1 向量场的集合为 æ $^1(U)$，U 上全体 C^1 微分同胚的集合为 $Diff^1(U)$，则有下面关于平面向量场的结构稳定性的重要定理。

定理 10.3.1　安德罗诺夫 - 庞特里雅金定理　记平面单位圆盘

$$B^2 = \left\{(x, y) \middle| x^2 + y^2 \leq 1\right\}$$

考虑系统

$$\begin{cases} \dot{x} = P(x, y) \\ \dot{y} = Q(x, y) \end{cases} \quad (x, y) \in B^2 \tag{10.3.1}$$

设函数 P，$Q \in C^1(B^2, R)$（即向量场 $(P, Q) \in$ æ $^1(B^2)$），且向量场 (P, Q) 与 B^2 的边界 ∂B^2 是无切的，则系统为结构稳定的充要条件是：

（1）系统有有限个平衡点和闭轨，且它们都是双曲的；

（2）系统不存在从鞍点到鞍点的轨线。

该定理可推广到二维可定向的紧流形 M^2（例如 R^3 中的球面和环面等）上的系统，此时有下面定理和定义。

定理 10.3.2　皮郝图定理　设 M^2 是二维可定向的紧流形，$f \in$ æ $^1(M^2)$，则向量场为结构稳定的充要条件是：

（1）系统有有限个平衡点和闭轨，且它们都是双曲的；

（2）系统不存在从鞍点到鞍点的轨线；

（3）此系统的非游荡集仅由平衡点和闭轨组成。

定理 10.3.3　皮郝图稠密性定理　设 M^2 是二维可定向的紧流形，记 æ $^1(M^2)$ 中一切结构稳定的向量场构成的子集为 Σ，则 Σ 在 æ $^1(M^2)$ 中是开且稠密的。

皮郝图稠密性定理表明：在 æ $^1(M^2)$ 中，结构稳定系统是非常普遍的，即使是结构不稳定的系统，也可以用结构稳定的系统任意地逼近。为了进一步说明，我们引入通有性的概念。

定义 10.3.1　设 V 是一度量空间，S 是 V 的一个子集，如果 S 是可数个在 V 中稠密的开子集的交集，则称是一个**剩余集或余集**。

定义 10.3.2 若在 $\ae^{1}(U)$（或 $Diff^{1}(U)$）中，满足某个性质 P 的向量场（或微分同胚）的集合是一个剩余集，则称性质 P 是**通有**的；若满足某个性质 P 的向量场（或微分同胚）的集合的补集是一个剩余集，则称性质 P 是**退化**的。

由通有的定义和皮郝图定理可知，在向量场的集合 $\ae^{1}(M^2)$ 中，结构稳定性是通有的，而结构不稳定性是退化的。

分岔理论与结构稳定性理论有着密切的关系。分岔理论研究非线性常微分系统由于参数的改变而引起的解的不稳定性，从而导致解的数目的变化行为。如果一个动力系统是结构不稳定的，则任意小的适当的扰动都会使系统的拓扑结构发生突然的质的变化，我们称这种质的变化为**分岔**。

下面给出分岔的数学定义。

定义 10.3.3 考察系统

$$\dot{\boldsymbol{x}} = f(\boldsymbol{x}, \boldsymbol{\mu}) \tag{10.3.2}$$

其中，$\boldsymbol{x} \in U \subseteq R^n$ 称为状态变量，$\boldsymbol{\mu} = (\mu_1, \cdots, \mu_m)^{\mathrm{T}} \in J \subseteq R^m$ 称为分岔参数，则对固定的 $\boldsymbol{\mu}$，$f(\boldsymbol{x}, \boldsymbol{\mu}) \in \ae^{1}(U)$。当参数 $\boldsymbol{\mu}$ 连续变动时，系统的拓扑结构在 $\mu_0 \in J$ 发生突然变化，则称系统在 $\boldsymbol{\mu} = \mu_0$ 处出现**分岔**，并称 μ_0 为一个**分岔值**。在参数 $\boldsymbol{\mu}$ 的空间中，由分岔值组成的集合称为**分岔集**。

为了清楚地表示分岔情况，我们在 (x, μ) 空间中画出系统（10.3.2）的极限集（如平衡点、极限环等）随参数 μ 变化的图形，称为**分岔图**。

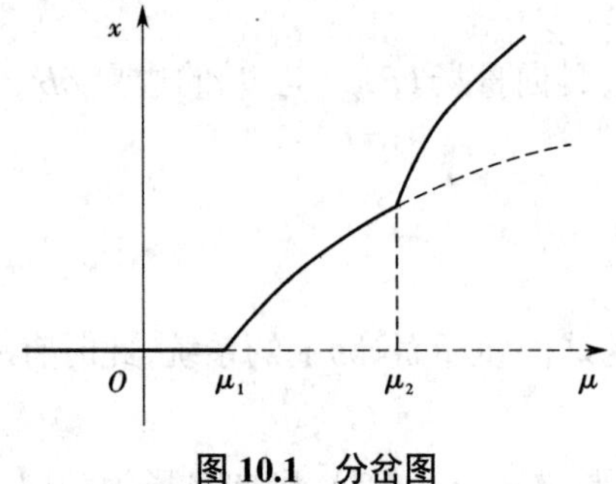

图 10.1 分岔图

需要指出的是，在分岔参数的变化范围内，系统可能在不同的参数值处相继出现分岔。如图 10.1 所示，系统在 $\mu = \mu_1$ 处从基本解 $x = 0$ 分岔出**初级分岔解**，接着在 $\mu = \mu_2$ 处又从初级分岔解分岔出**二级分岔解**。

分岔分为全局分岔和局部分岔。考虑向量场的全局特性的分岔称为**全局分岔**，只研究在平衡点或闭轨的某个邻域内的向量场的分岔称为**局部分岔**。

按研究对象还可将分岔分为动态分岔和静态分岔。**动态分岔**即上文定义的“分岔”，而**静态分岔**则研究静态方程 $f(\boldsymbol{x}, \boldsymbol{\mu}) = 0$，其中 $\boldsymbol{x} \in U \subseteq R^n$，$\boldsymbol{\mu} = (\mu_1, \cdots, \mu_m)^{\mathrm{T}} \in J \subseteq R^m$ 的解的数目随参数 $\boldsymbol{\mu}$ 变动而发生的突然变化。由于上式的解对应系统的平衡点，因此静态分岔属于平衡点分岔的研究范围，即动态分岔包括静态分岔。

现在考虑 $\ae^{1}(U)$ 中所有含 m 个参数的向量场组成的子集

$$D = \left\{ f(\boldsymbol{x}, \boldsymbol{\mu}) \middle| f \in \ae^{1}(U), \boldsymbol{\mu} \in J \subset R^m \right\}$$

定义 10.3.4 设 $\mu_0 \in J$ 是 $f \in D$ 的一个分岔值，若存在 f 的某个邻域 $W \subseteq D$，使得对于任意 $g \in W$ 存在一个同胚 $h: U \times J \to U \times J$，$(x, \mu) \to (y(x, \mu), \nu(\mu))$，它把向量场 $f(x, \mu)$ 的轨线映射为向量场 $g(y, \nu)$ 的轨线，并保持时间定向，则称 f 在 μ_0 处的分岔为**通有**的；否则称 f 在 μ_0 处的分岔为**退化**的。

下面研究平面向量场的分岔。由安德罗诺夫—庞特里雅金定理可得到下面的定理。

定理 10.3.4　在 $\mathscr{X}^1(B^2)$ 中出现分岔的充要条件是下面条件之一成立：

（1）存在非双曲平衡点；

（2）存在非双曲闭轨；

（3）存在同宿或异宿轨线。

对于单参数 μ 的平面自治系统

$$\begin{cases} \dot{x} = P(x, y, \mu) \\ \dot{y} = Q(x, y, \mu) \end{cases} \tag{10.3.3}$$

其中，$(x, y) \in B^2$。设 μ_0 是一个分岔值。根据定理 10.3.4，系统（10.3.3）的分岔可分为三大类。

1. 平衡点有关的分岔

设当 $\mu = \mu_0$ 时，系统有非双曲平衡点 (x_0, y_0)，令 $\boldsymbol{A}$ 为 $\mu = \mu_0$ 时系统在 (x_0, y_0) 出的线性化矩阵。

（1）若 $\boldsymbol{A}$ 有零特征值，则有**高阶平衡点分岔**。如图 10.2（a）所示，当 $\mu = \mu_0$ 时系统有一个鞍结点 (x_0, y_0)，当 $\mu < \mu_0$ 时无平衡点，而当 $\mu > \mu_0$ 时有一个鞍点和一个结点，这种分岔称为**鞍结分岔**。

（2）若 $\boldsymbol{A}$ 有一对纯虚特征值，且当 $\mu = \mu_0$ 时 (x_0, y_0) 是系统的细焦点，则当 μ 变化时，就可能从平衡点产生极限环，称为**霍普夫分岔**。如图 10.2（b）所示，当 $\mu \leqslant \mu_0$ 时系统有稳定焦点（特别地，当 $\mu = \mu_0$ 时为稳定细焦点），在它附近无闭轨；当 $\mu > \mu_0$ 时此平衡点变为不稳定焦点，在它附近有一个极限环。当 $\mu \to \mu_0 + 0$ 时，此极限环趋于平衡点。

（3）若 $\boldsymbol{A}$ 有一对纯虚特征值，且当 $\mu = \mu_0$ 时 (x_0, y_0) 是系统的真中心，即在 (x_0, y_0) 附近全是闭轨，则当 μ 变化时，有可能从其中的某些闭轨分岔出极限环，而平衡点也不再是中心。这种分岔称为**庞加莱分岔**。

2. 闭轨分岔

设当 $\mu = \mu_0$ 时系统有非双曲闭轨 Γ。利用周期解稳定性定理知，此时周期轨道 Γ 的特征指数 $\oint_{\Gamma} \operatorname{div}(P, Q) \mathrm{d}t = 0$，即 Γ 是多重环。当 μ 变化时，系统可能出现闭轨突然产生或消失的现象，称为**多重环分岔**。如图 10.2（c）所示，当 $\mu = \mu_0$ 时系统有一个二重半稳定极限环；当 $\mu < \mu_0$ 时无闭轨，而当 $\mu > \mu_0$ 时有两个极限环。当 $\mu \to \mu_0 + 0$ 时，这两个极限环趋于一个环。这种分岔称为**二重半稳环分岔**。

3. 同宿或异宿轨线分岔

设当 $\mu = \mu_0$ 时系统有同宿轨线，则当 μ 变化时，此同宿轨线可能突然消失，或从此同宿轨线中分岔出极限环，如图 10.2（d）所示。这种分岔称为**同宿轨线分岔**。

设当 $\mu = \mu_0$ 时系统有异宿轨线，则当 μ 变化时，此异宿轨线可能突然消失，或从几条异宿轨线相连而成的异宿环中分岔出极限环，如图 10.2（e）所示。这种分岔称为**异宿轨线分岔**。

上述分岔中，高阶平衡点分岔、霍普夫分岔、多重环分岔属于局部分岔，而同宿或异宿轨线分岔属于全局分岔。

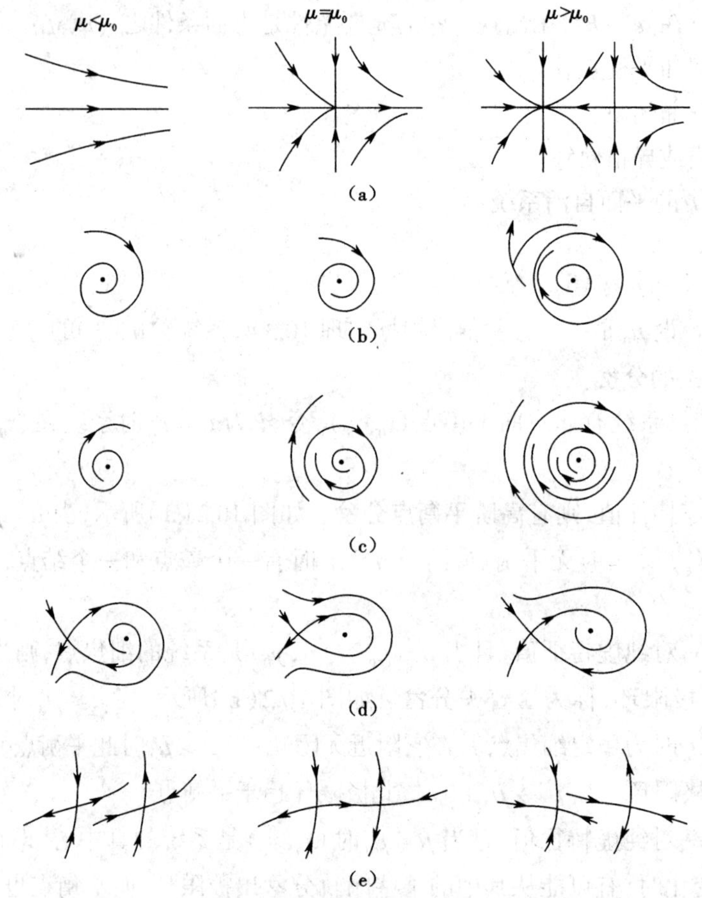

图 10.2　平衡点有关的分岔

需要指出，根据皮郝图定理，可以将上述结果推广到二维可定向的紧流形 M^2 上的向量场的分岔。

最后，分岔问题的主要内容可归纳如下：

(1)分岔集的确定(即分岔的必要条件和充分条件的研究)；

(2)当分岔出现时系统的拓扑结构随参数变化的情况(即分岔的定性性态的研究)；

(3)分岔解(尤其是平衡点、极限环等)的计算；

(4)不同分岔的相互作用以及它们与动力系统的其他现象(如锁相、混沌等)的关系。

10.4　静态分岔

本节研究静态分岔。考虑静态方程

$$f(x,\mu)=0 \tag{10.4.1}$$

其中，$f:U\times J\subseteq R^n\times R^m\to R^n$。

定义 10.4.1　设 $(x_0,\mu_0)\in U\times J$ 是系统(10.4.1)的平衡点，取点 (x_0,μ_0) 的某个足够小的邻域 $\Omega\in U\times J$，记 $n(\mu)$ 为当 μ 固定时系统在 Ω 内的解的数目。若当 μ 经过 μ_0 时，$n(\mu)$ 突然发生

变化，则称(x_0,μ_0)为一个**静态分岔点**，μ_0为一个**静态分岔值**。在静态分岔点(x_0,μ_0)附近，系统的解(x,μ)的集合称为f的**静态分岔图或零点集**。

下面介绍在动力系统理论中占有重要地位的隐函数定理。

定理 10.4.1　隐函数定理　考虑方程$f(x,\mu)=0$，$x\in X$，$\mu\in Y$，X，Y，Z是 Banach 空间，$U\subset X\times Y$是开集，$f:U\to Z$连续可微。若$f(x_0,\mu_0)=0$，则称(x_0,μ_0)为系统的平凡解。若系统的 Jacobi 矩阵$\boldsymbol{A}=D_xf(x_0,\mu_0)$为同胚的，则在$(x_0,\mu_0)$的邻域内可由方程解出唯一解$x=\phi(\mu)$，使$f(\phi(\mu),\mu)=0$且$\phi(\mu_0)=x_0$。

值得注意的是，隐函数定理只保证了解的存在和唯一。在许多实际问题中，系统的解不一定有解析表达式。因此，对具体问题要具体分析。

根据隐函数定理可推出静态分岔的必要条件。

定理 10.4.2　考察系统（10.4.1），设点(x_0,μ_0)使得$f(x_0,\mu_0)=0$，在点(x_0,μ_0)附近，f对x可微，且$f(x,\mu)$和$D_xf(x,\mu)$对x，μ均连续。若(x_0,μ_0)是f的静态分岔点，则$D_xf(x_0,\mu_0)$是奇异的。

定义 10.4.2　若在点$(x_0,\mu_0)\in U\times J$处有$f(x_0,\mu_0)=0$，且$D_xf(x_0,\mu_0)$是奇异的，则称(x_0,μ_0)为向量场$f(x,\mu)$的一个**奇异点**。

下面介绍几种常见的一维静态分岔，这些研究结果在以后经常要用到。

考虑系统

$$f(x,\mu)=0 \tag{10.4.2}$$

其中，$f:U\times J\subseteq R\times R\to R$。设系统的奇异点为（0，0）。将式（10.4.2）按泰勒级数展开，并注意到$f(0,0)=0$和$D_xf(0,0)=0$，则有

$$f(x,\mu)=a\mu+\frac{1}{2}bx^2+cx\mu+\frac{1}{2}d\mu^2+\frac{1}{6}ex^3+\cdots=0 \tag{10.4.3}$$

其中，$a=D_\mu f(0,0)$，$b=D_{xx}f(0,0)$，$c=D_{x\mu}f(0,0)$，$d=D_{\mu\mu}f(0,0)$，$e=D_{xxx}f(0,0)$，…并定义$\varDelta=-\begin{vmatrix}a & b\\ b & c\end{vmatrix}=b^2-ac$，则随着系数$a$，$b$，$c$，…，$\varDelta$的不同，会发生不同的分岔。

1. 鞍结分岔

若方程（10.4.3）满足非退化条件

$$a\neq 0,\ b\neq 0 \tag{10.4.4}$$

则原点（0，0）为**鞍结点**，在该点的邻域内，方程（10.4.3）有解曲线

$$x=\pm\sqrt{\frac{-2a\mu}{b}} \tag{10.4.5}$$

则$n(\mu)$在$\mu=0$左右发生从 2 到 1 再到 0 的变化。

例 10.1　考虑系统

$$\dot{x}=f(x,\mu)=\mu-x^2 \tag{10.4.6}$$

的平衡解和稳定性。

解：系统的平衡方程为

$$f(x,\mu)=\mu-x^2=0$$

由此得解曲线

$$x=\begin{cases}\pm\sqrt{\mu},\mu\geqslant 0\\ \text{无解},\mu<0\end{cases}$$

此外,在解曲线 $x=\pm\sqrt{\mu}$ 上,有

$$D_x f(x,\mu)=-2x=\mp 2\sqrt{\mu}\ ,\ \mu\geqslant 0$$

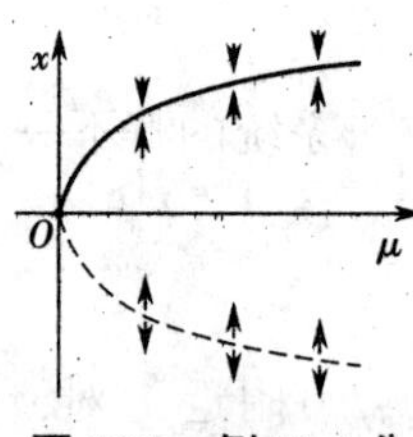

图 10.3 例 10.1 分岔图

因此,解曲线 $x=\pm\sqrt{\mu}$ 的上半支稳定,下半支不稳定,分岔图如图 10.3 所示。

2. 跨临界分岔

若方程(10.4.3)满足

$$\begin{cases}a=0 & (\text{限定条件})\\ b\neq 0,\Delta>0 & (\text{非退化条件})\end{cases} \tag{10.4.7}$$

则原点(0, 0)称为**跨临界分岔点**。在该点的邻域内,方程(10.4.7)有两条相交的解曲线

$$x=\frac{-c\pm\sqrt{\Delta}}{b}\mu+O(\mu^2) \tag{10.4.8}$$

则 $n(\mu)$ 在 $\mu=0$ 左右发生从 2 到 1 再到 2 的变化。

例 10.2 考虑系统

$$\dot{x}=f(x,\mu)=\mu x-x^2 \tag{10.4.9}$$

的平衡解和稳定性。

解:系统的平衡方程为

$$f(x,\mu)=\mu x-x^2=0$$

由此得解曲线 $x=0$ 和 $x=\mu$。此外,在解曲线上,有

$$D_x f(x,\mu)=\mu-2x$$

对于解曲线 $x=0$,有 $D_x f(x,\mu)=\mu-2x=\mu$,故当 $\mu<0$ 时平衡点渐近稳定;当 $\mu>0$ 时不稳定。而对于解曲线 $x=\mu$,有 $D_x f(x,\mu)=\mu-2x=-\mu$,故当 $\mu>0$ 时平衡点渐近稳定;当 $\mu<0$ 时不稳定。分岔图如图 10.4 所示。

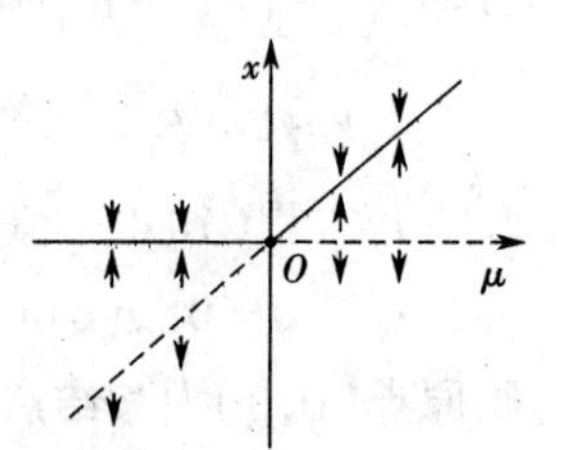

图 10.4 例 10.2 分岔图

3. 叉形分岔

若方程(10.4.3)满足

$$\begin{cases}a=0,b=0 & (\text{限定条件})\\ c\neq 0,e\neq 0 & (\text{非退化条件})\end{cases} \tag{10.4.10}$$

则原点(0,0)称为**叉形分岔点**。在该点的邻域内,方程(10.4.10)有两条相交的解曲线

$$x=-\frac{d}{2c}\mu+O(\mu^2)\text{ 和 }\mu=-\frac{e}{6c}x^2+O(x^3)$$

则 $n(\mu)$ 在 $\mu=0$ 左右发生从 1 到 3 的变化。

例 10.3 考虑系统

$$\dot{x} = f(x,\mu) = \mu x - x^3 \tag{10.4.11}$$

的平衡解和稳定性。

解：系统的平衡方程为

$$f(x,\mu) = \mu x - x^3 = 0$$

由此得解曲线 $x=0$ 和 $x=\pm\sqrt{\mu}$，$\mu \geqslant 0$。此外，在解曲线上，有

$$D_x f(x,\mu) = \mu - 3x^2$$

对于解曲线 $x=0$，有 $D_x f(x,\mu) = \mu - 3x^2 = \mu$，故当 $\mu<0$ 时平衡点渐近稳定；当 $\mu>0$ 时不稳定。而对于解曲线 $x=\pm\sqrt{\mu}$，$\mu \geqslant 0$，有 $D_x f(x,\mu) = \mu - 3x^2 = -2\mu \leqslant 0$，故稳定。分岔图如图 10.5 所示。这种叉形分岔的特点是在 $\mu>0$ 时出现非平凡解（$x = x(\mu) \neq 0$），或者说非平凡解对应的参数大于临界值 $\mu=0$，故称为**超临界叉形分岔**。

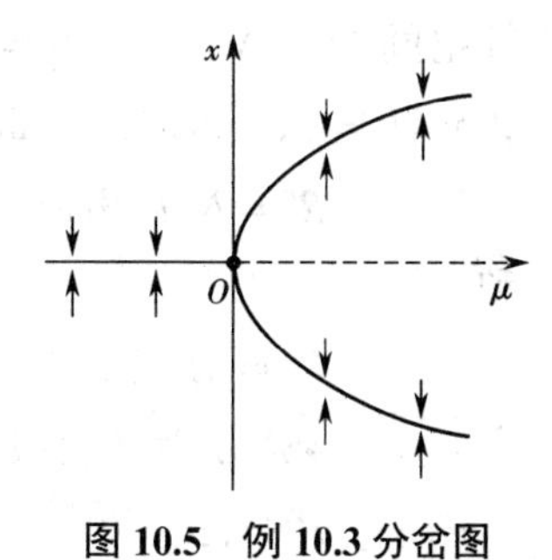

图 10.5　例 10.3 分岔图

例 10.4　研究系统

$$\dot{x} = f(x,\mu) = \mu x + x^3 \tag{10.4.12}$$

的平衡解和稳定性。

解：系统的平衡方程为

$$f(x,\mu) = \mu x + x^3 = 0$$

由此得解曲线 $x=0$ 和 $x=\pm\sqrt{-\mu}$，$\mu \leqslant 0$。此外，在解曲线上，有

$$D_x f(x,\mu) = \mu + 3x^2$$

对于解曲线 $x=0$，有 $D_x f(x,\mu) = \mu + 3x^2 = \mu$，故当 $\mu<0$ 时平衡点渐近稳定；$\mu>0$ 时不稳定。而对于解曲线 $x=\pm\sqrt{-\mu}$，当 $\mu \leqslant 0$，有 $D_x f(x,\mu) = \mu + 3x^2 = -2\mu \geqslant 0$，故不稳定。分岔图如图 10.6 所示。这种叉形分岔的特点是在 $\mu<0$ 时出现非平凡解（$x = x(\mu) \neq 0$），或者说非平凡解对应的参数小于临界值 $\mu=0$，故称为**亚临界叉形分岔**。

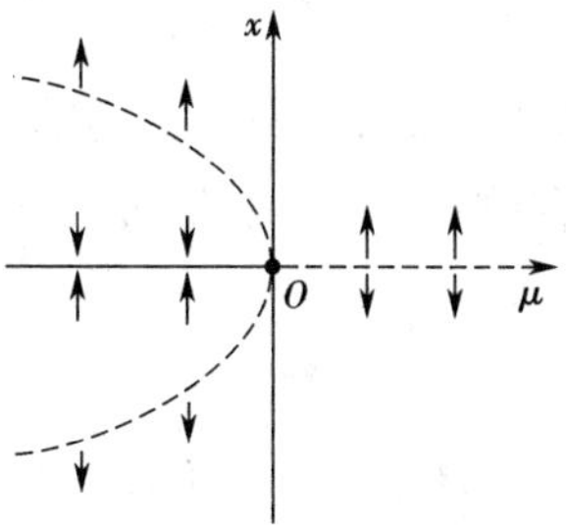

图 10.6　例 10.4 分岔图

10.5　李雅普诺夫 - 施密特方法

对于低维的动力系统，我们可以直接研究其动力学行为。但对于高维动力系统来说，其分岔行为可能是很复杂的。对于这种系统，一般采取降维措施将其化为低维方程再进行研究。常用的降维方法有李雅普诺夫 - 施密特方法和中心流形定理。本节介绍李雅普诺夫 - 施密特方法。

李雅普诺夫 - 施密特方法（Lyapunov-Schmidt 方法，简称 L-S 方法）是将高维或无限维非线性方程化为低维方程的降维方法。它的基本思想如下，一个非线性系统，即使其 Jacobi 矩阵 $\boldsymbol{A} = D_x f(x_0,\mu_0)$ 是奇异的，但一般来说其零实部特征根的数量是较少的。若能够通过空间分解的方法，将非线性方程分别投影到两个子空间上得到两个方程，其中一个方程的 Jacobi 矩阵是非奇异的，则由隐函数定理可以从该方程中解出唯一解，将该解代入另一个方程中，则可得

到一个低维方程，从而实现系统的降维。

下面介绍李雅普诺夫 - 施密特方法的具体过程。仍考察系统

$$f(x,\mu)=0 \tag{10.5.1}$$

不失一般性，设奇点为 $(0,0)$（否则，若平衡点为 (x_0,μ_0)，则可作线性变换 $y=x-x_0$，$v=\mu-\mu_0$，则系统变为 $\dot{y}=g(y,v)$，从而 $(0,0)$ 成为新系统的平衡点），并设 $(0,0)\in R^n\times J$ 是 $f(x,\mu)$ 的一个奇异点。记线性算子 $L=D_x f(0,0)$，$N(L)$ 为 L 的零空间，$R(L)$ 为 L 的值域，正交补空间 $M_1=N(L)^{\perp}$，$M_2=R(L)^{\perp}$。设 $\dim N(L)=k\geqslant 1$，即 L 有 k 个零根（一般 k 为 1 或 2），则 $\dim M_2=k$，$\dim R(L)=\dim M_1=n-k$。于是，R^n 可作以下分解：

$$R^n=N(L)\oplus M_1 \tag{10.5.2}$$

和

$$R^n=M_2\oplus R(L) \tag{10.5.3}$$

令 $P:R^n\to R(L)$ 为正交投影算子，则 $Q=I-P:R^n\to M_2$ 亦为正交投影算子。系统等价于

$$Pf(x,\mu)=0 \tag{10.5.4}$$

$$Qf(x,\mu)=0 \tag{10.5.5}$$

由式（10.5.2）可知，对任意 $x\in R^n$ 有

$$x=u+v \tag{10.5.6}$$

其中，$u\in N(L)$，$v\in M_1$。则式（10.5.4）可写为

$$\Phi(u,v,\mu)=Pf(u+v,\mu)=0 \tag{10.5.7}$$

其中，$\Phi:N(L)\times M_1\times J\to R(L)$。显然有

$$\Phi(0,0,0)=0$$

由于 P 是从 R^n 到 $R(L)$ 的投影算子，则有 $PL=L$，故

$$D_v\Phi(0,0,0)=PD_x f(0,0)=PL=L$$

若限制 L 作用在 M_1 上，则线性算子 $L:M_1\to R(L)$ 是 1-1 映射且是映上的，从而是可逆的。由隐函数定理知，在 $(u,v,\mu)=(0,0,0)$ 的每个邻域内，式（10.5.7）有唯一解 $v=\psi(u,\mu)$，即 $Pf(u+\psi(u,\mu),\mu)=0$，且满足 $\psi(0,0)=0$，其中映射 $\psi:N(L)\times J\to M_1$。

将 $v=\psi(u,\mu)$ 代入式（10.5.5）中，得

$$F(u,\mu)=Qf(u+\psi(u,\mu),\mu)=0 \tag{10.5.8}$$

其中，映射 $F:N(L)\times J\to M_2$。由于在奇异点 $(x,\mu)=(0,0)$ 的某个邻域内，函数 $f(x,\mu)$ 的零点与函数 $F(u,\mu)$ 的零点一一对应，即

$$x=u+\psi(u,\mu) \tag{10.5.9}$$

故原系统方程（10.5.1）的求解等价于 $N(L)$ 中的方程（10.5.8）的求解。式（10.5.8）称为**约化方程**或**分岔方程**，它包含了研究方程（10.5.1）的解在奇异点附近的性态所需的全部信息，从而简化了静态分岔分析。

在实际应用中，我们往往在 $N(L)$ 和 M_2 中引进坐标。令 $\{e_1,\cdots,e_k\}$ 和 $\{e_1^*,\cdots,e_k^*\}$ 分别为 $N(L)$ 和 M_2 的标准正交基。任何 $u\in N(L)$ 均可写成

$$u=\sum_{j=1}^{k}y_je_j \tag{10.5.10}$$

记$\boldsymbol{y}=(y_1,\cdots,y_k)^{\mathrm{T}}\in R^k$。将式(10.5.10)代入式(10.5.8)得

$$g(y,\mu)=Qf(\sum_{j=1}^{k}y_je_j+\psi(\sum_{j=1}^{k}y_je_j,\mu),\mu)=0 \tag{10.5.11}$$

由于$Q=I-P$,且对任意$z\in R^n$,有$P(z)\in R(L)=M_2^{\perp}$,故

$$\left\langle e_i^*,Q(z)\right\rangle=\left\langle e_i^*,(I-P)(z)\right\rangle=\left\langle e_i^*,z\right\rangle \quad i=1,\cdots,k$$

利用上式,我们可将式(10.5.11)改写为下面的关于$y_1,\cdots,y_m$的方程组:

$$g_i(y,\mu)=\left\langle e_i^*,f(\sum_{j=1}^{k}y_je_j+\psi(\sum_{j=1}^{k}y_je_j,\mu),\mu)\right\rangle=0 \quad i=1,\cdots,k \tag{10.5.12}$$

方程(10.5.12)与(10.5.8)也是等价的,故也被称为**约化方程**或**分岔方程**。一般来说,式(10.5.8)便于理论分析,而式(10.5.12)便于应用。

在上文对 L-S 方法的叙述中,读者们可能已经注意到对式(10.5.7),隐函数定理只保证了解的存在和唯一,不一定能求得解析解。此时,一般设方程(10.5.7)的解可以写成ε的级数形式(ε为小量标志),将假设的级数解代入式(10.5.7)中,利用ε的同次幂的系数相等的条件逐步求出假设的级数解的各阶系数,从而得到近似解。此外,分岔方程(10.5.12)虽然已经过降维,但由于其在平衡点的 Jacobi 矩阵仍为奇异阵,隐函数定理不适用,故其求解仍然是很困难的。

下面举例说明 L-S 方法的应用。

例 10.5　考虑由$\boldsymbol{F}(\boldsymbol{x},\mu)=(\mu x_1+x_1x_2-x_1^3,x_1^2+x_2-x_2^2)^{\mathrm{T}}$给出的二维方程

$$\boldsymbol{F}(\boldsymbol{x},\mu)=\boldsymbol{0} \tag{10.5.13}$$

其中,$\boldsymbol{x}=(x_1,x_2)^{\mathrm{T}}\in R^2$,参数$\mu\in R$。

解:由系统方程知系统的平衡点为(0,0),此时系统在平衡点处的导算子矩阵

$$\boldsymbol{L}=D_x\boldsymbol{F}(0,0)=\begin{bmatrix}0&0\\0&1\end{bmatrix}$$

有特征值$\lambda_1=0$和$\lambda_2=1$,分别对应特征向量$\boldsymbol{\varphi}_1=(1,0)^{\mathrm{T}}$和$\boldsymbol{\varphi}_2=(0,1)^{\mathrm{T}}$。$L$的零空间$N(L)$和值域$R(L)$分别为

$$N(L)=\left\{(x_1,x_2)\middle|x_2=0\right\},\ R(L)=\left\{(x_1,x_2)\middle|x_1=0\right\}$$

由于此时$N(L)$与$R(L)$正好是正交的,则由式(10.5.2)和式(10.5.3)知,有

$$N(L)=R(L)^{\perp}=M_2,\ R(L)=N(L)^{\perp}=M_1$$

此时x可分解为

$$x=x_1\varphi_1+x_2\varphi_2 \tag{10.5.14}$$

现在定义投影算子$\boldsymbol{P}:R^n\to R(L)$。其实此时算子$\boldsymbol{P}$正好就是算子$\boldsymbol{L}$,因为$\boldsymbol{L}$将$\boldsymbol{F}(\boldsymbol{x},\mu)=0$映射为

$$\boldsymbol{LF}(\boldsymbol{x},\mu)=\begin{pmatrix}0\\x_1^2+x_2-x_2^2\end{pmatrix}\in R(L)$$

故式(10.5.4)变为

$$\boldsymbol{PF}(\boldsymbol{x},\mu)=\boldsymbol{LF}(\boldsymbol{x},\mu)=\begin{pmatrix}0\\x_1^2+x_2-x_2^2\end{pmatrix}=\boldsymbol{0} \tag{10.5.15}$$

同时,由 $\boldsymbol{Q}$ 的定义知

$$\boldsymbol{Q}=\boldsymbol{I}-\boldsymbol{P}=\begin{bmatrix}1&0\\0&0\end{bmatrix}$$

则式(10.5.5)变为

$$\boldsymbol{QF}(\boldsymbol{x},\mu)=\begin{bmatrix}1&0\\0&0\end{bmatrix}\begin{pmatrix}\mu x_1+x_1x_2-x_1^3\\x_1^2+x_2-x_2^2\end{pmatrix}=\begin{pmatrix}\mu x_1+x_1x_2-x_1^3\\0\end{pmatrix}=\boldsymbol{0} \tag{10.5.16}$$

式(10.5.15)和式(10.5.16)最右端的0实际上是二维零向量。由式(10.5.15)解得

$$x_2=\frac{1}{2}(1\pm\sqrt{1+4x_1^2})\approx\frac{1}{2}[1\pm(1+2x_1^2)]=\begin{cases}1+x_1^2\\-x_1^2\end{cases}$$

注意到此时平衡点为原点,故隐函数定理所保证的“存在且唯一”的根是在原点的邻域内。上式虽有两个根,但只有 $x_2=-x_1^2$ 在原点的邻域内,故 $x_2=1+x_1^2$ 应舍弃。将 $x_2=-x_1^2$ 代入式(10.5.16)得

$$\mu x_1-2x_1^3=0 \tag{10.5.17}$$

式(10.5.17)就是约化方程(或称分岔方程)。由例10.3的方法类似可知,系统平衡点具有超临界叉形分岔。

10.6 中心流形定理

中心流形方法是非线性微分动力系统的另一种主要的降维方法。它的思想与L-S方法略有不同。L-S方法是对值空间进行分割,最后研究向量场在值域的补空间上的投影方程;而中心流形方法是利用流形与对应的子空间的相切特性,求出系统在中心流形上的约化方程。一般来说,使用中心流形定理比使用L-S方法要方便一些。

扫一扫:中心流形程序

考虑系统

$$\dot{\boldsymbol{x}}=f(\boldsymbol{x})$$

其中,$\boldsymbol{x}\in U\subseteq R^n$。 (10.6.1)

我们有如下定理。

定理10.6.1 中心流形定理 设 $f(\boldsymbol{x})$ 是 $C^r(r\geqslant1)$ 向量场,点 O 是系统(10.6.1)的一个非双曲平衡点,E^S,E^U 和 E^C 分别为线性近似系统的稳定子空间、不稳定子空间和中心子空间。则在 O 点的某邻域 D 内,存在过 O 点并在该处分别与 E^S,E^U 和 E^C 相切的 C^r 局部稳定流形 W^S,C^r 局部不稳定流形 W^U 和 C^r 局部中心流形 W^C,它们都是局部不变集。W^S 和 W^U 是唯

一的，但 W^C 并不唯一，即 $\lim\limits_{t\to\pm\infty}\varphi^t y_0$ 方向不定。

下面介绍中心流形的计算。为此，仍设系统平衡点为原点 O，且线性算子 $\boldsymbol{L}=D_x f(0)$ 不具有正实部的特征值（即稳定系统开始失稳的临界状态）。

设 D 为点 O 的某个邻域，给定非奇异线性变换矩阵 $\boldsymbol{T}$，将系统（10.6.1）的雅可比矩阵 $\boldsymbol{A}=D_x f(0)$ 化为对角块形式，即

$$\boldsymbol{T}^{-1}\boldsymbol{A}\boldsymbol{T}=\begin{pmatrix}\boldsymbol{B} & \boldsymbol{0}\\ \boldsymbol{0} & \boldsymbol{C}\end{pmatrix}$$

其中，$\boldsymbol{B}$ 和 $\boldsymbol{C}$ 分别为 $n_C\times n_C$ 和 $n_S\times n_S$ 矩阵，它们的特征值分别为零实部和负实部，$n_S=\dim E^S$，$n_C=\dim E^C$，$n_S+n_C=n$。令 $\boldsymbol{x}=\boldsymbol{T}\cdot\boldsymbol{y}$，其中 $\boldsymbol{x}=\begin{pmatrix}u\\ v\end{pmatrix}$，$u\in E^C$、$v\in E^S$，则有

$$\begin{cases}\dot{u}=\boldsymbol{B}u+F(u,v)\\ \dot{v}=\boldsymbol{C}v+G(u,v)\end{cases}\tag{10.6.2}$$

由于中心流形 W^C 存在，且在原点处与 E^C 相切，因此我们可以在 D 内把 W^C 表示为

$$W^C: v=h(u)$$

其中，$h(0)=h'(0)=0$。　(10.6.3)

把式（10.6.3）代入式（10.6.2），得到中心流形上流的方程

$$\dot{u}=\boldsymbol{B}u+F(u,h(u))\tag{10.6.4}$$

式（10.6.4）即为原系统降维后的方程。由于在原点附近，系统（10.6.2）在稳定流形上的流有着与线性流系统相似的局部性态，故系统的局部动力学特性就主要由中心流形上的流决定。特别地，关于稳定性有如下定理。

定理 10.6.2　若约化系统（10.6.4）的原点是稳定（或渐近稳定、不稳定）的，则原系统（10.6.1）的原点也是稳定（或渐近稳定、不稳定）的。

为确定函数 $h(u)$，将 $v=h(u)$ 代入式（10.6.2）的第二式，并利用求导的链式法则，有

$$Dh(u)\dot{u}=\boldsymbol{C}h(u)+G(u,h(u))$$

再利用式（10.6.2）的第一式，整理后，得到 $h(u)$ 的微分方程

$$Dh(u)[\boldsymbol{B}u+F(u,h(u))]-\boldsymbol{C}h(u)-G(u,h(u))=0\tag{10.6.5}$$

下面举例说明中心流形方法的应用。

例 10.6　试用中心流形方法研究系统

$$\begin{cases}\dot{x}=xy\\ \dot{y}=-y+ax^2\end{cases}$$

在平衡点（0，0）处的动力学性态。其中，$(x,y)\in R^2$，$a\in R$ 为常数。

解：由系统方程知系统平衡点为（0，0），且系统在平衡点处的导算子矩阵

$$\boldsymbol{L}=Df(x,y)\big|_{(0,0)}=\begin{bmatrix}y & x\\ 2ax & -1\end{bmatrix}\Bigg|_{(0,0)}=\begin{bmatrix}0 & 0\\ 0 & -1\end{bmatrix}$$

其有特征值 0 和 −1。对应特征向量分别为 $\boldsymbol{\xi}_1=(1,0)^{\mathrm{T}}$ 和 $\boldsymbol{\xi}_2=(0,1)^{\mathrm{T}}$，则

中心子空间 $E^C=\operatorname{span}\{\xi_1\}=x$ 轴；

稳定子空间$E^S=\mathrm{span}\{\boldsymbol{\xi}_2\}=y$轴。

根据中心流形定理，过(0，0)点有一维的稳定流形和中心流形。由式(10.6.3)和式(10.6.5)知，中心流形函数$y=h(x)$应满足

$$\begin{cases}h'(x)[xh(x)]+h(x)-ax^2=0\\h(0)=h'(0)=0\end{cases}\tag{10.6.6}$$

由式(10.6.6)的第二式，可设$h(x)$的渐近展开式为

$$h(x)=c_2x^2+c_3x^3+O(x^4)\tag{10.6.7}$$

将式(10.6.7)代入式(10.6.6)的第一式，并比较x的同次幂的系数，可得$c_2=a$，$c_3=0$，故$h(x)=ax^2+O(x^4)$，则中心流形上流的方程为

$$\dot{x}=xh(x)=ax^3+O(x^5)\tag{10.6.8}$$

易知，当$a<0$时，式(10.6.8)的原点是渐近稳定的。由定理10.6.2知，原系统的原点也是渐近稳定的。同理，当$a>0$时，原系统的原点是不稳定的。当$a=0$时，方程(10.6.6)有解$h(x)=0$，这时中心流形就是x轴。此时，方程(10.6.8)成为$\dot{x}=0$，它在原点是稳定的，故原系统的原点也是稳定的。系统在原点附近的相图如图10.7所示。

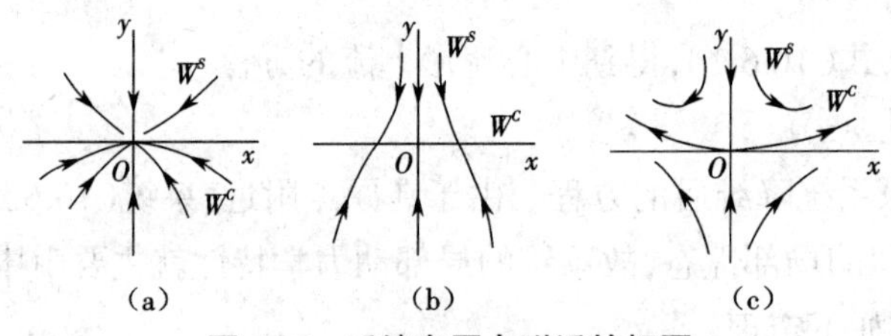

图10.7　系统在原点附近的相图

(a)$a<0$　(b)$a=0$　(c)$a>0$

对于含有参数的系统

$$\dot{x}=f(x,\mu)\tag{10.6.9}$$

其中，$f:U\times J\subseteq R^n\times R^m\to R^n$，且$f(0,0)=0$。只需将$\mu$也视为变量，此时式(10.6.2)变为

$$\begin{cases}\dot{u}=\boldsymbol{B}(\mu)u+F(u,v,\mu)\\\dot{v}=\boldsymbol{C}(\mu)v+G(u,v,\mu)\\\dot{\mu}=0\end{cases}\tag{10.6.10}$$

各符号意义同前，仍按上述方法计算。下面试举一例。

例10.7　考虑方程

$$\ddot{x}+\dot{x}-\beta x+x^2=0$$

其中$x\in R$，在$\beta=0$附近系统的分岔行为。

解：该系统可化为二维含参平面自治系统

$$\begin{pmatrix}\dot{x}\\\dot{y}\end{pmatrix}=\begin{bmatrix}0&1\\\beta&-1\end{bmatrix}\begin{pmatrix}x\\y\end{pmatrix}+\begin{pmatrix}0\\-x^2\end{pmatrix}$$

当$\beta=0$时，其线性近似系统有特征值0和-1，故原点为非双曲平衡点。为对角化，作线性变换

$$\begin{pmatrix} x \\ y \end{pmatrix} = \begin{bmatrix} 1 & 1 \\ 0 & -1 \end{bmatrix} \begin{pmatrix} u \\ v \end{pmatrix}$$

并将 β 也视为变量，则有

$$\begin{pmatrix} \dot{u} \\ \dot{\beta} \\ \dot{v} \end{pmatrix} = \begin{bmatrix} 0 & 0 & 0 \\ 0 & 0 & 0 \\ 0 & 0 & -1 \end{bmatrix} \begin{pmatrix} u \\ \beta \\ v \end{pmatrix} + \begin{pmatrix} \beta(u+v)-(u+v)^2 \\ 0 \\ -\beta(u+v)+(u+v)^2 \end{pmatrix} \tag{10.6.11}$$

该系统有二维中心流形，它在（0，0，0）处与 (u,β) 平面相切。设中心流形可由函数 $v=h(u,\beta)=a_1u^2+a_2u\beta+a_3\beta^2+O((u^2+\beta^2)^{\frac{3}{2}})$ 表示，则由式（10.6.5）得

$$\left(\frac{\partial h}{\partial u}, \frac{\partial h}{\partial \beta}\right) \begin{pmatrix} \beta(u+h)-(u+h)^2 \\ 0 \end{pmatrix} + h + \beta(u+h)-(u+h)^2 = 0$$

即

$$[\beta(u+h)-(u+h)^2](\frac{\partial h}{\partial u}+1)+h=0 \tag{10.6.12}$$

另由式（10.6.3）知

$$h(0,0)=0\,,\ \frac{\partial h(0,0)}{\partial u}=\frac{\partial h(0,0)}{\partial \beta}=0 \tag{10.6.13}$$

由式（10.6.12）和式（10.6.13）可求出中心流形的渐近展开式为

$$v=h(u,\beta)=-u\beta+u^2+O((u^2+\beta^2)^{\frac{3}{2}})$$

代入式（10.6.11）得中心流形上流的方程即约化方程为

$$\begin{cases} \dot{u}=\beta u-u^2+O((u^2+\beta^2)^{\frac{3}{2}}) \\ \dot{\beta}=0 \end{cases}$$

约化系统和原系统的分岔图如图 10.8 所示。

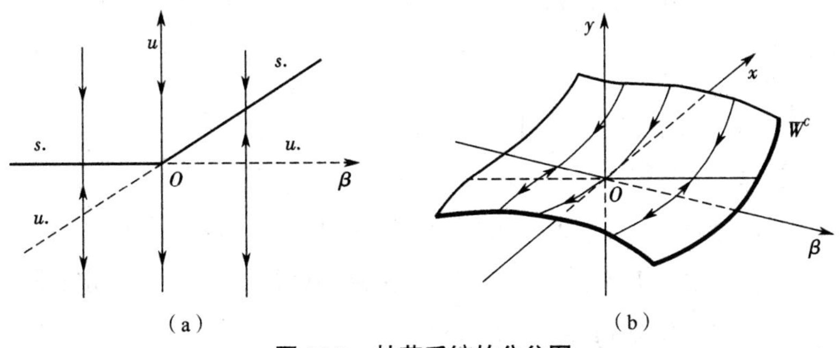

图 10.8　杜芬系统的分岔图

（a）约化系统　（b）原系统

10.7　规范形理论

1. 规范形的基本概念

规范形（Normal Form）理论是由庞加莱和伯克霍夫首先提出的，故规范形也称庞加莱 - 伯

克霍夫规范形,或称为向量场规范形,简称 PB 规范形。规范形是向量场的一种简化了的表达式。规范形理论是通过一系列近恒等变换在平衡点附近把微分方程化简,找出中心流形上流的方程在退化奇点附近非线性项的最简单形式。

定义 10.7.1 $H_k(R^n)$ 是在线性空间 R^n 内以 n 个变量组成的 k 次齐次多项式的每一个 k 阶单项式为基所张成的空间,$k=2,\cdots,r$,且

$$\dim H_k(R^n)=n\cdot \mathrm{C}_{n+k-1}^{n-1}=n\cdot\frac{(n+k-1)!}{(n-1)!k!}$$

例 10.8 试求 $n=2$、$k=2$ 时的 $H_k(R^n)$。

解: 由于 $n=2$,设变量为 x_1,x_2。则按定义,$H_2(R^2)$ 的基应为 R^2 内由 x_1,x_2 组成的 2 次齐次多项式 $\begin{pmatrix}a_1x_1^2+a_2x_1x_2+a_3x_2^2\\ b_1x_1^2+b_2x_1x_2+b_3x_2^2\end{pmatrix}$ 的每一个 2 次单项式,共有 6 个,即

$$\left\{\begin{pmatrix}0\\x_1^2\end{pmatrix},\begin{pmatrix}0\\x_1x_2\end{pmatrix},\begin{pmatrix}0\\x_2^2\end{pmatrix},\begin{pmatrix}x_1^2\\0\end{pmatrix},\begin{pmatrix}x_1x_2\\0\end{pmatrix},\begin{pmatrix}x_2^2\\0\end{pmatrix}\right\}$$

事实上,此时有 $\dim H_2(R^2)=2\cdot \mathrm{C}_{2+2-1}^{2-1}=2\cdot \mathrm{C}_3^1=6$ 与基的个数确实相符。

考虑系统

$$\dot{\boldsymbol{x}}=f(\boldsymbol{x}) \tag{10.7.1}$$

其中,$\boldsymbol{x}=(x_1,x_2,\cdots,x_n)^{\mathrm{T}}\in R^n$。设 $f(x)$ 足够光滑,且 $f(0)=0$。将系统(10.7.1)在平衡点 $x=0$ 处展开成泰勒级数

$$\dot{\boldsymbol{x}}=\boldsymbol{A}\boldsymbol{x}+f^2(\boldsymbol{x})+\cdots+f^r(\boldsymbol{x})+O(|\boldsymbol{x}|^{r+1})\quad \boldsymbol{x}\in R^n \tag{10.7.2}$$

其中,$\boldsymbol{A}=Df(0)$ 是 $n\times n$ 矩阵,$f^k(\boldsymbol{x})\in H_k(R^n)$。设 $\boldsymbol{A}$ 已经是约当标准形。引入近恒等变换

$$\boldsymbol{x}=\boldsymbol{y}+\boldsymbol{p}^k(\boldsymbol{y}) \tag{10.7.3}$$

其中,$\boldsymbol{y}=(y_1,y_2,\cdots,y_n)^{\mathrm{T}}\in R^n$,$\boldsymbol{p}^k(\boldsymbol{y})\in H_k(R^n),k\geqslant 2$ 是 k 次齐次多项式,即

$$\boldsymbol{p}^k(\boldsymbol{y})=\begin{pmatrix}a_{11}y_1^k+a_{12}y_1^{k-1}y_2+\cdots\\ a_{21}y_1^k+a_{22}y_1^{k-1}y_2+\cdots\\ \cdots\\ a_{n1}y_1^k+a_{n2}y_1^{k-1}y_2+\cdots\end{pmatrix}$$

将上式代入式(10.7.2),得

$$\dot{\boldsymbol{y}}=\boldsymbol{A}\cdot\boldsymbol{y}+f^2(\boldsymbol{y})+\cdots+f^k(\boldsymbol{y})-D_y\boldsymbol{p}^k(\boldsymbol{y})\boldsymbol{A}\cdot\boldsymbol{y}+\boldsymbol{A}\boldsymbol{p}^k(\boldsymbol{y})+O(|\boldsymbol{y}|^{k+1}) \tag{10.7.4}$$

其中,$D_y\boldsymbol{p}^k(\boldsymbol{y})$ 是 $\boldsymbol{p}^k(\boldsymbol{y})$ 的雅可比矩阵,小于 k 阶的各项形式没有发生变化。定义同调算子 $\boldsymbol{L}_A^k$ 为

$$\boldsymbol{L}_A^k=L_A(\boldsymbol{p}^k(\boldsymbol{y}))=D_y\boldsymbol{p}^k(\boldsymbol{y})\boldsymbol{A}\boldsymbol{y}-\boldsymbol{A}\boldsymbol{p}^k(\boldsymbol{y}) \tag{10.7.5}$$

式(10.7.4)可重写为

$$\dot{\boldsymbol{y}}=\boldsymbol{A}\cdot\boldsymbol{y}+f^2(\boldsymbol{y})+\cdots+f^k(\boldsymbol{y})-\boldsymbol{L}_A(\boldsymbol{p}^k(\boldsymbol{y}))+O(|\boldsymbol{y}|^{k+1}) \tag{10.7.6}$$

记 $R(\boldsymbol{L}_A^k)$ 为 $\boldsymbol{L}_A^k$ 的值空间,将 $H_k(R^n)$ 进行直和分解

$$H_k(R^n)=R(\boldsymbol{L}_A^k)\dotplus G_n^k \tag{10.7.7}$$

G_n^k 为 $R(\boldsymbol{L}_A^k)$ 的补空间,令 $f^k(\boldsymbol{y})=h^k(\boldsymbol{y})+g^k(\boldsymbol{y})$,其中 $h^k(\boldsymbol{y})\in R(\boldsymbol{L}_A)$,$g^k(\boldsymbol{y})\in G_n^k$。选择适

当的$\boldsymbol{p}^k(\boldsymbol{y})$，使得$\boldsymbol{L}_A(p^k(\boldsymbol{y}))=h^k(\boldsymbol{y})$，则式(10.7.6)变为

$$\dot{\boldsymbol{y}}=A\cdot\boldsymbol{y}+f^2(\boldsymbol{y})+\cdots+f^k(\boldsymbol{y})+g^k(\boldsymbol{y})+O(|\boldsymbol{y}|^{k+1}) \tag{10.7.8}$$

综如上述，可得到定理如下。

定理 10.7.1　庞加莱 - 伯克霍夫规范形定理　若G_n^k为在$H_k(R^n)$内算子$\boldsymbol{L}_A^k$的值域的补空间，$k=2,\cdots,r$，则存在一系列近恒等变换

$$\boldsymbol{x}=\boldsymbol{y}+\boldsymbol{p}^k(\boldsymbol{y}),\boldsymbol{p}^k(\boldsymbol{y})\in H_k(R^n)\quad k=2,\cdots,r$$

把系统(10.7.1)化简为

$$\dot{\boldsymbol{y}}=A\cdot\boldsymbol{y}+g^2(\boldsymbol{y})+\cdots+g^r(\boldsymbol{y})+O(|\boldsymbol{y}|^{r+1}) \tag{10.7.9}$$

其中，$g^k(\boldsymbol{y})\in G_n^k,k=2,\cdots,r$。

式(10.7.9)即为式(10.7.1)的r阶规范形，由于补空间G_n^k不唯一，所以规范形并不唯一。

定义 10.7.2　系统

$$\dot{\boldsymbol{y}}=A\cdot\boldsymbol{y}+g^2(\boldsymbol{y})+\cdots+g^r(\boldsymbol{y}) \tag{10.7.10}$$

称为系统(10.7.1)的一个r**阶(截断)PB 规范形**。

引理 10.7.1　庞加莱引理　设在R^n上，线性算子$\boldsymbol{A}$有特征值$\lambda_1,\lambda_2,\cdots,\lambda_n$(包括重根和复根)，则在$H_k(R^n)$上，$\boldsymbol{L}_A^k$的特征值为

$$m_1\lambda_1+m_2\lambda_2+\cdots+m_n\lambda_n-\lambda_s=\sum_{i=1}^n m_i\lambda_i-\lambda_s\leqslant m\quad \lambda>-\lambda_s \tag{10.7.11}$$

其中，$m_1,\cdots,m_n$是大于或等于 0 的整数，$s\in\{1,2,\cdots,n\}$。

定义 10.7.3　庞加莱规范形关于共振的定义　若存在一组整数$m_1,\cdots,m_n\geqslant 0$，且$|m|=\sum_{i=1}^n m_i\geqslant 2$，并存在$s\in\{1,2,\cdots,n\}$，使得

$$<m,\lambda>-\lambda_s=0 \tag{10.7.12}$$

则$\lambda_1,\lambda_2,\cdots,\lambda_n$称为**共振**的，其中$\lambda_i\in C$。

对于非共振情况，有以下定理。

定理 10.7.2　庞加莱线性化定理　对所有的$s\in\{1,2,\cdots,n\}$和所有的$m_1,\cdots,m_n$，$|m|=\sum_{i=1}^n m_i\geqslant 2$，若有非共振条件

$$<m,\lambda>-\lambda_s\neq 0 \tag{10.7.13}$$

则方程(10.7.5)对任意的右端都是可解的。

下面介绍 PB 规范形计算的具体方法——矩阵法。

为了求得k次项的最简形式$g^k(\boldsymbol{y})$，由于$g^k(\boldsymbol{y})\in G_n^k\subset H_k(R^n)$，故首先需要知道子空间$G_n^k$的基。

设$H_k(R^n)$的一组基为$\boldsymbol{e}=\{\boldsymbol{e}_1,\boldsymbol{e}_2,\cdots\}$，算子$\boldsymbol{L}_A^k$在这组基下可表示为矩阵$\boldsymbol{L}$。记$\boldsymbol{L}$的复共轭转置矩阵为$\boldsymbol{L}^*$。由线性代数的知识可知，$\boldsymbol{L}^*$的零空间$N(\boldsymbol{L}^*)$正是$R(\boldsymbol{L}_A^k)$的补空间$G_n^k$。若$\{\boldsymbol{\xi}_i\}$为$\boldsymbol{L}^*$的零特征值对应的特征向量的集合，或者说是

$$\boldsymbol{L}^*\boldsymbol{\xi}=0 \tag{10.7.14}$$

的基础解系，则 $N(\boldsymbol{L}^*)$ 的基（也即 G_n^k 的基）$\tilde{\boldsymbol{e}}=\{\tilde{\boldsymbol{e}}_1,\tilde{\boldsymbol{e}}_2,\cdots\}$ 即可表示为

$$\{\tilde{\boldsymbol{e}}_1,\tilde{\boldsymbol{e}}_2,\cdots\}=\{\boldsymbol{e}_1,\boldsymbol{e}_2,\cdots\}\times\{\boldsymbol{\xi}_1,\boldsymbol{\xi}_2,\cdots\} \tag{10.7.15}$$

由式（10.7.15）求出 $\tilde{\boldsymbol{e}}_1$，$\tilde{\boldsymbol{e}}_2$，$\cdots$之后，即可得

$$g^k(\boldsymbol{y})=a\tilde{\boldsymbol{e}}_1+b\tilde{\boldsymbol{e}}_2+\cdots \tag{10.7.16}$$

其中，a，b，$\cdots$为常数。

下面举例说明将一个动力系统化为 PB 规范形的过程。

例 10.9 试用矩阵法求系统

$$\dot{\boldsymbol{x}}=\boldsymbol{A}\boldsymbol{x}+O(\|\boldsymbol{x}\|)\text{，}\boldsymbol{A}=\begin{bmatrix}0&1\\0&0\end{bmatrix}\text{，}\boldsymbol{x}=\begin{pmatrix}x_1\\x_2\end{pmatrix}\in R^2 \tag{10.7.17}$$

的二阶截断 PB 规范形。

解：由于是二阶截断 PB 规范形，故 $k=2$；又因为是 R^2，故 $n=2$。取近恒等变换

$$\boldsymbol{x}=\boldsymbol{y}+\boldsymbol{p}^2(\boldsymbol{y})$$

其中，$\boldsymbol{y}=\begin{pmatrix}y_1\\y_2\end{pmatrix}\in R^2$，$\boldsymbol{p}^2(\boldsymbol{y})=\begin{pmatrix}p_1\\p_2\end{pmatrix}\in H_2(R^2)$。由例 10.8 知 $H_2(R^2)$ 的基可取为

$$\{\boldsymbol{e}_1,\boldsymbol{e}_2,\boldsymbol{e}_3,\boldsymbol{e}_4,\boldsymbol{e}_5,\boldsymbol{e}_6\}=\left\{\begin{pmatrix}0\\y_1^2\end{pmatrix},\begin{pmatrix}0\\y_1y_2\end{pmatrix},\begin{pmatrix}0\\y_2^2\end{pmatrix},\begin{pmatrix}y_1^2\\0\end{pmatrix},\begin{pmatrix}y_1y_2\\0\end{pmatrix},\begin{pmatrix}y_2^2\\0\end{pmatrix}\right\}$$

又由式（10.7.5）知，同调算子

$$\boldsymbol{L}_A(\boldsymbol{p}^k(\boldsymbol{y}))=D_y\boldsymbol{p}^2(\boldsymbol{y})\boldsymbol{A}\boldsymbol{y}-\boldsymbol{A}\boldsymbol{p}^2(\boldsymbol{y})=\begin{bmatrix}\dfrac{\partial p_1}{\partial y_1}&\dfrac{\partial p_1}{\partial y_2}\\\dfrac{\partial p_2}{\partial y_1}&\dfrac{\partial p_2}{\partial y_2}\end{bmatrix}\begin{bmatrix}0&1\\0&0\end{bmatrix}\begin{pmatrix}y_1\\y_2\end{pmatrix}-\begin{bmatrix}0&1\\0&0\end{bmatrix}\begin{pmatrix}p_1\\p_2\end{pmatrix}$$

故可得

$$\boldsymbol{L}_A(\boldsymbol{e}_1)=\begin{pmatrix}-y_1^2\\2y_1y_2\end{pmatrix}=2\boldsymbol{e}_2-\boldsymbol{e}_4\text{，}\boldsymbol{L}_A(\boldsymbol{e}_2)=\begin{pmatrix}-y_1y_2\\y_2^2\end{pmatrix}=\boldsymbol{e}_3-\boldsymbol{e}_5\text{，}$$

$$\boldsymbol{L}_A(\boldsymbol{e}_3)=\begin{pmatrix}-y_2^2\\0\end{pmatrix}=-\boldsymbol{e}_6\text{，}\boldsymbol{L}_A(\boldsymbol{e}_4)=\begin{pmatrix}2y_1y_2\\0\end{pmatrix}=2\boldsymbol{e}_5\text{，}\boldsymbol{L}_A(\boldsymbol{e}_5)=\begin{pmatrix}y_2^2\\0\end{pmatrix}=\boldsymbol{e}_6\text{，}$$

$$\boldsymbol{L}_A(\boldsymbol{e}_6)=\begin{pmatrix}0\\0\end{pmatrix}=0$$

因此，$\boldsymbol{L}_A$ 在基 $\{\boldsymbol{e}_1,\boldsymbol{e}_2,\boldsymbol{e}_3,\boldsymbol{e}_4,\boldsymbol{e}_5,\boldsymbol{e}_6\}$ 下的矩阵表示为

$$\boldsymbol{L}=\begin{bmatrix}0&0&0&0&0&0\\2&0&0&0&0&0\\0&1&0&0&0&0\\-1&0&0&0&0&0\\0&-1&0&2&0&0\\0&0&-1&0&1&0\end{bmatrix}$$

由此可求出 $\boldsymbol{L}$ 的复共轭转置矩阵 $\boldsymbol{L}^*$。本题中由于 $\boldsymbol{L}$ 为实数阵，故有 $\boldsymbol{L}^*=\boldsymbol{L}^{\mathrm{T}}$。由 $\boldsymbol{L}^*\boldsymbol{\xi}=0$ 可解得

$$\boldsymbol{\xi}_1=(0,1,0,2,0,0)^{\mathrm{T}}\text{ , }\boldsymbol{\xi}_2=(1,0,0,0,0,0)^{\mathrm{T}}$$

故由式(10.7.15)知 G_n^k(本题中为 G_2^2)的基为

$$\{\tilde{\boldsymbol{e}}_1,\tilde{\boldsymbol{e}}_2\}=(\boldsymbol{e}_1,\boldsymbol{e}_2,\cdots,\boldsymbol{e}_6)\times(\boldsymbol{\xi}_1,\boldsymbol{\xi}_2)=\{2\boldsymbol{e}_1+\boldsymbol{e}_5,\boldsymbol{e}_4\}=\left\{\begin{pmatrix}2y_1^2\\ y_1y_2\end{pmatrix},\begin{pmatrix}0\\ y_1^2\end{pmatrix}\right\}$$

故对 $g^2(\boldsymbol{y})\in G_2^2$ 有

$$g^2(\boldsymbol{y})=a\tilde{\boldsymbol{e}}_1+b\tilde{\boldsymbol{e}}_2=\begin{pmatrix}2ay_1^2\\ ay_1y_2+by_1^2\end{pmatrix}$$

其中,a,b 为常数。故系统(10.6.17)的二阶截断 PB 规范形为

$$\begin{cases}\dot{y}_1=y_2+2ay_1^2\\ \dot{y}_2=ay_1y_2+by_1^2\end{cases}$$

矩阵法的原理比较简单,但 $H_k(R^n)$ 的维数随 n 和 k 的增大而迅速增大。例如,当 $n=4$、$k=3$ 时,$\dim H_k(R^n)=80$,从而计算量变得很大。随着电子计算机技术的发展,现在高维、高阶规范形的计算通常使用 Mathematica, MAPLE, MATLAB 等符号和数值计算软件来完成,大大提高了工作效率。

定理 10.7.3　设 $\boldsymbol{A}=\mathrm{diag}(\lambda_1,\lambda_2,\cdots,\lambda_n)$,则 r 阶 $\boldsymbol{A}$ 规范形可以选取为使其中 k 阶齐次多项式($2\leqslant k\leqslant r$)恰为所有 k 阶共振单项式的线性组合。

例 10.10　求系统 $\begin{cases}\dot{z}=-iz+O(|z|^2)\\ \dot{\bar{z}}=-i\bar{z}+O(|\bar{z}|^2)\end{cases}$ 的规范形。

解:

$$\boldsymbol{A}=\begin{bmatrix}-i & 0\\ 0 & i\end{bmatrix}=\mathrm{diag}(-i,i)$$

其特征值为 $\lambda_1=-i,\lambda_2=i$,共振条件为 $\alpha_1-\alpha_2=1,\alpha=\alpha_1+\alpha_2$。于是其 r(r=2k+1)阶规范形为大于其他所有奇次阶的多项式的线性组合,即

$$\dot{z}=iz+A_3|z|^2z+\cdots+A_{2k+1}|z|^{2k}z$$

10.8　奇异性理论

对于一个高维系统,人们通常先用 L-S 方法或中心流形定理将其降维,再用范式理论将其化简,从而得到最简形式的约化方程。一些比较简单而又典型的一维约化方程,在 10.4 节中已进行了研究。奇异性理论是处理静态分岔的有效手段。本节主要介绍用奇异性理论处理形如

$$g(x,\mu)=0 \tag{10.8.1}$$

的一维静态分岔问题。

奇异性理论包括三方面的内容,即识别问题、开折问题和分类问题,下面分别予以介绍。

1. 识别问题

在用 L-S 方法或中心流形定理对高维系统进行降维以得到约化方程的过程中，一般只能求出约化方程的有限项。识别问题研究这些有限项能否反映原系统的分岔特性，或者说原系统在满足何种条件时才等价于有限项的约化方程。为此先给出几个定义。

定义 10.8.1 设 $(0,0)\in U\times V\subset R\times R$，$g$、$h$ $U\times V\to R$ 是两个 C^∞ 函数。若在点（0，0）的某个邻域 $U_1\times V_1\subset U\times V$ 内，存在 C^∞ 微分同胚 $T(x,\mu)\to(X(x,\mu),M(\mu))$ 和 C^∞ 函数 $S(x,\mu)$，其中 X $U_1\times V_1\to R$，M $V_1\to R$，S $U_1\times V_1\to R$，它们满足

$$M(0)=0\text{，}X(0,0)=0\text{，}M'(\mu)>0\text{，}X_x(x,\mu)>0\text{，}S(x,\mu)>0 \tag{10.8.2}$$

并在（0,0）点附近有

$$g(x,\mu)=S(x,\mu)h(X(x,\mu),M(\mu)) \tag{10.8.3}$$

则称 g 和 h 是**等价**的，记为 $g\sim h$。若此时 $M(\mu)=\mu$，则称 g 和 h 是**强等价**的，记为 $g\overset{s}{\sim}h$。

由定义 10.8.1 可以推出以下几点结论。

推论 10.8.1 若 $g\sim h$，且（0,0）是 g 的一个奇异点，则（0,0）也是 h 的一个奇异点。

推论 10.8.2 若 $g\sim h$，则方程 $g(x,\mu)=0$ 和 $h(x,\mu)=0$ 在（0，0）附近解的数目有对应关系 $n_g(\mu)=n_h(M(\mu))$。

推论 10.8.3 若 $g\sim h$，则方程 $\dot{x}-g(x,\mu)=0$ 与 $\dot{x}-h(x,\mu)=0$ 的对应轨线有相同的时间定向，故对应的平衡点有相同的稳定性。

定义 10.8.2 若 $g\sim h$，且在点（0，0）的某个邻域 $U_1\times V_1\subset U\times V$ 内，有 $g(x,\mu)=h(x,\mu)$，则将 $g(x,\mu)$ 与 $h(x,\mu)$ 视为**等同**的。显然，这种等同是一种等价关系。按这种等价关系得到的等价类称为**芽**。所有这样的芽组成一个线性空间，称为**芽空间**，记为 $\varepsilon_{x,\mu}$。

设 $h\in\varepsilon_{x,\mu}$，且（0，0）为 h 的一个奇异点，则 h 的识别问题就是研究与 h 强等价的 g 所需满足的条件，这些条件称为 h 的**识别条件**。由数学分析可知，任意一个复杂的连续函数，只要其足够光滑，总可以在原点处展开为多项式级数，而在 10.7 节中我们知道，k 阶多项式可以通过近恒等变换化为简单的 k 阶范式，故范式的识别条件一直是人们研究的重点。表 10.1 列出了一些常用的范式的识别条件。这些范式称为戈鲁比茨基 - 沙弗范式，简称 GS 范式。

表 10.1

编号	GS 范式	$x=\lambda=0$ 处的识别条件
1	$\varepsilon x^k+\delta\mu$ （$k\geqslant 2$）	$g=g_x=\cdots=\partial^{k-1}g/\partial x^{k-1}=0$ $\varepsilon=\mathrm{sgn}(\partial^k g/\partial x^k)$，$\delta=\mathrm{sgn}\,g_\mu$
2	$\varepsilon x^k+\delta\mu x$ （$k\geqslant 3$）	$g=g_x=\cdots=\partial^{k-1}g/\partial x^{k-1}=g_\mu=0$ $\varepsilon=\mathrm{sgn}(\partial^k g/\partial x^k)$，$\delta=\mathrm{sgn}\,g_{x\mu}$
3	$\varepsilon(x^2+\delta\mu^2)$	$g=g_x=g_\mu=0$ $\varepsilon=\mathrm{sgn}\,g_{xx}$，$\delta=\mathrm{sgn}\det D^2g$
4	$\varepsilon x^2+\delta\mu^3$	$g=g_x=g_\mu=\det D^2g=0$ $\varepsilon=\mathrm{sgn}\,g_{x\mu}$，$\delta=\mathrm{sgn}\,g_{vvv}$

续表

编号	GS 范式	$x=\lambda=0$ 处的识别条件
5	$\varepsilon x^2+\delta\mu^4$	$g=g_x=g_\mu=\det D^2g=g_{vvv}=0$ $\varepsilon=\operatorname{sgn} g_{xx}$，$\delta=\operatorname{sgn} q^*$
6	$\varepsilon x^3+\delta\mu^2$	$g=g_x=g_\mu=g_{xx}=g_{x\mu}=0$ $\varepsilon=\operatorname{sgn} g_{xxx}$，$\delta=\operatorname{sgn} g_{\mu\mu}$

关于表 10.1 有以下几点要说明。

限定条件和非退化条件都是对 $(x,\mu)=(0,0)$ 取值的。在非退化条件中，要求在 sgn 的括号内的部分不等于 0。

$\boldsymbol{\Delta}=\det \boldsymbol{D}^2\boldsymbol{g}$，其中 $\boldsymbol{D}^2\boldsymbol{g}$ 是 $\boldsymbol{g}(x,\mu)$ 的海赛矩阵，即

$$\boldsymbol{D}^2\boldsymbol{g}=\begin{bmatrix} g_{xx} & g_{x\mu} \\ g_{\mu x} & g_{\mu\mu} \end{bmatrix}$$

在第 4、5 两行中，由于 $\boldsymbol{\Delta}=0$，故 $\boldsymbol{D}^2\boldsymbol{g}$ 有零特征根。记 $\boldsymbol{v}$ 为 $\boldsymbol{D}^2\boldsymbol{g}$ 的零特征根所对应的特征向量，$\boldsymbol{g}_v$ 表示 $\boldsymbol{g}$ 沿着 $\boldsymbol{v}$ 的方向导数，$q=g_{vvvv}g_{xx}-3g_{vvx}^2$。例如，若

$$g(x,\lambda)=a(x+b\lambda)^2$$

其中 $a\neq 0$，则

$$\boldsymbol{D}^2\boldsymbol{g}=\begin{bmatrix} 2a & 2ab \\ 2ab & 2ab^2 \end{bmatrix}$$

显然此时 $\boldsymbol{\Delta}=0$，取 $\boldsymbol{v}=(b,-1)^{\mathrm{T}}$ 为 $\boldsymbol{D}^2\boldsymbol{g}$ 的零特征根所对应的特征向量，则此时方向导数算子为

$$\frac{\partial}{\partial \boldsymbol{v}}=b\frac{\partial}{\partial x}-\frac{\partial}{\partial \mu}$$

由于表 10.1 中给出的识别条件只包括 $\boldsymbol{g}$ 的几个偏导数，故只需计算 $\boldsymbol{g}$ 的泰勒展开式的有限多项，就可以判定 $\boldsymbol{g}$ 是否与 h 等价。此时，称 h 是**有限确定**的。

下面举例说明如何利用表 10.1 来研究一维静态分岔问题。

例 10.11　考虑方程

$$g(x,\mu)=-x+(2\mu+1)\sin x=0 \tag{10.8.4}$$

的分岔特性。

解：式(10.8.4)有平衡点(0,0)，且有

$$g(0,0)=g_x(0,0)=g_{xx}(0,0)=g_\mu(0,0)=0,\ g_{xxx}(0,0)=-1,\ g_{x\mu}=2$$

符合表 10.1 的第二行的识别条件，故知 $g(x,\mu)$ 的范式为 $h(x,\mu)=\mu x-x^3$。由例 10.3 的结果知，$g(x,\mu)$ 在点(0,0)处会发生超临界叉形分岔。

2. 开折问题

方程往往是对真实物理现象作一定的简化后得到的理想的数学模型，而真实状态与理想状态之间有一定的差别，这种差别称为**非完全性**。我们把非完全性看成对理想系统的一个扰动，并通过引入附加参数来体现非完全性对系统的扰动，这种方法称为**开折**。**开折问题**就是研

究非完全性对方程的分岔性态的影响。

定义 10.8.3 对芽 $g(x,\mu)\in\varepsilon_{x,\mu}$，其中 $\mu\in R$，若存在芽 $G(x,\mu,a)\in\varepsilon_{x,\mu,a}$，其中 $a=(a_1,\cdots,a_k)\in R^k$（$k\geqslant 0$），使得当 $a=0$ 时有

$$G(x,\mu,0)=g(x,\mu) \tag{10.8.5}$$

则称 G 为 g 的一个 k- **参数开折**，a 称为**开折参数**。特别地，g 的 0- 参数开折就是 g 本身。

由于 $G(x,\mu,a)=g(x,\mu)+[G(x,\mu,a)-G(x,\mu,0)]$，所以 $G(x,\mu,a)$ 可以看作 $g(x,\mu)$ 的一个扰动函数，其中扰动与 k 个附加参数 $a_1,\cdots,a_k$ 有关。

由定义 10.8.3 可以看出，函数 $g(x,\mu)$ 有无穷多个开折。下面讨论这些开折之间的关系。

定义 10.8.4 设 $G(x,\mu,\alpha)$ 和 $G(x,\mu,\beta)$ 是芽 $g(x,\mu)$ 的两个开折。若在 $(x,\mu,\beta)=(0,0,0)$ 的某邻域内存在 C^∞ 同胚 $T(x,\mu)\to(X(x,\mu,\beta),M(\mu,\beta))$，$S(x,\mu,\beta)\in\varepsilon_{x,\mu}$，$A(\beta)\in\varepsilon_\beta$，并满足

$$S(0,0,0)>0,\ X'_x(0,0,0)>0,\ M'_\mu(0,0)>0 \tag{10.8.6}$$

和

$$S(x,\mu,0)\equiv 1,\ X(x,\mu,0)\equiv x,\ M(\mu,0)\equiv\mu,\ A(0)=0 \tag{10.8.7}$$

使得

$$H(x,\mu,\beta)=S(x,\mu,\beta)G(X(x,\mu,\beta),M(\mu,\beta),A(\beta)) \tag{10.8.8}$$

则称 H **由** G **代理**。

将定义 10.8.4 中的条件与定义 10.8.1 相比较，可以立即得到如下结论。

推论 10.12 若开折 H 由开折 G 代理，则对开折 H 的每个元素 $H(*,*,\beta)$，都可以找到开折 G 的某个元素 $G(*,*,A(\beta))$ 与 $H(*,*,\beta)$ 等价。也就是说，开折 G 在等价的意义下包含了由开折 H 给出的一切扰动。

例 10.8.2 设 $g(x,\mu)=x^3-\mu x$。显然，$G(x,\mu,\alpha_1,\alpha_2)=x^3-\mu x+\alpha_1+\alpha_2x^2$ 是 g 的一个 2- 参数开折，而 $H(x,\mu,\beta)=x^3-\mu x+\beta^3$ 是 g 的一个 1- 参数开折，其中 $\mu,\alpha_1,\alpha_2,\beta\in R$。若取 $S=1$，$X=x+\beta$，$M=\mu+3\beta^2$，$A_1=0$，$A_2=-3\beta$，则有 $H(x,\mu,\beta)=S\cdot G(X,M,A_1,A_2)$。这表明 H 可由 G 代理。

定义 10.8.5 设 $g\in\varepsilon_{x,\mu}$，$\mu\in R$，G 是 g 的某个开折，且 g 的任何开折都可由 G 代理，则称 G 是 g 的一个**通有开折**。g 的通有开折通常有无数个。它们中间所含参数的数目最少的开折称为**普适开折**，其开折参数的个数称为 g 的**余维数**，记作 $\mathrm{co}\dim g$。并非任何 $g\in\varepsilon_{x,\mu}$ 都有通有开折。若 g 没有通有开折，则称 g 的余维数为无穷大。此外，g 的普适开折一般不是唯一的。

由普适开折的定义和推论 10.8.4 立即可知，g 的普适开折通过引入数目最少的参数就能在等价的意义下包含 g 的一切扰动函数。因此，普适开折的计算就成为开折问题的主要研究内容。

下面简介普适开折的计算方法。为此引入切空间的概念。

定义 10.8.6 芽 $g(x,\mu)\in\varepsilon_{x,\mu}$ **的切空间** $T(g)$ 定义为

$$T(g)=\left\{a(x,\mu)g+b(x,\mu)g_x+c(\mu)g_\mu\right\} \tag{10.8.9}$$

其中，a，$b\in\varepsilon_{x,\mu}$，$c\in\varepsilon_\mu$。

显然，$T(g)$ 是 $\varepsilon_{x,\mu}$ 的子空间。可以证明，g 的余维数等于切空间 $T(g)$ 的余维数，即

$$\operatorname{codim} g = \operatorname{codim} T(g) = \dim V = k$$

其中，V 是 $T(g)$ 在 $\varepsilon_{x,\mu}$ 中的补空间，$\varepsilon_{x,\mu} = T(g) \oplus V$。若 V 有一组基向量 $\{\boldsymbol{p}_1, \cdots, \boldsymbol{p}_k\}$，则

$$G(x,\mu,a) = g(x,\mu) + \sum_{j=1}^{k} a_j \boldsymbol{p}_j(x,\mu) \tag{10.8.10}$$

是 g 的一个普适开折，其中 $a = (a_1, \cdots, a_k) \in R^k$ 是开折参数。于是普适开折的计算可归结为确定补空间 V 的基向量。

表 10.2 列出了余维数不超过 3 的 GS 范式的普适开折。

值得注意的是，表 10.2 只给出了每种 GS 范式的一种普适开折。而我们知道，g 的普适开折一般不是唯一的。因此，即使我们已经用表 10.1 判定 $g(x,\mu)$ 与某个余维数为 k 的 GS 范式强等价，同时又知道 $G(x,\mu,a)$ 是 $g(x,\mu)$ 的一个 k - 参数开折，也不能通过表 10.2 来确定 $G(x,\mu,a)$ 是否是 $g(x,\mu)$ 的普适开折。这就引出了普适开折的识别问题。

定理 10.8.1　设 $G(x,\mu,a)$ 是 $g(x,\mu)$ 的一个 k - 参数开折，$g(x,\mu)$ 与某个余维数为 k 的 GS 范式 $h(x,\mu)$ 强等价，若按表 10.2 根据 $h(x,\mu)$ 的形式并利用 $G(x,\mu,a)$ 和 $g(x,\mu)$ 的一些导数构造矩阵 $\boldsymbol{A}(x,\mu,a)$，则 $G(x,\mu,a)$ 是 $g(x,\mu)$ 的普适开折的充要条件是

$$\det \boldsymbol{A}(0,0,0) \neq 0$$

表 10.2 列出了对应函数 $g(x,\mu)$ 的初等分岔普适开折的识别条件（$\varepsilon = \pm 1, \delta = \pm 1$）。

表 10.2

GS 范式	余维数	非奇异矩阵
（1）$\varepsilon x^2 + \delta\mu$	0	—
（2），（3）$\varepsilon(x^2 + \delta\mu^2)$	1	G_α
（4）$\varepsilon x^3 + \delta\mu$	1	$\begin{pmatrix} g_\mu & g_{\mu x} \\ G_\alpha & G_{\alpha x} \end{pmatrix}$
（5）$\varepsilon x^2 + \delta\mu^3$	2	$\begin{pmatrix} 0 & g_{xx} & g_{x\mu} \\ G_\alpha & G_{\alpha x} & G_{\alpha\mu} \\ G_\beta & G_{\beta x} & G_{\beta\mu} \end{pmatrix}$
（6）$\varepsilon x^3 + \delta\mu x$	2	$\begin{pmatrix} 0 & 0 & g_{x\mu} & g_{xxx} \\ 0 & g_{\mu x} & g_{\mu\mu} & g_{\mu xx} \\ G_\alpha & G_{\alpha x} & G_{\alpha\mu} & G_{\alpha xx} \\ G_\beta & G_{\beta x} & G_{\beta\mu} & G_{\beta xx} \end{pmatrix}$
（7）$\varepsilon x^4 + \delta\mu$	2	$\begin{pmatrix} g_\mu & g_{\mu x} & g_{\mu xx} \\ G_\alpha & G_{\alpha x} & G_{\alpha xx} \\ G_\beta & G_{\beta x} & G_{\beta xx} \end{pmatrix}$
（8）$\varepsilon x^2 + \delta\mu^4$	3	$\begin{pmatrix} 0 & 0 & 0 & g_{xx} & g_{x\mu} & g_{\mu\mu} \\ 0 & g_{xx} & g_{x\mu} & g_{xxx} & g_{xx\mu} & g_{x\mu\mu} \\ 0 & 0 & 0 & 0 & g_{xx} & 2g_{x\mu} \\ G_\alpha & G_{\alpha x} & G_{\alpha\mu} & G_{\alpha xx} & G_{\alpha x\mu} & G_{\alpha\mu\mu} \\ G_\beta & G_{\beta x} & G_{\beta\mu} & G_{\beta xx} & G_{\beta x\mu} & G_{\beta\mu\mu} \\ G_\gamma & G_{\gamma x} & G_{\gamma\mu} & G_{\gamma xx} & G_{\gamma x\mu} & G_{\gamma\mu\mu} \end{pmatrix}$

续表

GS 范式	余维数	非奇异矩阵
(9) $\varepsilon x^3+\delta\mu^2$	3	$\begin{pmatrix} 0 & 0 & g_{x\mu} & g_{xxx} & g_{xx\mu} \\ 0 & g_{\mu x} & g_{\mu\mu} & g_{\mu xx} & g_{\mu\mu x} \\ G_\alpha & G_{\alpha x} & G_{\alpha\mu} & G_{\alpha xx} & G_{\alpha\mu x} \\ G_\beta & G_{\beta x} & G_{\beta\mu} & G_{\beta xx} & G_{\beta\mu x} \\ G_\gamma & G_{\gamma x} & G_{\gamma\mu} & G_{\gamma xx} & G_{\gamma\mu x} \end{pmatrix}$
(10) $\varepsilon x^4+\delta\mu x$	3	$\begin{pmatrix} 0 & 0 & g_{x\mu} & 0 & g_{xxxx} \\ 0 & g_{\mu x} & g_{\mu\mu} & g_{\mu xx} & g_{\mu xxx} \\ G_\alpha & G_{\alpha x} & G_{\alpha\mu} & G_{\alpha xx} & G_{\alpha xxx} \\ G_\beta & G_{\beta x} & G_{\beta\mu} & G_{\beta xx} & G_{\beta xxx} \\ G_\gamma & G_{\gamma x} & G_{\gamma\mu} & G_{\gamma xx} & G_{\gamma xxx} \end{pmatrix}$
(11) $\varepsilon x^5+\delta\mu$	3	$\begin{pmatrix} g_\mu & g_{\mu x} & g_{\mu xx} & g_{\mu xxx} \\ G_\alpha & G_{\alpha x} & G_{\alpha xx} & G_{\alpha xxx} \\ G_\beta & G_{\beta x} & G_{\beta xx} & G_{\beta xxx} \\ G_\gamma & G_{\gamma x} & G_{\gamma xx} & G_{\gamma xxx} \end{pmatrix}$

表 10.2 中，α，β，γ是普适开折中的开折参数，$\varepsilon=\pm1$，$\delta=\pm1$。

下面讨论开折参数α对普适开折$G(x,\mu,a)$的分岔图的影响。

定义 10.8.6 若对于$\alpha\in R^k$的一个邻域U中的任意β，$G(*,*,\alpha)$与$G(*,*,\beta)$等价，从而当$G(x,\mu,\alpha)$受到小扰动时分岔图的定性性态保持不变，则称G在α处的分岔图是**持久**的，即分岔是**通有**的；否则称分岔图是**非持久**的，即分岔是**退化**的。

可以证明，当且仅当α属于下列点集之一时，$G(x,\mu,\alpha)$的分岔图是非持久的。

（1）$B=\left\{\alpha\in R^k \middle| 存在(x,\mu)，使得在(x,\mu,\alpha)处有G=G_x=G_\mu=0\right\}$。

（2）$H=\left\{\alpha\in R^k \middle| 存在(x,\mu)，使得在(x,\mu,\alpha)处有G=G_x=G_{xx}=0\right\}$。

（3）$D=\left\{\alpha\in R^k \middle| 存在(x_i,\mu)，i=1,2，x_1\neq x_2，使得在(x,\mu,\alpha)处有G=G_x=0\right\}$。

我们将满足集B、H和D中条件的$G(*,*,\alpha)$的奇异点(x,μ)分别称为**分支点**、**滞后点**和**双极限点**。

记集$\Sigma=B\cup H\cup D$，称为转迁集。它把开折参数空间划分为若干区域。由上可知，$G(*,*,\alpha)$的分岔图按开折参数α可分为两大类：

（1）当$\alpha\in\Sigma$时，$G(*,*,\alpha)$的分岔图是非持久的，并可按Σ的不同子集作进一步的分类；

（2）当$\alpha\notin\Sigma$时，$G(*,*,\alpha)$的分岔图是持久的，并可按Σ划分的子区域作进一步的分类。

3. 分类问题

分类问题研究对方程$g(x,\mu)=0$的静态分岔按定性性态进行分类。随着g的余维数增加，奇异点的退化程度增大，在g受扰动后可能出现的分岔情况变得更加复杂，因此余维数在静态分岔的分类问题中起着重要的作用。表 10.3 列出了余维数不超过 3 的奇异点的分类结果和相应的分岔图。

可以证明，设$g\in\varepsilon_{x,\mu}$，(0，0)是g的奇异点，且 codim $g\leqslant 3$，则g必与表 10.3 中所列的 11 种 GS 范式中的某一个强等价，或者说，余维数不超过 3 的奇异点只有 11 种静态分岔性态。

表 10.3

序号	余维数	GS 范式	普适开折	分岔图 ε=1		分岔图 ε=－1		奇点类型
				δ=－1	δ=1	δ=－1	δ=1	
1	0	$\varepsilon x^2+\delta\mu$	$\varepsilon x^2+\delta\mu$	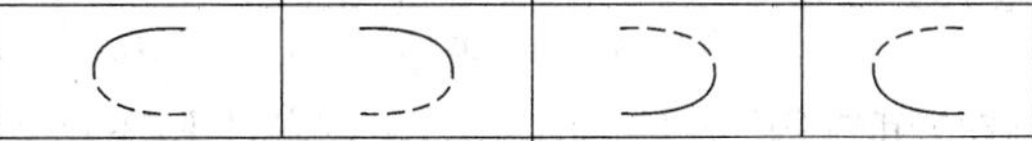				极限点
2	1	$\varepsilon(x^2-\mu^2)$	$\varepsilon(x^2-\mu^2)+\alpha$	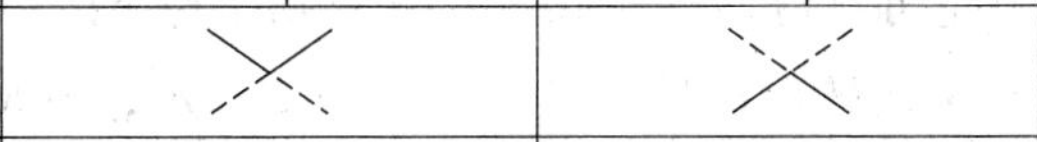				跨临界点
3	1	$\varepsilon(x^2+\mu^2)$	$\varepsilon(x^2+\mu^2)+\alpha$	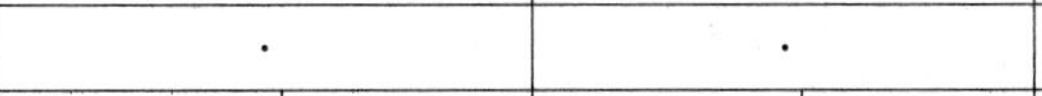				孤立点
4	1	$\varepsilon x^3+\delta\mu$	$\varepsilon x^3+\delta\mu+\alpha x$	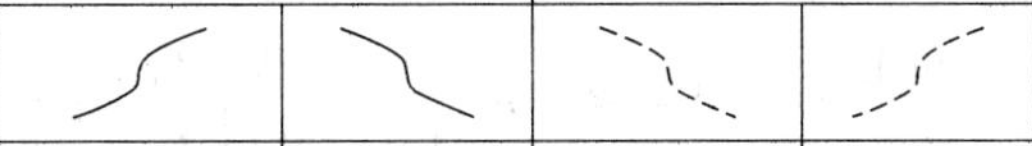				滞后点
5	2	$\varepsilon x^2+\delta\mu^3$	$\varepsilon x^2+\delta\mu^3+\alpha+\beta\mu$	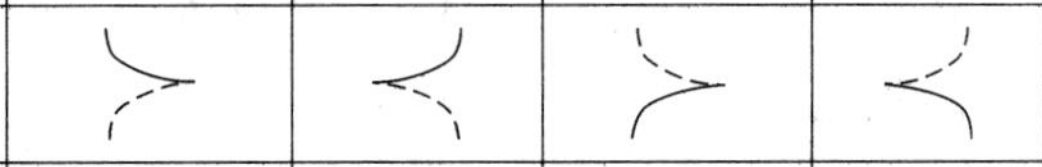				非对称尖点
6	2	$\varepsilon x^3+\delta\mu x$	$\varepsilon x^3+\delta\mu x+\alpha+\beta x^2$	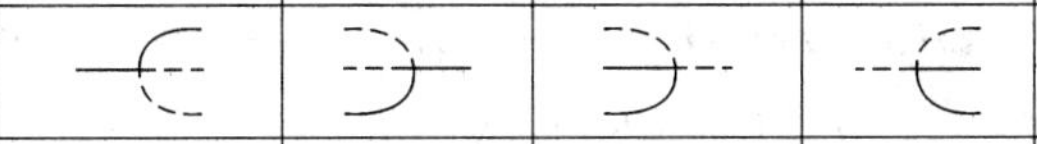				树枝分岔点
7	2	$\varepsilon x^4+\delta\mu$	$\varepsilon x^4+\delta\mu+\alpha x+\beta x^2$	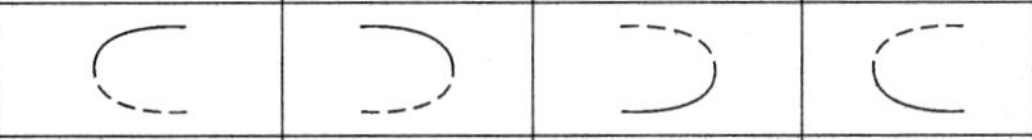				四次折迭点
8	3	$\varepsilon x^2+\delta\mu^4$	$\varepsilon x^2+\delta\mu^4+\alpha+\beta\mu+\gamma\mu^2$	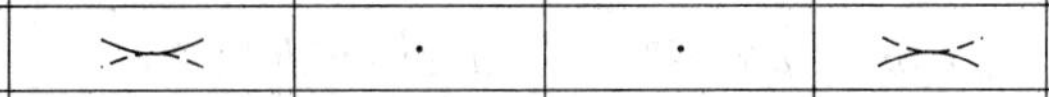				四次孤立点
9	3	$\varepsilon x^3+\delta\mu^2$	$\varepsilon x^3+\delta\mu^2+\alpha+\beta x+\gamma\mu x$	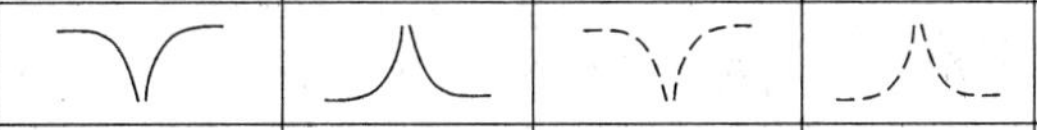				双翼尖点
10	3	$\varepsilon x^4+\delta\mu x$	$\varepsilon x^4+\delta\mu x+\alpha+\beta\mu+\gamma x^2$	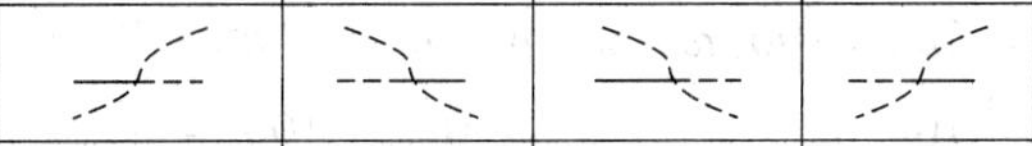				四次跨临界点
11	3	$\varepsilon x^5+\delta\mu$	$\varepsilon x^5+\delta\mu+\alpha x+\beta x^2+\gamma x^3$	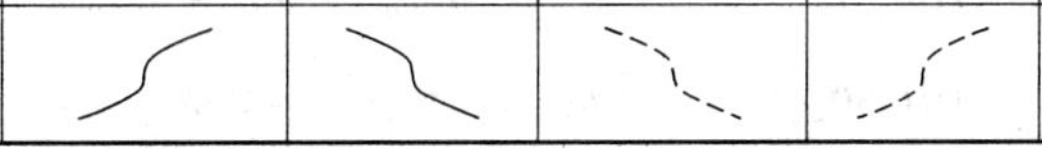				五次滞后点

10.9　霍普分岔

前几节研究的都是静态分岔，本节研究动态分岔。动态分岔中最重要的是霍普分岔。

考虑单参数系统

$$\dot{\boldsymbol{x}}=f(\boldsymbol{x},\mu)$$

其中，$\boldsymbol{x}\in R^n$，$\mu\in R$。设 $f(x_0,\mu)=0$，即对一切 μ，(x_0,μ) 都是平衡点，且当 $\mu=\mu_0$ 时，$D_xf(x_0,\mu_0)$ 有一对纯虚共轭特征值，而其他 $n-2$ 个特征值有非零实部，则 (x_0,μ_0) 是一个非双曲平衡点，故结构不稳定。由中心流形定理知，当 $\mu=\mu_0$ 时，系统在平衡点有二维中心流形，因此可以利用中心流形方法把 n 维系统的分岔问题化为二维系统的分岔问题去讨论。不失一般性，取 $(x_0,\mu_0)=(0,0)$。

设由中心流形方法化简得到的二维系统为

$$\dot{\boldsymbol{x}}=f(\boldsymbol{x},\mu),\boldsymbol{x}\in R^2,\mu\in R \tag{10.9.1}$$

将其泰勒展开得

$$\dot{\boldsymbol{x}}=A(\mu)\boldsymbol{x}+f_2(\boldsymbol{x})+f_3(\boldsymbol{x})+h.o.t,\boldsymbol{x}\in R^2,\mu\in R \tag{10.9.2}$$

其中

$$\boldsymbol{x}=\begin{pmatrix}x_1\\x_2\end{pmatrix},D_x f(\boldsymbol{x},\mu)=\boldsymbol{A}(\mu)=\begin{pmatrix}d\mu & -(c\mu+\omega)\\c\mu+\omega & d\mu\end{pmatrix},\boldsymbol{A}(0)=\begin{pmatrix}0 & -\omega\\\omega & 0\end{pmatrix}$$

$$f_2(\boldsymbol{x})=\begin{pmatrix}a_{20}x_1^2+a_{11}x_1x_2+a_{02}x_2^2\\b_{20}x_1^2+b_{11}x_1x_2+b_{02}x_2^2\end{pmatrix},f_3(\boldsymbol{x})=\begin{pmatrix}a_{30}x_1^3+a_{21}x_1^2x_2+a_{12}x_1x_2^2+a_{03}x_2^3\\a_{30}x_1^3+a_{21}x_1^2x_2+a_{12}x_1x_2^2+a_{03}x_2^3\end{pmatrix}$$

由范式理论可解得，方程（10.9.2）在直角坐标下的范式为

$$\dot{\boldsymbol{U}}=\boldsymbol{A}(\mu)\boldsymbol{U}+G_3(\boldsymbol{U})+G_5(\boldsymbol{U})+h.o.t,\boldsymbol{U}\in R^2,\mu\in R \tag{10.9.3}$$

其中

$$\boldsymbol{U}=\begin{pmatrix}u_1\\u_2\end{pmatrix},G_3(\boldsymbol{U})=\left(u_1^2+u_2^2\right)\begin{pmatrix}a_1 & -b_1\\b_1 & a_1\end{pmatrix}\begin{pmatrix}u_1\\u_2\end{pmatrix},G_5(\boldsymbol{U})=\left(u_1^2+u_2^2\right)^2\begin{pmatrix}a_2 & -b_2\\b_2 & a_2\end{pmatrix}\begin{pmatrix}u_1\\u_2\end{pmatrix}$$

在极坐标下的范式为

$$\begin{cases}\dot{r}=\left(d\mu+a_1r^2+a_2r^4\right)r+h.o.t\\\dot{\theta}=\omega+c\mu+b_1r^2+b_2r^4+h.o.t\end{cases} \tag{10.9.4}$$

其中，a_1,b_1 为

$$\begin{aligned}a_1&=(b_{21}\omega+3a_{30}\omega+3b_{03}\omega+a_{12}\omega-b_{02}b_{11}+2a_{02}b_{02}+a_{11}a_{02}+\\&\quad a_{11}a_{20}-b_{20}b_{11}-2b_{20}a_{20})/(8\omega)\\b_1&=(3b_{12}\omega-9a_{03}\omega-3a_{21}\omega+9b_{30}\omega-4b_{02}^2+5b_{02}a_{11}-\\&\quad 10b_{02}b_{20}-a_{11}^2+a_{11}a_{20}-10b_{20}^2-10a_{02}^2+a_{02}b_{11}-\\&\quad 10a_{02}a_{20}-b_{11}^2+5b_{11}a_{20}-4a_{20}^2)/(24\omega)\end{aligned} \tag{10.9.5}$$

c,d 分别为雅可比矩阵 $D_xf(\boldsymbol{x},\mu)$ 的特征值 $\lambda(\mu)=\alpha(\mu)\pm\mathrm{i}\beta(\mu)$ 的虚部和实部在（0，0）点的导数值，即 $c=\beta'(0)$、$d=\alpha'(0)$。

定理 10.9.1 Hopf 分岔定理 设系统（10.9.1）满足

（1）$f(0,\mu)=0$，且（0,0）为系统的非双曲平衡点；

（2）$\boldsymbol{A}(\mu)=D_xf(0,\mu)$ 在 $\mu=0$ 附近有一对复特征值 $\alpha(\mu)\pm\mathrm{i}\beta(\mu)$，当 $\mu=0$ 时，$\alpha(0)=0$，$\beta(0)=\beta_0>0$，且 $d=\alpha'(0)\neq0$，即当 $\mu=0$ 时 $\alpha(\mu)\pm\mathrm{i}\beta(\mu)$ 横穿虚轴。

则存在 $\varepsilon_0>0$ 和一个解析函数

$$\mu(\varepsilon)=\sum_{i=2}^{\infty}\mu_i\varepsilon^i \tag{10.9.6}$$

当 $\mu=\mu(\varepsilon)\neq0$（其中 $\varepsilon\in(0,\varepsilon_0)$）时，系统在原点的充分小邻域内有唯一的闭轨（即周期解）$\varGamma_\varepsilon$，该周期解的解析表达式为

$$x(s,\varepsilon)=\sum_{i=1}^{\infty}x_i(\varepsilon)\varepsilon^i \tag{10.9.7}$$

其中，$s=\dfrac{2\pi}{T}t$。解的周期为

$$T(\varepsilon)=\frac{2\pi}{\beta_0}(1+\sum_{i=2}^{\infty}\tau_i\varepsilon^i) \tag{10.9.8}$$

当 $\varepsilon\to0$ 时，$\mu(\varepsilon)\to0$，$\varGamma_\varepsilon$ 趋于原点。记 μ_{j_1} 为展开式（10.9.6）中第一个不为 0 的系数，则

当 μ_{j_1} 与 d 同号时，Γ_ε 是稳定极限环；当 μ_{j_1} 与 d 异号时，Γ_ε 是不稳定极限环。

下面讨论在 Hopf 分岔定理的条件下系统（10.9.1）的分岔情况，由条件（2）知，当 $\mu=0$ 时，有 $\alpha(0)=0$ 且 $d=\alpha'(0)\neq 0$，故对充分小的 $\mu\neq 0$（即 μ 在 $\mu=0$ 的充分小的邻域内），有 $\alpha(\mu)\neq 0$，且 $\alpha(\mu)$ 在 $\mu=0$ 的两侧异号。因此，当 $\mu\neq 0$ 时，原点是粗焦点（即稳定焦点或不稳定焦点）；当 $\mu=0$ 时，原点是细焦点（即中心）。

当 μ 经过 0 时，系统的稳定性发生改变，产生分岔。

我们还可以讨论极限环的产生条件，当 $\mu_{j_1}>0$ 时，由式（10.9.6）知，有 $\mu(\varepsilon)>0$。故当 $\mu<0$ 时不可能有 $\mu=\mu(\varepsilon)$，因此不会产生极限环。只有当 $\mu>0$ 时才可能有 $\mu=\mu(\varepsilon)$，从而产生唯一的极限环。$\mu_{j_1}<0$ 时情况正好相反，$\mu>0$ 时无极限环，$\mu<0$ 时有唯一的极限环。

上述这种当分岔参数变化时系统从平衡点产生极限环的分岔现象称为 **Hopf 分岔**。特别的，满足 $d\neq 0$ 和 $a_1\neq 0$ 的 Hopf 分岔称为**通有**的。若 $d=0$ 或 $a_1=0$，分别称为第一、二类退化情况。

下面研究通有的 Hopf 分岔。由 Hopf 分岔定理可知，极限环 Γ_ε 的稳定性取决于系数 μ_{j_1}。对于式（10.9.6）和式（10.9.8）可以证明，当 $j=2$ 时，有第一项系数 $\mu_2=-\dfrac{a_1}{d}$、$\tau_2=-\dfrac{b_1+\mu_2 c}{\beta_0}$。由于此时 $d\neq 0$ 且 $a_1\neq 0$，故有 $\mu_2\neq 0$，则由 μ_{j_1} 的定义知，这时 μ_{j_1} 就是 μ_2。此时，Hopf 分岔定理中关于极限环的稳定性判据可以表达为下面的推论。

推论 10.9.1　若系统满足定理 10.9.1 的条件，且有 $a_1\neq 0$，则周期解（10.9.7）的稳定性由其范式系数 a_1 决定，如果 $a_1<0$，周期解是稳定的；如果 $a_1>0$，周期解是发散的。

若将推论 10.9.1 与上述极限环产生条件结合起来，可以得到下面的结论。

推论 10.9.2　若系统满足定理 10.9.1 的条件，且有 $a_1\neq 0$，则当 $a_1 d\mu<0$ 时系统产生极限环，且其稳定性与此时的平衡点 $(0,\mu)$ 的稳定性相反。

例 10.13　考虑 Van der Pol 系统

$$\ddot{x}-(\mu-x^2)\dot{x}+\omega_0^2 x=0$$

的分岔情况，其中 $x\in R$，$\mu\in R$。

解：令 $\dot{x}=y$，则原系统变为

$$\begin{cases}\dot{x}=y\\ \dot{y}=-\omega_0^2 x+(\mu-x^2)y\end{cases}$$

再令 $z=\begin{pmatrix}x\\y\end{pmatrix}$，则有

$$\dot{z}=\begin{pmatrix}\dot{x}\\ \dot{y}\end{pmatrix}=\begin{pmatrix}y\\ -\omega_0^2 x+(\mu-x^2)y\end{pmatrix}=f(z,\mu)$$

容易验证，对 $\forall\mu\in R$ 有

$$f(0,\mu)=0$$

且此时

$$A(\mu)=D_z f(0,\mu)=\begin{bmatrix}0 & 1\\ -\omega_0^2 & \mu\end{bmatrix}$$

当且仅当$|\mu|<2\omega_0$时，$A(\mu)$有一对共轭特征值

$$\lambda_{1,2}(\mu)=\frac{\mu\pm \mathrm{i}\sqrt{4\omega_0^2-\mu^2}}{2}=\alpha(\mu)+\mathrm{i}\beta(\mu)$$

故有

$$\alpha(0)=0\ ,\ \beta(0)=\omega_0>0\ ,\ d=\alpha'(0)=\frac{1}{2}>0$$

且由式（10.9.5）可计算出

$$a_1=-\frac{1}{8}$$

则由Hopf分岔定理及推论知：

（1）当$\mu<0$时，平衡点$(0,\mu)$是渐近稳定的焦点；

（2）当$\mu=0$时，平衡点$(0,\mu)=(0,0)$成为中心；

（3）当$\mu>0$时，平衡点$(0,\mu)$成为不稳定的焦点，在其附近出现一渐近稳定的极限环。

系统的分岔图如图10.9所示。

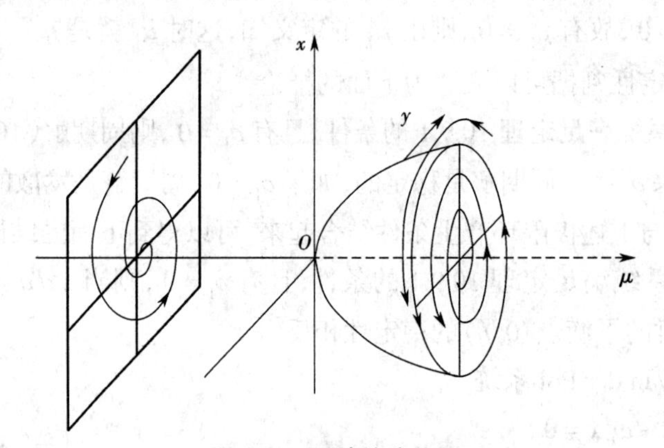

图10.9 系统的分岔图

第 4 篇

非线性动力学理论的若干应用

第 11 章　双极板静电微机械谐振器的静动力学表征

11.1　微机械谐振器

微机械谐振器是动态微开关、微传感器、射频天线以及微机械滤波器等器件中的关键结构[18, 19]，广泛应用于航空航天、精密仪器、生物技术、国防军事、通信等诸多领域，是实现微机电系统（MEMS，Micro-Electro-Mechanical System）传感和驱动功能的重要组成部件。由于静电驱动具有动态响应速度快、功耗小、驱动效率高且易于实现等优势，静电式微机械谐振器的设计及应用成为广大科技工作者和工程技术人员关注的热点。在微尺度范围内，由于谐振器元件可能存在的中性面变形、结构非线性变形及静电力的非线性等特性，微谐振器是典型的非线性动力系统，存在静动态吸合、幅频曲线软硬变换、鞍结分岔、倍周期分岔、混沌等复杂动力学行为。传统微谐振器设计以非线性抑制为指导原则，旨在通过优化设计最终提升系统的线性度，而近年来越来越多的研究表明，基于典型非线性行为的微谐振器在微机电系统的应用领域亦具有巨大的应用前景。从科学研究角度出发，为实现微机械谐振器的非线性抑制或应用，各领域研究人员分别从理论、数值、实验等方面尝试对系统的非线性力学行为进行表征，目前已获得诸多有价值的研究成果[20-29]。

一般工况下，静电式微机械谐振器通过加载直流偏置电压与交流激励电压使得谐振元件产生主共振行为，基于该原理可最终实现器件的传感或驱动功能。从动力学理论分析与微器件应用设计角度来讲，平行板电容模型是定性表征静电式微机械谐振器力学行为的一种有效模型，其分析结果与结论可间接为后续系统的定量研究、有限元分析以及实验验证提供重要的理论技术支撑。本章以双极板静电式微机械谐振器作为研究对象，通过引入平行板电容模型，结合非线性振动理论探讨谐振器的静态吸合、谐振频率以及幅频响应的演化规律。最终，结合等效参数关系，探讨了关键物理参数对系统线性振动行为的作用机理，并通过参数优化定性实现系统的动力学优化。

11.2　双极板静电微机械谐振器力学模型

将谐振元件等效为一集中质量振子，振子同时受到两个集中静电力作用，由此可得谐振器的平行板电容模型如图 11.1 所示，其中 $\hat{x}$ 为谐振元件的位移，d_0 为谐振元件与基底间的初始间距，V_D 为直流偏置电压，V_A 和 Ω 为交流激励电压幅值及角频率。综合考虑谐振元件的线性

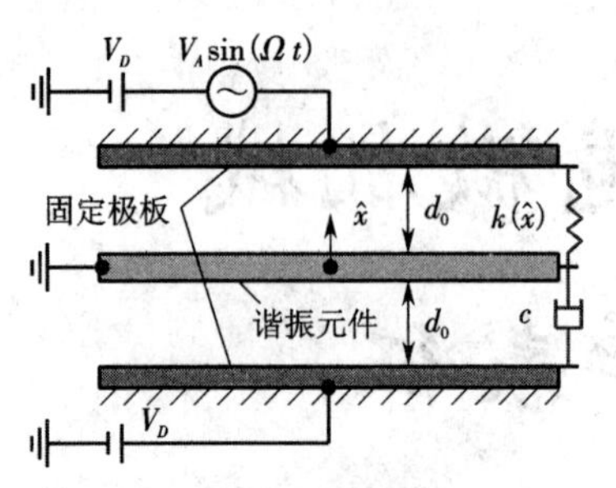

图 11.1 双极板微机械谐振器的平行板电容模型

阻尼、结构非线性刚度（谐振元件的中性面变形、结构非线性变形等因素导致）以及受到的非线性静电力，可得谐振器的动力学方程

$$m\hat{x}''+c\hat{x}'+k_1\hat{x}+k_3\hat{x}^3=\frac{1}{2}\frac{\varepsilon_0\varepsilon_r A_s}{(d_0-\hat{x})^2}\times\left[V_D+V_A\sin(\Omega t)\right]^2-\frac{1}{2}\frac{\varepsilon_0\varepsilon_r A_s}{(d_0+\hat{x})^2}V_D^2 \tag{11.2.1}$$

其中，“′”代表变量对时间 t 的导数；ε_0 为绝对介电常数；ε_r 为相对介电常数；A_s 为谐振元件与固定极板的正对面积；m，c，k_1 和 k_3 代表系统的等效质量、阻尼、线性与立方非线性刚度系数。

为便于理论分析，引入如下无量纲时间与空间尺度变换：

$$\tau=\omega_0 t,\ x=\hat{x}/d_0 \tag{11.2.2}$$

其中，$\omega_0=\sqrt{k_1/m}$ 为谐振元件的固有角频率。最终可得系统的无量纲动力学方程

$$\ddot{x}+\mu\dot{x}+x+\alpha x^3=\gamma\left[\frac{1}{(1-x)^2}-\frac{1}{(1+x)^2}\right]+\frac{2\gamma\rho\sin(\omega\tau)}{(1-x)^2}+\frac{\gamma\rho^2[1-\cos(2\omega\tau)]}{2(1-x)^2} \tag{11.2.3}$$

其中，“·”代表变量对无量纲时间 τ 的导数，其余无量纲参数为

$$\mu=\frac{c}{\sqrt{k_1 m}},\ \alpha=\frac{k_3 d_0^2}{k_1},\ \gamma=\frac{\varepsilon_0\varepsilon_r A_s V_{dc}^2}{2k_1 d_0^3},\ \rho=\frac{V_{ac}}{V_{dc}},\ \omega=\frac{\Omega}{\omega_0} \tag{11.2.4}$$

一般工况下，微谐振器真空封装，阻尼系数非常小，且直流偏置电压远大于交流电压，故可将阻尼及交流电压激励看作谐振器受到的微小扰动。不考虑扰动作用，可得到谐振器所对应的无量纲哈密顿系统

$$\begin{cases}\dot{x}=y\\ \dot{y}=-x-\alpha x^3+\gamma\left[\dfrac{1}{(1-x)^2}-\dfrac{1}{(1+x)^2}\right]\end{cases} \tag{11.2.5}$$

上述系统的势能函数 $V(x)$ 及哈密顿函数 $H(x,y)$ 可表示为

$$V(x)=\frac{1}{2}x^2+\frac{\alpha}{4}x^4-\gamma\left(\frac{1}{1-x}+\frac{1}{1+x}\right)+2\gamma \tag{11.2.6}$$

$$H(x,y)=\frac{1}{2}y^2+V(x)=\frac{1}{2}y^2+\frac{1}{2}x^2+\frac{\alpha}{4}x^4-\gamma\left(\frac{1}{1-x}+\frac{1}{1+x}\right)+2\gamma \tag{11.2.7}$$

11.3 静态分岔

方程（11.2.5）中令 $\dot{x}=\dot{y}=0$，可得系统的静态平衡点 $(x_e,0)$，其中平衡位置 x_e（由于平衡点的纵坐标总为零，故下文将 x_e 简称为平衡点）可以由下式确定：

$$x_e+\alpha x_e^3-\gamma\left[\frac{1}{(1-x_e)^2}-\frac{1}{(1+x_e)^2}\right]=0 \tag{11.3.1}$$

若令 $X=x_e^2$，易证式(11.3.1)等价于 $X=0$ 或

$$\alpha X^3+(1-2\alpha)X^2+(\alpha-2)X+(1-4\gamma)=0 \tag{11.3.2}$$

一元三次方程(11.3.2)的三个根可分别表示为

$$X_1=\varpi\cdot\sqrt[3]{-\frac{q}{2}+\sqrt{\left(\frac{q}{2}\right)^2+\left(\frac{p}{3}\right)^3}}+\varpi^2\cdot\sqrt[3]{-\frac{q}{2}-\sqrt{\left(\frac{q}{2}\right)^2+\left(\frac{p}{3}\right)^3}}-\frac{1-2\alpha}{3\alpha} \tag{11.3.3}$$

$$X_2=\varpi^2\cdot\sqrt[3]{-\frac{q}{2}+\sqrt{\left(\frac{q}{2}\right)^2+\left(\frac{p}{3}\right)^3}}+\varpi\cdot\sqrt[3]{-\frac{q}{2}-\sqrt{\left(\frac{q}{2}\right)^2+\left(\frac{p}{3}\right)^3}}-\frac{1-2\alpha}{3\alpha} \tag{11.3.4}$$

$$X_3=\sqrt[3]{-\frac{q}{2}+\sqrt{\left(\frac{q}{2}\right)^2+\left(\frac{p}{3}\right)^3}}+\sqrt[3]{-\frac{q}{2}-\sqrt{\left(\frac{q}{2}\right)^2+\left(\frac{p}{3}\right)^3}}-\frac{1-2\alpha}{3\alpha} \tag{11.3.5}$$

其中，$p=-\frac{(1+\alpha)^2}{3\alpha^2}$，$q=\frac{2[(1+\alpha)^3-54\alpha^2\gamma]}{27\alpha^3}$，$\varpi=\frac{-1+\sqrt{3}\mathrm{i}}{2}$，$\mathrm{i}=\sqrt{-1}$。

方程(11.3.2)中根的判别式 $\varDelta$ 以及根与系数的关系 κ_1，κ_2 与 κ_3 可分别表示为

$$\varDelta=\left(\frac{q}{2}\right)^2+\left(\frac{p}{3}\right)^3=\frac{4\gamma[27\alpha^2\gamma-(1+\alpha)^3]}{27\alpha^4} \tag{11.3.6}$$

$$\kappa_1=X_1+X_2+X_3=\frac{2\alpha-1}{\alpha},\ \kappa_2=\frac{1}{X_1}+\frac{1}{X_2}+\frac{1}{X_3}=\frac{2-\alpha}{1-4\gamma},\ \kappa_3=X_1X_2X_3=\frac{4\gamma-1}{\alpha} \tag{11.3.7}$$

令 $\varDelta=0$，可得无量纲临界电压系数 γ_c

$$\gamma_c=\frac{(1+\alpha)^3}{27\alpha^2} \tag{11.3.8}$$

易证，当 $\alpha=2$ 时，γ_c 取极小值 0.25。

根据判别式 $\varDelta$ 的正负，可将系统的静态平衡点分为以下三种情况讨论。

(1)当 $\varDelta>0$ 时，关于 X 的方程有一个实根和两个共轭复根。X_3 为实数根，而 X_1 和 X_2 是共轭复数根并且满足 $X_1\cdot X_2>0$。由于 $\gamma>\gamma_c\geqslant 0.25$，易知 $X_3>0$。事实上，可通过数学推导证明 $X_3>1$。

(2)当 $\varDelta=0$ 时，关于 X 的方程有三个实根，其中两个实根相等($p\neq 0$)。此时 $X_{1,2}=(\alpha-2)/(3\alpha)$，$X_3=(1+4\alpha)/(3\alpha)$。当 $0<\alpha<2$ 时，$X_{1,2}<0$ 且 $X_3>1$；当 $\alpha\geqslant 2$ 时，$X_{1,2}\geqslant 0$ 且 $X_3>1$。

(3)当 $\varDelta<0$ 时，关于 X 的方程有三个不等的实根。此时 $p<0$，可将方程(11.3.3)至(11.3.5)化简为

$$X_1=2\sqrt[3]{r}\cos\left(\theta-\frac{4\pi}{3}\right)-\frac{1-2\alpha}{3\alpha} \tag{11.3.9}$$

$$X_2=2\sqrt[3]{r}\cos\left(\theta-\frac{2\pi}{3}\right)-\frac{1-2\alpha}{3\alpha} \tag{11.3.10}$$

$$X_3 = 2\sqrt[3]{r}\cos\theta - \frac{1-2\alpha}{3\alpha} \tag{11.3.11}$$

其中，$r = \sqrt{-\left(\frac{p}{3}\right)^3} = \frac{(1+\alpha)^3}{27\alpha^3}$，$\theta = \frac{1}{3}\arccos(-\frac{q}{2r})\ (0<\theta<\frac{\pi}{3})$。

根据r和θ的表达式，易知X_1、X_2和X_3满足如下关系：

$$-\frac{1}{\alpha} < X_1 < \frac{\alpha-2}{3\alpha}\ ,\ \frac{\alpha-2}{3\alpha} < X_2 < 1\ ,\ 1 < X_3 < \frac{1+4\alpha}{3\alpha} \tag{11.3.12}$$

$$X_2 - X_1 = 2\sqrt{3}\sqrt[3]{r}\cdot\sin\theta > 0\ ,\ X_3 - X_2 = 2\sqrt{3}\sqrt[3]{r}\cdot\sin(\frac{\pi}{3}-\theta) > 0 \tag{11.3.13}$$

根据式（11.3.12）可知，$X_3 > 1$。由于$\gamma = 0.25$时κ_2无意义，因此该特殊情况需提前讨论：①$0<\alpha<2$时，易证明$X_1<0$且$X_2=0$；②$\alpha>2$时，易证明$X_1=0$且$X_2>0$；③$\alpha=2$时，易知$\Delta=0$不符合前提假设。

下面假设$\gamma \neq 0.25$，讨论此时X_1和X_2的正负。

（1）$0<\gamma<0.25$时，$X_1\cdot X_2<0$，由于$X_2-X_1>0$，易知$X_1<0$且$X_2>0$。

（2）$0.25<\gamma<\gamma_c$时，$X_1\cdot X_2>0$，此时X_1和X_2的正负由α取值决定：①$0<\alpha<2$时，$\kappa_2<0$，此时$X_1<0$且$X_2<0$；②$\alpha>2$时，$\kappa_1>0$且$\kappa_2>0$，此时$X_1>0$且$X_2>0$。

平衡点的稳定性可以根据下述方程进行判定。为便于研究，令$x_{e,0}=0$，$x_{e,1}=\sqrt{X_1}$，$x_{e,2}=\sqrt{X_2}$，$x_{e,3}=\sqrt{X_3}$。

令$x=\pm x_{e,i}+\Delta x\ (i=0,1,2,3)$，$y=\Delta y$，其中$(\Delta x,\Delta y)$代表平衡点$(x_{e,i},0)$的扰动量，将其代入哈密顿方程（11.2.5）中，可得近似线性化方程

$$\begin{Bmatrix}\Delta\dot{x}\\ \Delta\dot{y}\end{Bmatrix} = \begin{bmatrix} 0 & 1 \\ -1-3\alpha x_{e,i}^2 + \frac{2\gamma}{(1\mp x_{e,i})^3} + \frac{2\gamma}{(1\pm x_{e,i})^3} & 0 \end{bmatrix}\begin{Bmatrix}\Delta x\\ \Delta y\end{Bmatrix} \tag{11.3.14}$$

方程的特征值可以表示为

$$\lambda_{1,2}^i = \pm\sqrt{2\gamma\left[\frac{1}{(1\mp x_{e,i})^3} + \frac{1}{(1\pm x_{e,i})^3}\right] \mp 3\alpha x_{e,i}^2 - 1} \tag{11.3.15}$$

根据特征根实部的正负可以判断平衡点的稳定性。

综上，可将系统的静态平衡点分类总结为表11.1，平衡点α-γ分岔集及对应的相空间流形情况如图11.2所示。

表 11.1

情况	γ	α	x_e	备注
I	$(M,+\infty)$	$(0,+\infty)$	$0,\pm\sqrt{X_3}$	$X_3>1$
H_1	M	$(0,2)$	$0,\pm\sqrt{X_3}$	$X_3=\frac{1+4\alpha}{3\alpha}\in\left(\frac{3}{2},+\infty\right)$
G_0	0.25	2	$0,\pm\sqrt{X_3}$	$X_3=\frac{3}{2}$

续表

情况	γ	α	x_e	备注
H_2	M	$(2,+\infty)$	$0,\pm\sqrt{X_{1,2}},\pm\sqrt{X_3}$	$X_{1,2}=\dfrac{\alpha-2}{3\alpha}\in\left(0,\dfrac{1}{3}\right), X_3=\dfrac{1+4\alpha}{3\alpha}\in\left(\dfrac{4}{3},\dfrac{3}{2}\right)$
III	$(0,0.25)$	$(0,+\infty)$	$0,\pm\sqrt{X_2},\pm\sqrt{X_3}$	$0<X_2<1,1<X_3<\dfrac{1+4\alpha}{3\alpha}$
H_4	0.25	$(0,2)$	$0,\pm\sqrt{X_3}$	$1<X_3<\dfrac{1+4\alpha}{3\alpha}$
H_3	0.25	$(2,+\infty)$	$0,\pm\sqrt{X_2},\pm\sqrt{X_3}$	$\dfrac{\alpha-2}{3\alpha}<X_2<1,1<X_3<\dfrac{1+4\alpha}{3\alpha}$
IV	$(0.25,M)$	$(0,2)$	$0,\pm\sqrt{X_3}$	$1<X_3<\dfrac{1+4\alpha}{3\alpha}$
II	$(0.25,M)$	$(2,+\infty)$	$0,\pm\sqrt{X_1},\pm\sqrt{X_2},\pm\sqrt{X_3}$	$0<X_1<X_2<1,1<X_3<\dfrac{1+4\alpha}{3\alpha}$

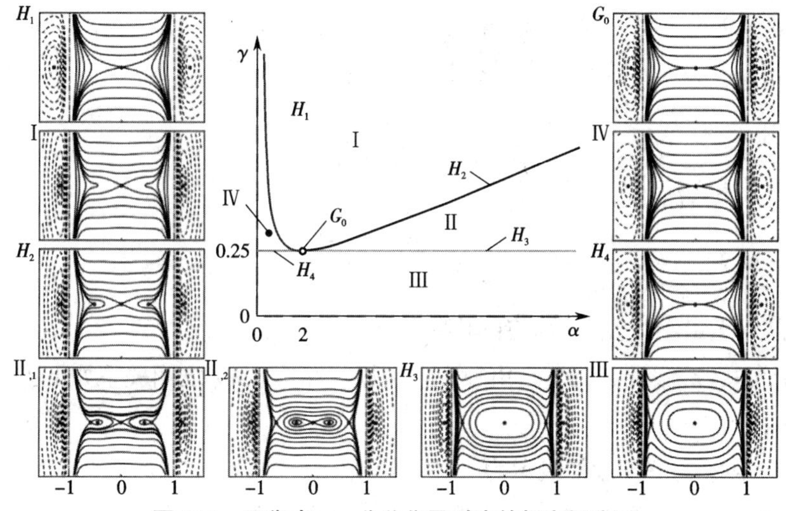

图 11.2　平衡点 α-γ 分岔集及对应的相空间流形

对于确定的微谐振器，无量纲非线性刚度系数 α 为定值，加载的直流电压可直接改变无量纲电压系数 γ，因此讨论平衡点随 γ 的变化情况更具实用性。为此，本书讨论了参数 α 取不同值时，平衡点的个数及稳定性随参数 γ 的变化情况，根据系统的对称性特性，仅讨论平衡点不小于零的情况，最终结果如图 11.3 所示。进一步分析可以得图中临界点 P_0、P_1 和 P_2 的坐标分别为

扫一扫：图 11.2 程序

$$P_0(0,1),\ P_1(0.25,0),$$
$$P_2\left((1+\alpha)^3/(27\alpha^2),\sqrt{(\alpha-2)/(3\alpha)}\right) \qquad (11.3.16)$$

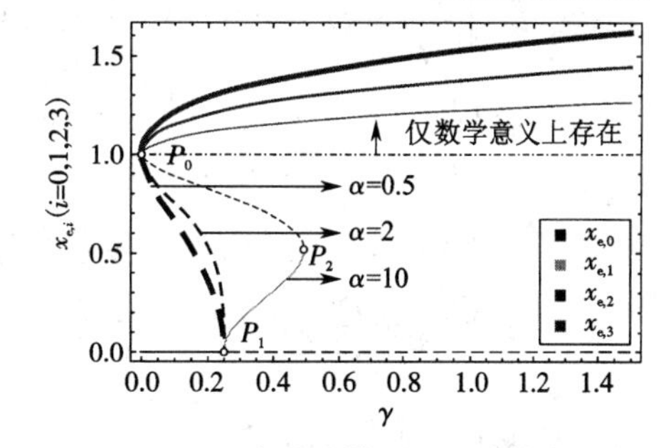

图 11.3　不同参数 α 情况下系统静态平衡点随参数 γ 的变化

由此可将平衡点分为以下三种情况分析：

（1）当 $0<\alpha<2$ 时，临界点为 P_0 与 P_1，此时静态吸合电压 $\gamma_{\text{pull-in}}=0.25$；

（2）当 $\alpha=2$ 时，临界点为 P_0、P_1 与 P_2，此时 P_1 与 P_2 重合，系统的静态吸合电压 $\gamma_{\text{pull-in}}=0.25$；

（3）当 $\alpha>2$ 时，临界点为 P_0、P_1 和 P_2，此时静态屈曲电压 $\gamma_{\text{pull-in},1}=0.25$，静态吸合电压 $\gamma_{\text{pull-in},2}=(1+\alpha)^3/(27\alpha^2)$。

11.4 主共振分析

1. 一阶渐近解

利用多尺度方法求解系统的一阶近似解。引入变换 $x=x_{\text{e}}+u$，其中 x_{e} 为稳定平衡点，$u=O(\varepsilon)$ 为系统的小幅动态运动，其中 ε 为小幅扰动标志。考虑如下关系：$V_D=O(1)$，$V_A=O(\varepsilon^3)$，$\mu=O(\varepsilon^2)$，将方程右端静电力部分泰勒展开，忽略 $O(\varepsilon^3)$ 以上的高次项，可得

$$\ddot{u}+\varepsilon^2\mu\dot{u}+\omega_n^2u+a_qu^2+a_cu^3=\varepsilon^3f\sin(\omega\tau) \tag{11.4.1}$$

其中

$$\begin{aligned}&a_q=3\alpha x_{\text{e}}-\frac{3\gamma}{(1-x_{\text{e}})^4}+\frac{3\gamma}{(1+x_{\text{e}})^4},a_c=\alpha-\frac{4\gamma}{(1-x_{\text{e}})^5}-\frac{4\gamma}{(1+x_{\text{e}})^5}\\&\omega_n^2=1+3\alpha x_{\text{e}}^2-\frac{2\gamma}{(1-x_{\text{e}})^3}-\frac{2\gamma}{(1+x_{\text{e}})^3},f=\frac{2\gamma\rho}{(1-x_{\text{e}})^2}\end{aligned} \tag{11.4.2}$$

ω_n 为微谐振器的无量纲线性等效固有角频率。

引入调谐参数 σ，假设交流激励角频率 ω 与固有角频率 ω_n 之间关系如下：

$$\omega=\omega_n+\varepsilon^2\sigma \tag{11.4.3}$$

设方程（11.4.1）的解可近似表示为

$$u(\tau;\varepsilon)=\varepsilon u_1(T_0,T_1,T_2)+\varepsilon^2u_2(T_0,T_1,T_2)+\varepsilon^3u_3(T_0,T_1,T_2)+\cdots \tag{11.4.4}$$

其中，$T_n=\varepsilon^n\tau(n=0,1,2)$。

引入微分算子

$$\begin{cases}\dfrac{\mathrm{d}}{\mathrm{d}\tau}=\dfrac{\partial}{\partial T_0}+\varepsilon\dfrac{\partial}{\partial T_1}+\varepsilon^2\dfrac{\partial}{\partial T_2}+O(\varepsilon^3)=D_0+\varepsilon D_1+\varepsilon^2D_2+O(\varepsilon^3)\\\dfrac{\mathrm{d}^2}{\mathrm{d}\tau^2}=D_0^2+\varepsilon 2D_0D_1+\varepsilon^2(D_1^2+2D_0D_2)+O(\varepsilon^3)\end{cases} \tag{11.4.5}$$

将方程（11.4.4）代入方程（11.4.1），比较方程两端 ε 同次幂系数可得

$$O(\varepsilon^1):D_0^2u_1+\omega_n^2u_1=0 \tag{11.4.6}$$

$$O(\varepsilon^2):D_0^2u_2+\omega_n^2u_2=-2D_0D_1u_1-a_qu_1^2 \tag{11.4.7}$$

$$\begin{aligned}O(\varepsilon^3):D_0^2u_3+\omega_n^2u_3=&-2D_0D_1u_2-2D_0D_2u_1-D_1^2u_1-\mu D_0u_1-\\&2a_qu_1u_2-a_cu_1^3+f\sin(\omega_nT_0+\sigma T_2)\end{aligned} \tag{11.4.8}$$

方程（11.4.6）的解可表示为

$$u_1(T_0,T_1,T_2)=A(T_1,T_2)\mathrm{e}^{\mathrm{i}\omega_nT_0}+\bar{A}(T_1,T_2)\mathrm{e}^{-\mathrm{i}\omega_nT_0} \tag{11.4.9}$$

将式（11.4.9）代入方程（11.4.7）中可以得到

$$D_0^2u_2+\omega_n^2u_2=-2\mathrm{i}\omega_n\frac{\partial A}{\partial T_1}\mathrm{e}^{\mathrm{i}\omega_nT_0}-a_q(A^2\mathrm{e}^{2\mathrm{i}\omega_nT_0}+A\bar{A})+cc \tag{11.4.10}$$

其中，cc 代表左边各项的共轭项。

为了避免方程(11.4.10)中出现永年项，函数 A 必须满足如下条件：

$$-2\mathrm{i}\omega_n\frac{\partial A}{\partial T_1}=0 \tag{11.4.11}$$

由此可知函数 A 只是时间 T_2 的函数。

于是，方程(11.4.10)的解可表示为

$$u_2(T_0,T_2)=\frac{a_qA^2}{3\omega_n^2}\mathrm{e}^{\mathrm{i}2\omega_nT_0}-\frac{a_qA\bar{A}}{\omega_n^2}+cc \tag{11.4.12}$$

将方程(11.4.9)和(11.4.12)代入方程(11.4.8)中，可得消除永年项条件

$$2\mathrm{i}\omega_n\frac{\mathrm{d}A}{\mathrm{d}T_2}+\mu\mathrm{i}\omega_nA-\frac{10a_q^2A^2\bar{A}}{3\omega_n^2}+3a_cA^2\bar{A}+\mathrm{i}\frac{f}{2}\mathrm{e}^{\mathrm{i}\sigma T_2}=0 \tag{11.4.13}$$

为便于分析，将函数 A 表示为极坐标形式，即

$$A=\frac{1}{2}a(T_2)\mathrm{e}^{\mathrm{i}\beta(T_2)} \tag{11.4.14}$$

将方程(11.4.14)代入方程(11.4.13)中，分离虚实部后可得关于幅值 $a(T_2)$ 和相角 $\beta(T_2)$ 的一阶常微分方程组即平均方程

$$\begin{cases}\dfrac{\mathrm{d}a}{\mathrm{d}T_2}=-\dfrac{\mu}{2}a-\dfrac{f}{2\omega_n}\cos\varphi\\ a\dfrac{\mathrm{d}\varphi}{\mathrm{d}T_2}=a\sigma+\left(\dfrac{5a_q^2}{12\omega_n^3}-\dfrac{3a_c}{8\omega_n}\right)a^3+\dfrac{f}{2\omega_n}\sin\varphi\end{cases} \tag{11.4.15}$$

其中，$\varphi=\sigma T_2-\beta$。

令 $\mathrm{d}a/\mathrm{d}T_2=\mathrm{d}\varphi/\mathrm{d}T_2=0$ 可得稳态周期解。此外，可得主共振幅频响应方程为

$$a^2\left[\left(\sigma+\kappa a^2\right)^2+\left(\frac{\mu}{2}\right)^2\right]=\left(\frac{f}{2\omega_n}\right)^2 \tag{11.4.16}$$

其中，$\kappa=\dfrac{5a_q^2}{12\omega_n^3}-\dfrac{3a_c}{8\omega_n}$ 为幅频曲线软硬转换关键参数。

此外，主共振峰值及脊骨线方程可分别表示为

$$a_{\max}=\frac{f}{\mu\omega_n} \tag{11.4.17}$$

$$\omega_{\text{non}}=\omega_n-\kappa a_{\max}^2 \tag{11.4.18}$$

定常解 (a_0,φ_0) 的稳定性可根据扰动分析确定。令 $a=a_0+\Delta a$，$\varphi=\varphi_0+\Delta\varphi$，其中 $(\Delta a,\Delta\varphi)$ 代表扰动量，将其代入方程(11.4.15)可得近似线性系统

$$\begin{Bmatrix} \dfrac{\mathrm{d}\,\Delta a}{\mathrm{d}\,\tau} \\ \dfrac{\mathrm{d}\,\Delta\varphi}{\mathrm{d}\,\tau} \end{Bmatrix} = \begin{bmatrix} -\dfrac{\mu}{2} & \dfrac{f}{2\omega_n}\sin\varphi_0 \\ 2\kappa a_0 - \dfrac{f\sin\varphi_0}{2\omega_n a_0^2} & \dfrac{f\cos\varphi_0}{2\omega_n a_0} \end{bmatrix} \begin{Bmatrix} \Delta a \\ \Delta\varphi \end{Bmatrix} \tag{11.4.19}$$

定常解的稳定性可根据系统（11.4.19）系数矩阵的特征值 λ_d 确定，即

$$\lambda_d^2 + \mu\cdot\lambda_d + \mu^2/4 + (\omega - \omega_n + \kappa a_0^2)\cdot(\omega - \omega_n + 3\kappa a_0^2) = 0 \tag{11.4.20}$$

当方程（11.4.20）的根的实部均小于零时，系统的定常解 (a_0, φ_0) 渐近稳定。

2. 幅频曲线软硬转换——无量纲分析

主共振工况下，谐振器幅频曲线的软硬特性取决于无量纲参数 κ。当 $\kappa > 0$ 时，幅频曲线呈现软弹簧特性；当 $\kappa < 0$ 时，幅频曲线呈现硬弹簧特性；当 $\kappa = 0$ 时，则幅频曲线呈现线性振动特性。根据静态稳定平衡点的位置特点，可将分析过程分为两类，即零平衡点附近的振动分析以及非零平衡点附近的振动分析。

1）谐振器在零平衡点附近振动

此时参数 $\kappa = 3(8\gamma - \alpha)/(8\sqrt{1-4\gamma})$。当 $\alpha > 8\gamma$ 时，系统呈现硬弹簧特性；当 $\alpha < 8\gamma$ 时，系统呈现软弹簧特性；当 $\alpha = 8\gamma$ 时，系统呈现线性振动行为。对于微机电系统设计人员来讲，最后一种情况为理想设计工况。

此时等效固有角频率 $\omega_n = \sqrt{1-4\gamma}$，$\omega_n$ 仅为无量纲电压参数 γ 的函数，γ 增大则 ω_n 减小。只有 $\gamma < 0.25$ 时才能保证 $\omega_n > 0$。当 $\gamma = 0.25$ 时 $\omega_n = 0$，系统产生静态吸合。

2）谐振器在非零平衡点 $(\pm x_{\mathrm{e},1}, 0)$ 振动

由式（11.4.2）可知，$a_q(x_{\mathrm{e},1}) = -a_q(-x_{\mathrm{e},1})$，$a_c(x_{\mathrm{e},1}) = a_c(-x_{\mathrm{e},1})$，$\omega_n^2(x_{\mathrm{e},1}) = \omega_n^2(-x_{\mathrm{e},1})$，$f(x_{\mathrm{e},1}) > f(-x_{\mathrm{e},1})$，$\kappa(x_{\mathrm{e},1}) = \kappa(-x_{\mathrm{e},1})$，系统在两个非零平衡点附近振动时：

（1）等效固有角频率 ω_n 相同；

（2）无量纲参数 κ 值相同，即系统的软硬特性一致；

（3）相同交流电压激励作用下，谐振器在左侧平衡点 $(-x_{\mathrm{e},1}, 0)$ 附近的振动幅值要比在右侧平衡点 $(+x_{\mathrm{e},1}, 0)$ 附近振动的幅值小。

结合关键参数 κ 的取值情况可定性表征系统幅频曲线的软硬特性（图 11.4）。

扫一扫：图 11.4 程序

（1）当 $\alpha < 2$ 且 $\gamma < 0.25$ 时，系统只存在零稳定平衡点；当 $0 < \gamma < \alpha/8$ 时，$\kappa < 0$，幅频曲线呈现硬特性；当 $\gamma = \alpha/8$ 时，$\kappa = 0$，幅频曲线呈现线性特性；当 $\alpha/8 < \gamma < 0.25$ 时，$\kappa > 0$，幅频曲线呈现软特性。

（2）当 $\alpha > 2$ 且 $\gamma < \gamma_{\mathrm{c}}$ 时，κ 的取值具有一定的规律，若 $\gamma < 0.25$ 则 $\kappa < 0$，幅频曲线呈现硬特性；若 $0.25 < \gamma < \gamma_{\mathrm{c}}$ 则 $\kappa > 0$，幅频曲线呈现软特性。

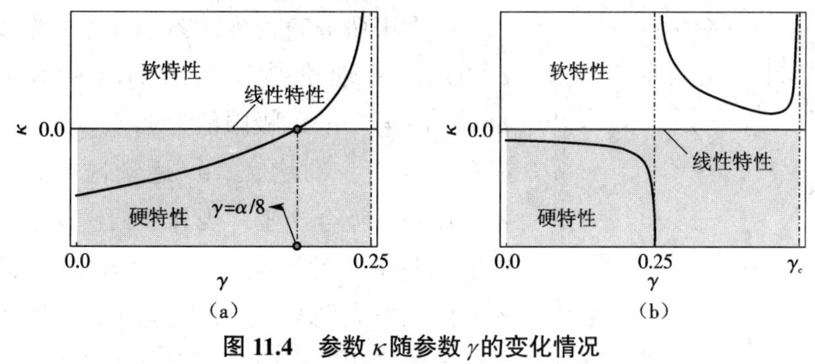

图 11.4　参数 κ 随参数 γ 的变化情况

(a) $0<\alpha<2$, $0<\gamma<0.25$　(b) $\alpha>2$, $0<\gamma<\gamma_c$

为证明理论分析的正确性，取阻尼系数 $\mu=0.005$，将多尺度法（The Method of Multiple Scales，MMS）解即方程（11.4.16）与应用龙格库塔法对原始动力学方程（11.2.3）进行数值积分（Long Time Integration，LTI）所得结果进行比较，对比情况如图 11.5 和图 11.6 所示。从图中可以看出，理论分析结果在小幅扰动情况下是较为准确的。

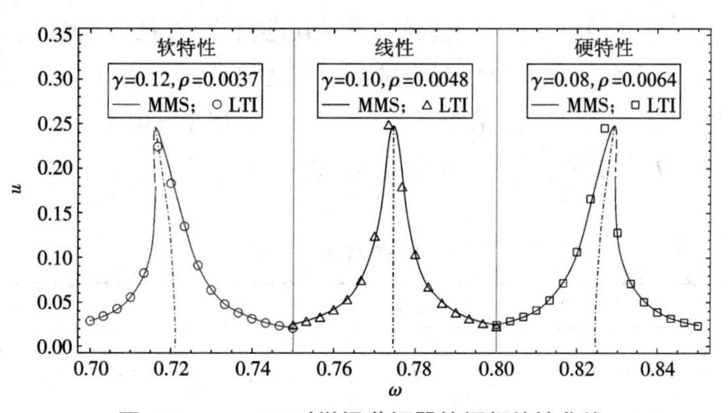

图 11.5　$\alpha=0.8$ 时微梁谐振器的幅频特性曲线

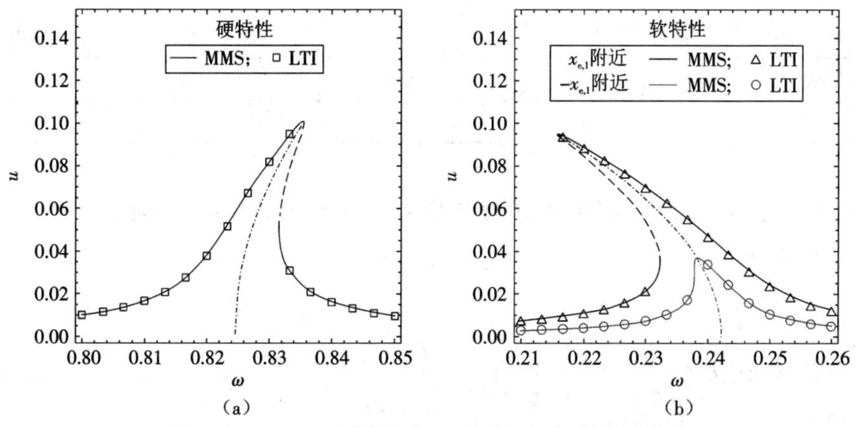

图 11.6　$\alpha=3$ 时微梁谐振器的主共振幅频特性曲线

(a) $\gamma=0.08$, $\rho=0.0026$　(b) $\gamma=0.26$, $\rho=0.00013$

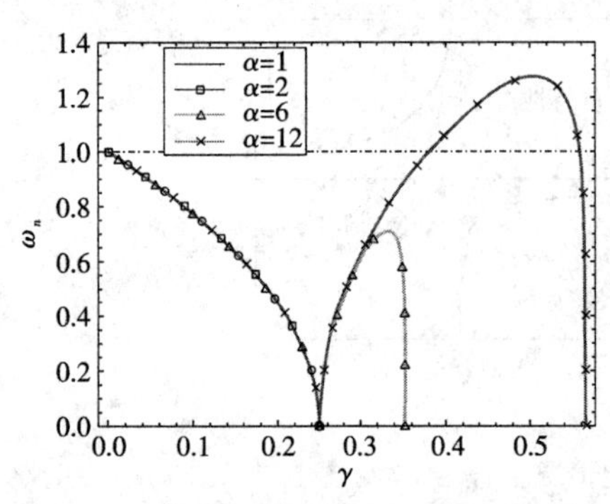

图 11.7 等效固有角频率 ω_n 随参数 γ 的变化

接下来研究直流电压参数 γ 对于等效固有角频率 ω_n 的影响，理论结果如图 11.7 所示。当 $\alpha<2$ 时，$\omega_n=\sqrt{1-4\gamma}$，$\omega_n$ 的极限值为 1，对应于无直流电压作用情况。随着 γ 的增大，ω_n 逐渐减小，当 $\gamma=0.25$ 时，$\omega_n=0$ 静态吸合产生。当 $\alpha>2$ 且 $\gamma<0.25$ 时，ω_n 的变化情况与上一种情况类似。而当 $\alpha>2$ 且 $\gamma>0.25$ 时，ω_n 随 γ 的增大先增大然后迅速减小直至为零，此时静态吸合行为产生。不同参数组合使得等效固有角频率呈现不同的变化规律，当 $\alpha=12$ 时系统的等效固有角频率甚至可以大于 1，这表明通过设计或调节无量纲参数 α 和 γ 的值，可增大原有谐振器的最大谐振频率，这一特性或许有助于谐振器系统的动态设计。

3. 幅频曲线软硬转换——有量纲分析

本节以某硅梁谐振器模型为例探讨物理参数对谐振器动态特性的影响，梁的主要参数如表 11.2[22] 所示。近似认为静电力为集中载荷，不对其进行等效，且不考虑阻尼的等效。需要说明，上述近似等效处理仅在定性研究情况下适用。参考文献 [21] 中的近似等效处理可得谐振器的质量、线性与立方非线性刚度系数表达式，即 $m=0.396\rho_m whl$，$k_1=125.1EI/l^3$，$k_3=0.767k_1/h^2$，其中 $I=wh^3/12$ 为微梁的转动惯量。

表 11.2

物理意义	符号	单位	数值
尺寸（长 × 宽 × 高）	$l\times w\times h$	μm	$400\times45\times2$
密度	ρ_m	kg/m^3	2.33×10^3
真空绝对介电常数	ε_0	F/m	8.85×10^{-12}
相对介电常数	ε_r		1
杨氏模量	E	N/m^2	1.65×10^{11}
阻尼系数	c	kg/s	8.96×10^{-8}
微梁的固有频率	$f_0=\omega_0/(2\pi)$	Hz	85898.3

根据上述等效，可得无量纲非线性刚度参数 α 和直流电压参数 γ 的表达式

$$\alpha=\frac{0.767d_0^2}{h^2} \tag{11.4.21}$$

$$\gamma=\frac{\varepsilon_0\varepsilon_r l^4V_D^2}{20.85Ed_0^3h^3} \tag{11.4.22}$$

根据临界条件 $\alpha=2$ 可知：

（1）当 $d_0<1.615h$ 时，系统只可能存在一个零稳定平衡点；

（2）当 $d_0>1.615h$ 时，系统则可能出现非零稳定平衡点。

本节根据前文理论分析结果设计了四种典型仿真算例（表 11.3），并且理论预测了幅频曲

线的软硬特性。最终，绘制四种算例下的理论分析结果与数值计算结果（图 11.8），其中有量纲动态位移 $\hat{u}=d_0\cdot u$。从图中可以看出，理论结果与数值结果非常一致。

表 11.3

算例	初始间距 d_0（μm）	V_D（V）	α	γ	硬特性 / 软特性
1	2	4	0.767	0.016	硬特性
2	2	12	0.767	0.148	软特性
3	5	30	4.794	0.059	硬特性
4	5	65	4.794	0.278	软特性

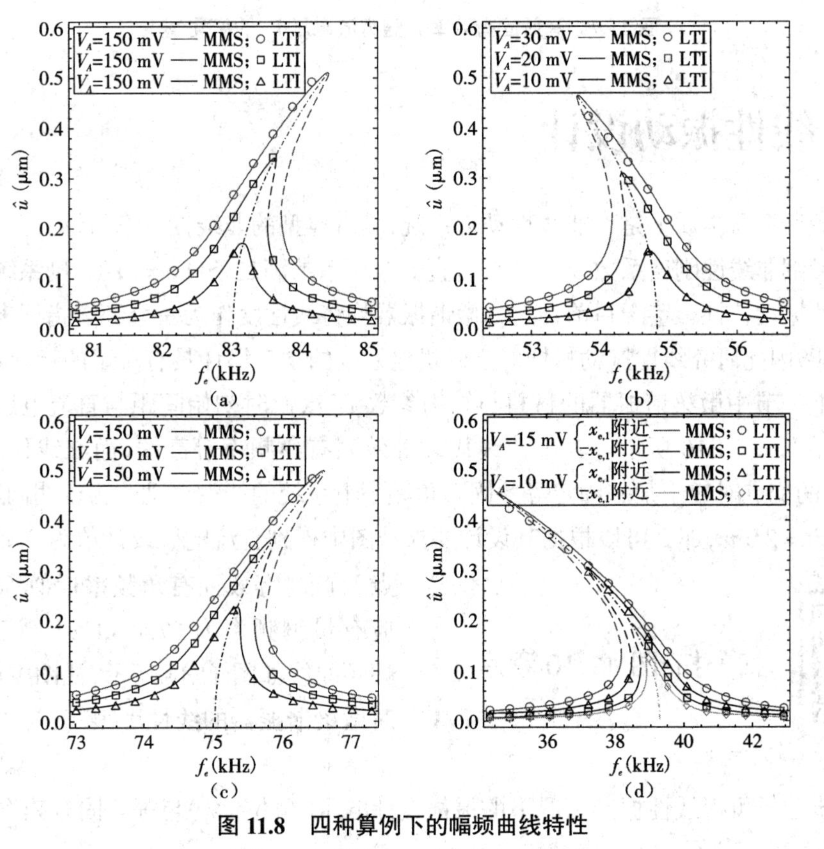

图 11.8　四种算例下的幅频曲线特性

（a）算例 1　（b）算例 2　（c）算例 3　（d）算例 4

接下来研究直流电压 V_D 对于系统等效固有频率 f_n（$f_n=\omega_0\omega_n/2\pi$）的影响。图 11.9 反映了不同初始间距 d_0 的情况下，固有频率 f_n 随直流电压 V_D 的变化情况。当 d_0 较小时，直流电压的工作量程较小，V_D 的微小变化即可引起 f_n 的较大变化，但 f_n 总小于 f_0。随着 d_0 增大，直流电压工作量程增大。当 $d_0>1.615h$ 时，随着 V_D 的增大，f_n 先减小直至为零，继续增大 V_D，则 f_n 先增大后迅速减小至零。在某些情况下，f_n 甚至能够大于 f_0，这从侧面反映出系统的谐振频率可以高于微谐振结构本身的固有频率。但需注意，这种情况需要更高的直流电压输入，并且此时振动为偏离原点的非对称振动。微机电系统设计人员需权衡谐振频率与电压输入间的关系，根据实际需要进行动态设计。

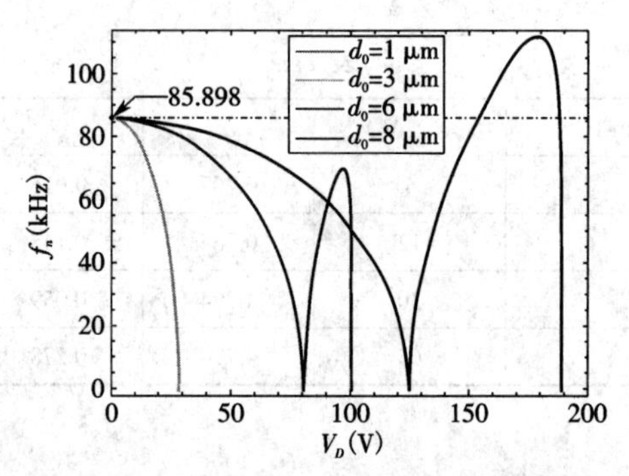

图 11.9 等效固有频率 f_n 随直流电压 V_D 的变化情况

11.5 线性振动设计

微机械谐振器本质上是一非线性动力系统，具有典型的非线性动态特性，但根据前文分析可知当无量纲非线性刚度系数 $\alpha < 2$ 时，若直流电压系数满足条件 $\gamma = \alpha/8$，则系统的幅频曲线可呈现线性振动特性。鉴于目前传统的微谐振器均将线性度作为一个综合指标来评判谐振器的工作性能，因此研究线性振动特性对于微机电系统的动态设计具有一定的指导意义。

假设上一节中微梁谐振器的材料与结构参数不变，此时初始间距与直流电压对线性振动行为的影响如图 11.10 所示。其中蓝线代表等效固有角频率等高线，而红线代表 $\kappa = 0$。显然，两种线的交点对应于某一固定等效固有角频率下系统的线性振动。为说明问题，假设初始设计间距 $d_0 = 2\ \mu\text{m}$，那么可以根据其设计要求从图中得到直流电压设计值为 9.653 V（图中红点），此时等效固有角频率近似等于 0.785（对应有量纲频率为 67.45 kHz）。该组参数下的幅频曲线如图 11.11 所示，从图中可以看出，此时微梁谐振器的线性度很高，与之前分析的理论结果一致。

扫一扫：图 11.10 程序

进一步分析可得线性振动情况下的最优设计电压（单位：V）与等效固有频率（单位：Hz）的近似表达式

$$V_D \approx \frac{1.414 d_0^2}{l^2}\sqrt{\frac{Ehd_0}{\varepsilon_0 \varepsilon_r}} \tag{11.5.1}$$

$$f_n \approx \frac{0.817}{l^2}\sqrt{\frac{E(h^2 - 0.384 d_0^2)}{\rho_m}} \tag{11.5.2}$$

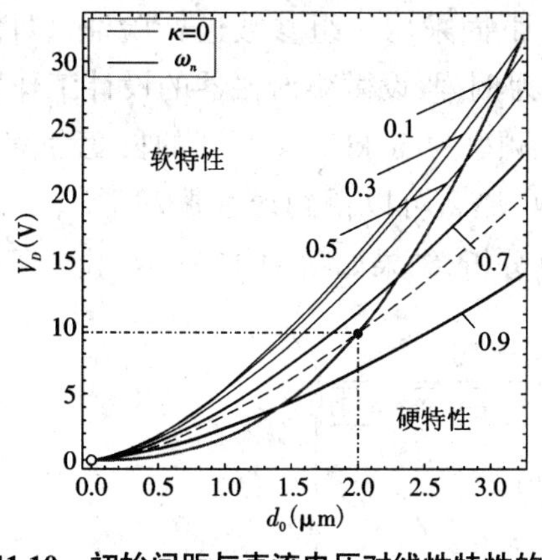

图 11.10　初始间距与直流电压对线性特性的影响

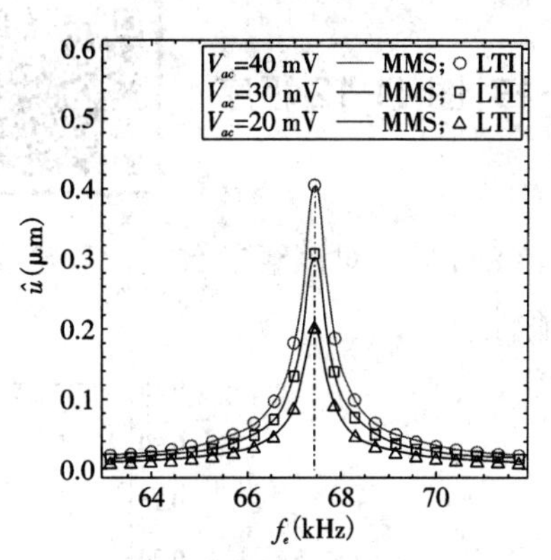

图 11.11　幅频曲线的线性特性

根据上述公式，可以得到线性振动的最优设计电压 V_D 与对应等效固有频率 f_n 随不同梁参数的变化规律如图 11.12 所示。图 11.12(a)为不同梁长情况下的线性设计曲线。从图中可以看出，梁长 l 的增大能够降低设计电压与对应的等效固有频率。然而，截止曲线(图中点划线)却不变，这是因为此时初始间距与梁厚的比值不变。图 11.12(b)为不同梁厚情况下的线性设计曲线。从图中可以看出，随着梁厚 h 的增大，可设计区间增大，截止曲线右移，意味着临界初始间距也随着梁厚的增大而增大。

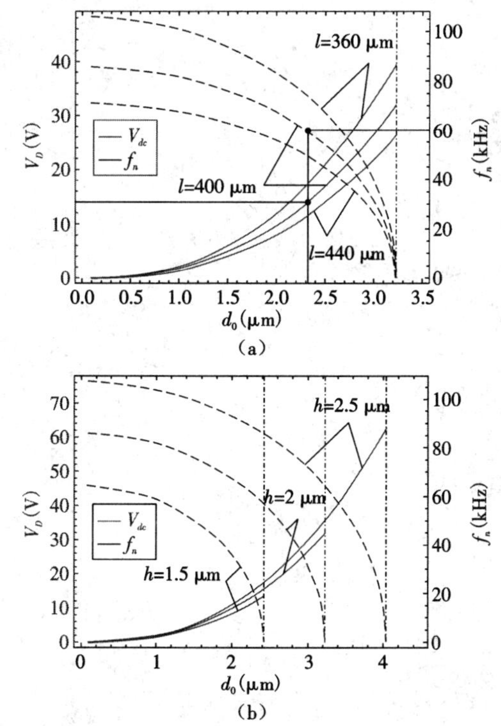

图 11.12　最优设计电压与对应的等效固有频率曲线

(a) $h = 2$ μm　(b) $l = 400$ μm

扫一扫:图 11.12 程序

下面采用一组参数进行验证,以图 11.12(a)为例,假设微梁谐振器的设计工作频率即谐振频率为 60 kHz,如果梁的长度为表 11.2 中参数,那么可以得到线性振动下 $d_0 = 2.31\ \mu m$ 且 $V_D = 13.851\ V$。对该组参数进行理论及数值仿真分析,结果如图 11.13 所示,验证了理论公式的正确性。

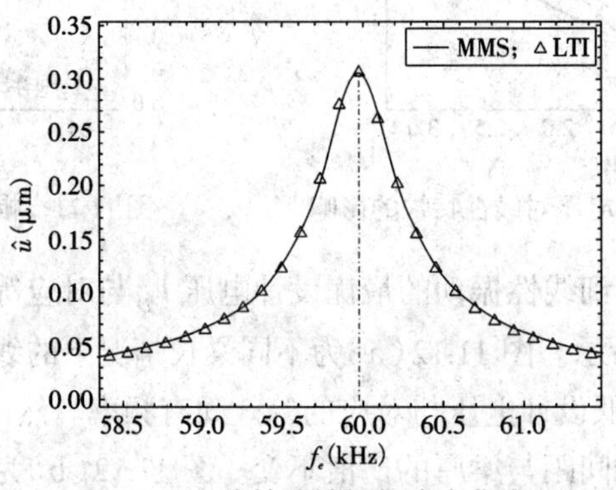

图 11.13 线性特性幅频响应曲线

第 12 章　静电驱动黏弹性双稳态系统的非线性动力学行为分析

12.1　引言

微机电系统的动力学行为研究和结构设计一直是微机电发展过程中关注的问题,尤其是由于几何非线性和静电力非线性导致的吸合不稳定问题和非线性跳跃现象是研究工作者试图避免的。建立在材料连续性及均匀性假设上的微机电谐振器弹性动力学研究,通常忽略了材料内部微结构对材料力学性能的影响,同时将原机电耦合系统采用材料力学或弹性力学进行建模。但是,随着微机电系统的尺寸达到微纳米量级,材料内部微机电的非均匀性将显著影响材料的静动态力学性能,使其表现出明显的尺度效应;同时各种高分子聚合材料引入系统谐振元件,元件存在明显的蠕变特性,传统弹性力学建模方法无法处理系统的黏弹特性,这一点已被许多微观实验所证实。目前, Maxwell 模型和 Kelvin 模型是刻画黏弹性本构关系常用的两种模型。以往的研究主要集中在用这两种本构关系求解静力学问题或线性动力学问题。本章基于标准滞线弹性模型详细分析了时间记忆项对系统静态行为和小幅振动的影响,黏弹性的存在可能会对系统的非线性跳跃现象和暂态混沌行为产生一定的影响。本章希望对双极板静电驱动黏弹性微梁谐振器进行分析,借鉴黏弹性材料的分数阶本构模型[30-32],并利用广义哈密顿原理建立了系统的动力学方程。为了能够在理论角度研究系统在双稳态条件下的全局静态和动力学行为,本章采用伽辽金离散方法给出了系统双稳态产生的物理参数条件,改善了单自由度假设下系统的双稳态参数条件;并利用多尺度方法对系统进行小幅振动分析,给出了黏弹性对系统周期鞍结分岔行为的影响;结合 Melnikov 方法,预测了黏弹性系统混沌产生的阈值,并利用局部最大值方法给出了系统的动态分岔图,详细研究了系统产生周期 1 运动、多周期运动和混沌运动的物理参数范围,并给出了黏弹性参数对系统等效阻尼和等效刚度的影响规律;得出了黏弹性材料对于弱化微机电系统非线性动力学行为,消除周期鞍结分岔,抑制动态吸合,增强系统的稳定性有积极的作用。

12.2　物理建模

为了分别在定性和定量角度研究双极板静电驱动黏弹性微梁谐振器的静动态特性,将谐振器模型做如下简化处理:将微梁假设为欧拉 - 伯努利梁模型,该模型受到方向相反的两个静电力作用,不考虑微梁的轴向残余应力或预应力,并忽略静电力的边缘效应,由此可以得到谐振器的简化力学模型如图 12.1 所示，其中 y 为梁的横向位移，d 为梁与基底间的初始间距。

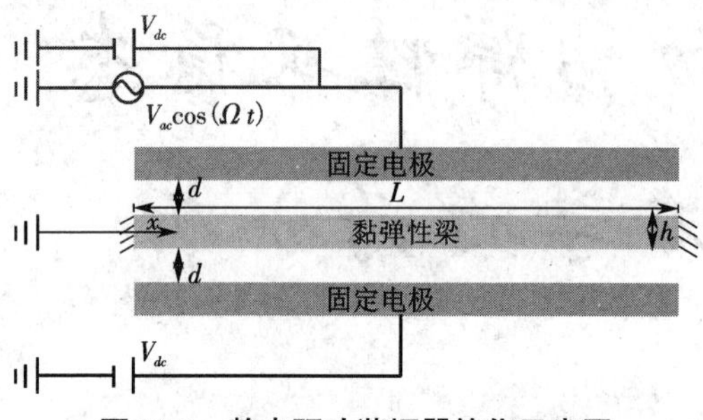

图 12.1 静电驱动谐振器简化示意图

黏弹性现象的存在会导致系统出现材料记忆特性，影响系统的固有频率和品质因子。本章将黏弹性本构关系引入微机电系统中，结合系统本身的几何非线性和静电力非线性，详细地研究黏弹性材料对系统固有频率、动态吸合、静态分岔、动力学分岔行为以及混沌动力学现象的影响。本章中采用分数阶 Kelvin 模型，其能够用较少的实验参数精确地描述黏弹性材料的动力学特性及其稳定性。弹性模量的松弛函数如下[33]：

$$E(t)=E_0+\frac{E_1}{\Gamma(1-\beta)}t^{-\beta}=E_0(1+\frac{\eta}{\Gamma(1-\beta)}t^{-\beta})\quad 0<\beta\leqslant 1 \tag{12.2.1}$$

其中，$\eta=E_1/E_0$ 定义为材料黏弹性模量比例系数，β 定义为材料的分数阶次数，E_0 代表弹性部分的弹性模量，$\Gamma(s)=\int_0^\infty \mathrm{e}^{-t}t^{s-1}\mathrm{d}t$ 代表伽马函数。

波尔兹曼叠加原理指出高聚物的力学松弛行为是其整个历史上各松弛过程的线性加和的结果。对于蠕变过程，每个负荷对高聚物的变形的贡献是独立的，总的蠕变是各个负荷引起的蠕变的线性加和。对于应力松弛，每个应变对高聚物的应力松弛的贡献也是独立的，高聚物的总应力等于历史上诸应变引起的应力松弛过程的线性加和，可得其玻尔兹曼叠加方程式为[34]

$$\sigma(t)=\int_0^t E(t-\tau)\dot{\xi}(\tau)\mathrm{d}\tau \tag{12.2.2}$$

根据材料力学的假设，微梁的弯矩 $M(x,t)$ 可以表达成下列方程形式

$$M(x,t)=E_0I[\frac{\partial^2 y(x,t)}{\partial x^2}+\frac{\partial^2}{\partial x^2}\eta D_t^\beta y(x,t)] \tag{12.2.3}$$

其中，$I=bh^3/12$ 为梁横截面的转动惯量，b 为梁的宽度，h 为梁的厚度，$y(x,t)$ 代表横向位移，x 是沿着微梁方向的坐标位置，D_t^β 代表 Caputo 意义下的分数阶导数，有

$$D_t^\beta\xi(t)=\frac{1}{\Gamma(1-\beta)}\int_0^t\frac{\dot{\xi}(\tau)}{(t-\tau)^\beta}\mathrm{d}\tau \tag{12.2.4}$$

考虑系统本身的动能、弹性势能、静电力以及能量耗散情况，结合广义的哈密顿原理，我们可以得到黏弹性微机电系统广义哈密顿原理的数学表达式如下：

$$\int_{t_1}^{t_2}(\delta T-\delta U+\delta W)\mathrm{d}t=0 \tag{12.2.5}$$

其中，δT 代表系统动能的变分项，δU 代表微梁弯曲弹性势能的变分项，δW 代表静电力以及黏弹性结构耗散部分所做的虚功，接下来分别对每一项进行描述。

系统的动能通过分析可以直接给出

$$T=\frac{1}{2}\rho A\int_0^L(\frac{\partial y}{\partial t})^2\mathrm{d}x \tag{12.2.6}$$

其中，A 是微梁的横截面面积，L 是微梁的长度，ρ 是材料的密度。

将方程（12.2.1）代入方程（12.2.3），可以得出系统的弯曲弹性势能表达式

$$U=\frac{1}{2}\int_0^L E_0 I(\frac{\partial^2 y}{\partial x^2})^2\mathrm{d}x \tag{12.2.7}$$

接下来,我们将外界力做功分为两部分:一部分是轴向力和静电力所做的虚功部分,另一部分是黏弹性耗散力做功部分。易得出系统的耗散力做功项

$$\delta W_{\text{vis}}=-\int_0^L E_0 I\frac{\partial^2}{\partial x^2}\eta D_t^\beta y(x,t)\delta(\frac{\partial^2 y}{\partial x^2})\mathrm{d}x \tag{12.2.8}$$

当轴向力 P 和横向荷载 $q(x,t)$ 作用在系统上时,外界力做功可以表达成下列形式:

$$\delta W_{\text{ext}}=P\int_0^L \delta[\frac{1}{2}(\frac{\partial y}{\partial x})^2]\mathrm{d}x+\int_0^L q\delta y\mathrm{d}x \tag{12.2.9}$$

对于两端固支微梁,随着微梁的弯曲变形,系统产生轴向作用力,其力的表达式可以根据中性面的轴向伸长给出,具体表达形式如下

$$P=-\frac{E_0 A}{2L}\int_0^L[(\frac{\partial y}{\partial x})^2+\eta D_t^\beta(\frac{\partial y}{\partial x})^2]\mathrm{d}x \tag{12.2.10}$$

本书中的横向荷载是由静电力产生的。根据无限大平行板电容假设,忽略边缘效应,系统的静电力形式可以给出

$$q(x,t)=\frac{\varepsilon_0 b[V_{dc}+V_{ac}\cos(\Omega t)]^2}{2(d-y)^2}-\frac{\varepsilon_0 b V_{dc}^2}{2(d+y)^2} \tag{12.2.11}$$

其中,ε_0 为介质的介电常数。

通过方程(12.2.11),结合变分原理,并考虑系统的气膜阻尼力,可得到系统横向位移的动力学方程

$$\begin{aligned}\rho A\ddot{y}(x,t)+\frac{\partial^2 M(x,t)}{\partial x^2}=&(\int_0^L y'(x,t)^2+\eta D_t^\beta y'(x,t)^2\mathrm{d}x)\frac{E_0 A}{2L}y''(x,t)-\\&\frac{\varepsilon_0 b V_{dc}^2}{2(d+y)^2}+\frac{\varepsilon_0 b[V_{dc}+V_{ac}\cos(\Omega t)]^2}{2(d-y)^2}-\hat{c}\dot{y}(x,t)\end{aligned} \tag{12.2.12}$$

边界条件为

$$y(0,t)=y'(0,t)=y(L,t)=y'(L,t)=0 \tag{12.2.13}$$

其中,$\dot{y}=\frac{\partial y}{\partial t}$,$y'=\frac{\partial y}{\partial x}$。

在这里,需要对方程(12.2.12)进行简单的说明。等式最后一项代表施加直流电压和交流电压之后平行板电容产生的静电力。其中,直流电压作用下,可以使微梁发生形变产生静态位移。当其超过一定临界值时,两块平行板电容会发生吸合,此时的临界直流电压定义为吸合电压;另一方面,交流电压远小于直流电压,产生微梁的动态变形,研究时可以忽略交流电压的高次项,进而忽略高次谐波项。经过研究发现,对于特定的几何参数,当直流电压超过一定临界值但又不超过系统的吸合电压时,微梁的初始位置会失稳并产生两个对称的稳定平衡点,此时系统的状态定义为双稳态。

为了便于分析,引入下述无量纲量:

$$\hat{y}=\frac{y}{d},\hat{x}=\frac{x}{L},\hat{t}=t\sqrt{\frac{E_0 I}{\rho A L^4}},\hat{\Omega}=\Omega\sqrt{\frac{\rho A L^4}{E_0 I}} \tag{12.2.14}$$

将上述无量纲量代入原动力学方程(12.2.12)和(12.2.13)可得到无量纲运动学方程

$$\begin{aligned}&\ddot{y}(x,t)+[\frac{\partial^4 y(x,t)}{\partial x^4}+\frac{\partial^4}{\partial x^4}\overline{\eta}D_t^{\beta}y(x,t)]+c\dot{y}(x,t)\\&=\alpha_1[\int_0^1 y'(x,t)^2\,\mathrm{d}x+\overline{\eta}D_t^{\beta}\int_0^1 y'(x,t)^2\,\mathrm{d}x]y''(x,t)+\\&\alpha_2[\frac{[V_{dc}+V_{ac}\cos(\Omega t)]^2}{(1-y)^2}-\frac{V_{dc}^2}{(1+y)^2}]\end{aligned}\tag{12.2.15}$$

边界条件为

$$y(0,t)=y'(0,t)=y(1,t)=y'(1,t)=0\tag{12.2.16}$$

其中,方程(12.2.15)中的参数具体表达式如下:

$$\alpha_1=6\times(\frac{d}{h})^2,\alpha_2=\frac{6\varepsilon_0 L^4}{E_0 d^3 h^3},c=\frac{\hat{c}L^4}{\sqrt{E_0 I\rho AL^4}},\overline{\eta}=\eta(\frac{\rho AL^4}{E_0 I})^{-\frac{\beta}{2}}\tag{12.2.17}$$

12.3 静态分岔分析

伽辽金离散、有限差分、微分求解是处理连续体方程的几种常用的有效方法,本章中利用伽辽金离散方法处理原连续体方程来分析系统的静态和动力学行为。我们采用未发生形变时微梁的无阻尼线性模态振型作为伽辽金离散的基函数[23]。

方程(12.2.15)的解可以表示为下列形式:

$$y(x,t)=\sum_{i=1}^{\infty}u_i(t)\phi_i(x)\tag{12.3.1}$$

其中,ϕ_i 是直梁的第 i 阶线性无阻尼模态振型函数,表达式如下:

$$\begin{aligned}&\phi_i^{iv}=\omega_i^2\phi_i\\&\phi_i(0)=\phi_i(1)=\phi_i'(0)=\phi_i'(1)=0\end{aligned}\tag{12.3.2}$$

其中,ω_i 代表系统的第 i 阶固有频率。在本书中,利用打靶法对方程(12.3.2)的边界值问题进行数值求解。

Younis 在文献[35]中提出了在伽辽金离散过程中的两种处理静电力项的方法:第一种方法是将静电力在平衡点附近进行泰勒展开;第一种方法是对方程两边同时乘以 $(1-y^2)^2$ 项,消除静电力的分数形式,该方法能够对静电力进行准确描述。研究结果指出,第二种方法得出的结果明显优于第一种方法的结果。本章中,我们采用第二种方法,将方程(12.3.2)代入方程(12.2.15),等式两边同时乘以 ϕ_i,并在 0~1 范围内进行积分,可以得到如下离散方程形式:

$$
\begin{aligned}
&\ddot{u}_n+\omega_n^2 u_n+c_n\dot{u}_n+\sum_{i,j,k,l,m=1}^{M} u_i u_j u_k u_l \ddot{u}_m\int_0^1\phi_i\phi_j\phi_k\phi_l\phi_m\phi_n\mathrm{d}x \\
&=2\sum_{i,j,k=1}^{M}\omega_i^2 u_i u_j u_k\int_0^1\phi_i\phi_j\phi_k\phi_n\mathrm{d}x-\sum_{i,j,k,l,m=1}^{M}\omega_i^2 u_i u_j u_k u_l u_m\int_0^1\phi_i\phi_j\phi_k\phi_l\phi_m\phi_n\mathrm{d}x+ \\
&2c_n\sum_{i,j,k=1}^{M}u_i u_j\dot{u}_k\int_0^1\phi_i\phi_j\phi_k\phi_n\mathrm{d}x-c_n\sum_{i,j,k,l,m=1}^{M}u_i u_j u_k u_l\dot{u}_m\int_0^1\phi_i\phi_j\phi_k\phi_l\phi_m\phi_n\mathrm{d}x+ \\
&\alpha_1\sum_{i,j,k=1}^{M}u_i u_j u_k\Gamma(\phi_i,\phi_j)\int_0^1\phi_k''\phi_n\mathrm{d}x+4\alpha_2V_{dc}^2u_n- \\
&2\alpha_1\sum_{i,j,k,l,m=1}^{M}u_i u_j u_k u_l u_m\Gamma(\phi_i,\phi_j)\int_0^1\phi_k\phi_l\phi_m''\phi_n\mathrm{d}x+ \\
&\alpha_1\sum_{i,j,k,l,m,o,p=1}^{M}u_i u_j u_k u_l u_m u_o u_p\Gamma(\phi_i,\phi_j)\int_0^1\phi_k\phi_l\phi_m\phi_o\phi_p''\phi_n\mathrm{d}x+ \\
&2\alpha_2V_{dc}V_{ac}\cos\Omega t\Big(\int_0^1\phi_n\mathrm{d}x+2u_n+\sum_{i,j=1}^{M}u_i u_j\int_0^1\phi_i\phi_j\phi_n\mathrm{d}x\Big)+ \\
&2\bar{\eta}\sum_{i,j,k=1}^{M}\omega_k^2u_i u_j D_t^{\beta}u_k\int_0^1\phi_i\phi_j\phi_k\phi_n\mathrm{d}x-\omega_n^2\bar{\eta}D_t^{\beta}u_n- \\
&\bar{\eta}\sum_{i,j,k,l,m=1}^{M}\omega_m^2u_i u_j u_k u_l D_t^{\beta}u_m\int_0^1\phi_i\phi_j\phi_k\phi_l\phi_m\phi_n\mathrm{d}x+ \\
&\alpha_1\bar{\eta}D_t^{\beta}\sum_{i,j=1}^{M}u_i u_j\Gamma(\phi_i,\phi_j)\Big(\sum_{i=1}^{M}u_i\int_0^1\phi_i''\phi_n\mathrm{d}x-2\sum_{i,j,k=1}^{M}u_i u_j u_k\int_0^1\phi_i''\phi_j\phi_k\phi_n\mathrm{d}x+ \\
&\sum_{i,j,k,l,m=1}^{M}u_i u_j u_k u_l u_m\int_0^1\phi_i''\phi_j\phi_k\phi_l\phi_m\phi_n\mathrm{d}x\Big)+2\sum_{i,j,k=1}^{M}u_i u_j\ddot{u}_k\int_0^1\phi_i\phi_j\phi_k\phi_n\mathrm{d}x
\end{aligned}
\tag{12.3.3}
$$

其中，$\Gamma(\phi_i,\phi_j)=\int_0^1\phi_i'\phi_j'\mathrm{d}x$。

在前文中已经指出 $V_{dc}\gg V_{ac}$，可以得到 $(V_{dc}+V_{ac}\cos\Omega t)^2\approx V_{dc}^2+2V_{dc}V_{ac}\cos\Omega t$。

首先粗略地了解一下系统的静态分岔情况，黏弹性的存在会导致系统固有频率和品质因子发生改变，但是不会影响系统的平衡位置。忽略方程(12.3.3)中的黏弹性项、对时间的导数项、交流电压部分，可以得到系统在直流电压驱动下的静态方程。选取一组典型的物理参数 $E_0=165\ \text{GPa}$，$\rho=2300\ \text{kg/m}^3$，$L=400\ \mu\text{m}$，$h=2\ \mu\text{m}$，$b=10\ \mu\text{m}$。图 12.2 展示了采用不同方法时直流电压和微梁中点位移的关系图。分别采用了单自由度模型假设方法、多阶伽辽金离散方法、有限元仿真描述直流电压在 0 到吸合电压时微梁的变形情况。图中实线代表稳定的平衡点，虚线代表不稳定的平衡点，研究给出了一阶、三阶、五阶、七阶、九阶伽辽金离散结果。随着离散阶数的增加，数值解逐渐收敛并和仿真结果吻合，其中三阶和七阶伽辽金离散结果在不稳定分支部分产生了较大误差。如图所示，当直流电压超过一定临界值时，系统原平衡位置失稳并出现双稳态特性。文献中[23]研究了单自由度模型假设下出现双稳态的定性条件，根据本章数值结果，单自由度模型假设和连续体模型之间结果差距太大，无法实现对系统的定量分析。同时，单自由度模型和连续体模型的双稳态区间是不一致的，之前文献从单自由度角度出发定义的双稳态临界条件是不正确的。通过本章的研究，我们希望推导出连续体微梁模型下双稳态出现的物理条件，同时研究黏弹性项对复杂动力学行为的影响。当直流电压处于双稳态物理参数范围内并远离吸合电压时，单阶伽辽金离散结果和仿真结果之间的误差低于5%。在接下来的研究中，我们主要考虑单阶伽辽金离散结果。

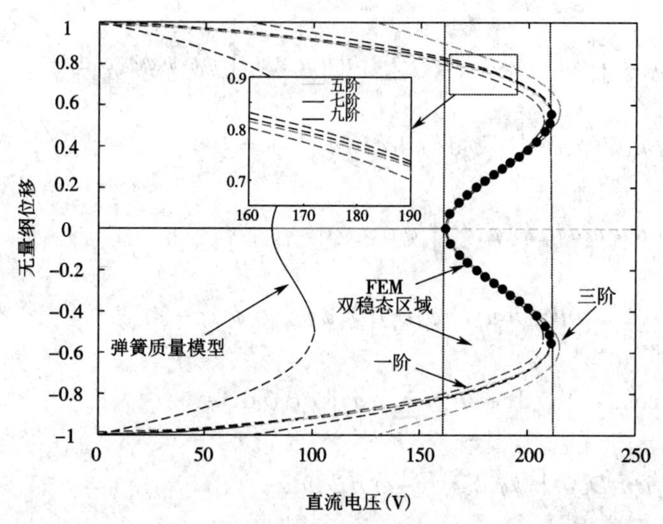

图 12.2　$d = 6\ \mu\text{m}$ 时哈密顿系统随着直流电压变化的静态分岔图

首先我们假设单阶模态振动假设下解的形式为 $y(x,t) = u(t)\phi(x)$，可以得到下列方程：

$$\begin{aligned}
&\ddot{u} + \omega^2 u + c\dot{u} - 2u^2\ddot{u}\int_0^1 \phi^4 \mathrm{d}x + u^4\ddot{u}\int_0^1 \phi^6 \mathrm{d}x \\
&= 2\omega^2 u^3 \int_0^1 \phi^4 \mathrm{d}x - \omega^2 u^5 \int_0^1 \phi^6 \mathrm{d}x + 2cu^2\dot{u}\int_0^1 \phi^4 \mathrm{d}x - cu^4\dot{u}\int_0^1 \phi^6 \mathrm{d}x + \\
&\alpha_1 u^3 \Gamma(\phi,\phi)\int_0^1 \phi''\phi \mathrm{d}x - 2\alpha_1 u^5 \Gamma(\phi,\phi)\int_0^1 \phi''\phi^3 \mathrm{d}x + \\
&\alpha_1 u^7 \Gamma(\phi,\phi)\int_0^1 \phi''\phi^5 \mathrm{d}x - \omega^2 \bar{\eta} D_t^\beta u(1 - 2u^2\int_0^1 \phi^4 \mathrm{d}x + u^4\int_0^1 \phi^6 \mathrm{d}x) + \\
&\alpha_1 \Gamma(\phi,\phi)\bar{\eta} D_t^\beta u^2 (u\int_0^1 \phi''\phi \mathrm{d}x - 2u^3\int_0^1 \phi''\phi^3 \mathrm{d}x + u^5\int_0^1 \phi''\phi^5 \mathrm{d}x) + \\
&4\alpha_2 V_{dc}^2 u + 2\alpha_2 V_{dc} V_{ac} \cos \Omega t(\int_0^1 \phi \mathrm{d}x + 2u + u^2\int_0^1 \phi^3 \mathrm{d}x)
\end{aligned} \tag{12.3.4}$$

由于交流电压的作用远小于直流电压作用，同时考虑小耗散力情况，我们把耗散部分和交变部分看作微谐振器组成哈密顿系统的摄动项。哈密顿系统可以表示为如下形式：

$$\ddot{u} + \frac{\kappa_1}{g}u + \frac{\kappa_2}{g}u^3 + \frac{\kappa_3}{g}u^5 + \frac{\kappa_4}{g}u^7 = 0 \tag{12.3.5}$$

其中

$$\begin{cases}
g = 1 - 2u^2\int_0^1 \phi^4 \mathrm{d}x + u^4\int_0^1 \phi^6 \mathrm{d}x \\
\kappa_1 = \omega^2 - 4\alpha_2 V_{dc}^2 \\
\kappa_2 = -2\omega^2\int_0^1 \phi^4 \mathrm{d}x - \alpha_1 \Gamma(\phi,\phi)\int_0^1 \phi''\phi \mathrm{d}x \\
\kappa_3 = \omega^2\int_0^1 \phi^6 \mathrm{d}x + 2\alpha_1 \Gamma(\phi,\phi)\int_0^1 \phi''\phi^3 \mathrm{d}x \\
\kappa_4 = -\alpha_1 \Gamma(\phi,\phi)\int_0^1 \phi''\phi^5 \mathrm{d}x
\end{cases} \tag{12.3.6}$$

通过方程(12.3.5),系统的平衡点方程满足下列式子:

$$\kappa_1+\kappa_2x_{\mathrm{e}}^2+\kappa_3x_{\mathrm{e}}^4+\kappa_4x_{\mathrm{e}}^6=0 \tag{12.3.7}$$

平衡点表示为$(x_{\mathrm{e}},0)$。

系数κ_1,κ_2,κ_3,κ_4确定了平衡点的个数和稳定性情况。

根据文献结果,当系统出现两个稳定平衡点时,应满足下列物理条件:

$$\begin{cases}\kappa_1<0\\ \kappa_2>0\\ (q/2)^2+(p/3)^3<0\end{cases} \tag{12.3.8}$$

其中,$p=-\kappa_3^2/3\kappa_4^2+\kappa_2/\kappa_4$,$q=2\kappa_3^3/27\kappa_4^3-\kappa_2\kappa_3/3\kappa_4^2+\kappa_1/\kappa_4$。

方程(12.3.8)为连续体模型下微机电系统出现双稳态的基本物理条件。接下来为了在能量角度研究系统的静态分岔,假定原点处该保守系统的势能为零,我们在数值角度计算了哈密顿系统的势能表达式

$$\begin{aligned}V(u)=&0.7589\kappa_1n+\kappa_3(0.06203m+0.1523n+0.1294u^2)+\\&\kappa_2(0.06471m+0.3638n)-6.5896\alpha_1-\gamma+\\&\kappa_4(0.04272m+0.05184n+0.1241u^2+0.06471u^4)\end{aligned} \tag{12.3.9}$$

其中

$$m=\ln(19322u^4-18522u^2+5000)$$

$$n=\arctan(5.864u^2-2.811)$$

$$\gamma=3.0356\alpha_2V_{dc}^2\arctan(2.811)$$

对于双稳态系统,原平衡点失稳形成鞍结分岔点,势能函数在原点产生势垒点;两个新的稳定平衡点在原点两侧产生,势能函数在此处产生两个势阱点;靠近固定电极部分存在两个不稳定的平衡点,对应着势能函数两个势垒点。根据中心势垒点和两侧势垒点能量的高低,我们把系统分成三类,如图 12.3 所示。

(1)当中心势垒点的能量低于双侧势垒点的能量时,系统存在两个同宿轨道和一个异宿轨道,根据非线性动力学知识,此时系统容易发生复杂的动力学现象,当驱动力较小时,系统在一侧平衡点附近做小幅简谐振动,随着驱动力增大,系统的运动越过中间势垒点,可能发生稳定的双势阱运动、多倍周期运动、概周期运动或者混沌运动。

(2)当系统三个势垒点的势能一致时,系统存在两个异宿轨道,此时系统在小幅周期力作用下主要以周期振动为主,较难发生概周期运动和混沌运动。

(3)当中心势垒点的能量高于双侧势垒点能量时,系统存在两个同宿轨道,由于此时双侧势垒点能量值较低,容易发生动态吸合。原点为初始位置的无阻尼系统在无初速度的情况下很容易越过两边的势垒点产生动态吸合,造成系统的不稳定。由于气膜阻尼力和黏弹性材料的蠕变特性,在一定程度上能够降低上述吸合不稳定发生的可能性,使得系统能保持在某一稳定平衡点。如图 12.3(c)所示,不同分数阶下黏弹性微谐振器在原点出发的运动轨迹,随着分数阶次数的增加,能够避免此类动态吸合的发生,增加系统的稳定性。

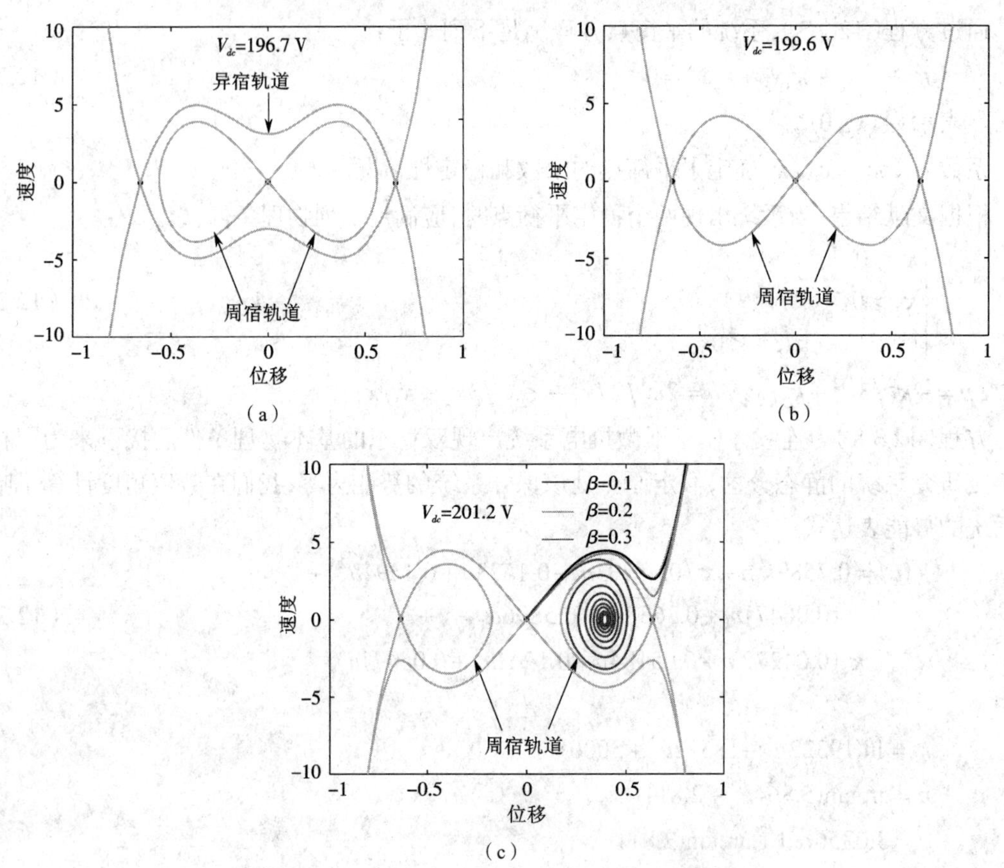

图 12.3 d=6μm，η=0.001 时，哈密顿系统的相流形

12.4 主共振分析

微谐振器一般是利用振子的共振原理工作的，因此研究主共振情况下的线性 / 非线性振动特性对于掌握此类微谐振器的动态行为具有重要的理论与实际意义。应用非线性近似理论进行分析，虽然在一定程度上弱化了分析结果的精度，但是可以通过分析近似解的一些典型特性对整体动力学行为进行定性的把握。为此，本节应用近似求解方法——多尺度法对微梁谐振器的动力学方程进行求解并分析。多尺度法适用于求解在稳定平衡点附近做小幅振动的弱非线性系统。由于在上述分析中发现，除通常意义上的零平衡点之外，系统可能存在非零稳定平衡点，故需要引入坐标变换将系统的振动分解为静态位移与动态振动两部分。将坐标转化方程 $u=x_{\mathrm{e}}+x$ 引入方程（12.3.4），其中 $x=O(\varepsilon)$ 是系统在交变电流下的响应，ε 为小幅扰动标志。考虑直流电压和交流电压的幅值大小关系 $V_{dc}=O(1)$，$V_{ac}=O(\varepsilon^3)$，同时把阻尼看成二阶小量，并忽略高于三次的非线性项的影响，我们得出如下方程形式：

$$\begin{aligned}&\ddot{x}+\varepsilon^2 c\dot{x}+a_m x\ddot{x}+a_n x^2\ddot{x}+\omega_n^2 x+a_q x^2+a_c x^3+\varepsilon^2 a_p D_t^\beta x+\\&\varepsilon a_h D_t^\beta x^2+\varepsilon a_r x D_t^\beta x+a_s x D_t^\beta x^2+a_e x^2 D_t^\beta x=\varepsilon^3 f\cos\Omega t\end{aligned} \tag{12.4.1}$$

具体参数为

$$\chi = 1 - 2x_e^2 \int_0^1 \phi^4 dx + x_e^4 \int_0^1 \phi^6 dx$$

$$a_m = \frac{-4x_e \int_0^1 \phi^4 dx + 4x_e^3 \int_0^1 \phi^6 dx}{\chi}$$

$$a_n = \frac{-2\int_0^1 \phi^4 dx + 6x_e^2 \int_0^1 \phi^6 dx}{\chi}$$

$$\omega_n^2 = \frac{\omega^2 - 4\alpha_2 V_{dc}^2 - 6\omega^2 x_e^2 \int_0^1 \phi^4 dx - 3\alpha_1 x_e^2 \Gamma(\phi,\phi)\int_0^1 \phi''\phi dx + 5x_e^4\omega^2 \int_0^1 \phi^6 dx}{\chi} + \frac{10\alpha_1 x_e^4 \Gamma(\phi,\phi)\int_0^1 \phi''\phi^3 dx - 7\alpha_1 x_e^6 \Gamma(\phi,\phi)\int_0^1 \phi''\phi^5 dx}{\chi}$$

$$a_q = \frac{-6\omega^2 x_e \int_0^1 \phi^4 dx - 3\alpha_1 x_e \Gamma(\phi,\phi)\int_0^1 \phi''\phi dx + 10x_e^3\omega^2 \int_0^1 \phi^6 dx}{\chi} + \frac{20\alpha_1 x_e^3 \Gamma(\phi,\phi)\int_0^1 \phi''\phi^3 dx - 21\alpha_1 x_e^5 \Gamma(\phi,\phi)\int_0^1 \phi''\phi^5 dx}{\chi}$$

$$a_c = \frac{-2\omega^2 \int_0^1 \phi^4 dx - \alpha_1 \Gamma(\phi,\phi)\int_0^1 \phi''\phi dx + 10x_e^2\omega^2 \int_0^1 \phi^6 dx}{\chi} + \frac{20\alpha_1 x_e^2 \Gamma(\phi,\phi)\int_0^1 \phi''\phi^3 dx - 35\alpha_1 x_e^4 \Gamma(\phi,\phi)\int_0^1 \phi''\phi^5 dx}{\chi}$$

$$a_p = \frac{-\alpha_1 \Gamma(\phi,\phi)\overline{\eta}(2x_e^2 \int_0^1 \phi''\phi dx - 4x_e^4 \int_0^1 \phi''\phi^3 dx + 2x_e^6 \int_0^1 \phi''\phi^5 dx)}{\chi} + \frac{\omega^2\overline{\eta}(1 - 2x_e^2 \int_0^1 \phi^4 dx + x_e^4 \int_0^1 \phi^6 dx)}{\chi}$$

$$a_r = \frac{-2x_e\alpha_1 \Gamma(\phi,\phi)\overline{\eta}(\int_0^1 \phi''\phi dx - 6x_e^2 \int_0^1 \phi''\phi^3 dx + 5x_e^4 \int_0^1 \phi''\phi^5 dx)}{\chi} - \frac{4x_e\omega^2\overline{\eta}\int_0^1 \phi^4 dx + 4x_e^3\omega^2\overline{\eta}\int_0^1 \phi^6 dx}{\chi}$$

$$a_e = \frac{\omega^2\overline{\eta}(-2\int_0^1 \phi^4 dx + 6x_e^2 \int_0^1 \phi^6 dx)}{\chi} - \frac{2x_e\alpha_1 \Gamma(\phi,\phi)\overline{\eta}(-6x_e \int_0^1 \phi''\phi^3 dx + 10x_e^3 \int_0^1 \phi''\phi^5 dx)}{\chi}$$

$$a_h = \frac{-\alpha_1 \Gamma(\phi,\phi)\overline{\eta}(x_e \int_0^1 \phi''\phi dx - 2x_e^3 \int_0^1 \phi''\phi^3 dx + x_e^5 \int_0^1 \phi''\phi^5 dx)}{\chi}$$

$$a_s = \frac{-\alpha_1 \Gamma(\phi,\phi)\overline{\eta}(\int_0^1 \phi''\phi dx - 6x_e^2 \int_0^1 \phi''\phi^3 dx + 5x_e^4 \int_0^1 \phi''\phi^5 dx)}{\chi}$$

$$f=\frac{2\alpha_2 V_{dc}V_{ac}(\int_0^1\phi\mathrm{d}x+2x_{\mathrm{e}}+x_{\mathrm{e}}^2\int_0^1\phi^3\mathrm{d}x)}{\chi}$$

在这里,我们只关心系统的稳态周期解,当时间趋于无穷时,分数阶导数项可以化简为

$$D_t^\beta x=\Omega^\beta a\cos(\Omega t-\varphi+\frac{\beta\pi}{2}) \tag{12.4.2}$$

$$D_t^\beta x^2=(2\Omega)^\beta\frac{a^2}{2}\cos(2\Omega t-2\varphi+\frac{\beta\pi}{2}) \tag{12.4.3}$$

其中,a是主共振的振动幅值,φ是主共振的相位角。

把分数阶导数的稳态项代入原方程,我们可以得出如下方程:

$$\begin{aligned}&\ddot{x}+\varepsilon^2c\dot{x}+a_mx\ddot{x}+a_nx^2\ddot{x}+\omega_n^2x+a_qx^2+a_cx^3+\\&\varepsilon^3a_p\Omega^\beta a\cos(\Omega t-\varphi+\frac{\beta\pi}{2})+\varepsilon^3a_h(2\Omega)^\beta\frac{a^2}{2}\cos(2\Omega t-2\varphi+\frac{\beta\pi}{2})+\\&\varepsilon^2a_r\Omega^\beta a\cos(\Omega t-\varphi+\frac{\beta\pi}{2})x+\varepsilon a_e\Omega^\beta a\cos(\Omega t-\varphi+\frac{\beta\pi}{2})x^2+\\&\varepsilon^2a_s(2\Omega)^\beta\frac{a^2}{2}\cos(2\Omega t-2\varphi+\frac{\beta\pi}{2})x=\varepsilon^3f\cos\Omega t\end{aligned} \tag{12.4.4}$$

引入调谐参数,假设扰动角频率与等效固有角频率之间存在如下关系:

$$\Omega=\omega_n+\varepsilon^2\sigma \tag{12.4.5}$$

方程(12.4.4)的解可近似表示为

$$x(t;\varepsilon)=\varepsilon x_1(T_0,T_1,T_2)+\varepsilon^2x_2(T_0,T_1,T_2)+\varepsilon^3x_3(T_0,T_1,T_2) \tag{12.4.6}$$

其中,$T_n=\varepsilon^nt$。

将方程(12.4.5)和(12.4.6)代入方程(12.4.4),比较方程两端ε的同次幂系数,得到如下方程关系式:

$$O(\varepsilon^1):D_0^2x_1+\omega_n^2x_1=0 \tag{12.4.7}$$

$$O(\varepsilon^2):D_0^2x_2+\omega_n^2x_2=-2D_0D_1x_1-a_qx_1^2-a_mx_1D_0^2x_1 \tag{12.4.8}$$

$$\begin{aligned}O(\varepsilon^3):D_0^2x_3+\omega_n^2x_3=&-2D_0D_2x_1-2D_0D_1x_2-D_1^2x_1-cD_0x_1-a_cx_1^3-2a_qx_1x_2-\\&a_mx_1D_0^2x_2-a_mx_2D_0^2x_1-2a_mx_1D_0D_1x_1-a_nx_1^2D_0^2x_1-\\&a_h(2\Omega)^\beta\frac{a^2}{2}\cos(2\Omega t-2\varphi+\frac{\beta\pi}{2})-\\&a_r\Omega^\beta a\cos(\Omega t-\varphi+\frac{\beta\pi}{2})x_1-a_p\Omega^\beta a\cos(\Omega t-\varphi+\frac{\beta\pi}{2})+\\&f\cos(\omega_nT_0+\sigma T_2)-a_e\Omega^\beta a\cos(\Omega t-\varphi+\frac{\beta\pi}{2})x_1^2-\\&a_s(2\Omega)^\beta\frac{a^2}{2}\cos(2\Omega t-2\varphi+\frac{\beta\pi}{2})x_1\end{aligned} \tag{12.4.9}$$

其中,$D_n=\dfrac{\partial}{\partial T_n}$。

易知,方程(12.4.7)的解可表示为

$$x_1(T_0,T_1,T_2)=A(T_1,T_2)\mathrm{e}^{\mathrm{i}\omega_n T_0}+\overline{A}(T_1,T_2)\mathrm{e}^{-\mathrm{i}\omega_n T_0}$$

将上述方程代入方程(12.4.8)可得

$$D_0^2x_2+\omega_n^2x_2=-2\mathrm{i}\omega_n\frac{\partial A}{\partial T_1}\mathrm{e}^{\mathrm{i}\omega_n T_0}+(a_m\omega_n^2-a_q)(A^2\mathrm{e}^{2\mathrm{i}\omega_n T_0}+A\overline{A})+cc \tag{12.4.10}$$

其中,cc 代表右边各项的共轭项。

为了避免方程(12.4.10)中出现永年项,函数 A 必须满足如下条件:

$$-2\mathrm{i}\omega_n\frac{\partial A}{\partial T_1}=0 \tag{12.4.11}$$

由此可知函数 A 只是 T_2 的函数。

此时,方程(12.4.10)可以简化为下列形式:

$$D_0^2x_2+\omega_n^2x_2=(a_m\omega_n^2-a_q)(A^2\mathrm{e}^{2\mathrm{i}\omega_n T_0}+A\overline{A})+cc \tag{12.4.12}$$

上述方程的解可表示为

$$x_2=\frac{(a_q-a_m\omega_n^2)A^2\mathrm{e}^{2\mathrm{i}\omega_n T_0}}{3\omega_n^2}-\frac{(a_q-a_m\omega_n^2)A\overline{A}}{\omega_n^2}+cc \tag{12.4.13}$$

将方程(12.4.13)代入方程(12.4.9),消除永年项条件,可得下列方程:

$$\begin{aligned}&2\mathrm{i}\omega_n\frac{\partial A}{\partial T_2}+c\mathrm{i}\omega_n A+a_p\Omega^\beta A\mathrm{e}^{\mathrm{i}\frac{\beta}{2}\pi}+a_s(2\Omega)^\beta A^2\overline{A}\mathrm{e}^{\mathrm{i}\frac{\beta}{2}\pi}+\\&3a_e\Omega^\beta A^2\overline{A}\mathrm{e}^{\mathrm{i}\frac{\beta}{2}\pi}+3(a_c-a_n\omega_n^2)A^2\overline{A}-\\&\frac{(10a_q-a_m\omega_n^2)(a_q-a_m\omega_n^2)A^2\overline{A}}{3\omega_n^2}-\frac{f}{2}\mathrm{e}^{\mathrm{i}\sigma T_2}=0\end{aligned} \tag{12.4.14}$$

为了便于分析,函数 A 表示为极坐标形式

$$A=\frac{1}{2}a\mathrm{e}^{\mathrm{i}\theta}+cc \tag{12.4.15}$$

将方程(12.4.15)代入方程(12.4.14),分离虚实部后得到关于幅值和相位的一阶常微分方程组的形式

$$\begin{aligned}\frac{\mathrm{d}a}{\mathrm{d}T_2}=&-\frac{1}{2}ca-\frac{a_p\Omega^\beta a}{2\omega_n}\sin\frac{\beta\pi}{2}-\frac{(2\Omega)^\beta a_sa^3}{8\omega_n}\sin\frac{\beta\pi}{2}-\\&\frac{3(\Omega)^\beta a_ea^3}{8\omega_n}\sin\frac{\beta\pi}{2}+\frac{1}{2}\frac{f}{\omega_n}\sin\varphi\end{aligned} \tag{12.4.16}$$

$$a\frac{\mathrm{d}\varphi}{\mathrm{d}T_2}=\sigma a+\kappa a^3-\frac{a_p\Omega^\beta a}{2\omega_n}\cos\frac{\beta\pi}{2}+\frac{1}{2}\frac{f}{\omega_n}\cos\varphi \tag{12.4.17}$$

其中

$$\begin{cases}\varphi=\sigma T_2-\theta\\ \kappa=\dfrac{(10a_q-a_m\omega_n^2)(a_q-a_m\omega_n^2)}{24\omega_n^3}-\dfrac{3(a_c-a_n\omega_n^2)}{8\omega_n}-\dfrac{(2\Omega)^\beta a_s+3(\Omega)^\beta a_e}{8\omega_n}\cos\dfrac{\beta\pi}{2}\end{cases} \tag{12.4.18}$$

系统的稳态周期解可根据下述条件求得 $\mathrm{d}a/\mathrm{d}T_2=\mathrm{d}\varphi/\mathrm{d}T_2=0$。最终,系统在主共振情况下的幅频响应方程可表示为

$$[\frac{1}{2}c+\frac{a_p\Omega^\beta}{2\omega_n}\sin\frac{\beta\pi}{2}+\frac{(2\Omega)^\beta a_s a^2}{8\omega_n}\sin\frac{\beta\pi}{2}+\frac{3(\Omega)^\beta a_e a^2}{8\omega_n}\sin\frac{\beta\pi}{2}]^2 \\ =(\frac{f}{2\omega_n a})^2-(\sigma+\kappa a^2-\frac{a_p\Omega^\beta}{2\omega_n}\cos\frac{\beta\pi}{2})^2 \tag{12.4.19}$$

从上述推导可以看出，主共振情况下谐振器的幅频响应方程与经典的 Duffing 系统幅频响应方程非常相似，因此可以参考 Duffing 系统的典型非线性振动特性对该系统进行分析。通过分析可知，系统的软硬特性取决于无量纲参数的取值。当 κ 为正时，幅频曲线体现出软弹簧特性；当 κ 为负时，幅频曲线体现出硬弹簧特性。在本章中，我们选取一组物理参数 $d=4\ \mu\text{m}$，$V_{dc}=91.45\ \text{V}$，该参数满足系统的双稳态条件。韩建鑫[23] 在研究微梁谐振器绕非零平衡点附近振动时发现只有软非线性出现，在两个非零平衡点振动时，满足以下几个条件：①系统的等效固有频率是相等的；②表征非线性程度的无量纲参数 κ 是相等的；③相同静电力条件下，系统在左侧平衡点附近振动的幅值低于在右侧振动的幅值。本章中，只考虑系统在右侧平衡点附近振动的情况。通过方程（12.4.19），可知黏弹性对系统的等效阻尼、固有频率、动态分岔行为会产生一定的影响。如图 12.4 所示，研究了系统在参数条件 $\beta=0.1$，$\eta=0.001$ 下，弹性系统和黏弹性系统的动力学分岔行为。通过对比研究发现，材料的黏弹性会弱化非线性现象并降低系统的振幅，同时增加系统的共振频率值。

接下来针对不同黏弹性材料弹性模量比例系数对动态分岔行为的影响进行了相关研究，随着弹性模量比例系数的增加，系统的共振频率增大，最大振幅受到抑制，除此之外，当弹性模量比例系数较小时，系统在共振频段附近存在多个周期解；相反的，当比例系数超过一定临界值时，系统在共振频段内不存在分岔行为，如图 12.5 所示。不同的分数阶次数也会对动力学行为产生一定的影响，图 12.6 研究了不同分数阶下响应的幅频曲线，随着分数阶次数的增加，系统的共振频率升高，最大振幅降低。在图 12.7 中，为了使系统以相同的振幅振动，我们引入不同的交流电压值，较高的分数阶次数增宽了共振的频段，消除了周期鞍结分岔现象，增强了系统的稳定性。为了证明本节多尺度方法得出理论分析的正确性，应用四阶 Runge-Kutta 方法对方程（12.3.4）进行足够长时间的数值积分运算。在这里，根据 Caputo 意义下的分数阶导数定义，我们给出了如下的数值离散形式：

$$D_t^\beta\xi(k+1)=j^{1-\beta}\frac{1}{2(1-\beta)\Gamma(1-\beta)}[\dot{\xi}(k)+\dot{\xi}(k+1)]+ \\ \frac{1}{2\Gamma(1-\beta)}\left\{(kj)^{-\beta}[\xi(2)-\xi(1)]+\sum_{i=1}^{k-2}(kj-ij)^{-\beta}[\xi(i+2)-\xi(i)] \\ +j^{-\beta}[\xi(k)-\xi(k-1)]\right\} \tag{12.4.20}$$

其中，k 是迭代次数，j 是迭代步长。

数值迭代结果用圆点和三角符号表示，如图 12.4 到图 12.7 所示，将多尺度方法计算出的幅频响应曲线解与数值结果进行比较，从图中可以看出，本节所得理论分析结果在小幅扰动情况下是较为准确的。

根据上述研究，我们得出了分数阶次数以及黏弹性模量比例系数对系统动力学行为的影

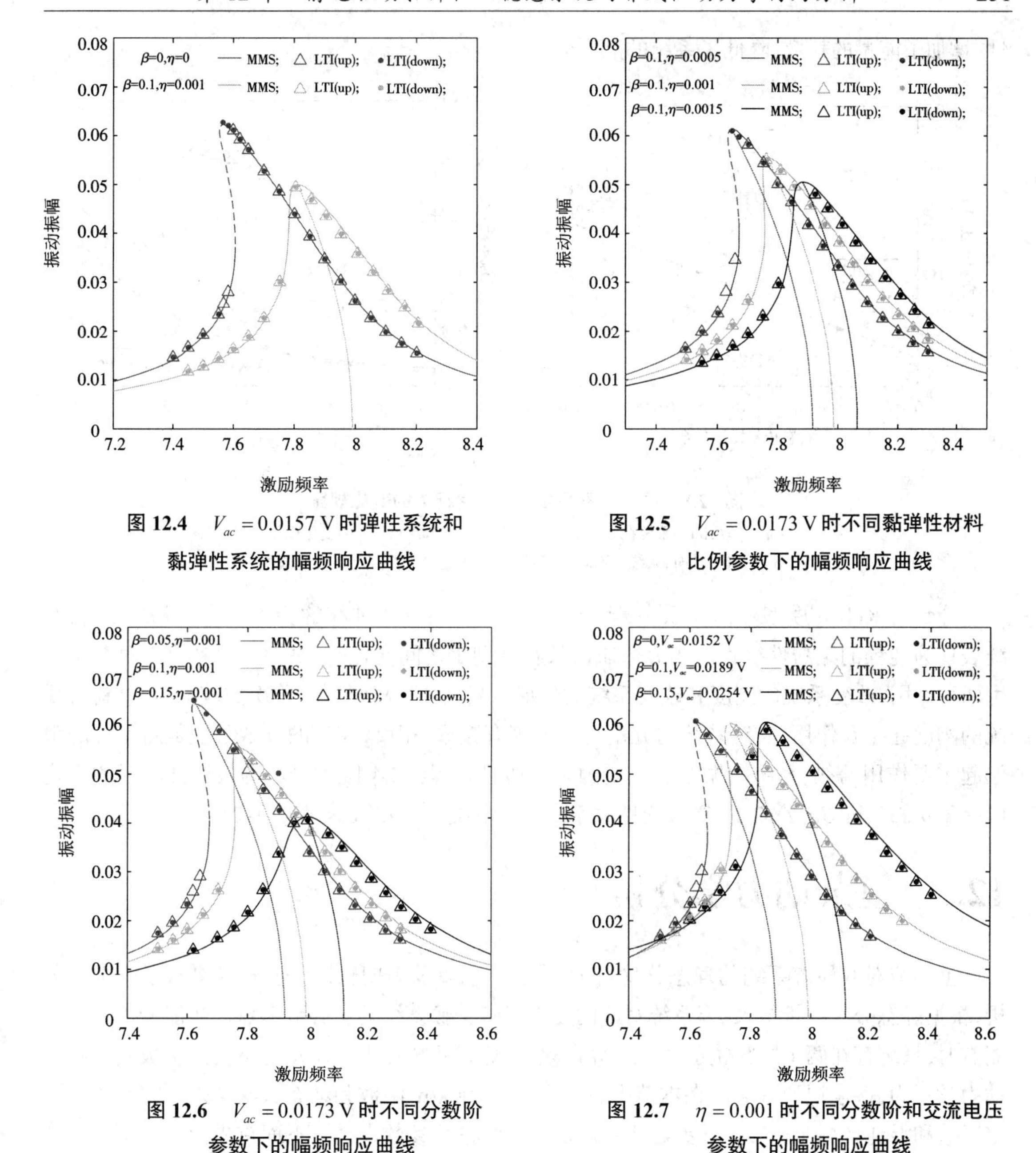

图 12.4　$V_{ac}=0.0157\ \mathrm{V}$ 时弹性系统和黏弹性系统的幅频响应曲线

图 12.5　$V_{ac}=0.0173\ \mathrm{V}$ 时不同黏弹性材料比例参数下的幅频响应曲线

图 12.6　$V_{ac}=0.0173\ \mathrm{V}$ 时不同分数阶参数下的幅频响应曲线

图 12.7　$\eta=0.001$ 时不同分数阶和交流电压参数下的幅频响应曲线

响。接下来以动态分岔角度，研究不同分数阶和弹性模量比例系数下系统的分岔行为变化。如图 12.8 所示，红线代表分岔行为的分界线，当交流电压值超过临界值时，系统在共振区域存在周期鞍结分岔现象，此时系统对应两个稳定的周期解；相反，当交流电压低于分界线时，系统不存在周期鞍结分岔现象，此时系统为类线性系统，只存在一个稳定的周期解。图中其他线对应着不同振幅振动时系统的分岔行为随着物理参数的变化规律。随着分数阶和弹性模量比例系数的增大，要获得相同的振动幅值需要更大的驱动力，同时弱化了系统固有的非线性，降低了分岔行为发生的可能性。总体而言，相对弹性系统，黏弹性材料的存在弱化了系统的非线性,增加了能量的耗散,降低了系统的品质因子。

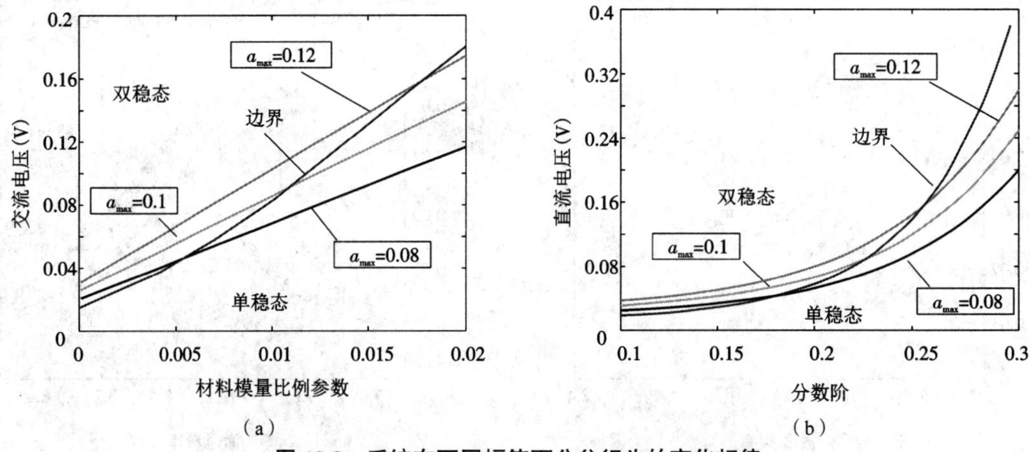

图 12.8　系统在不同幅值下分岔行为的变化规律

(a)$\beta=0.1$时,系统在不同幅值下分岔行为随参数η和V_{ac}的变化规律

(b)$\eta=0.001$时,系统在不同幅值下分岔行为随参数β和V_{ac}的变化规律

分数阶 Kelvin 模型本构关系中,当$\beta=0$时,系统表现为纯粹的弹性行为;当$\beta=1$时,系统表现为纯粹的黏滞性行为。当分数阶次数在 0 到 1 之间变化时,黏弹性材料可以对系统产生两种作用:改变系统的刚度和改变系统的阻尼。当黏弹性材料分数阶次数较低时,材料对系统的刚度起主要作用,决定系统的分岔行为和固有频率;相反,较高的分数阶次数对系统的阻尼起主要作用,影响系统的振幅和品质因子。通过方程(12.4.19)发现,等效线性阻尼的变化取决于$a_p\Omega^\beta\sin(\beta\pi/2)/2\omega_n$,等效线性频率的变化取决于$a_p\Omega^\beta\cos(\beta\pi/2)/2\omega_n$。

12.5　复杂动力学分析

上一节对双稳态系统的静态分岔行为、小幅振动以及周期鞍结分岔现象进行了详细的分析,根据静态分岔分析结果,当系统对应的无阻尼哈密顿系统的中心势垒点的势能低于两边势能点时,系统存在两个同宿轨道和一个异宿轨道,此时系统在大幅驱动力下会产生极其复杂的动力学行为,甚至混沌现象。在本节中我们引进 Melnikov 函数和动态分岔图来研究系统的稳定区域和混沌区域[36, 37],以此更好地对微机电系统进行参数设计。下面首先简要介绍一种计算 Melnikov 函数的数值积分方法。Small 马蹄意义下的混沌是严格数学意义下的混沌,非线性动力系统的 Melnikov 函数所对应的简单零点可作为预测 Small 马蹄混沌能否发生的条件[38]。一般情况下,求解 Melnikov 函数的理论表达式过程复杂、计算量大,而且对于某些特殊的动力系统,其 Melnikov 函数不存在理论表达式。为此,应用数值积分算法来近似求解 Melnikov 函数进而确定系统的混沌临界阈值,成为简化计算求解过程的一种重要手段。

1.Melnikov 方法

如果系统原点的势能为 0,我们可以得到方程(12.3.4)的哈密顿函数方程

$$H(u,\dot{u}) = 0.7589\kappa_1 n + \kappa_3(0.06203m + 0.1523n + 0.1294u^2) + \kappa_2(0.06471m + 0.3638n) - 6.5896\alpha_1 - \gamma + \frac{1}{2}\dot{u}^2 + \kappa_4(0.04272m + 0.05184n + 0.1241u^2 + 0.06471u^4) \tag{12.5.1}$$

假设 $\{u_h, \dot{u}_h\}$ 代表未扰系统的同宿轨道和异宿轨道。

为了便于将 Melnikov 方法应用于二阶非自治动力学系统，我们将方程（12.3.4）写成下列形式：

$$\frac{\mathrm{d}}{\mathrm{d}t}\begin{pmatrix} u \\ \dot{u} \end{pmatrix} = \begin{pmatrix} \dot{u} \\ -\frac{1}{g}[\kappa_1 u + \kappa_2 u^3 + \kappa_3 u^5 + \kappa_4 u^7] + \varepsilon[-c\dot{u} - \omega^2 \bar{\eta} D_t^{\beta} u + \lambda D_t^{\beta} u^2 + p\cos\Omega t] \end{pmatrix} \tag{12.5.2}$$

其中

$$\lambda = \frac{\alpha_1 \Gamma(\phi,\phi)\bar{\eta}(u\int_0^1 \phi''\phi \mathrm{d}x - 2u^3\int_0^1 \phi''\phi^3 \mathrm{d}x + u^5 \int_0^1 \phi''\phi^5 \mathrm{d}x)}{g}$$

$$p = \frac{2\alpha_2 V_{dc} V_{ac}(\int_0^1 \phi \mathrm{d}x + 2u + u^2 \int_0^1 \phi^3 \mathrm{d}x)}{g}$$

Melnikov 函数反映了同异宿轨道中稳定流形和不稳定流形之间距离函数的一次变分。

方程（12.5.2）的 Melnikov 函数可表示为

$$M(\tau_0) = -cI_1 - I_2 \sin\Omega\tau_0 + I_3\cos\Omega\tau_0 + \frac{1}{\Gamma(1-\beta)}I_4 - \frac{\omega^2\bar{\eta}}{\Gamma(1-\beta)}I_5 \tag{12.5.3}$$

其中

$$I_1 = \int_{-\infty}^{+\infty} \dot{u}_h^2 \mathrm{d}\tau,\ I_2 = \int_{-\infty}^{+\infty} p\dot{u}_h \sin\Omega\tau \mathrm{d}\tau,\ I_3 = \int_{-\infty}^{+\infty} p\dot{u}_h\cos\Omega\tau\mathrm{d}\tau,$$

$$I_4 = \int_0^{+\infty} \lambda\dot{u}_h \int_0^t \frac{2u_h(\tau)\dot{u}_h(\tau)}{(t-\tau)^{\beta}}\mathrm{d}\tau\mathrm{d}t,\ I_5 = \int_0^{+\infty}\dot{u}_h\int_0^t \frac{\dot{u}_h(\tau)}{(t-\tau)^{\beta}}\mathrm{d}\tau\mathrm{d}t$$

接下来，我们采用数值方法对方程（12.5.3）进行求解。由于原点两侧的同宿轨道是对称的，因此只讨论其中一侧情况即可。Melnikov 数值积分方法是沿着同宿轨道或者异宿轨道将时间上的积分转化为空间上的积分，详细步骤可以参考文献[39, 40]。在本小节中我们考虑哈密顿系统中间势垒能量低于两侧势垒能量，此时同宿轨道和异宿轨道共存，如图 12.3（a）所示。

我们先考虑同宿轨道情况，由于左侧和右侧同宿轨道是对称的，它们的 Melnikov 积分是相同的，为了便于分析，这里我们只计算右侧轨道，根据方程（12.5.1），我们可以求得系统的同宿轨道方程式

$$\dot{u} = \pm\sqrt{2H(0,0) - 2V(u)} \tag{12.5.4}$$

对上述方程两边进行积分可得

$$\tau = \pm\int_{u_{h0}}^{\xi} \frac{\mathrm{d}\xi_0}{\sqrt{2H(0,0) - 2V(\xi_0)}} \tag{12.5.5}$$

其中，$\{u_{h0}, 0\}$ 是右侧同宿轨道的转折点，u_{h0} 可以通过方程（12.5.1）求得。

接下来，方程（12.5.3）各项可以化简为

$$I_1 = 2\int_0^{u_{h0}} \sqrt{2H(0,0)-2V(u_h)}\mathrm{d}u_h,\ I_2 = 2\int_0^{u_{h0}} p\sin \Omega T_0 \mathrm{d}u_h,\ I_3 = 0,$$

$$I_4 = \int_{u_{h0}}^{0} \lambda \int_{u_{h0}}^{u_h} \frac{2\xi}{(T_0-\tau)^{\beta}}\mathrm{d}\xi\mathrm{d}u_h,\ I_5 = \int_{u_{h0}}^{0}\int_{u_{h0}}^{u_h} \frac{1}{(T_0-\tau)^{\beta}}\mathrm{d}\xi\mathrm{d}u_h$$

其中

$$T_0 = \int_{u_{h0}}^{u_h} \frac{\mathrm{d}\xi}{\sqrt{2H(0,0)-2V(\xi)}}$$

因此,暂态混沌的阈值可以通过下列方程进行预测:

$$\left|\frac{-I_4+\omega^2\overline{\eta} I_5 + cI_1\Gamma(1-\beta)}{I_{21}\Gamma(1-\beta)}\right| = 1 \tag{12.5.6}$$

当满足上述方程时,如果 $\varepsilon > 0$ 且足够小,横截同宿轨道存在,系统可能出现混沌现象。类似的,异宿轨道也可以采用相同的方法进行计算。同样是由于上下对称性原则,我们只需要计算上侧异宿轨道的 Melnikov 积分。我们可以求得上侧异宿轨道的方程式如下所示:

$$\dot{u} = \sqrt{2H(u_{he},0)-2V(u)} \tag{12.5.7}$$

其中,$(u_{he},0)$ 代表右侧的鞍点。

对上述方程两边进行积分可得

$$T_0 = \int_0^{u_h} \frac{\mathrm{d}\xi}{\sqrt{2H(u_{he},0)-2V(\xi)}} \tag{12.5.8}$$

接下来,方程(12.5.3)各项可以化简为

$$I_1 = 2\int_0^{u_{he}} \sqrt{2H(u_{he},0)-2V(u_h)}\mathrm{d}u_h,\ I_2 = \int_{-u_{he}}^{u_{he}} p\sin \Omega T_0 \mathrm{d}u_h,\ I_3 = \int_{-u_{he}}^{u_{he}} p\cos \Omega T_0 \mathrm{d}u_h,$$

$$I_4 = \int_0^{u_{he}} \lambda \int_0^{u_h} \frac{2\xi}{(T_0-\tau)^{\beta}}\mathrm{d}\xi\mathrm{d}u_h,\ I_5 = \int_0^{u_{he}}\int_0^{u_h} \frac{1}{(T_0-\tau)^{\beta}}\mathrm{d}\xi\mathrm{d}u_h$$

其中

$$\tau = \int_0^{\xi} \frac{\mathrm{d}\xi_0}{\sqrt{2H(u_{he},0)-2V(\xi_0)}}$$

异宿轨道上暂态混沌的阈值可以通过下列方程进行预测:

$$\left|\frac{-I_4+\omega^2\overline{\eta} I_5 + cI_1\Gamma(1-\beta)}{\Gamma(1-\beta)\sqrt{I_2^2+I_3^2}}\right| = 1 \tag{12.5.9}$$

当满足上述方程时,如果 $\varepsilon > 0$ 且足够小,横截异宿轨道存在,系统可能出现混沌现象。

本节中选取一组典型的物理参数 $d = 9\ \mu\mathrm{m}$,$V_{dc} = 380\ \mathrm{V}$,此时系统同时存在同宿轨道和异宿轨道。结合上述提出的计算方法,得到了不同分数阶次数和黏弹性模量比例系数下同宿异宿、轨道混沌阈值随着参数空间 Ω-V_{ac} 的变化规律,如图 12.9 所示。对于确定的驱动频率,可以通过增加交流电压,使得稳定流形和不稳定流形横截相交,产生混沌。研究发现,随着分数阶次数的增加和弹性模量比例系数的增加,同宿和异宿轨道的混沌阈值增加,黏弹性材料在一定程度上抑制了混沌产生的可能性。在上一节中,我们得到系统等效阻尼系数和分数阶次数的正弦函数成正比,分数阶次数会通过影响系统的等效阻尼来改变同宿异宿轨道的混沌阈值。同时,由于系统黏弹性材料比例参数 η 相对较小,其对刚度的影响相对较弱。这意味着黏弹

性对混沌阈值的影响主要是通过改变系统的等效阻尼值。

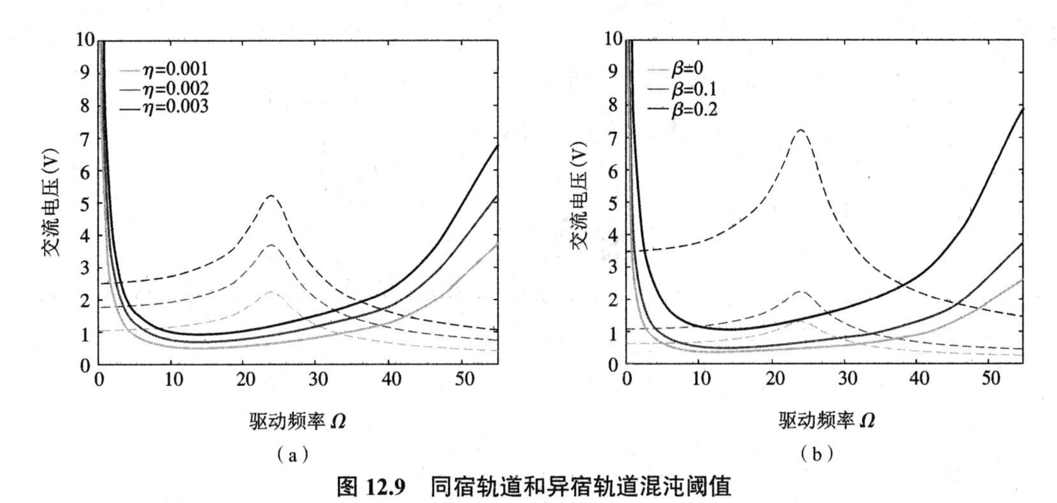

(a)　　(b)

图 12.9　同宿轨道和异宿轨道混沌阈值

(a) $\beta=0.1$ 时,同宿轨道和异宿轨道混沌阈值

(b) $\eta=0.001$ 时,同宿轨道和异宿轨道混沌阈值(实线代表同宿阈值;虚线代表异宿阈值)

Melnikov 方法在一定程度上预测了马蹄形混沌存在的可能性,并不是混沌产生的充分条件。要确定系统产生混沌,需要结合动力学分岔图进行研究,在下一节中我们采用局部最大值方法对系统进行全局分岔研究。

2. 分岔图

应用四阶 Runge-Kutta 方法研究方程(12.3.4)的振动行为,初始条件均设为 (0, 0)。需要说明的是,本节应用局部最大值法研究系统的混沌运动,其原因在于该方法不仅可以获得系统的分岔图,而且还可以根据同异宿轨道的能量阈值确定系统的振动区间。在求解过程中,为了消除初始条件对系统的影响,数据分析时消除前 3000 个周期的数据点,保留最后 100 个周期的数值结果。

图 12.10 和图 12.11 展示了随着交流电压改变系统的动力学分岔行为。这里选取一组参数 $\beta=0$, $\beta=0.2$,给出了交流电压从 0 到动态吸合电压变化过程中的振动情况。其中,蓝线代表右侧同宿轨道的转折点,在特定的分岔参数下,可产生两种不同的运动形式。①当交流电压值很小的时候,系统的机械能低于同宿轨道上的能量,此时系统在一个平衡点附近做周期振动。②随着交流电压的增大,系统的机械能超过同宿轨道上系统的能量,系统开始在两个平衡点之间做大幅振动,此时系统的振动情况变得尤为复杂,在不同的电压值下发现周期 -1 运动、多周期运动、混沌运动。如图 12.12 所示,其中红线代表哈密顿系统的同宿轨道。除此之外,发现大多数混沌运动出现之前都经历了倍周期分岔行为。

图 12.10 和图 12.11 研究发现,分数阶次数的增加能够提高混沌出现的阈值,降低混沌发生的参数区间;同时随着分数阶次数的增加,系统的动态吸合电压变大,其中绿线代表右侧同宿轨道的转折点。在图 12.11 中,随着交流电压从 0 开始增加,系统出现周期 -1 运动,当 $V_{ac}=6.31\ \mathrm{V}$ 时,多周期运动现象出现,接下来混沌动力学和多周期运动交替出现。当交流电压超过 70.08 V 时,系统动力学吸合产生。研究发现,当交流电压接近吸合电压时,系统出现

了有趣的周期 -6 运动形式。整体而言,黏弹性的存在增加了系统的稳定性,降低了混沌发生的可能性。

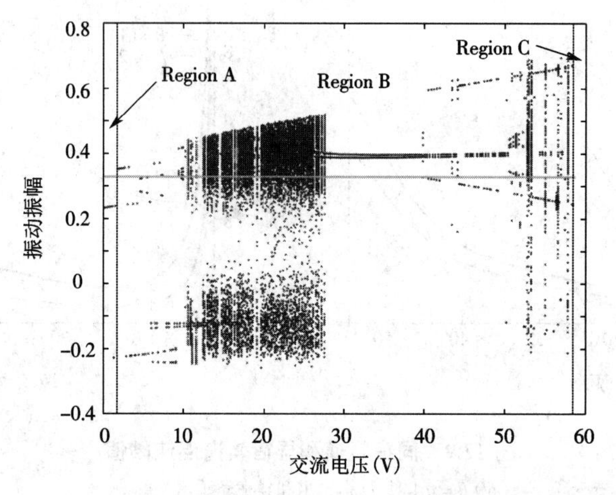

图 12.10 $\Omega=11$, $\eta=0.001$, $\beta=0$ 时,交流电压影响下的分岔图

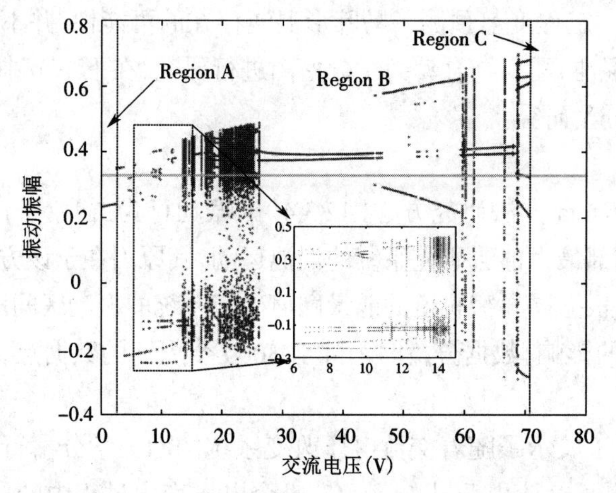

图 12.11 $\Omega=11$, $\eta=0.001$, $\beta=0.2$ 时,交流电压影响下的分岔图

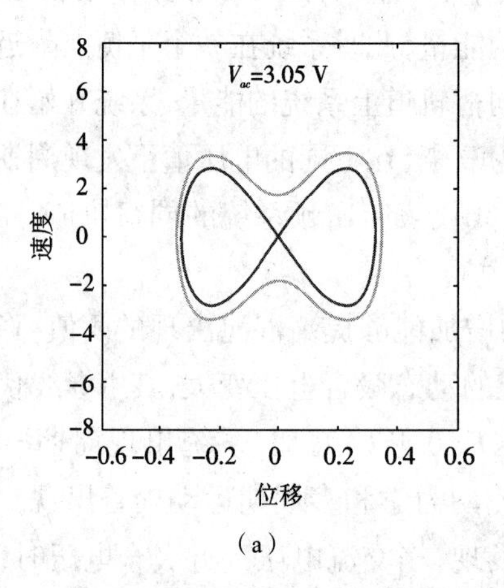

(a)

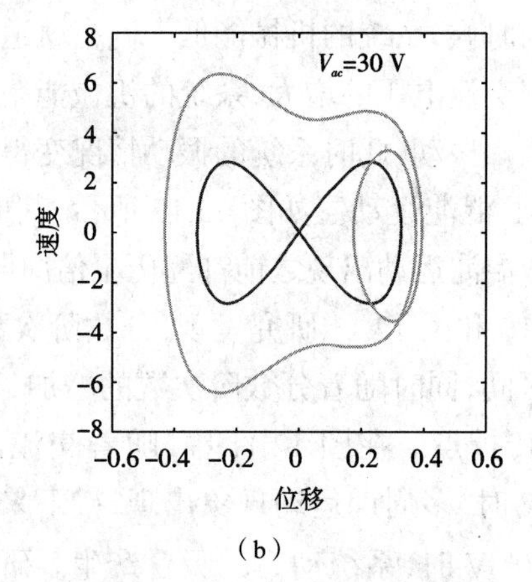

(b)

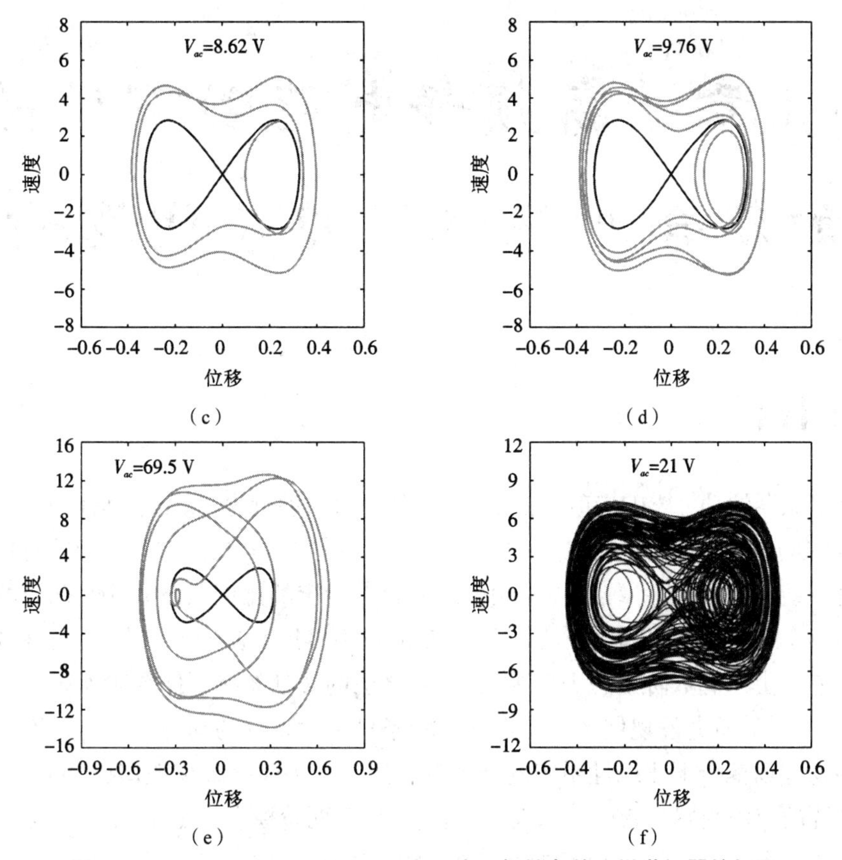

图 12.12　$\Omega=11$，$\eta=0.001$，$\beta=0.2$ 时，0 初始条件下微谐振器的相图

（a）Period-1　（b）Period-2　（c）Period-3　（d）Period-5　（e）Period-6　（f）Chaotic motion

第 13 章　高频静电驱动下微谐振器的耦合非线性动力学问题研究

13.1　引言

在研究谐振器的动力学响应时，往往只关注某一阶振动行为，忽略了其他模态振动行为的影响。但是，由于该微谐振器系统存在固有的几何非线性和静电力非线性，微梁各模态振型之间并不能进行线性解耦，当系统各固有频率之间存在特定的比例关系时，随着驱动力的增加，系统的各个模态之间会出现耦合振动行为，振动能量不再集中在单一模态，而是在各模态之间进行能量传递。由于偶数阶模态表现为反对称，之前的文献忽略了偶数阶模态对系统动力学行为的影响，本章的研究发现偶数阶模态在一定条件下对系统的动力学行为有不可忽略的影响。研究多物理场耦合下非线性系统的模态耦合振动行为能够改善微谐振器的振动性能，拓宽微机电系统的应用领域。Younis 等人 [41] 通过考虑前两阶模态满足 1∶3 内共振频率研究了微谐振器系统模态耦合振动行为，但是由于二阶模态的反对称性，没有得到模态之间能量传递的结果。Antonio 等人 [42] 利用微谐振器系统的内共振原理，实现了系统的稳频降噪。本章希望研究系统在受到三阶模态频率激励下，微谐振器各个模态的响应情况以及振动能量在各模态之间的转移耗散机制。

13.2　物理建模

本章旨在说明模态耦合振动是静电驱动固支微梁系统不可忽视的动力学行为。为了便于分析，不考虑系统的残余应力和尺度效应，采用传统伽辽金离散方法对系统进行小幅振动研究，说明偶数阶模态在微梁振动中的重要影响。利用哈密顿原理得到单极板驱动谐振器的无量纲动力学方程 [43]

$$\begin{aligned}\ddot{w}+w^{\mathrm{iv}}+c_n\dot{w}-\left(\alpha_1\int_0^1 w'^2\mathrm{d}x\right)w'' &= \alpha_2\frac{V_{dc}^2}{(1-w)^2}+\\ &\alpha_2\frac{2V_{dc}V_{ac}\cos\Omega t+(V_{ac}\cos\Omega t)^2}{(1-w)^2}\end{aligned} \tag{13.2.1}$$

边界条件为

$$w(0,t)=w'(0,t)=w(1,t)=w'(1,t)=0 \tag{13.2.2}$$

静电驱动下微梁的横向位移由两部分组成：静态位移和动态位移。其中，静态位移是由于

直流电压导致的静电力产生的;动态位移是交变电流作用在平行板电容产生的简谐力导致的。因此,横向位移可以表示成下列形式:

$$w = w_{dc} + w_{ac} \tag{13.2.3}$$

为了计算微梁的静态位移,我们将动力学方程(13.2.1)中对时间的导数项和简谐力忽略,推导出下列方程:

$$w_{dc}^{\text{iv}} - (\alpha_1 \int_0^1 {w'_{dc}}^2 \text{d}x) w''_{dc} = \alpha_2 \frac{V_{dc}^2}{(1 - w_{dc})^2} \tag{13.2.4}$$

接下来,我们采用高阶伽辽金离散方法处理方程(13.2.4),得到了微梁中点静态位移和直流电压之间的关系,如图 13.1 所示。在这里,为了研究对称模态和反对称模态之间的内共振行为,我们选取了下列的几何和材料参数[44]: $E = 169\ \text{GPa}$, $\rho = 2300\ \text{kg/m}^3$, $L = 150\ \mu\text{m}$, $h = 1\ \mu\text{m}$, $d = 1.5\ \mu\text{m}$, $b = 10\ \mu\text{m}$ 。给出了直流电压从 0 到吸合电压时微梁的位移变化曲线,实线给出了高阶伽辽金离散结果,同时为了验证理论结果的正确性,给出了有限元结果,在这里我们采用的是 COMSOL 软件的多物理场求解器,得到了和理论结果相吻合的仿真结果。

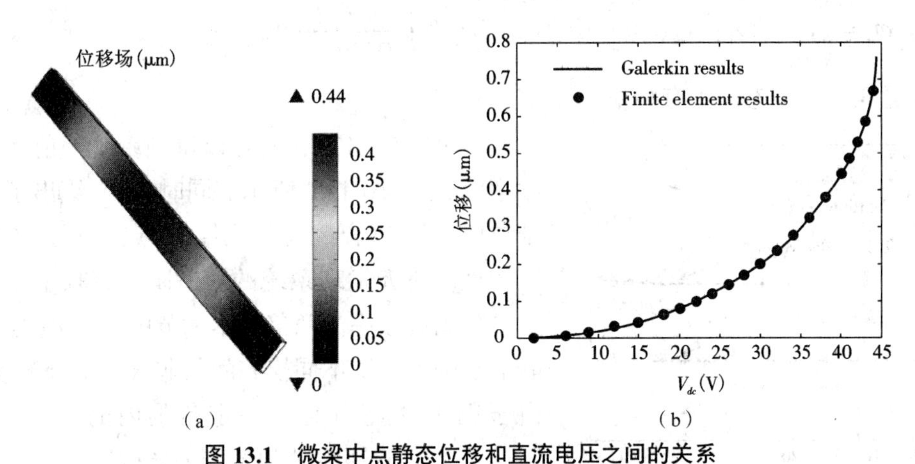

图 13.1　微梁中点静态位移和直流电压之间的关系

(a)直流电压 40 V 下 COMSOL 软件得到的变形仿真结果　(b)不同直流电压下微梁中点的位移图

接下来,为了研究微梁的动力学行为,我们将方程(13.2.3)代入方程(13.2.1),并利用方程(13.2.4)消去静态位移项,同时忽略高于 3 次的非线性项,可以得到如下的动力学方程:

$$\begin{aligned}
&\ddot{w}_{ac} + c_n \dot{w}_{ac} + [w_{ac}^{\text{iv}} - \alpha_1 w''_{ac} \int_0^1 {w'_{dc}}^2 \text{d}x - 2\alpha_1 w''_{dc} \int_0^1 w'_{ac} w'_{dc} \text{d}x - 2\alpha_2 \frac{V_{dc}^2 w_{ac}}{(1 - w_{dc})^3}] - \\
&\alpha_1 w''_{dc} \int_0^1 {w'_{ac}}^2 \text{d}x - \alpha_1 w''_{ac} \int_0^1 2 w'_{ac} w'_{dc} \text{d}x - 3\alpha_2 \frac{V_{dc}^2 w_{ac}^2}{(1 - w_{dc})^4} - \\
&\alpha_1 w''_{ac} \int_0^1 {w'_{ac}}^2 \text{d}x - 4\alpha_2 \frac{V_{dc}^2 w_{ac}^3}{(1 - w_{dc})^5} = 2\alpha_2 \frac{V_{dc} V_{ac} \cos \Omega t}{(1 - w_{dc})^2}
\end{aligned} \tag{13.2.5}$$

利用伽辽金离散方法,将方程(13.2.5)解的形式表示为 $w_{ac}(x,t) = \sum_{i=1}^{\infty} u_i(t) \phi_i(x)$,其中 ϕ_i 是两端固支微梁的第 i 阶线性无阻尼模态振型。振型表达式可以用如下方程求出:

$$\phi_i^{iv} = (\alpha_1 \int_0^1 {w'_{dc}}^2 \text{d}x) \phi''_i + \beta_i^2 \phi_i \tag{13.2.6}$$

把方程(13.2.6)代入方程(13.2.5),两边同时乘以 ϕ_i,并对方程两边从 0 到 1 上进行积分,得到如下方程:

$$\begin{aligned}
&\ddot{u}_n + c_n\dot{u}_n + \beta_n^2 u_n - \sum_{i=1}^{M}[2\alpha_1\int_0^1 w''_{dc}\phi_n\mathrm{d}x\int_0^1\phi'_i w'_{dc}\mathrm{d}x + 2\alpha_2 V_{dc}^2\int_0^1\frac{\phi_i\phi_n}{(1-w_{dc})^3}\mathrm{d}x]u_i - \\
&\sum_{i,j=1}^{M}[\alpha_1\int_0^1 w''_{dc}\phi_n\mathrm{d}x\int_0^1\phi'_i\phi'_j\mathrm{d}x + \alpha_1\int_0^1\phi''_i\phi_n\mathrm{d}x\int_0^1 2\phi'_j w'_{dc}\mathrm{d}x + 3\alpha_2 V_{dc}^2\int_0^1\frac{\phi_i\phi_j\phi_n\mathrm{d}x}{(1-w_{dc})^4}]u_i u_j - \\
&\sum_{i,j,k=1}^{M}[\alpha_1\int_0^1\phi'_i\phi'_j\mathrm{d}x\int_0^1\phi''_k\phi_n\mathrm{d}x + 4\alpha_2 V_{dc}^2\int_0^1\frac{\phi_i\phi_j\phi_k\phi_n\mathrm{d}x}{(1-w_{dc})^5}]u_i u_j u_k \\
&= f_n\cos\Omega t
\end{aligned} \tag{13.2.7}$$

其中

$$f_n = 2\alpha_2 V_{dc}V_{ac}\int_0^1\frac{\phi_n\mathrm{d}x}{(1-w_{dc})^2}$$

通过方程(13.2.7),我们得到系统解耦的线性项,并化简出系统的固有频率

$$\omega_n = \sqrt{\beta_n^2 - 2\alpha_1\int_0^1 w''_{dc}\phi_n\mathrm{d}x\int_0^1\phi'_n w'_{dc}\mathrm{d}x - 2\alpha_2 V_{dc}^2\int_0^1\frac{\phi_n^2}{(1-w_{dc})^3}\mathrm{d}x} \tag{13.2.8}$$

其中,ω_n 是第 n 阶模态的固有频率。

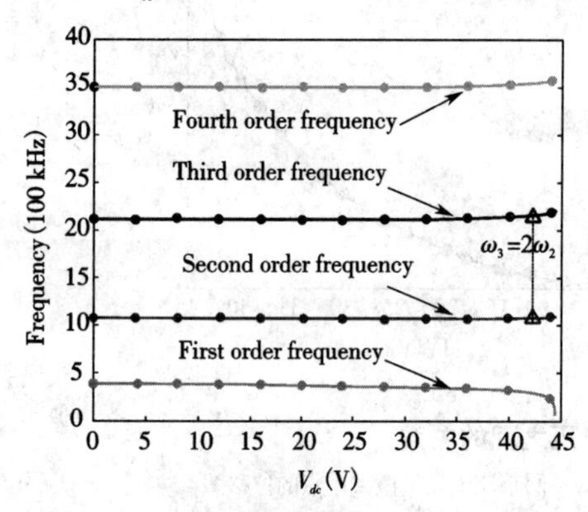

图 13.2 不同直流电压下系统的前四阶固有频率值

通过方程(13.2.8),可以得到系统的前 4 阶固有频率,结果如图 13.2 所示。同时,我们给出了与理论结果(实线)吻合的有限元结果(点),验证了理论的正确性。研究发现系统的第三阶固有频率近似等于第二阶固有频率的两倍。本章节中,我们考虑在高阶静电激励下系统不同模态间的非线性耦合振动关系。由于图 13.2 显示对于一定范围内的直流电压,有 $\omega_2 \approx \omega_3/2$。这里主要研究当系统的第三阶模态被激励时,第二阶模态和第三阶模态之间的 1∶2 内共振行为。

为了定量研究微梁不同模态之间的耦合振动关系,我们将系统的动力学方程进行模态分解,在这里我们把动力学响应近似地看成第二阶模态和第三阶模态的叠加,我们取 $w_{ac}(x,t) \approx \sum_{i=2}^{3} u_i(t)\phi_i(x)$,得到如下动力学方程:

$$\begin{cases}\ddot{u}_2 + c_n\dot{u}_2 + \omega_2^2 u_2 + a_{2r}u_2u_3 + a_{2s}u_2^3 + a_{2t}u_2u_3^2 = 0 \\ \ddot{u}_3 + c_n\dot{u}_3 + \omega_3^2 u_3 + a_{3r}u_2^2 + a_{3s}u_3^2 + a_{3t}u_3^3 + a_{3p}u_2^2u_3 = f_3\cos\Omega t\end{cases} \tag{13.2.9}$$

其中,上圆点代表对时间的导数,其他的参数为

$$a_{2r} = -[\alpha_1\int_0^1\phi''_2\phi_2\mathrm{d}x\int_0^1 2\phi'_3 w'_{dc}\mathrm{d}x + 6\alpha_2 V_{dc}^2\int_0^1\frac{\phi_3\phi_2^2\mathrm{d}x}{(1-w_{dc})^4}]$$

$$a_{2s} = -[\alpha_1\int_0^1\phi_2'^2\mathrm{d}x\int_0^1\phi''_2\phi_2\mathrm{d}x + 4\alpha_2 V_{dc}^2\int_0^1\frac{\phi_2^4\mathrm{d}x}{(1-w_{dc})^5}]$$

$$a_{2t}=-[\alpha_1\int_0^1\phi_3'^2\mathrm{d}x\int_0^1\phi_2''\phi_2\mathrm{d}x+12\alpha_2V_{dc}^2\int_0^1\frac{\phi_2^2\phi_3^2\mathrm{d}x}{(1-w_{dc})^5}]$$

$$a_{3r}=-[\alpha_1\int_0^1 w_{dc}''\phi_3\mathrm{d}x\int_0^1\phi_2'\phi_2'\mathrm{d}x+3\alpha_2V_{dc}^2\int_0^1\frac{\phi_2\phi_2\phi_3\mathrm{d}x}{(1-w_{dc})^4}]$$

$$a_{3s}=-[\alpha_1\int_0^1 w_{dc}''\phi_3\mathrm{d}x\int_0^1\phi_3'\phi_3'\mathrm{d}x+\alpha_1\int_0^1\phi_3''\phi_3\mathrm{d}x\int_0^1 2\phi_3'w_{dc}'\mathrm{d}x+3\alpha_2V_{dc}^2\int_0^1\frac{\phi_3\phi_3\phi_3\mathrm{d}x}{(1-w_{dc})^4}]$$

$$a_{3t}=-[\alpha_1\int_0^1\phi_3'\phi_3'\mathrm{d}x\int_0^1\phi_3''\phi_3\mathrm{d}x+4\alpha_2V_{dc}^2\int_0^1\frac{\phi_3\phi_3\phi_3\phi_3\mathrm{d}x}{(1-w_{dc})^5}]$$

$$a_{3p}=-[\alpha_1\int_0^1\phi_2'\phi_2'\mathrm{d}x\int_0^1\phi_3''\phi_3\mathrm{d}x+12\alpha_2V_{dc}^2\int_0^1\frac{\phi_2\phi_2\phi_3\phi_3\mathrm{d}x}{(1-w_{dc})^5}]$$

对于第二阶模态的振动，系统是以参数激励的形式进行驱动；对于第三阶模态，系统是以参数激励和强迫激励耦合驱动形式进行振动。当驱动频率近似等于第二阶模态频率的两倍时，系统可能存在耦合振动行为。

13.3　摄动分析

本节中，为了研究微谐振器在小幅振动下的复杂动力学行为，我们利用多尺度方法对方程(13.2.9)进行求解，并选取 ε 标注系统中的小量。其中，考虑静电力项采取 $f_3=O(\varepsilon^3)$，同时阻尼项为二次小量，我们得到下列动力学方程：

$$\begin{cases}\ddot{u}_2+\varepsilon^2c_n\dot{u}_2+\omega_2^2u_2+a_{2r}u_2u_3+a_{2s}u_2^3+a_{2t}u_2u_3^2=0\\ \ddot{u}_3+\varepsilon^2c_n\dot{u}_3+\omega_3^2u_3+a_{3r}u_2^2+a_{3s}u_3^2+a_{3t}u_3^3+a_{3p}u_2^2u_3=\varepsilon^3f_3\cos\Omega t\end{cases}\tag{13.3.1}$$

为了研究系统在内共振附近的动力学行为，我们引入了两个摄动参数 δ 和 $\varDelta$，并给出如下关系式：

$$\omega_3=2\omega_2-\varepsilon^2\varDelta,\ \Omega=\omega_3-\varepsilon^2\delta\tag{13.3.2}$$

在这里，我们给出方程(13.3.1)的近似解形式

$$\begin{aligned}u_2&=\varepsilon u_{21}(T_0,T_1,T_2)+\varepsilon^2u_{22}(T_0,T_1,T_2)+\varepsilon^3u_{23}(T_0,T_1,T_2)\\ u_3&=\varepsilon u_{31}(T_0,T_1,T_2)+\varepsilon^2u_{32}(T_0,T_1,T_2)+\varepsilon^3u_{33}(T_0,T_1,T_2)\end{aligned}\tag{13.3.3}$$

其中，$T_n=\varepsilon^n t$。

将方程(13.3.2)和方程(13.3.3)代入方程(13.3.1)，比较方程两端同次幂的系数，可得如下方程：

$$O(\varepsilon^1):D_0^2u_{21}+\omega_2^2u_{21}=0\tag{13.3.4}$$

$$D_0^2u_{31}+\omega_3^2u_{31}=0$$

$$O(\varepsilon^2):D_0^2u_{22}+\omega_2^2u_{22}=-2D_0D_1u_{21}-a_{2r}u_{21}u_{31}\tag{13.3.5}$$

$$D_0^2u_{32}+\omega_3^2u_{32}=-2D_0D_1u_{31}-a_{3r}u_{21}^2-a_{3s}u_{31}^2$$

$$O(\varepsilon^3): D_0^2u_{23}+\omega_2^2u_{23}=-2D_0D_2u_{21}-D_1^2u_{21}-2D_0D_1u_{22}-c_nD_0u_{21}-a_{2r}u_{21}u_{32}-a_{2r}u_{22}u_{31}-a_{2s}u_{21}^3-a_{2t}u_{21}u_{31}^2$$
$$D_0^2u_{33}+\omega_3^2u_{33}=-2D_0D_2u_{31}-D_1^2u_{31}-2D_0D_1u_{32}-c_nD_0u_{31}-2a_{3r}u_{21}u_{22}-2a_{3s}u_{32}u_{31}-a_{3t}u_{31}^3-a_{3p}u_{31}u_{21}^2+f_3\cos(\omega_3T_0-\delta T_2) \tag{13.3.6}$$

方程(13.3.4)的一般解形式可以表示为

$$\begin{cases}u_{21}(T_0,T_1,T_2)=A_{21}(T_1,T_2)\mathrm{e}^{\mathrm{i}\omega_2T_0}+\overline{A}_{21}(T_1,T_2)\mathrm{e}^{-\mathrm{i}\omega_2T_0}\\ u_{31}(T_0,T_1,T_2)=A_{31}(T_1,T_2)\mathrm{e}^{\mathrm{i}\omega_3T_0}+\overline{A}_{31}(T_1,T_2)\mathrm{e}^{-\mathrm{i}\omega_3T_0}\end{cases} \tag{13.3.7}$$

为了方便计算,我们把 A_{21} 和 A_{31} 表示为极坐标形式

$$A_{21}=\frac{1}{2}a_2\mathrm{e}^{\mathrm{i}\theta_2},\ A_{31}=\frac{1}{2}a_3\mathrm{e}^{\mathrm{i}\theta_3}$$

其中,a_2 和 a_3 分别代表第二阶模态和第三阶模态的振幅。

把方程(13.3.7)代入方程(13.3.5)和方程(13.3.6),并消除永年项条件,我们可以得到分岔方程

$$\begin{cases}\dot{a}_2=\dfrac{a_{2r}a_2a_3}{4\omega_2}\sin\varphi-\dfrac{c_na_2}{2}\\ \dot{\varphi}=\delta+\Delta+\dfrac{a_{2r}a_3}{2\omega_2}\cos\varphi+\kappa_1a_2^2+\kappa_2a_3^2\\ \dot{a}_3=-\dfrac{a_{3r}a_2^2}{4\omega_3}\sin\varphi-\dfrac{c_na_3}{2}-\dfrac{f_3}{2\omega_3}\sin\beta\\ \dot{\beta}=\delta+\dfrac{a_{3r}a_2^2}{4\omega_3a_3}\cos\varphi+\kappa_3a_3^2+\kappa_4a_2^2-\dfrac{f_3}{2\omega_3a_3}\cos\beta\end{cases} \tag{13.3.8}$$

其中

$$\varphi=2\theta_2+\Delta t-\theta_3$$
$$\beta=\delta t+\theta_3$$
$$\kappa_1=\frac{3a_{2s}}{4\omega_2}-\frac{a_{2r}a_{3r}}{2\omega_3^2\omega_2}$$
$$\kappa_2=\frac{a_{2t}}{2\omega_2}-\frac{a_{2r}a_{3s}}{2\omega_3^2\omega_2}+\frac{a_{2r}^2}{32\omega_2^3-24\omega_2^2\Delta}$$
$$\kappa_3=\frac{3a_{3t}}{8\omega_3}-\frac{5a_{3s}^2}{12\omega_3^3}$$
$$\kappa_4=\frac{a_{3p}}{4\omega_3}-\frac{a_{3s}a_{3r}}{2\omega_3^3}+\frac{a_{2r}a_{3r}}{32\omega_2^2\omega_3-24\omega_2\omega_3\Delta}$$

为了确定周期解的稳定性,我们给出了方程(13.3.8)在 $(a_{20},\varphi_0,a_{30},\beta_0)$ 处的雅可比矩阵

$$
\boldsymbol{J}=\begin{bmatrix}
\frac{a_{2r}a_{30}}{4\omega_2}\sin\varphi_0-\frac{c_n}{2} & \frac{a_{2r}a_{20}a_{30}}{4\omega_2}\cos\varphi_0 & \frac{a_{2r}a_{20}}{4\omega_2}\sin\varphi_0 & 0\\
2\kappa_1 a_{20} & -\frac{a_{2r}a_{30}}{2\omega_2}\sin\varphi_0 & \frac{a_{2r}\cos\varphi_0}{2\omega_2}+2\kappa_2 a_{30} & 0\\
-\frac{a_{3r}a_{20}}{2\omega_3}\sin\varphi_0 & -\frac{a_{3r}a_{20}^2}{4\omega_3}\cos\varphi_0 & -\frac{c_n}{2} & -\frac{f_3\cos\beta_0}{2\omega_3}\\
\frac{a_{3r}a_{20}\cos\varphi_0}{2\omega_3 a_{30}}+2\kappa_4 a_{20} & -\frac{a_{3r}a_{20}^2}{4\omega_3 a_{30}}\sin\varphi_0 & 2\kappa_3 a_{30} & \frac{f_3\sin\beta_0}{2\omega_3 a_{30}}
\end{bmatrix}\tag{13.3.9}
$$

当矩阵的特征值为负时，系统是稳定的，否则周期解是失稳的。

最后，我们推导出系统的频响曲线方程

$$
c_n^2+[(\delta+\varDelta)+\kappa_2 a_3^2]^2-\frac{a_{2r}^2 a_3^2}{4\omega_2^2}+2\kappa_1[(\delta+\varDelta)+\kappa_2 a_3^2]a_2^2+\kappa_1^2 a_2^4=0\tag{13.3.10}
$$

$$
\begin{aligned}
&(\delta+\kappa_3 a_3^2+\kappa_4 a_2^2)^2 a_3^2+\frac{c_n^2}{4}a_3^2+(\frac{a_{3r}a_2^2}{4\omega_3})^2+\frac{c_n^2}{8}a_2^2-\\
&\frac{1}{4}(\delta+\varDelta+\kappa_1 a_2^2+\kappa_2 a_3^2)(\delta+\kappa_3 a_3^2+\kappa_4 a_2^2)a_2^2=\frac{f_3^2}{4\omega_3^2}
\end{aligned}\tag{13.3.11}
$$

在本节中，伪弧长方法用于求解非线性耦合方程（13.3.10）和（13.3.11），其稳定性可以通过方程（13.3.9）进行判定。

13.4　Hopf 分岔分析

众所周知，当静电激励很小或者驱动频率远离共振频率时，系统不存在二阶振动模态。为了研究由于耦合影响导致的二阶模态振动的物理条件，我们引入了 Hopf 分岔分析。为了方便研究系统的临界状态，我们引入了直角坐标系，将极坐标 a_2 和 φ 转化为 u 和 v，易得

$$
u=a_2\cos\frac{\varphi}{2},v=a_2\sin\frac{\varphi}{2}\tag{13.4.1}
$$

把方程（13.4.1）代入方程（13.3.8），得如下方程：

$$
\begin{cases}
\dot{u}=-\frac{c_n}{2}u+(\frac{a_{2r}a_3}{4\omega_2}-\frac{\delta+\varDelta+\kappa_2 a_3^2}{2})v-\frac{\kappa_1}{2}v(u^2+v^2)\\
\dot{v}=-\frac{c_n}{2}v+(\frac{a_{2r}a_3}{4\omega_2}+\frac{\delta+\varDelta+\kappa_2 a_3^2}{2})u+\frac{\kappa_1}{2}u(u^2+v^2)
\end{cases}\tag{13.4.2}
$$

接下来，我们可以得到方程（13.4.2）的雅可比矩阵

$$
\boldsymbol{J}=\begin{vmatrix}
-\frac{c_n}{2} & \frac{a_{2r}a_3}{4\omega_2}-\frac{\delta+\varDelta+\kappa_2 a_3^2}{2}\\
\frac{a_{2r}a_3}{4\omega_2}+\frac{\delta+\varDelta+\kappa_2 a_3^2}{2} & -\frac{c_n}{2}
\end{vmatrix}\tag{13.4.3}
$$

雅可比矩阵的迹和行列式决定了系统的平衡位置和稳定性。通过方程（13.4.2），我们发现当系统的三阶振幅很小时，系统不存在二阶振动。同时，我们给出了二阶振动产生的临界条

件 Det($\boldsymbol{J}$)= 0。

利用方程(13.4.2),我们推导出产生二阶模态振动时,三阶振幅的临界条件

$$a_3^2 = \frac{\dfrac{a_{2r}^2}{4\omega_2^2} - 2\kappa_2(\delta+\Delta) - \sqrt{\left[\dfrac{a_{2r}^2}{4\omega_2^2} - 2\kappa_2(\delta+\Delta)\right]^2 - 4\kappa_2^2[(\delta+\Delta)^2 + c_n^2]}}{2\kappa_2^2} \tag{13.4.4}$$

当三阶振幅高于上述阈值时,系统可能存在二阶模态的振动。通过方程(13.4.4),我们推导出二阶模态振动产生的基本物理条件

$$\frac{a_{2r}^2}{4\omega_2^2} > 2\kappa_2(\delta+\Delta) + 2\kappa_2\sqrt{[(\delta+\Delta)^2 + c_n^2]} \tag{13.4.5}$$

本书中,方程(13.4.5)定义为系统耦合振动的基本物理参数条件。当耦合振动产生时,随着三阶振动的增强,系统的能量从三阶模态转移到二阶模态。接着为了进一步研究二阶振动产生时的复杂动力学行为,我们对非平凡解的稳定性进行了研究,根据非线性动力学理论,超 Hopf 分岔在分岔点附近导致稳定的周期解;相反,亚 Hopf 分岔导致不稳定的周期解。在这里,我们研究了临界点的 Hopf 分岔行为,来判断系统周期解的稳定性。Hopf 分岔方程可以通过方程(13.4.2)推导而来,即

$$c_n^2 + [(\delta+\Delta) + \kappa_2 a_3^2]^2 - \frac{a_{2r}^2 a_3^2}{4\omega_2^2} + 2\kappa_1[(\delta+\Delta) + \kappa_2 a_3^2]a_2^2 = 0 \tag{13.4.6}$$

把方程(13.4.4)代入方程(13.4.6)得到如下判别式:

$$M = \kappa_1[a_{2r}^2(\delta+\Delta) + 4\omega_2^2\kappa_2 c_n^2] \tag{13.4.7}$$

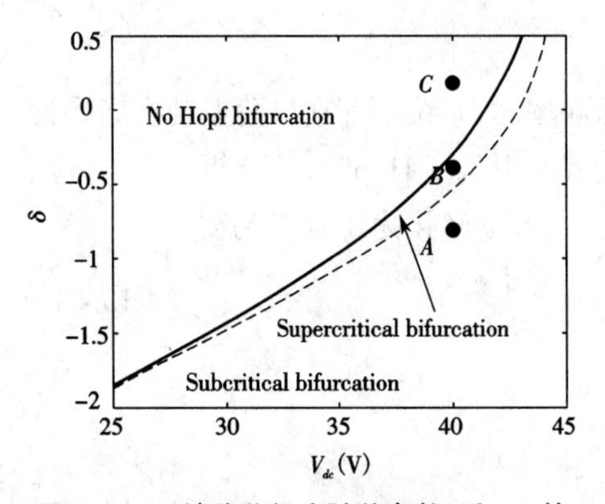

图 13.3　系统分岔行为随着参数 δ 和 V_{dc} 的变化情况

当 $M<0$ 时,系统产生亚 Hopf 分岔,随着三阶模态振动的增强,二阶模态存在跳跃现象。类似的,当 $M>0$ 时,系统产生超 Hopf 分岔,随着三阶模态振动的增强,二阶模态平稳产生。同时,研究发现,当 $M=0$,三阶模态的振动阈值达到最小,此时相对小的静电力可以导致系统产生耦合振动行为。

图 13.3 展示了系统的分岔行为随着参数 δ 和 V_{dc} 的变化规律。随着直流电压的增大,使得系统二阶模态和三阶模态的耦合系数增大,有利于耦合动力学的产生。研究发现,相对于较高的频率摄动参数,较低的频率摄动参数更有利于实现系统的耦合振动。

13.5　动力学分析

上一节研究了 Hopf 分岔的临界点和 Hopf 分岔类型,分析了可能出现不同运动形式的参数空间。本节为了进一步研究这些参数空间下的复杂运动形式,针对不同的静电力和驱动频率下的运动行为进行了相关研究,得到耦合振动的运动规律,同时发现了一系列有趣的运动现

象。接下来，我们系统地研究微谐振器振动幅值随着静电力幅值和驱动频率变化的演变机制。

1. 静电力

在小幅振动形式下，系统的三阶模态振动幅值可以近似的表示为$f_3\Big/\sqrt{(\Omega^2-\omega_3^2)^2+(c_n\Omega)^2}$。易知，系统的三阶振动会随着静电力的增大而增强，根据上一节推导的耦合振动的基本物理条件和阈值可知，当三阶振动幅值超过系统阈值时，系统的第二阶模态振幅出现。接下来我们研究三类物理参数下的力 - 幅曲线情况。①当系统的耦合系数 a_{2r} 较低时，三阶振幅的振动强度不足以驱动第二阶模态，此时系统不满足方程（13.4.5）定义的基本物理参数条件。因此，此时系统只存在三阶振动模态的简谐振动，如图 13.4 所示。②对于足够强的耦合系数 a_{2r}，并且使得参数满足方程（13.4.5）定义的基本物理参数条件，当系统的驱动力满足方程（13.4.4）给出的阈值条件，二阶振动模态产生。当然，随着系统的驱动频率远离固有频率，给出的阈值会增大。图 13.5 展示了一种耦合振动形式。在这里，我们采用伪弧长方法求解方程（13.3.10）和（13.3.11），得出了非线性运动的理论结果。当 $V_{dc}=40\text{ V}$，$\delta=-0.8$ 时，利用上一节的判别式可知亚 Hopf 分岔产生。随着静电力的增强，二阶振动幅值出现跳跃现象，同时二阶振幅远大于三阶振动幅值，如图 13.5（a）和（b）所示。相似的，当 $V_{dc}=40\text{ V}$，$\delta=-0.45$ 时，超 Hopf 分岔产生。随着静电力的增强，二阶振动幅值出现，如图 13.5（c）和（d）所示。在确定的系统参数下，非线性耦合振动系统可能出现五个周期解，进一步使得动力学系统更加复杂，为了验证上述的理论分析，我们对方程（13.2.9）使用长时间积分方法进行求解，得到了一系列数值结果，并对比由多尺度方法得到的理论结果，有较好的吻合度。

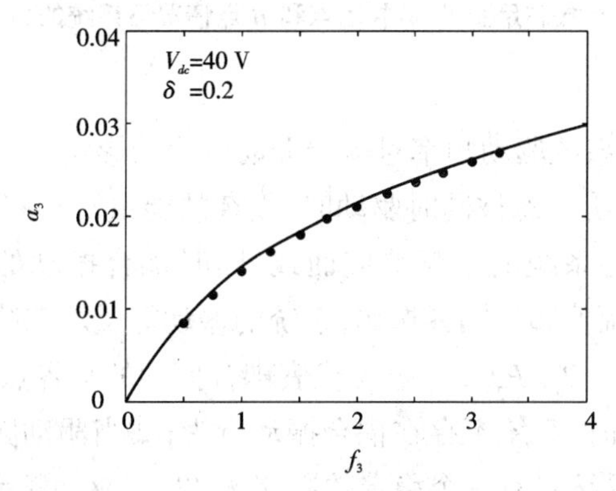

图 13.4 参数满足图 13.3 点 *C* 情况下系统的力 - 幅曲线

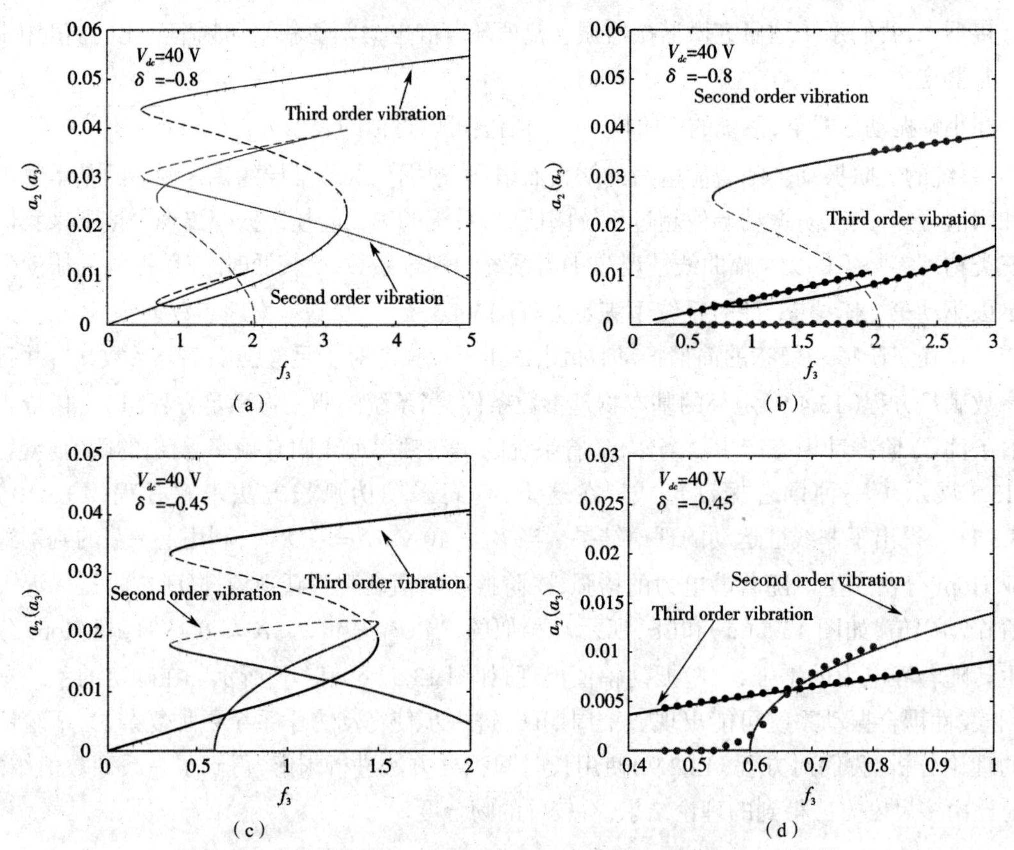

图 13.5 参数满足图 13.4 中 *A* 点和 *B* 点情况下系统的力 - 幅曲线

2. 频率

本小节进一步研究了系统驱动频率对耦合振动行为的影响，给出了一系列的幅频响应曲线。当第二阶模态和第三阶模态被同时驱动时，复杂的能量转移路径显示出来。图 13.6（a）展示了不考虑耦合振动时系统的幅频响应曲线，同时耦合振动的临界幅值可以通过方程（13.4.4）得到。随着振动幅值超过临界振幅，系统的振动能量从三阶模态转移到二阶模态，同时三阶振幅被抑制。其中，P_1，P_2，P_3 和 P_4 代表耦合振动的临界点，通过图 13.6（a），我们发现：①当驱动频率低于 P_1 时，系统不存在耦合振动行为；②当驱动频率在 P_1 和 P_2 之间时，耦合振动行为出现，但此时系统只有一个稳定的周期解；③ 当驱动频率在 P_2 和 P_3 之间时，耦合振动行为出现，伴随着两个稳定的周期解和一个不稳定的周期解出现。接下来，我们给出了二阶模态和三阶模态耦合振动的幅频响应曲线。由于非线性项的耦合影响，两阶模态之间存在复杂的能量交换，除此之外，还发现了一系列不同于 Duffing 系统的现象。比如，单一模态下存在两个共振峰值。此时，两个幅值对应系统两个轴向应力分布和静电力值，进一步引起了二阶模态下的两个共振频率值。

相似的，图 13.7 展示了在直流电压 $V_{dc}=43\ \text{V}$，$f_3=0.4$ 情况下的幅频响应曲线，此时系统只存在两个耦合振动的临界值，这意味着二阶模态振动的幅频响应曲线是连续的，通过图 13.7，我们发现：①单一模态下出现两个共振峰值；②在两个共振峰值之间，出现了单稳态振动形式，消除了动力学分岔现象，增强了系统的稳定性；③在共振频率附近，系统的二阶模态振幅远大于三阶模态振幅；④当三阶模态振幅超过临界值时，原稳定周期解变成非稳定的周期解。

当驱动频率远离共振频段时，系统的三阶振动模态展现出杜芬振子的振动形式，但是当驱动频率在共振频率附近时，三阶模态展现出复杂的运动形式，接下来我们给出了详细的物理解释：当系统的二阶模态进入共振时，系统振幅增大，相应的增大了轴向力和静电力，调节了三阶振动模态的共振频率，使得三阶振动模态频率远离驱动频率，导致三阶振幅减小。其反过来又会减小轴向力和静电力，改变二阶模态的振动频率，这种反馈机制降低了三阶振动模态的非线性刚度系数，使得三阶模态振动近似线性，因此增大了系统的线性振动区间。

这里，二阶振动模态是反对称的。因此，我们的研究给出了一种利用对称的静电力形式有效的驱动反对称模态振动的方法。如图 13.6（b）和图 13.7（b）所示，当系统的三阶模态振幅超过临界值时，系统主要展现为二阶模态振动，这是一个非常有趣的现象。同时，三阶振动幅值和二阶振动幅值的定量关系可以通过理论分析给出。我们可以通过其中一阶模态的振动形式，预测另外一阶振动模态。这在一定程度上改善了传感器的应用范围。例如，我们可以通过检测中点的运动形式来预测二阶模态的振动行为。

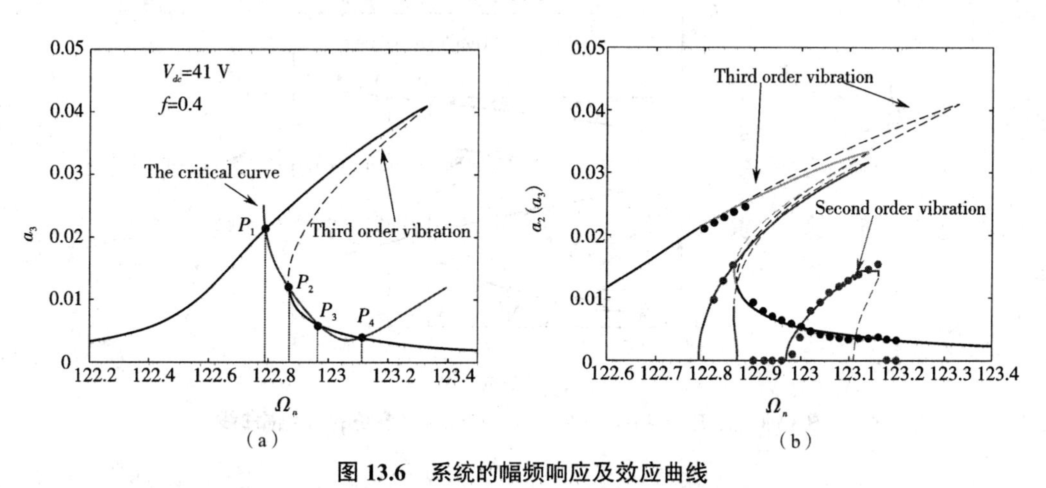

图 13.6　系统的幅频响应及效应曲线

（a）不考虑耦合振动时系统的幅频响应曲线　（b）考虑耦合振动时系统的幅频效应曲线

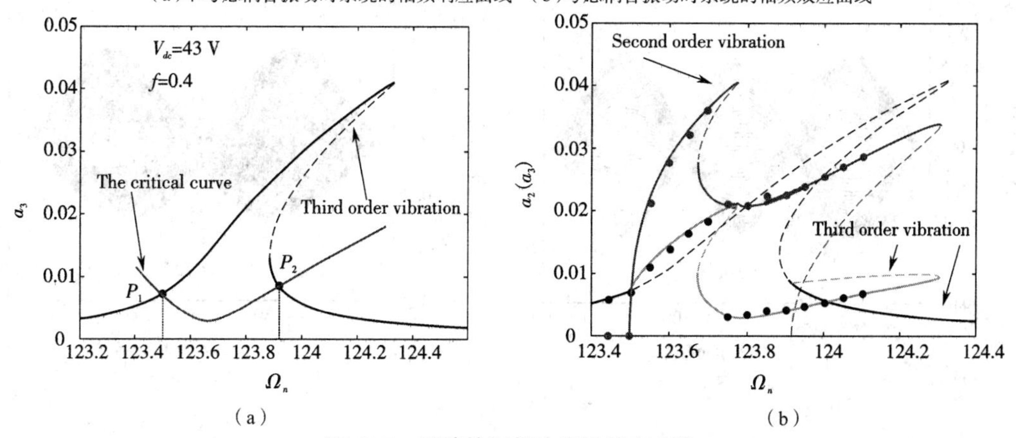

图 13.7　系统的幅频响应及效应曲线

（a）不考虑耦合振动时系统的幅频响应曲线　（b）考虑耦合振动时系统的幅频效应曲线

13.6 动力学模拟

本节中,我们对几类物理参数下微梁的振动行为进行研究,提出了一种有效的方法来抑制三阶模态的大幅振动,减小大变形的可能性。微梁的最大静态位移出现的微梁中点,由于二阶模态的反对称性质,其不会在中点产生位移;相反的,三阶振动的最大幅值出现在中点。通过上一节的研究,我们发现当耦合振动产生时,系统的能量从三阶模态转移到二阶模态,本节给出了 $V_{dc}=40\text{ V}$, $\hat{\Omega}=13545\text{ krad/s}$ 下系统的耦合振动行为,如图 13.8 所示。为了观察微梁的耦合振动形式,我们对方程(13.2.5)采用长时间积分的方法得到了微梁不同位置处的运动形式,如图 13.9 所示,其对应图 13.8 中 A, B, C, D 点。当三阶振动幅值低于临界值时,系统只存在三阶振动;随着三阶振动幅值的增大,系统的振动能量从三阶模态转移到二阶振动模态。图 13.9(b)显示此时系统的二阶振动幅值远大于三阶振动幅值。在图 13.9(c)和(d)中,明显的耦合振动行为出现。

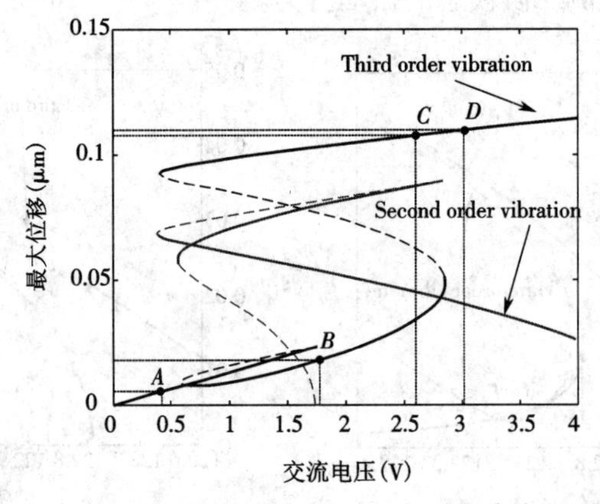

图 13.8 在 $V_{dc}=40\text{ V}$, $\Omega=13545\text{ krad/s}$ 时系统的力-幅曲线

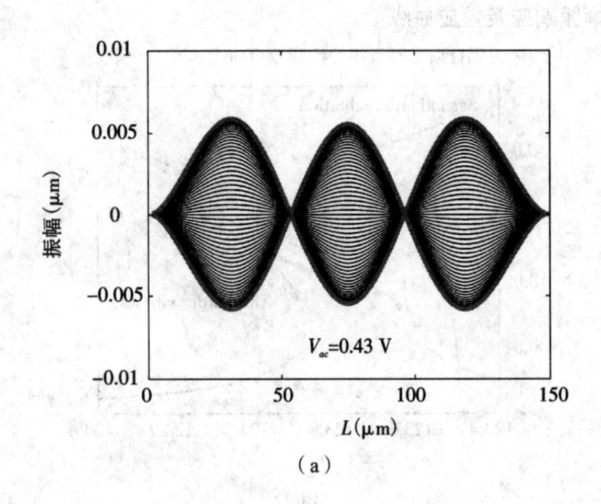

(a)

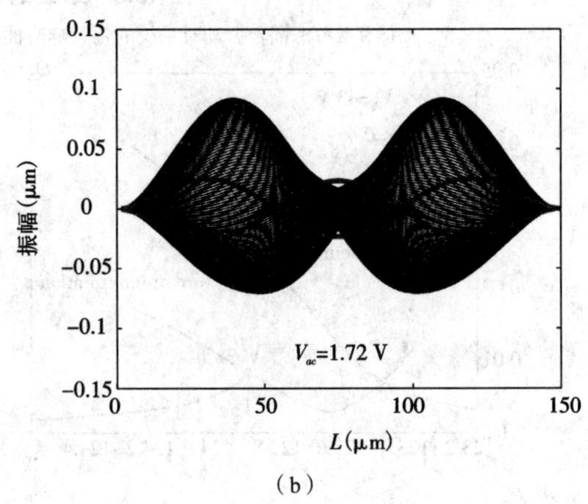

(b)

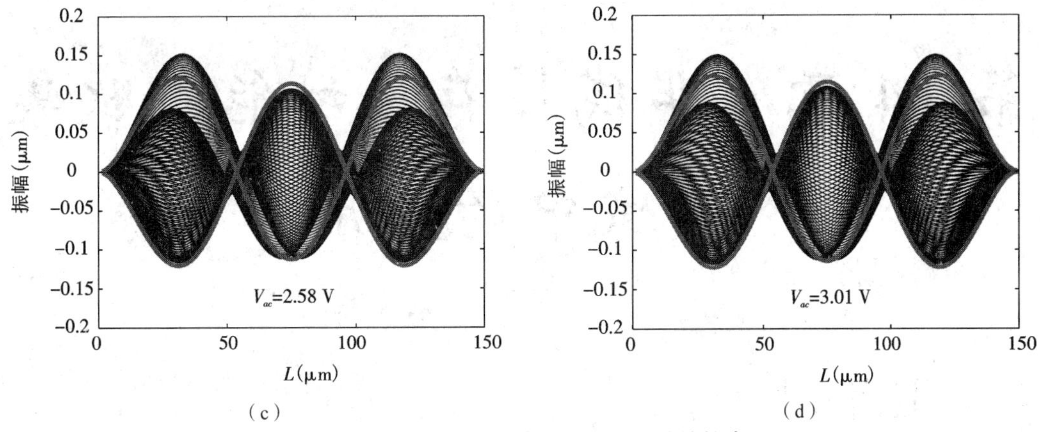

图 13.9　四种不同参数情况下微梁振动的轮廓图

图 13.9 中,红线代表不考虑耦合振动时系统的最大振幅,通过研究发现,当耦合振动发生时,系统中点位移低于红线给出的最大位移,此时中点的振动形式被抑制,这有利于降低系统的最大位移。接下了,为了研究在变频条件下系统的动力学行为变化,微梁中点的扫频响应如图 13.10 所示。在这里我们假设系统受到一个变频力的作用 $f_3\cos\Omega(t)t$,其中 $\Omega(t)$ 是随着时间线性变化的频率。研究发现,在考虑耦合振动的情况下,系统中点的位移被大幅度的抑制,同时多个跳跃点出现,这意味着二阶模态和三阶模态存在复杂的能量转移机理。结合系统耦合振动时的幅频响应曲线,随着频率的变化,系统出现多个周期鞍结分岔点和 Hopf 分岔点,从而导致复杂的跳跃现象发生,振动能量在两个模态之间实时传递。这种复杂的传递方式在一定程度上限制了单一模态出现大幅振动的可能,抑制了系统总体的振动幅值。

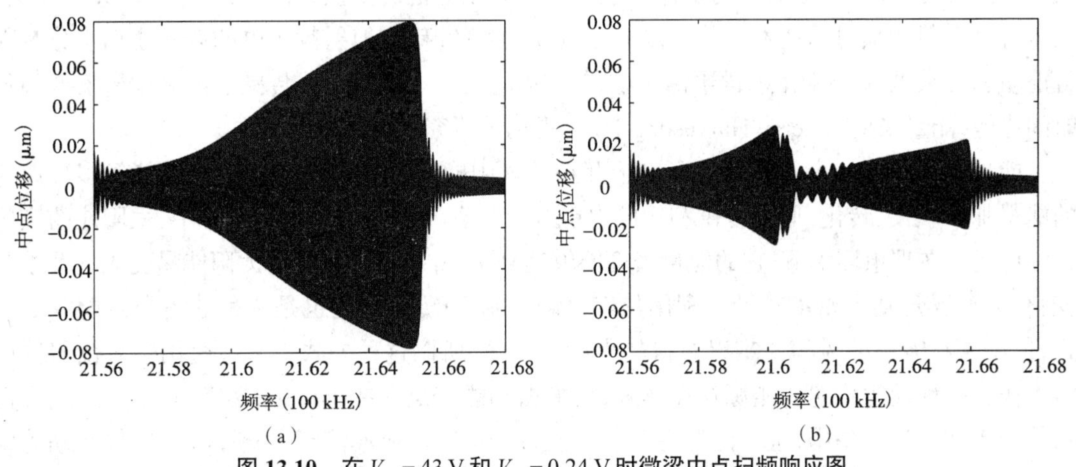

图 13.10　在 $V_{dc}=43$ V 和 $V_{ac}=0.24$ V 时微梁中点扫频响应图

(a)不考虑系统的模态耦合振动　(b)考虑系统的模态耦合振动。

第14章　非线性在振动能量收集领域中的应用

14.1　引言

在过去的几年里，电子元器件尺寸的小型化和能耗的微功率化取得了极大的进展[45]。各种低功耗传感器蓬勃发展，使得将信息采集、无线通信与分布式信息处理等功能融为一体的无线传感器网络成为可能。这种网络包含了大量的集成式微传感器、嵌入式微处理器以及低功率无线传输模块。由于这些器件分布位置分散且体积受限，因此要求其供电部分应具有集成度高、体积小、寿命长甚至无须人工看管更换等特点。此外，随着电子器件可靠性的提升，它们的使用寿命往往是由其供电部件的寿命所决定的。

目前，无线传感器网络的电能供给主要来源于化学电池。虽然近年来微型高能电池的发展使得化学电池可以实现小型化和便携化，但是其能量密度及使用寿命依然有限。对于需要长期工作的分散式和嵌入式元器件而言，使用及更换化学电池将导致巨大的物质消耗和人力成本，有时甚至会因为微器件的工作位置恶劣而导致电池的更换无法进行。此外，无线充电 / 供电等基于射频辐射的技术虽然可以避免电池更换的麻烦，但射频供电的有效距离十分有限且能量密度较低，在无线传感器网络中难以应用。为了实现对无线传感器网络中微器件的长时间供能，能量采集（Energy Harvesting）技术得到了研究人员的广泛关注。

能量采集技术的本质在于将环境中存在的太阳能、热能（温度梯度）、振动能等多种形式的能量加以收集、转化，形成可供利用的电能并有效存储。在各种环境能源中，太阳能的应用最为广泛。在理想环境下，它的能量密度能够达到 15 mW/cm^2。然而，太阳能易受天气及季节变化影响，噪声功率密度较低。利用热能（温度梯度）转化电能也是一种获得长效能源的方式，但由于在微小的体积内难以获得较大的热梯度，所以这种方式不太适合用于对微器件供能。作为一种较为普遍的能源存在形式，机械振动能广泛存在于桥梁、楼宇、车辆、船舶、飞行器等土木和机械设备中，也广泛存在于人类及各种动物的血液流动、心脏跳动、肢体运动等生命过程中。与其他环境能源相比，机械振动能在使用环境、持续时间和能量密度上均具有显著优势[46-49]。采集机械振动能量以驱动无线传感网络、嵌入式系统和低功耗设备将具有十分广阔的发展前景。

14.2　振动能量收集技术的基本概念与面临的主要问题

当前，能量采集器将机械振动能转化为电能的方式主要有四种：电磁感应、静电效应、磁致伸缩效应和压电效应。其中，压电效应不需要额外施加电压，可以直接将压电材料承受的应力 / 应变转化为电位移，而且具有较高的能量转化效率，因此得到了广泛的研究。最普遍的压电能量采集器结构如图 14.1 所示，其采用一端固定、一端自由的悬臂梁，压电材料平板贴附于弹性基体梁表面。通常一个质量块附着于自由端，来俘获更多的振动能量和调节系统共振频率。当在固定端上施加外部环境激励（基础激励）时，悬臂梁开始振动并在固定端附近产生大的应变，从而使压电片之间产生应变和电压差。通过设计适当的电路，这个电势被用来产生电流，从而把机械能从环境中转换成电能。

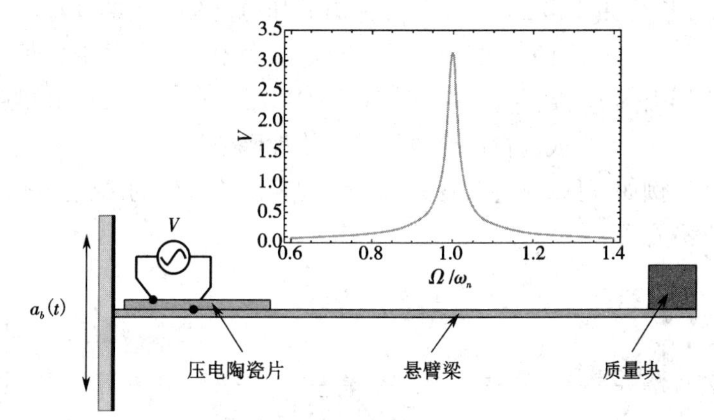

图 14.1　线性悬臂式压电能量采集器的原理图及其稳态电压响应曲线
其中，$a_b(t)$代表基础激励的加速度，
Ω是激励频率，ω_n是悬臂梁的第一阶模态频率

一般来说，传统的振动能量采集器，包括图 14.1 所示的悬臂梁，都是基于线性谐振的基本原理来工作的。当基础激励是具有固定频率的谐波时，从环境到电力设备的最大能量转换可以通过调整悬臂梁的某一阶模态频率来实现，通常是第一阶模态频率等于或非常接近激励频率。这种共振相互作用可以使悬臂梁工作在大幅振动状态，但也对其宽带性能形成了严重的制约。由于线性振动能量采集器通常被设计成阻尼很小的结构，这能使它们的稳态峰值振幅达到最大，但其大幅振动的工作频宽也会变得非常狭窄。于是，制造公差、设计参数的微小改动或激励源的性质的变化均可轻易地将采集器的工作频率移出激励频带，从而进一步减少本已经很小的采集器能量输出。这限制了基于线性共振原则来设计的振动能量采集器的适用性和实用性。

如果我们注意到一个事实，就会意识到解决采集器带宽问题的需求是十分急迫的。这一事实就是，现实中的环境激励往往不是单频振动，而且具有宽带或非平稳（时变）的特点。振动的能量分布在广泛的频率上，并且主导频率也会随着时间产生变化。例如，桥梁所受的环境激励通常是随机的。这是由于风荷载的频率和强度会随大气条件的不同而变化，并且车辆在某一天的不同时间内的数量、速度、重量等也会产生变化。此外,微型系统中的常见振动源也会由于非平衡热波动、激发和低频噪声而具有白噪声特征。因此,将线性振动能量采集器调谐到激励频率变得非常具有挑战性,而且通常相应措施会导致能量转化效率低下,尤其是在实验室环境之外实施时。

14.3 设计非线性振动能量采集器

近年来,利用非线性来扩展振动能量采集器谐振带宽的方式受到广大学者的关注[50-54]。由于非线性力或非线性结构的作用,采集器的频响曲线将发生偏转,从而使得采集器在较宽的频带内保持较大的振幅,进而达到扩宽工作频带的目的。非线性主要包括几何非线性、材料非线性和磁力非线性,其中磁力作为一种典型的非线性力,被广泛应用于非线性能量采集领域。

为了便于理解,考虑如图 14.2 所示的同一悬臂式压电能量采集器,但是这一次,用一个磁铁替换被附着在悬臂梁自由端的质量块,而另一个磁铁固定在参考系中。两个磁铁的相互作用为振动能量采集器引入了非线性。在基础外激励的作用下,悬臂梁自由端磁铁在另一个固定磁铁的磁场内振动,恢复力成为自由端位移的非线性函数。非线性的大小和性质可以通过系统的设计来改变。例如,可以通过改变磁体之间的距离或它们的磁化强度来改变恢复力对顶端磁铁位移的依赖关系。

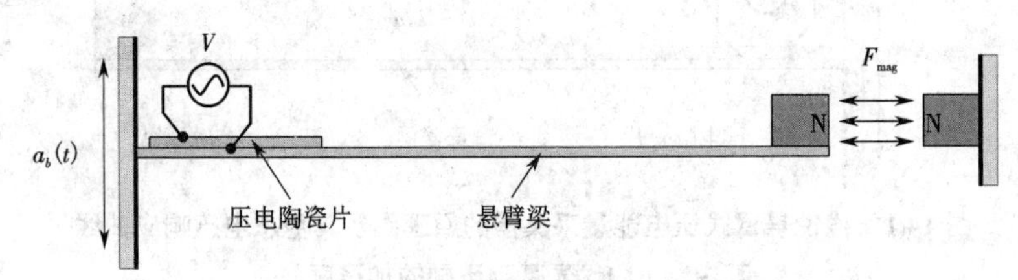

图 14.2 非线性悬臂式能量采集器原理图

为了阐述对采集器非线性响应的定性理解,我们引入一个基本机电模型,用以介绍能量采集器的定性行为。该模型由一个集总参数的机械振子组成,该机械振子通过图 14.3 中电容型(如压电式和静电式)或感应型(如电磁式和磁致伸缩式)的机电耦合机制耦合到电路中。运动控制方程可以写成以下一般形式:

$$\begin{cases} m\ddot{\bar{x}}+c\dot{\bar{x}}+\dfrac{\mathrm{d}U(\bar{x})}{\mathrm{d}\bar{x}}+\theta\bar{y}=-m\ddot{x}_b \\ C_p\dot{\bar{y}}+\dfrac{\bar{y}}{R}=\theta\dot{\bar{x}}(\text{电容型}),\quad L\dot{\bar{y}}+R\,\bar{y}=\theta\dot{\bar{x}}(\text{感应型}) \end{cases} \tag{14.3.1}$$

其中,$\bar{x}$ 为相对位移;m 为采集器振子的等效质量;c 为线性黏性阻尼系数;θ 为线性机电耦合系数;$\ddot{x}_b$ 为基础激励的加速度;C_p 为压电或静电元件的电容;L 为感应型采集器的线圈电感;$\bar{y}$ 在电容型采集器中代表在等效电阻 R 两侧产生的感应电压,而在感应型采集器中则代表通过等效电阻的感生电流;函数 $\bar{U}$ 代表整个机械子系统的势能,这种势函数的形状取决于采集器中非线性的性质,但一般可以表示为

$$\bar{U}=\frac{1}{2}\bar{x}^2\left(\gamma_1+\frac{1}{2}\gamma_3\bar{x}^2+\frac{1}{3}\gamma_5\bar{x}^4\right) \tag{14.3.2}$$

这里，$\gamma_1,\gamma_3,\gamma_5$ 为采集器的非线性刚度系数。

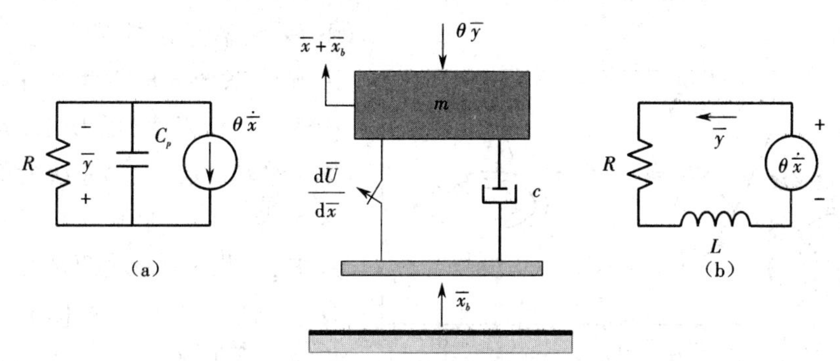

图 14.3　振动能量采集器的一般简化表示

（a）电容型　（b）感应型

通过引入以下无量纲量，运动方程可以进一步无量纲化：

$$x=\frac{\bar{x}}{l_c},\quad t=\tau\omega_n,\quad y=\frac{C_p}{\theta l_c}\bar{y}(\text{电容型}),\quad y=\frac{L}{\theta l_c}\bar{y}(\text{感应型}) \tag{14.3.3}$$

其中，l_c 是长度尺度，$\omega_n=\sqrt{\gamma_1/m}$ 是系统短路时的自然频率。通过这些变换，无量纲运动控制方程可以表示为

$$\begin{cases}\ddot{x}+2\xi\dot{x}+\dfrac{\mathrm{d}U}{\mathrm{d}x}+\kappa^2 y=-\ddot{x}_b\\ C_p\dot{y}+\beta y=\dot{x}\end{cases} \tag{14.3.4}$$

其中

$$\begin{array}{ll}\text{电容型} & \text{感应型}\\ \kappa=\dfrac{\theta}{\gamma_1 C_p}, & \kappa^2=\dfrac{\theta^2}{\gamma_1 L}\\ \beta=\dfrac{1}{RC_p\omega_n}, & \beta=\dfrac{1}{L\omega_n}\end{array} \tag{14.3.5}$$

这里，ξ 是机械阻尼比；κ 是衡量机械与电气子系统之间耦合强度的线性无量纲机电耦合系数；β 为采集器机电时间常数之比，该时间比是表征非线性采集器在随机激励下性能的重要指标。

方程（14.3.4）中建立的基本机电模型表明，当反向耦合 κ 较小时，电路动力学对机械子系统的影响可以忽略不计。在这种情况下，采集器振子的动力行为与电路的动力行为是解耦的，只有正向耦合效应。换句话说，机械振子影响能量收集电路，而不是相反。定性地说，这意味着通过研究采集器机械振子的动力学行为可以很好地理解采集器的动态特性。而在给定外阻下，即使 κ^2 不可忽略，其对振子动力学的影响也可以通过谐振频率的偏移和附加的线性阻尼来体现。因此，研究非线性对谐振子动力学的定性影响，有助于理解非线性对振动能量采集性能的影响。

针对采集器机械子系统，在这里我们定义两个分岔参数 $\alpha=\gamma_1$ 和 $\mu=\gamma_3\big/\sqrt{4\gamma_5}$，通过分岔分析可发现子系统存在三种分岔类型，即 $\alpha=0\quad(\mu>0)$ 时的超临界叉形分岔（PF_{sup}），$\alpha=0\quad(\mu<0)$ 时的亚临界叉形分岔（PF_{sub}）以及 $\alpha=\mu^2$ 时的鞍结分岔（SN）。在这些分岔条件下，采集器系统的结构变得不稳定，其平衡状态会立即发生变化。如图 14.4 中的三幅代表性相图所示，R_1 区域存在单个平凡中心（此时系统为单稳态），R_2 区域内存在一个平凡鞍点和两个非平凡中心（此时系统为双稳态），R_3 区域中存在三个平凡中心和两个非平凡中心以及两个非平凡鞍点（此时系统为三稳态）。值得注意的是，当系统参数沿着边界 T_U（$\alpha=3/4\mu^2$）变化时，三稳态系统中的三个势阱具有相同的势阱深度。当系统发生阱间运动时，从能量角度看，这种势能形式有利于系统维持大幅运动。

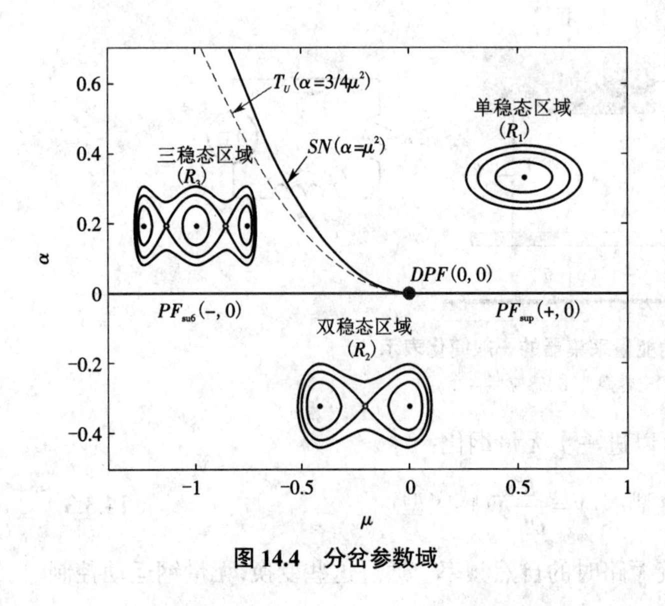

图 14.4 分岔参数域

14.4 非线性振动能量采集器的设计示例

本节以一个实例说明非线性对振动能量采集器性能的增强作用。在这个例子中，采集器被设计为一种四稳态振子。该振子由两部分组成：一个为基于梁与固定曲面连续接触的非线性弹簧，另一个为弹簧提供磁致弹性力的永磁体。通过以上两部分的合理组合，该振子不仅可以表现出四稳态非线性，还能够提供良好的机械性能，如低摩擦（梁与固定曲面间的相对滑动很小），使用寿命长（振子只包含一个运动部件），防止极端大挠度出现（固定曲面可防止悬臂梁出现屈服）。下面，我们分别介绍组成振子的两部分结构的工作原理以及振子中四稳态的形成机制。

1. 基于梁与曲面接触的非线性弹簧

如图 14.5 所示，非线性弹簧由一个低刚度悬臂梁（用以耦合低频振动）及两个具有给定几何形状的对称曲面组成。该结构是一种基于铁木辛柯原始设计的改进（在原设计中，悬臂梁沿单一曲面发生偏转。由于曲面的曲率半径保持不变，整体结构在梁小变形时表现为线性，只有当梁的变形超过某一临界值后，结构才表现出非线性）。改进的目的是保证悬臂梁在刚出现变形时就与固定曲面发生接触，用以去掉结构的线性阶段，并防止梁与曲面发生碰撞。由于悬臂梁的最小曲率半径在其根部，而最大曲率半径则在末端，所以经过改进的固定曲面的曲率半径就应有与之相反的变化趋势。换而言之，固定曲面形状函数的二阶导数在悬臂梁根部应等于零，并且应沿着梁的长度方向逐渐增长。在铁木辛柯的原始设计中，具有固定曲率半径的曲面的形状具有如下形式：

$$S = d_g \left(\frac{x}{l_s} \right)^2 = \frac{x^2}{2R} \tag{14.4.1}$$

其中，l_s 是固定曲面在 x 轴方向上的长度；$d_g = l_s^2 / 2R$ 是未偏转的悬臂梁与固定曲面之间在 $x=l_s$ 处的距离；R 是曲面的固定曲率半径（ $1/R = \mathrm{d}^2 S / \mathrm{d}x^2$ ）。本小节中，基于铁木辛柯原始设计的改进后的固定曲面形状可以表示为如下形式：

$$S = d_g \left(\frac{x}{l_s} \right)^n \tag{14.4.2}$$

其中，d_g，l_s 和 x 具有与方程（14.4.1）中同样的定义；n 是大于 2 的自然数，以保证曲面根部的曲率半径为 0。

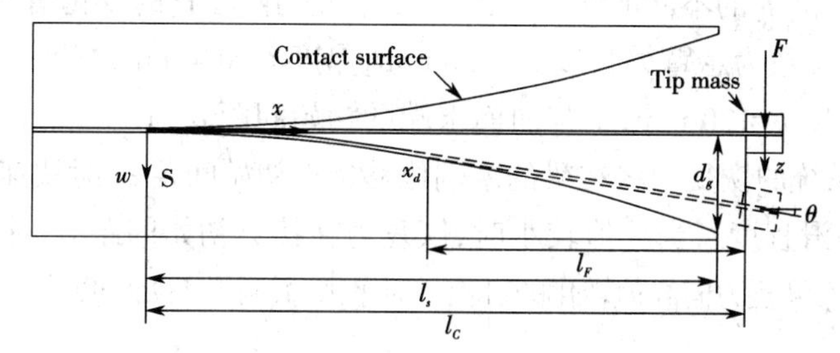

图 14.5　基于梁与曲面接触的非线性振子示意图

由于曲面的约束作用，悬臂梁在垂向外力 F 作用下的末端位移可分为以下三个部分。第一部分位移 z_1 是由未接触曲面的悬臂梁的弯曲造成的。根据欧拉 - 伯努利梁理论，这部分位移及其相应末端质量的转角 θ_1 可写为如下形式：

$$z_1 = \frac{F l_F^3}{3EI},\ \theta_1 = \arctan\left(\frac{F l_F^2}{2EI} \right) \tag{14.4.3}$$

其中，l_F 是未接触曲面的悬臂梁在 x 方向上的长度；EI 是悬臂梁的弯曲模量。

第二部分位移 z_2 是由分界点 x_d（此分界点是悬臂梁与固定曲面的分离点）处的倾斜角 θ_2 导致的。由于悬臂梁在分界点处有与固定曲面相同的倾斜角，第二部分位移 z_2 及倾斜角 θ_2 可写为

$$z_2 = \left. \frac{\mathrm{d}S}{\mathrm{d}x} \right|_{x=x_d} \cdot l_F,\ \theta_2 = \arctan\left(\left. \frac{\mathrm{d}S}{\mathrm{d}x} \right|_{x=x_d} \right) \tag{14.4.4}$$

最后一部分位移 z_3 是由固定曲面在分界点 x_d 处的挠度产生的

$$z_3 = S(x_d) \tag{14.4.5}$$

这样，悬臂梁末端在外力 F 作用下的位移 z 及转角 θ 为

$$z = z_1 + z_2 + z_3 = \frac{F l_F^3}{3EI} + \left. \frac{\mathrm{d}S}{\mathrm{d}x} \right|_{x=x_d} \cdot l_F + S(x_d) \tag{14.4.6}$$

$$\theta = \theta_1 + \theta_2 = \arctan\left(\frac{F l_F^2}{2EI} \right) + \arctan\left(\left. \frac{\mathrm{d}S}{\mathrm{d}x} \right|_{x=x_d} \right) \tag{14.4.7}$$

由于分界点 x_d 是悬臂梁上与固定曲面接触和未接触部分的临界点，它将同时具备这两部分的特点。换而言之，在分界点处，固定曲面的曲率等于悬臂梁的曲率，与此同时，悬臂梁的曲率同样等于悬臂梁自由部分在末端外力 F 的作用下产生的根部曲率。其数学表达式可写为

$$\left.\frac{\mathrm{d}^2 S}{\mathrm{d}x^2}\right|_{x=x_d}=\left.\frac{\mathrm{d}^2 w}{\mathrm{d}x^2}\right|_{x=x_d}=\left.\frac{\mathrm{d}^2 w}{\mathrm{d}(x-x_d)^2}\right|_{(x-x_d)=0}=\frac{Fl_F}{EI} \tag{14.4.8}$$

将方程(14.4.2)代入方程(14.4.8)中，并将外力 F 移到等式左侧，可得

$$F=\frac{EId_g}{l_s^n}n(n-1)\frac{x_d^{n-2}}{l_F} \tag{14.4.9}$$

于是，基于梁与曲面接触的非线性弹簧的恢复力 $F_S(z)$ 可通过求解由方程(14.4.6)和(14.4.9)组成的参数方程组得到。

对于参数 n, l_C 和 d_g 的不同取值，非线性弹簧恢复力随位移的变化情况如图 14.6 所示(图中用到的其他物理参数为悬臂梁长度 l_C=126 mm，厚度 t_C=0.4 mm，宽度 b_C=15 mm，杨氏模量 E=128 GPa，曲面长度 l_s=120 mm，梁与曲面末端的初始间距 d_g=18 mm)。当悬臂梁长度与曲面的长度相近时，系统的恢复力将在梁的末端位移接近初始间距 d_g 时快速上升。参数 n 定义了恢复力上升的平滑程度。当 n 值较小时，恢复力在接近初始间距 d_g 时将出现突然性的增长。对于较大的 n 值，恢复力向高值转化的过程相对平滑，并且其初始刚度中的线性部分可以忽略。

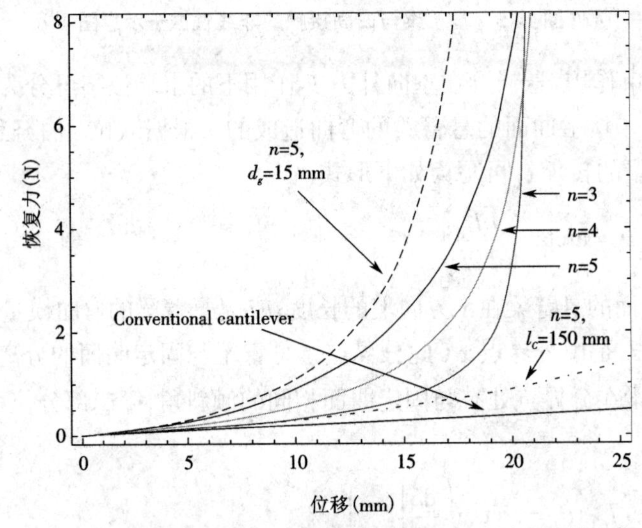

图 14.6 在不用结构参数下，非线性弹簧恢复力随位移的变化

当梁与曲面接触后，两者相互接触部分的曲率相等。在接触部分的位置 x 处，悬臂梁的表面应力可写为

$$\sigma(x)=Eh_c\frac{\mathrm{d}^2 S}{\mathrm{d}x^2}=\frac{Eh_c d_g}{l_s^n}n(n-1)x^{n-2} \tag{14.4.10}$$

其中，h_c 是悬臂梁中性面之上的最大截面高度。

当悬臂梁沿着固定曲面完全弯曲时，对应图 14.6 中应用的不同结构参数，梁上沿长度方向的正应力分布如图 14.7(a)所示。在所有情况下，悬臂梁表面的最大应力均出现在与固定

曲面末端接触处，且其值有界。随着参数 n 的增加，在坐标值 x 的较大区域，正应力出现明显增长，而在坐标值 x 的较小区域，正应力出现轻微下降。这意味着在本章所提出的结构中，最适合放置压电换能器的位置为悬臂梁的末端附近，尤其是具有较大 n 值的结构更应如此，这与传统压电悬臂梁采集器的布置是完全相反的。此外，悬臂梁上的最大曲率完全可控，在任意外力的作用下，梁上的最大正应力均可控制在某一确定值之下。这能够有效地防止结构在极端载荷下的破坏。

在不同结构参数下，悬臂梁上最大正应力随末端位移的变化如图 14.7（b）所示。在相同的末端位移下，悬臂梁的最大正应力随 n 值的增加而增长，这种增长又随着位移的增大而逐渐显著。这意味着具有更大参数 n 的固定曲面能够使得悬臂梁在机电耦合方面更具效率。结合图 14.7（a）所示的正应力分布关系可以看出，只有当悬臂梁末端位移接近或超过初始间距 d_g 时，结构中最具效率的部分（悬臂梁上末端附近的区域）才能够正常工作。因此，如何在不增加外界激励强度的前提下提升悬臂梁的振幅，就成为采集器在低强度激励环境下具有高效机电耦合能力的一个关键问题。

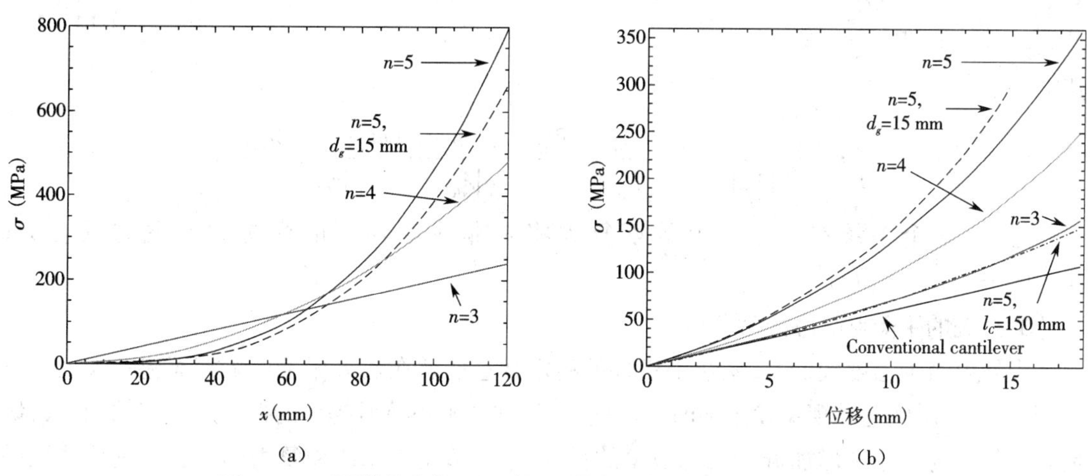

图 14.7　不同结构参数下悬臂梁上最大正应力随末端位移的变化

（a）沿悬臂梁长度方向的正应力分布　（b）对于图 14.6 中应用的不同结构参数

2. 永磁体的磁力模型

为了在低强度激励下提高悬臂梁的振幅，本章在原非线性弹簧结构的基础上引入具有刚度软化作用的磁场力。永磁体的设置方式及相关几何参数如图 14.8 所示。图中，永磁体 C 固定于悬臂梁的末端并作为惯性质量使用，且作为可动磁铁，C 与两个固定磁铁 A 和 B 之间存在磁力作用。磁铁 A 和 B 的中心到可动磁铁 C 中心的向量可表示为

$$\begin{cases} \vec{r}_{BC} = -h \cdot \hat{e}_x + (z + \dfrac{d}{2}) \cdot \hat{e}_z \\ \vec{r}_{AC} = -h \cdot \hat{e}_x + (z - \dfrac{d}{2}) \cdot \hat{e}_z \end{cases} \tag{14.4.11}$$

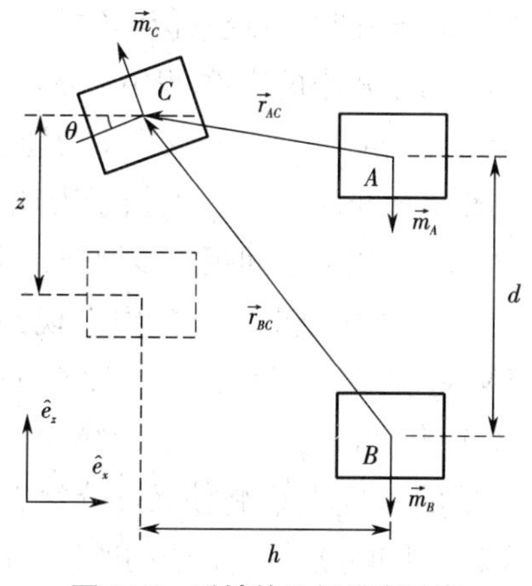

图 14.8　磁铁的几何排布示意

其中,h 是可动磁铁与固定磁铁的分隔间距;d 是两固定磁铁的间距;$\hat{e}_x$ 是垂直于 z 方向的单位向量;$\hat{e}_y$ 是水平于 z 方向的单位向量。

采用磁偶极子理论,并假设各磁铁的磁化强度是均匀的。那么,磁铁 A 和 B 在磁铁 C 中心处产生的磁通量密度为

$$\vec{B}_C=-\frac{\mu_0}{4\pi}\nabla\frac{\vec{m}_A\cdot\vec{r}_{AC}}{|\vec{r}_{AC}|^3}-\frac{\mu_0}{4\pi}\nabla\frac{\vec{m}_B\cdot\vec{r}_{BC}}{|\vec{r}_{BC}|^3} \tag{14.4.12}$$

其中

$$\begin{cases}\vec{m}_A=-M_AV_A\hat{e}_z\\ \vec{m}_B=-M_BV_B\hat{e}_z\\ \vec{m}_C=M_CV_C\sin(\theta)\hat{e}_x+M_CV_C\cos(\theta)\hat{e}_z\end{cases} \tag{14.4.13}$$

这里,$\mu_0=4\pi\times10^{-7}$ H/m 是真空磁导率;$\vec{m}_A$,$\vec{m}_B$ 和 $\vec{m}_C$ 分别代表点偶极子 A,B 和 C 的磁矩向量;M_A,M_B 和 M_C 分别代表具有体积 V_A,V_B 和 V_C 的铁磁材料中所有微观磁矩的向量和;θ是磁铁 C 的转角并由方程(14.4.7)确定。于是,磁铁 C 在 z 方向上受到的磁力为

$$F_m(z)=\frac{\partial U_m(z)}{\partial z} \tag{14.4.14}$$

其中

$$U_m(z)=\frac{\mu_0}{4\pi}\vec{m}_C\cdot\left[\left(\frac{\vec{m}_A}{|\vec{r}_{AC}|^3}-\frac{(\vec{m}_A\cdot\vec{r}_{AC})\cdot3\vec{r}_{AC}}{|\vec{r}_{AC}|^5}\right)+\left(\frac{\vec{m}_B}{|\vec{r}_{BC}|^3}-\frac{(\vec{m}_B\cdot\vec{r}_{BC})\cdot3\vec{r}_{BC}}{|\vec{r}_{BC}|^5}\right)\right] \tag{14.4.15}$$

这样,整个系统在 z 方向上的恢复力将是非线性弹簧的恢复力与磁力的合力,即 $\bar{F}_r(z)=F_S(z)+F_m(z)$。

3. 系统的平衡点静态分岔分析

当外界激励强度较低时,系统中额外的稳定状态能够在扩大振子振幅方面起到极大的作用,尤其是在阱间运动现象发生之时。因此,尽量增加本小节所提出的振子所具有的稳态数量是有利的。为了达到增加振子稳态数量的目的,本小节基于系统恢复力的表达式进行系统平衡点的静态分岔分析,以检验振子的多稳态特性。在平衡点的计算过程中,参数 n=5,其他结构参数与图 14.6 中所用参数相同。图 14.9 显示了当初始间距 d=(a)51 mm,(b)52.6 mm 或(c)54 mm 时,系统平衡解的分岔行为。图中的实线和虚线分别代表系统的稳定和不稳定的解。对于较小的磁铁间距(d=51 mm),当分隔间距 h 较大时($h_{SN_1}<h<h_{PF_1}$),振子通过超临界叉形分岔(点 PF_1)进入双稳态,其具有两个稳定的非平凡解以及一个不稳定的平凡解。当分隔间距 h 较小时($h<h_{PF_2}$),振子表现为三稳态,其具有两个不稳定非平凡解以及三个稳定的(非)平凡解。当分隔间距逐步增长并穿过叉形分岔点 PF_2 时,稳定的平凡解将变得不稳定,两个稳定的非平凡分支在分岔中出现并形成了一个四稳态区域,直到一对鞍结分岔点的出现(点 SN_1)。当磁铁间距 d 达到 52.6 mm 时,如图 14.9(b)所示,鞍结分岔点与叉形分岔形成的稳定非平凡分支相遇并形成新的叉形分岔(PF_3),四稳态区域也进一步增大($h_{PF_2}<h<h_{PF_3}$)。磁铁间距 d 的继续升高,将使叉形分岔 PF_3 退化为对称的鞍结分岔(点 SN_2)。如果磁铁间距足够大,如图 14.9(c)所示,振子的四稳态区域将会消失。

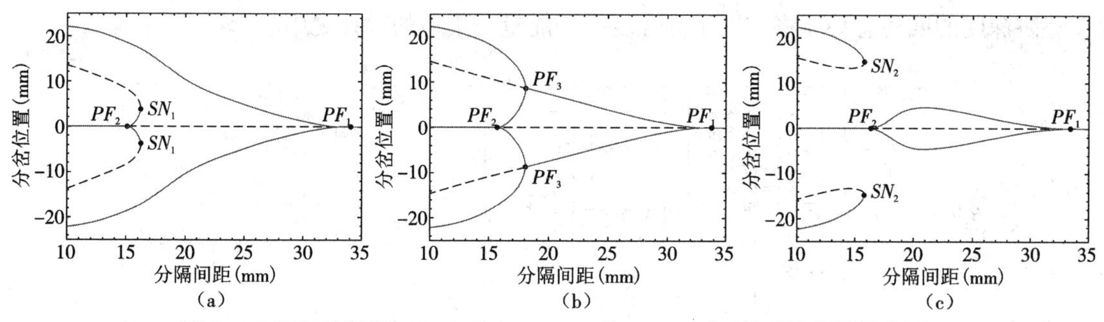

图 14.9　当初始间距 d=51 mm，52.6 mm 或 54 mm 时系统平衡解的分岔图

(a) d=51 mm　(b) d=52.6 mm　(c) d=54 mm

图 14.10(a)显示了当磁铁间距 d=51 mm 时，系统势能在分岔点 PF_2 附近随分隔间距 h 的变化情况。随着 h 的增长，振子由三稳态(h=15 mm 时)开始，逐渐变为四稳态(h=16 mm 时)，然后退化为双稳态(h=17 mm 时)。势阱的深度随分隔间距的增加而减小，然而在三稳态及四稳态中，外侧势阱远比内侧势阱深得多。当外界激励强度较低时，大幅阱间运动将因为振子难以越出外侧势阱而无法出现。当磁铁间距 d=54 mm 时，如图 14.10(b)所示，振子随着 h 的增长由三稳态(h=15 mm 时)开始，经过短暂的单稳态(h=16 mm 时)，然后进入双稳态(h=20 mm 时)。与上一个磁铁间距下的势阱分布形式相反，此时三稳态的外部势阱较浅而中间势阱较深，这使得低强度激励下大幅阱间运动容易受到中间势阱的束缚。因此，过大或过小的磁铁间距均不利于具有三稳态或四稳态性质的振子在低强度激励下的大幅振动。

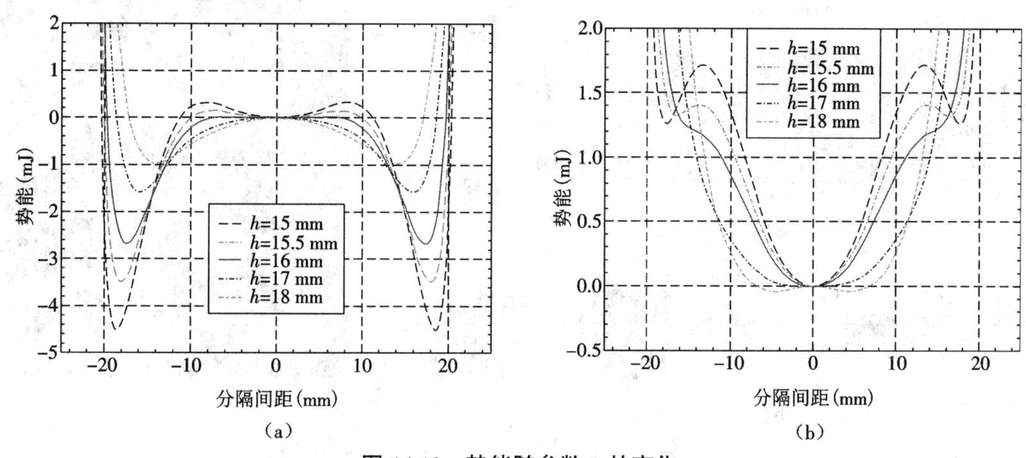

图 14.10　势能随参数 h 的变化

(a) d=51 mm　(b) d=54 mm

当磁铁间距 d=52.6 mm 时，如图 14.11(a)所示，振子随着 h 的增长由三稳态经过四稳态区域后进入双稳态。与以上两种磁铁间距下的情况相比，此间距下系统势能的分布更为合理，特别是具有均一势阱深度和最低势垒高度的四稳态势能(h=17.5 mm 时)。图 14.11(b)比较了该四稳态势能和线性悬臂梁(无曲面及磁力作用)以及单稳态非线性弹簧(无磁力作用)的势能之间的差异。可以看出，在具有四稳态势能的系统中，振子只需较低的能量即可产生大幅运动，而在具有其他两个势能的系统中只能进行幅值很小的运动。在下一小节中，这种具有均一势阱深度的四稳态势能将被用于低强度振动能量采集器的设计之中。

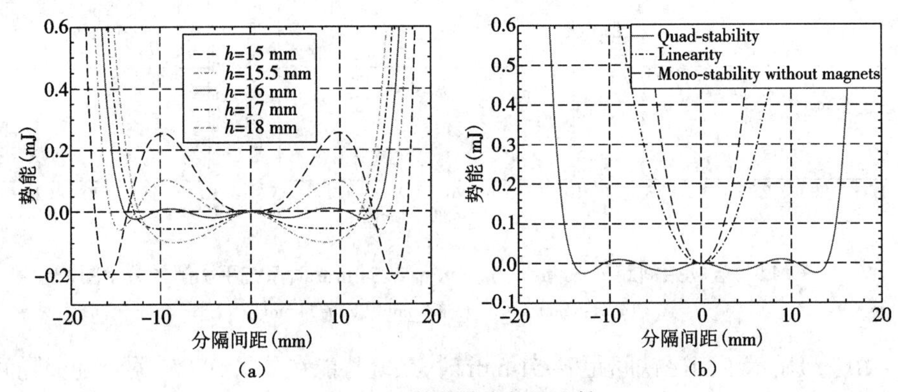

图 14.11　势能的变化及比较

(a)当初始间距 d=52.6 mm 时,势能随参数 h 的变化　(b)三个不同系统的势能比较

4. 系统的非线性动力学模型

本节所提出的四稳态能量采集器的几何结构如图 14.12(a)所示。其中,固定曲面由 2 mm 厚的铝合金板通过机械加工得到,悬臂梁与固定曲面的接触区域位于悬臂梁的边缘,接触区域内没有压电材料覆盖,通过立方形 NdFeB 永磁铁产生所需的磁力,采集器的几何及物理参数如表 14.1 所示。

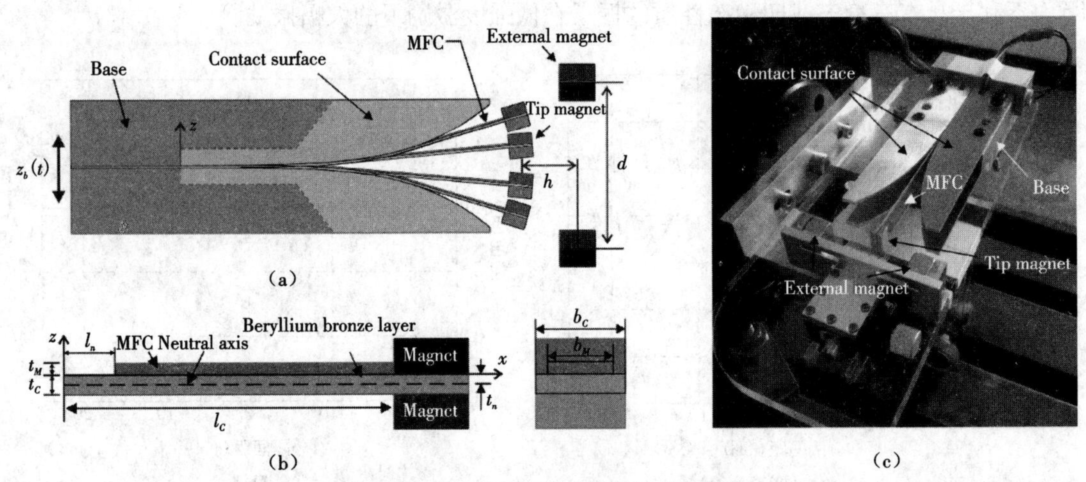

图 14.12　四稳态能量采集器的几何结构

(a)本章所提出的四稳态能量采集器示意图　(b)单晶悬臂梁的截面示意图　(c)采集器原型机实物图

表 14.1

物理参数	值
铍青铜基片的尺寸	126 mm × 15 mm × 0.4 mm
铍青铜的杨氏模量	128 GPa
MFC M8507 P2 的尺寸	100 mm × 10 mm × 0.3 mm
MFC 的杨氏模量	30.336 GPa
压电应变系数	-1.7×10^{-2} pC/N
极化电容值	7.8 nF/cm^2
悬臂梁末端磁铁的尺寸	15 mm × 6 mm × 6 mm
外部固定磁铁的尺寸	20 mm × 10 mm × 10 mm
磁化强度	9.95×10^5 A/m
惯性质量	4.1 g
重力常数	9.81 m/s^2

采集器中的压电悬臂梁由一个压电层（MFC M8507 P2）和一个非压电层（铍青铜）复合而成，其工作模式与传统单晶压电梁相同。图 14.12（b）给出了该压电悬臂梁的横截面示意图。其中，x 轴沿水平方向且 x=0 位于悬臂梁的根部，z 轴沿垂直方向且 z=0 位于压电层与非压电层的交界。非压电层的长度为 l_C，宽度为 b_C，厚度为 t_C，杨氏模量为 E_C，而压电层的长度为 l_M，宽度为 b_M，厚度为 t_M，杨氏模量为 E_M。于是，压电悬臂梁的中性面可表示为

$$t_n = \frac{E_M t_M^2 b_M - E_C t_C^2 b_C}{2(E_M t_M b_C + E_C t_C b_M)} \tag{14.4.16}$$

由于 MFC 层的宽度和厚度小于铍青铜层，这时有 $E_C / E_M \gg 1$，因此可近似认为 $t_n \cong -t_C / 2$。这样，MFC 层在位置（x,z）处的应力可表示为

$$\sigma_M(x,z) = \begin{cases} \dfrac{E_M d_g}{l_s^n}\left(z + \dfrac{t_C}{2}\right) n(n-1) x^{n-2} & x < x_d \\ \dfrac{E_M d_g}{l_s^n}\left(z + \dfrac{t_C}{2}\right) n(n-1) x_d^{n-2} \dfrac{l_C - x}{l_C - x_d} & x \geqslant x_d \end{cases} \tag{14.4.17}$$

于是，MFC 在位置 x 处的感应电压为

$$\begin{aligned} V(x) &= \int_0^{t_M} E(x,z)\mathrm{d}z = \int_0^{t_M} \left(\frac{-d_{31}}{\varepsilon_r \varepsilon_0}\right) \times \sigma_M(x,z)\mathrm{d}z \\ &= \begin{cases} -\dfrac{d_{31} E_M d_g}{2\varepsilon_r \varepsilon_0 l_s^n}(t_M^2 + t_M t_C) n(n-1) x^{n-2} & x < x_d \\ -\dfrac{d_{31} E_M d_g}{2\varepsilon_r \varepsilon_0 l_s^n}(t_M^2 + t_M t_C) n(n-1) x_d^{n-2} \dfrac{l_C - x}{l_C - x_d} & x \geqslant x_d \end{cases} \end{aligned} \tag{14.4.18}$$

其中，$E(x,z)$是位置（x,z）处的感生电场；$-d_{31}$ 和 ε_r 分别是 MFC 的压电常数和介电常数；ε_0 是真空介电常数。由于极板上感生电荷的重新排布，压电梁上产生的开路电压 V_{oc} 将会是 MFC 整个长度方向上电压 $V(x)$ 的平均值，即

$$
\begin{aligned}
V_{\mathrm{oc}} &= \frac{1}{l_C}\int_{l_n}^{l_C} V(x)\mathrm{d}x \\
&= -\frac{1}{l_C}\left[\int_{l_n}^{x_d} \frac{d_{31}E_M d_g}{2\varepsilon_{\mathrm{r}}\varepsilon_0 l_s^n}(t_M^2+t_M t_C)n(n-1)x^{n-2}\mathrm{d}x + \right. \\
&\left. \int_{x_d}^{l_C} \frac{d_{31}E_M d_g}{2\varepsilon_{\mathrm{r}}\varepsilon_0 l_s^n}(t_M^2+t_M t_C)n(n-1)x_d^{n-2}\frac{l_C-x}{l_C-x_d}\mathrm{d}x\right] \\
&= -\frac{d_{31}E_M d_g}{4\varepsilon_{\mathrm{r}}\varepsilon_0 l_s^n l_C}(t_M^2+t_M t_C)n\left(x_d^{n-2}\left((n-1)l_C-(n-3)x_d\right)-2l_n^{n-1}\right)
\end{aligned}
\tag{14.4.19}
$$

由于压电悬臂梁由两层材料复合而成,其等效弯曲模量将受到两层材料各自的弯曲模量及位置关系的影响,表达式如下所示:

$$
(EI)_{\mathrm{eff}} = \frac{l_C^3}{3}\left[\left(\frac{l_n^3+3l_n^2(l_C-l_n)+3l_n(l_C-l_n)^2}{3(EI)_{\mathrm{support}}}\right)+\frac{(l_C-l_n)^3}{3(EI)_{\mathrm{composite}}}\right]^{-1} \tag{14.4.20}
$$

其中,$(EI)_{\mathrm{support}}$ 和 $(EI)_{\mathrm{composite}}$ 分别是压电梁在 $x<l_n$ 和 $x>l_n$ 区域内的弯曲模量,并有如下形式:

$$
(EI)_{\mathrm{support}} = \frac{E_C b_C t_C^3}{12} \tag{14.4.21}
$$

$$
(EI)_{\mathrm{composite}} = \frac{E_C b_C t_C^3}{12}+\frac{E_M b_M t_M}{12}(4t_M^2+6t_C t_M+3t_C^2) \tag{14.4.22}
$$

使用 $(EI)_{\mathrm{eff}}$ 替换方程(14.4.6)、(14.4.7)及(14.4.9)中的弯曲模量 EI,即可得到采集器系统的等效恢复力 $F_{\mathrm{R}}(z)$。基于欧拉 - 伯努利梁理论及一系列离散化方法,采集器机械部分的运动微分方程可写为

$$
m\ddot{z}(t)+\xi_t\dot{z}(t)+F_{\mathrm{R}} = -m\ddot{y} \tag{14.4.23}
$$

其中, m 是系统的等效质量; ξ_t 是系统进行梁 - 曲面接触振动的总阻尼比(机械及电气阻尼的总和),其数值通过实验测量得到; $y(t)=Y\sin(\omega_0 t)$, Y 是基础激励的振幅, ω_0 是激励的频率。将方程(14.4.23)的解 $z(t)$ 以及方程(14.4.9)代入方程(14.4.6),则采集器产生的时程电压 $V_{\mathrm{oc}}(t)$ 可通过求解以下方程组得到:

$$
\begin{aligned}
V_{\mathrm{oc}}(t) &= -\frac{d_{31}E_M d_g}{4\varepsilon_{\mathrm{r}}\varepsilon_0 l_s^n l_C}(t_M^2+t_M t_C)n\left[x_d^{n-2}\left((n-1)l_C-(n-3)x_d\right)-2l_n^{n-1}\right] \\
z(t) &= \frac{d_g x_d^{n-2}}{l_s^n}\left[x_d^2+nx_d(l_C-x_d)+\frac{n(n-1)}{3}(l_C-x_d)^2\right]
\end{aligned}
\tag{14.4.24}
$$

基于上一步得到的开路电压,输送到外部阻抗 R_l 的瞬时功率为

$$
P(t) = \frac{V_{\mathrm{oc}}^2(t)R_l}{(R_s+R_l)^2} \tag{14.4.25}
$$

其中, $R_s=1/(\omega C)$ 是压电层的内阻,而 C 是压电层的电容值。当外部电阻 R_l 与内阻 R_s 相匹配时,采集器可得到最大输出功率。

图 14.13(a)显示了采集器在频率为 10 Hz、幅值为 4 m/s² 的正弦激励下的位移及开路电压响应的仿真结果。可以看出,随着位移的增长,采集器开路电压的增长更为迅速。从图 14.13(b)看出,单位位移所对应的开路电压增长量由零平衡位置的 1.7 V/mm 增长至最大振幅

位置的 3 V/mm。图 14.13（c）显示了采集器在激励幅值为 4 m/s² 时的大幅极限环运动及幅值为 1 m/s² 时各平衡点附近的小幅周期运动。可以看出，四稳态采集器的输出依赖于外界激励的强度，只有当外界激励提供的能量足以使系统越过势垒时，多稳态运动对振幅的增大作用才能够显现。图 14.13（d）显示了外部阻抗为 190 kΩ 时，采集器的瞬时输出功率的仿真结果。由于梁 - 曲面接触对电压的增大作用只有在大位移时才变得显著，采集器的瞬时输出功率峰值与平均功率值相差较大。当功率峰值为 3.8 mW 时，平均功率为 1.19 mW。

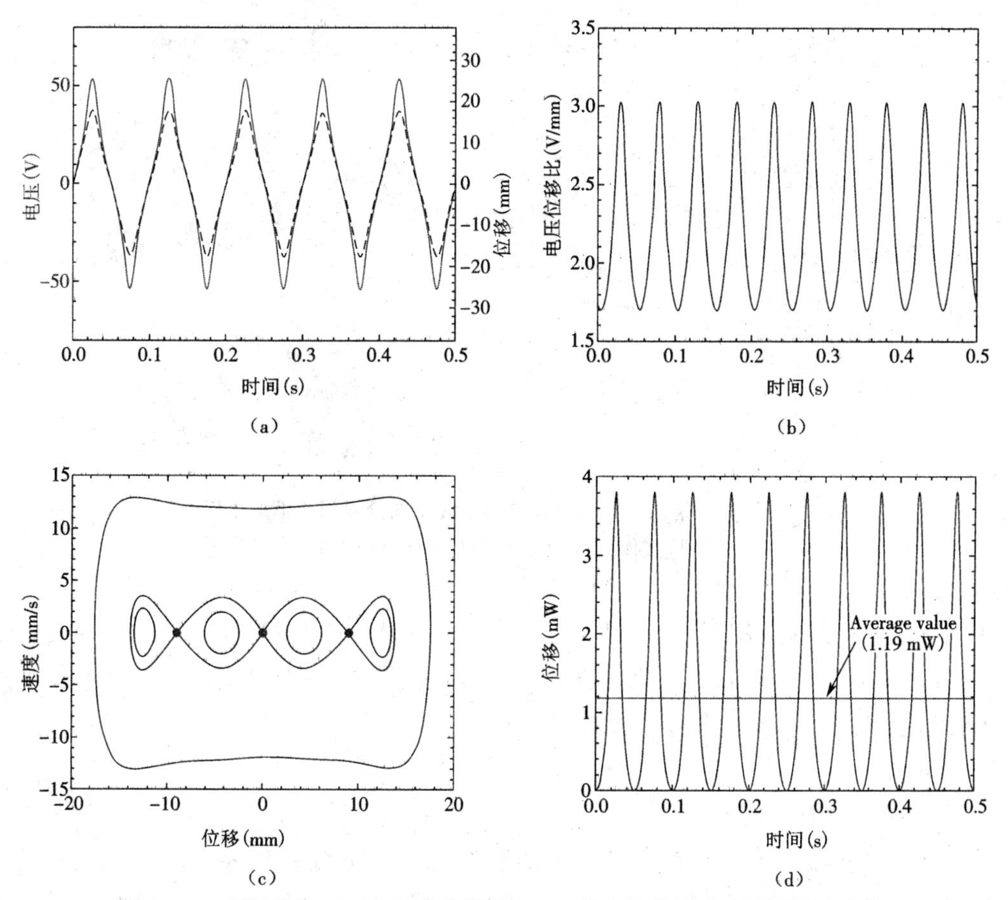

图 14.13　在频率为 10 Hz、加速度幅值 4 m/s² 的正弦激励下，采集器的各数据

（a）输出电压及位移波形的仿真结果　（b）电压位移比　（c）相图　（d）190 kΩ 的匹配阻抗上的瞬时输出功率波形

5. 实验验证

实验系统的整体设置及采集器原型机在不同分隔间距 h 下的平衡位置如图 14.14 所示。实验系统主要由采集器原型机、电磁式激振台、信号发生器、功率放大器、加速度传感器、动态信号测试分析系统、数字示波器和负载电阻等组成。为了减小振子自身重量对稳定平衡点位置的影响，原型机水平放置。激振台与原型机通过螺栓连接，并在水平方向上提供激振力。加速度传感器固定于激振台面上。本实验中，作为对比研究的传统采集器为线性压电悬臂梁，该结构可通过去掉原型机中的固定曲面和外部磁铁获得。实验系统的工作原理如下：首先通过信号发生器产生所需频率的正弦信号；该信号通过功率放大器驱动小型电磁式激振台产生同频振动；当激振台开始振动时，固定于台面上的加速度传感器采集原型机的振动频率和加速度幅值并经过电荷放大器传送给动态信号测试分析系统；通过对振动加速度幅值的观察，手动调节信号发生器的输出电压及功率放大器的增益，使观察到的加速度幅值符合实验的要求。同时，与激振台连接的采集器原型机在激励的作用下开始工作，其输出电压记录于示波器中。

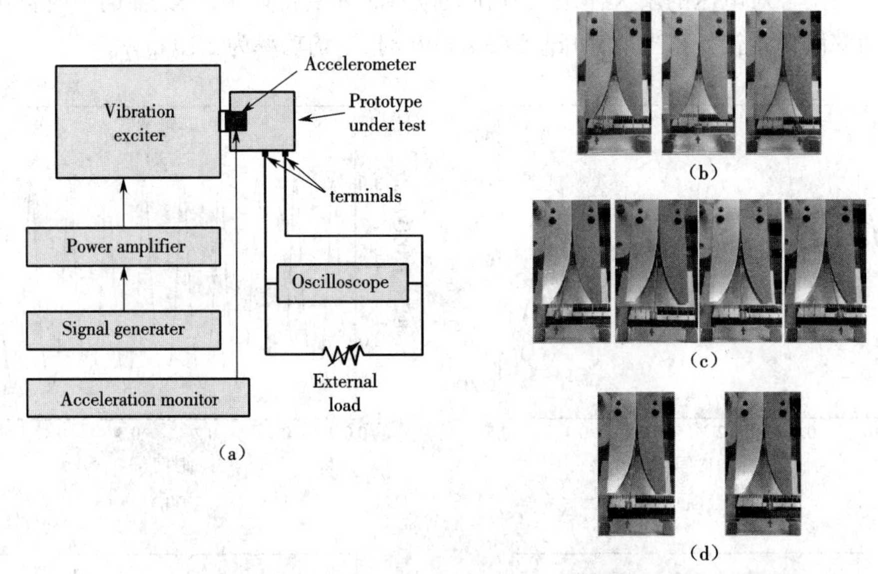

图 14.14 整体实验设置及采集器原型机在不同分隔间距下的平衡位置

(a)能量采集器原型机的整体实验设置 (b)当 h=15 mm 时获得的三个稳定平衡位置
(c)当 h=17.5 mm 时获得的四个稳定平衡位置 (d)当 h=20 mm 时获得的两个稳定平衡位置

为了确定采集器原型机的阻尼特性，实验检测了原型机的开路电压脉冲响应以及增加负载电阻后的脉冲响应。这样，原型机的机械阻尼比和总阻尼比就能通过如下的对数衰减法从脉冲响应信号得到，即

$$\zeta=\frac{\ln(A_1/A_2)}{\sqrt{4\pi^2+\left[\ln(A_1/A_2)\right]^2}} \tag{14.4.26}$$

其中，A_1 和 A_2 是脉冲响应波形中两个相邻波峰的幅值。通过实验测量，原型机的机械阻尼比 ζ_m 和总阻尼比 ζ_t 分别为 0.0197 和 0.031。将机械阻尼比从总阻尼比中减去即可得到电气阻尼比 ζ_e 为 0.0113。

图 14.15 显示了采集器原型机在频率为 10 Hz，幅值 4 m/s² 的正弦激励下，在 10 MΩ 外部电阻上的瞬时电压响应以及在 190 kΩ 的匹配阻抗下的瞬时输出功率波形。实验得到的输出电压峰 - 峰值为 100.6 V，匹配阻抗下的平均输出功率为 1.12 mW，与仿真结果十分接近（电压峰 - 峰值为 107.2 V，平均输出功率为 1.19 mW）。此外，从实验与仿真的波形对比可以看出，由于原型机在制造及装配中存在的误差，其结构并不完全对称，这使得实际测量电压波形产生了一定程度的偏斜。而这种偏斜使得采集器的瞬时输出功率峰值存在一定的波动。

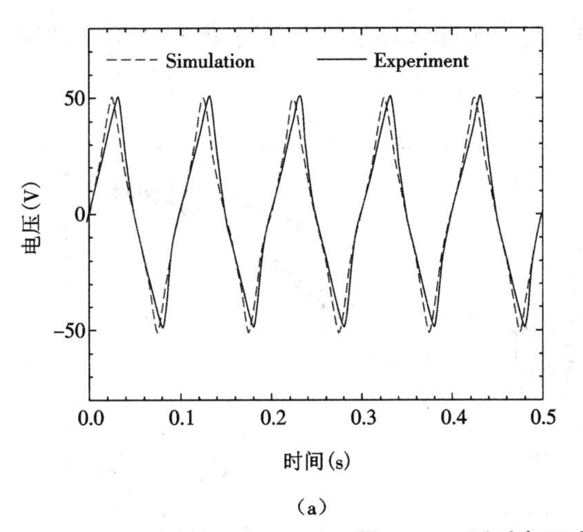

(a)

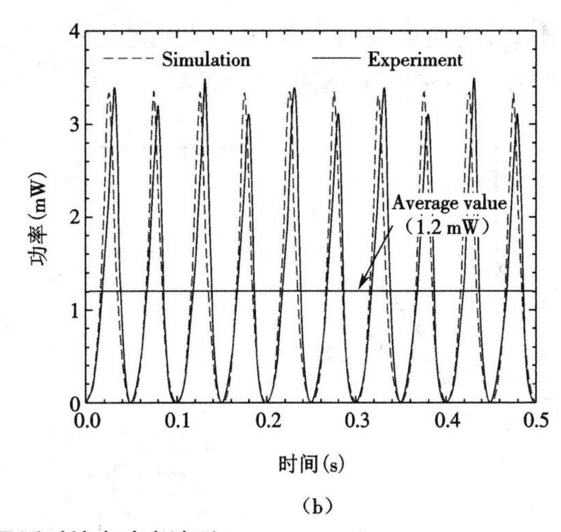

(b)

图 14.15　瞬时电压响应及瞬时输出功率波形

(a)采集器在 10 MΩ 外部电阻上的瞬时电压响应

(b)在频率为 10 Hz,幅值为 4 m/s² 的正弦激励下,采集器在 190 kΩ 的匹配阻抗下的瞬时输出功率波形

当具有 4 m/s² 加速度幅值的正弦激励的频率为传统线性采集器的共振频率 9.7 Hz 时,四稳态原型机与传统线性采集器的均方根电压及平均功率随外部电阻的变化如图 14.16 所示。随着外部电阻的增长,两采集器的均方根电压均随之升高,而平均功率则在各自的匹配阻抗处存在最大值(原型机在 190 kΩ 处存在最大值 1.12 mW,传统采集器则在 280 kΩ 处存在最大值 0.27 mW)。在四稳态原型机中,随着悬臂梁末端位移的增加,梁 - 曲面的连续接触会缩短悬臂梁的等效长度。这使得悬臂梁大位移下的瞬时频率远高于其小位移下的频率。又因为原型机的大部分能量输出来自大位移阶段,这使得原型机的匹配阻抗更趋向于大位移下的高频而不是小位移下的低频。此外,在上述激励下,四稳态原型机的最大位移仅有 ±18 mm,而传统线性采集器的最大位移则达到了 ±30 mm。由于结合了高能量输出与低振幅的优势,四稳态采集器的功率密度将是传统线性采集器的 6.9 倍。

由于四稳态非线性能够扩展采集器的带宽,本节通过线性升频扫描激励来对比检验四稳态和单稳态下原型机的宽频采集性能。其中,单稳态原型机可通过移除外部固定磁铁得到。当外界扫描激励的频率范围为 2~40 Hz,激励强度为 2 m/s², 4 m/s², 6 m/s² 三个等级时,测量得到的四稳态、三稳态、双稳态和单稳态原型机的电压响应分别如图 14.17 所示。在低强度激励下(2 m/s²),多稳态原型机在大部分频率范围内仅能做小幅阱内运动。在某些频率范围内,原型机偶尔会越出某个势阱,但紧接着将会陷入其他势阱中,因为此时的激励强度不足以将原型机的响应推入高能量的分支。单稳态原型机的谐振频率较高,半功率带宽为 13~16.5 Hz。当激励强度上升为 4 m/s² 时,四稳态原型机能够在 5.5~31 Hz 的频率范围内越出势阱,并进入包含所有平衡位置的大幅阱间运动状态。其输出电压随着频率的增长而缓慢上升,并在 31 Hz 处达到最大值 70.9 V。而三稳态和双稳态原型机则依然只能进行小幅阱内运动。单稳态的半功率带宽为 16~22.5 Hz,其电压最大值仅为 17 V。当激励强度继续上升到 6 m/s² 时,四稳态原型机的高电压输出范围扩展至 5~34 Hz,在 34 Hz 处达到最大值 78.2 V。此时,双稳态原型机也能够在 5~27.5 Hz 频带范围内产生高电压输出。而单稳态的半功率带宽也扩展到 16.5~26.5

Hz,其电压最大值为 23 V。从上述比较可以看出,四稳态非线性能够提高采集器的带宽和输出效率,并能够向低频扩展带宽。

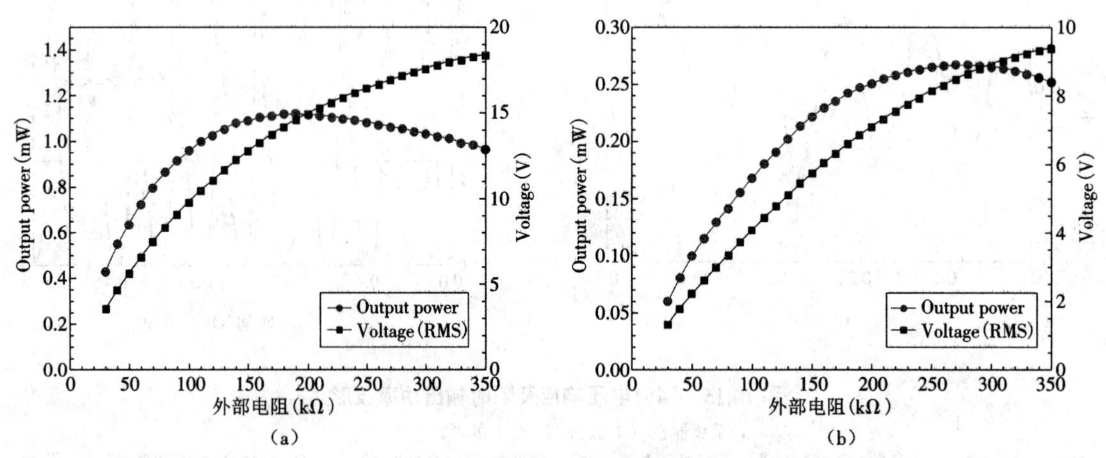

图 14.16 在频率为 9.7 Hz,幅值为 4 m/s² 的正弦激励下,四稳态采集器和传统线性悬臂梁采集器的均方根电压及平均功率随外部电阻的变化

(a)四稳态采集器 (b)传统线性悬臂梁采集器

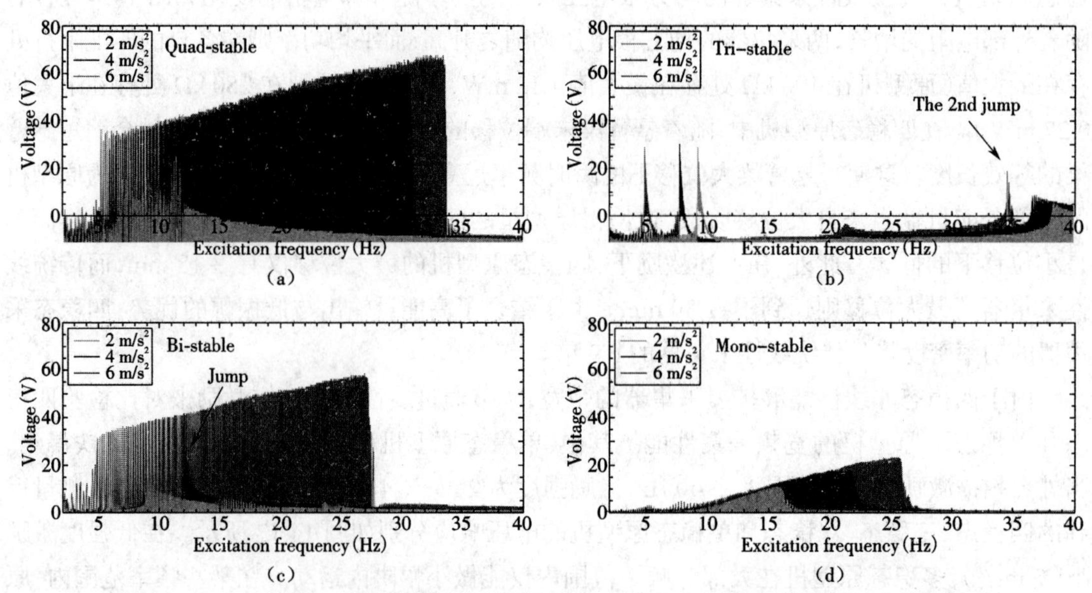

图 14.17 不同幅值的升频扫描激励下,四稳态、三稳态、双稳态及单稳态采集器的输出电压响应

(a)四稳态 (b)三稳态 (c)双稳态 (d)单稳态

参考文献

[1] 陈予恕. 非线性振动. 天津：天津科技出版社，1983.

[2] 张琪昌，王洪礼，竺致文，等. 分岔与混沌理论及应用. 天津：天津大学出版社，2005.

[3] 巴戈留包夫，米特罗波尔斯基. 非线性振动理论中的渐近方法. 金福临，李训经，陈守吉，等译. 上海：上海人民教育出版社，1963.

[4] 冯登泰. 应用非线性振动力学. 北京：中国铁道出版社，1982.

[5] 褚亦清，李翠英. 非线性振动分析. 北京：北京大学出版社，1996.

[6] 戴德成. 非线性振动. 南京：东南大学出版社，1990.

[7] NAYFEH A H，MOOK D T. Nonlinear oscillation. New York：John Wiley and Sons，1979.

[8] LAU S L，CHEUNG Y K. Amplitude incremental variational principle for non-linear vibration of elastic systems. Journal of Applied Mechanics，1981，48：959-964.

[9] 中山大学力学系. 常微分方程. 北京：人民教育出版社，1981.

[10] 陆启韶. 常微分方程的定性方法和分叉. 北京：北京航空航天大学出版社，1989.

[11] 秦员勋，王慕秋，王联. 运动的稳定性理论与应用. 北京：科学出版社，1981.

[12] 舒仲周. 运动的稳定性. 成都：西南交通大学出版社，1989.

[13] 陈予恕，唐云，陆启韶，等. 非线性动力学中的现代分析方法. 北京：科学出版社，1992.

[14] 陈予恕. 非线性振动系统的分叉和混沌理论. 北京：高等教育出版社，1993.

[15] GUCKENHEIMER J，HOLMES P. Nonlinear oscillations，dynamical systems，and bifurcations of vector fields. Berlin：Springer-Verlag，1983.

[16] HASSARD B D，DAZARINOFF N D，WAN Y H. Theory and application of Hopf bifurcation. Oxford：Cambridge University Press，1981.

[17] CHEN Y，LEUNG A Y T. Bifurcation and chaos in engineering. London：Springer，1998.

[18] YOUNIS M I. MEMS linear and nonlinear statics and dynamics. Berlin：Springer，2011.

[19] 孟光，张文明. 微机电系统动力学. 北京：科学出版社，2008.

[20] KAAJAKARI V，MATTILA T，OJA A，et al. Nonlinear limits for single-crystal silicon microresonators. Journal of Microelectromechanical Systems，2004，13(5)：715-724.

[21] BUMKYOO C，LOVELL E G. Improved analysis of microbeams under mechanical and electrostatic loads. Journal of Micromechanics and Microengineering，1997，7(1)：24-29.

[22] ZHANG W M，YAN H，PENG Z K，et al. Electrostatic pull-in instability in MEMS/NEMS：A review. Sensors and Actuators A：Physical，2014，214：187-218.

[23] 韩建鑫. 一类双极板静电驱动微梁谐振器的非线性振动及其控制研究. 天津：天津大学，2016.

[24] HAN J X, ZHANG Q C, WANG W. Static bifurcation and primary resonance analysis of a MEMS resonator actuated by two symmetrical electrodes. Nonlinear Dynamics, 2015, 80 (3): 1585-1599.

[25] HAGHIGHI H S, MARKAZI A H D. Chaos prediction and control in MEMS resonators. Communications in Nonlinear Science and Numerical Simulation, 2010, 15(10): 3091-3099.

[26] KRYLOV S. Parametric excitation and stabilization of electrostatically actuated microstructures. International Journal for Multiscale Computational Engineering, 2009, 6(6): 563-584.

[27] MOBKI H, REZAZADEH G, SADEGHI M, et al. A comprehensive study of stability in an electro-statically actuated micro-beam. International Journal of Non-Linear Mechanics, 2013, 48: 78-85.

[28] HAN J X, JIN G, ZHANG Q C, et al. Dynamic evolution of a primary resonance MEMS resonator under prebuckling pattern. Nonlinear Dynamics, 2018, 93(4): 2357-2378.

[29] HAN J X, ZHANG Q C, WANG W, et al. Stability and perturbation analysis of a one-degree-of-freedom doubly clamped microresonator with delayed velocity feedback control. Journal of Vibration and Control, 2018, 24(15): 3454-3470.

[30] ZHU Z, LI G, CHENG C. A numerical method for fractional integral with applications. Applied Mathematics and Mechanics, 2003, 24(4): 373-384.

[31] TUSSET A M, BALTHAZAR J M, BASSINELLO D G, et al. Statements on Chaos control designs, including a fractional order dynamical system, applied to a "MEMS" comb-drive actuator. Nonlinear Dynamics, 2012, 69(4): 1837-1857.

[32] MAKRIS N. Three-dimensional constitutive viscoelastic laws with fractional order time derivatives. Journal of Rheology, 1997, 41(5): 1007-1020.

[33] LEUNG A Y T, YANG H X, CHEN J Y. Parametric bifurcation of a viscoelastic column subject to axial harmonic force and time-delayed control. Computers & Structures, 2014, 136: 47-55.

[34] DI PAOLA M, HEUER R, PIRROTTA A. Fractional visco-elastic Euler-Bernoulli beam. International Journal of Solids and Structures, 2013, 50(22-23): 3505-3510.

[35] YOUNIS M I, ABDEL-RAHMAN E M, NAYFEH A. A reduced-order model for electrically actuated microbeam-based MEMS. Journal of Microelectromechanical Systems, 2003, 12 (5): 672-680.

[36] JABER N, RAMINI A, CARRENO A A, et al. Higher order modes excitation of electrostatically actuated clamped-clamped microbeams: experimental and analytical investigation. Journal of Micromechanics and Microengineering, 2016, 26(2): 025008.

[37] TAJADDODIANFAR F, NEJAT PISHKENARI H, HAIRI YAZDI M R. Prediction of Cha-

os in electrostatically actuated arch micro-nano resonators: analytical approach. Communications in Nonlinear Science and Numerical Simulation, 2016, 30(1-3): 182-195.

[38] SIEWE M S, HEGAZY U H. Homoclinic bifurcation and Chaos control in MEMS resonators. Applied Mathematical Modelling, 2011, 35(12): 5533-5552.

[39] YAGASAKI K. Chaos in a pendulum with feedback control. Nonlinear Dynamics, 1994, 6(2): 125-142.

[40] CAO H, CHI X, CHEN G. Suppressing or inducing chaos in a model of robot arms and mechanical manipulators. Journal of Sound and Vibration, 2004, 271(3-5): 705-724.

[41] YOUNIS M I, NAYFEH A H. A study of the nonlinear response of a resonant microbeam to an electric actuation. Nonlinear Dynamics, 2003, 31(1): 91-117.

[42] ANTONIO D, ZANETTE D H, LÓPEZ D. Frequency stabilization in nonlinear micromechanical oscillators. Nature Communications, 2012, 3: 806.

[43] LI L, ZHANG Q C, WANG W, et al. Nonlinear coupled vibration of electrostatically actuated clamped-clamped microbeams under higher order modes excitation. Nonlinear Dynamics, 2017, 90(3):1593-1606

[44] HAJJAJ A Z, RAMINI A, YOUNIS M I. Experimental and analytical study of highly tunable electrostatically actuated resonant beams. Journal of Micromechanics and Microengineering, 2015, 25(12): 125015.

[45] SIDDIQUE A R M, MAHMUD S, HEYST B. A comprehensive review on vibration based micro power generators using electromagnetic and piezoelectric transducer mechanisms. Energy Conversion and Management, 2015, 106: 728-747.

[46] LELAND E S, WRIGHT P K. Resonance tuning of piezoelectric vibration energy scavenging generators using compressive axial preload. Smart Materials and Structures, 2006, 15: 1413-1420

[47] WANG C, ZHANG Q C, WANG W. Wideband quin-stable energy harvesting via combined nonlinearity. AIP Advances, 2017, 7: 045314.

[48] WANG C, ZHANG Q C, WANG W. Low frequency wideband vibration energy harvesting by using frequency up conversion and quin stable nonlinearity. Journal of Sound and Vibration, 2017, 399: 169-181.

[49] WANG C, ZHANG Q C, WANG W, et al. A low-frequency, wideband quad-stable energy harvester using combined nonlinearity and frequency up-conversion by cantilever-surface contact. Mechanical Systems and Signal Processing, 2018, 112: 305-318.

[50] CAO J Y, ZHOU S X, WANG W, et al. Influence of potential well depth on nonlinear tristable energy harvesting. Applied Physics Letters, 2015, 106: 173903.

[51] KIM P, SON D, SEOK J. Triple-well potential with a uniform depth: Advantageous aspects in designing a multi-stable energy harvester. Applied Physics Letters, 2016, 108: 243902.

[52] HARNE R L, WANG K W. A review of the recent research on vibration energy harvesting via bistable systems. Smart Materials and Structures, 2013, 22: 023001.

[53] ARRIETA A F, WAGG D J, NEILD S A. Dynamic snap-through for morphing of bi-stable composite plates. Journal of Intelligent Material Systems and Structures, 2011, 22: 103-112.

[54] MASANA R, DAQAQ M F. Relative performance of a vibratory energy harvester in mono-and bi-stable potentials. Journal of Sound and Vibration, 2011, 330(24): 6036-6052.